现实乌托邦

——“玩物”建筑

张为平　著

东南大学出版社
·南京·

现　实

当代中国的城市化进程呈现出迥异于西方的特异性。

当积累了几个世纪的丰厚的系统化建筑学理论、拥有一大批耀眼的明星建筑师的欧洲城市化几乎处在停滞状态的时候，世界另一边的中国情况正好相反：正在进行着全世界最大规模及最快速的“城市化运动”，却鲜有与其相称的建筑精品出现。

库哈斯曾经戏言，中国建筑师的效率是西方建筑师的2500倍。中国人正在以10倍于西方人的速度完成他们数百年才能完成的历史进程。然而其建筑师群体却处于整体失语状态：无论是作品还是话语权——这无疑是世界建筑史上离奇的一幕。

乌托邦

传统的“乌托邦”概念具有两个要素：1. 理想状态；2. 不可实现。

乌托邦的含义暗示了其本质上是自我悖谬的。

我们试图完成一个“不可能的任务”——建立一个基于现实的乌托邦：设计全部以现实的问题作为基点，对其进行操作。建筑作为一种介入的手段，通过引爆局部，从而产生对于更广泛的“整体”的连锁反应。

这种野心暗示了我们的设计等同于一场冒险。

现实乌托邦

纽约建筑师胡戈·菲利斯在1930年代美国经济大萧条时期，从建筑师转化为一个“未来建筑的描绘者”，他的《巨构城市的视点》系列作品，对于纽约城市规划法则的形成，有重大的启示作用。菲利斯向其同僚解释其行为的意图时表示：“当建筑师没有太多实际项目可做时，他至少可以做一些切实的思考。”

与菲利斯的处境不同，在当今中国，我们并不缺乏参与当前大量设计建造的机会，但是，“都市可能概念工厂（IFUP）”采取的是一种主动退后的姿态——与这股大环境的洪流保持距离。我们选择实际的城市中的具体的地块，针对现实的各种问题寻求“另一种解决方式”。它看上去如此“虚拟”，却又如此“现实”。

《隐形逻辑》试图发现“习见”背后隐藏的都市思维和潜力，而《荷兰建筑新浪潮》是对于“基于研究的设计”的方法之总结。在《现实乌托邦》中，我们终于有机会将这两个阶段性的成果与此时此地的具体项目相结合。

我们今天所说的“建筑”概念，远远不限于传统观念中的实体城市和建筑空间，而是一个由实体与虚拟、媒体与广告、电子与信息、真实与谎言、意识与潜意识，共同构筑的巨大的网，所有人都在这个网中，已经并且还将继续被它所塑造。在中国，它是另类的，同时是令人深度失望的。

我们有意选择了两个有颇多看点的城市作为基地，北京和南京（一南一北，并且呼应了“N线城市”的概念）。希望以一系列城市研究和设计来构造一个“现实的乌托邦”——试图在当今的中国建筑“主流”版图中增加一些不同的声音；或许是一种对于既有世界观的反转，其根本意图在于探讨如何在全面商业化的城市现实中，重新寻找“公共价值”存在的空间，批判和幽默是我们将其系统化地瓦解的两种利器。

同时，这也是一次关于建筑表达的实验（建筑、电影、社会、城市等等可以融为一体么？）——探索建筑文本的可能性的界限。在纸质媒体全面受到冲击的时代，这本集结了大量文字、照片、模型的近600页的“巨制”，也是一次逆潮流而上的旅程。

北京

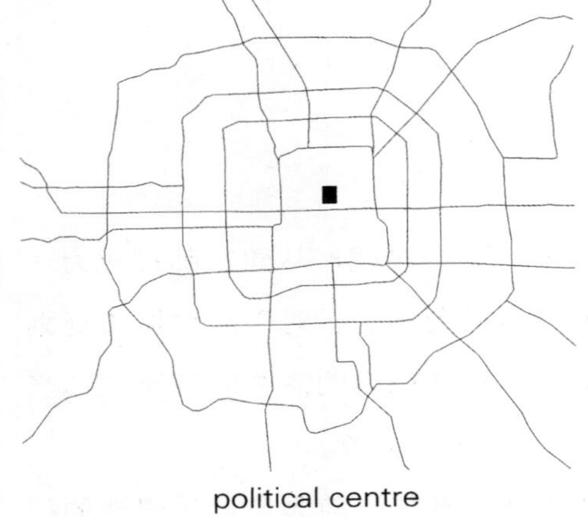

political centre

transportation nod

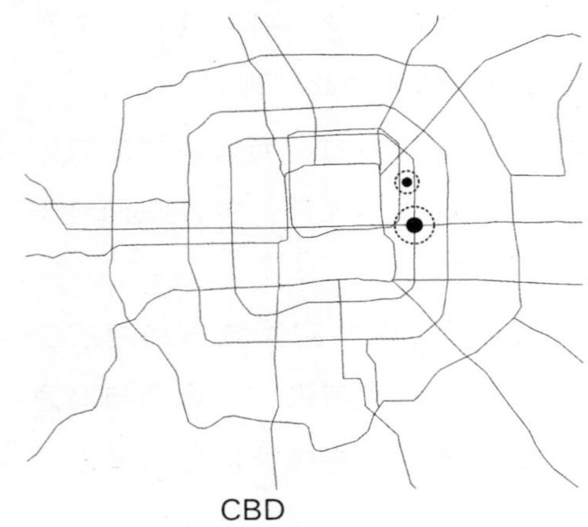

CBD

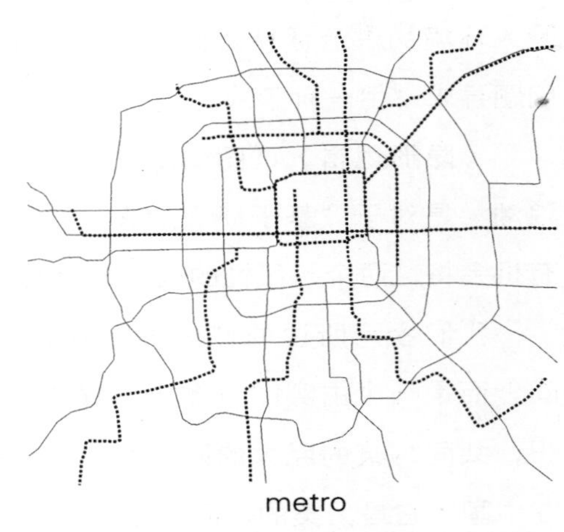

metro

shopping centre

green

南京

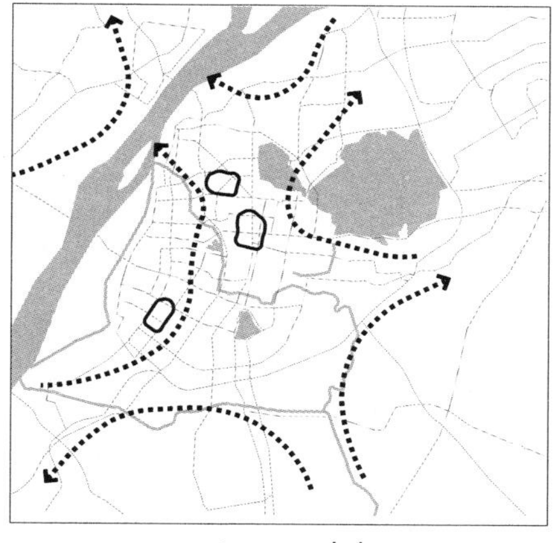

centre–periphery

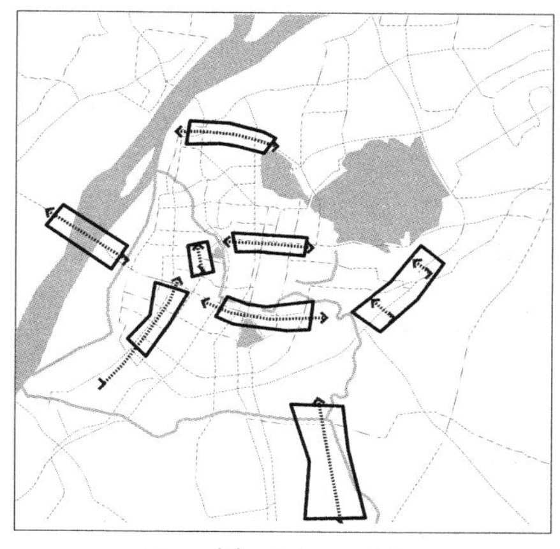

transitional corridor

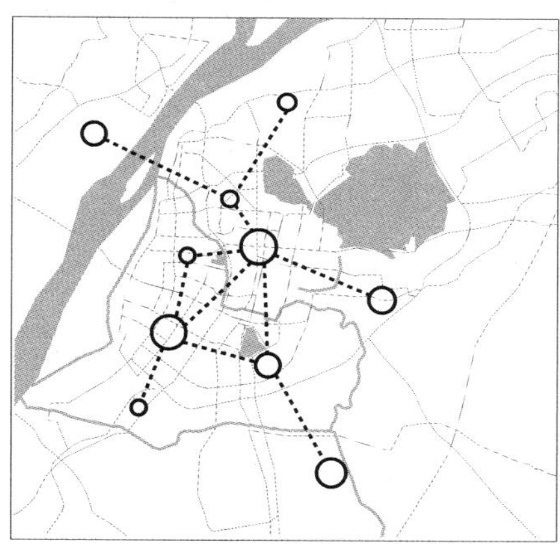

polycentric cooperation area

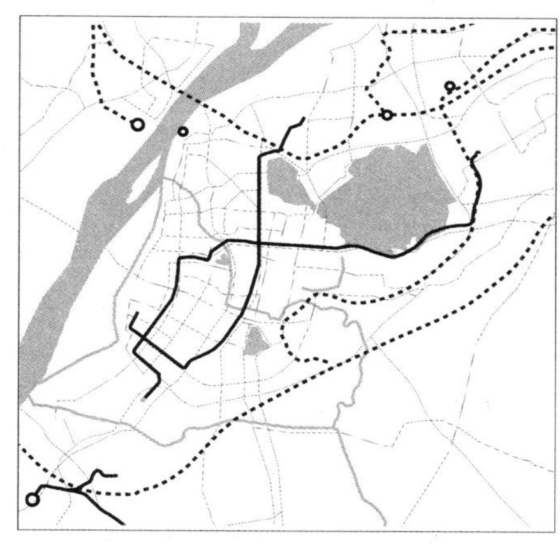

infrastructure network & nods

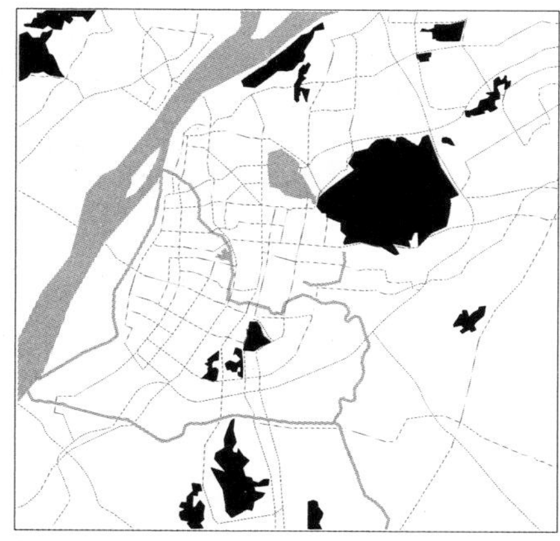

green & landscape

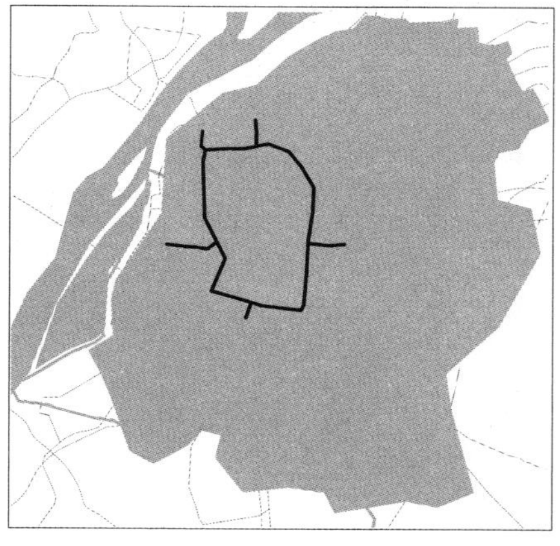

old city walls and city structure

目录

1
都市介入系列
都市介入系列一
1/2城
——湖南路优化攻略·南京

根据我们既有的观察与经验，在国内众多的商业步行街中，尚没有哪一条步行街会如同南京湖南路这样，容纳了如此多样的矛盾条件的碰撞，它显示了建筑的某种奇怪的宿命，在这个一公里的长度内，让我们重新思考关于中国当代商业街的三个迷题：

1）时尚：如何在混乱、廉价和失控的现实条件中介入，使其由单纯的纷杂品牌聚集地提升为真正的时尚之街？

2）界面：如何处理居住与商业的共存？如何使商业在不同业态的纷争和面目模糊中脱颖而出？

3）现代性：如何改善多层次累加、但都不纯粹的现代性？

作为一条商业步行街，湖南路是不甚令人满意的，也很难给人留下深刻印象。杂乱、失当、拥堵、庸俗化，但是，尽管有以上种种弊端，它竟然仍然具有很高的人气。

湖南路的困境与它先天的某些不足有关。湖南路并不是一直是商业的领地。新中国成立后它街道两边的建筑群组很多原本与商业无关，包括了住宅小区、办公、混合功能和政府机构。1990年代以后，中国全民的热情转向商业，湖南路因绝佳的地理位置和历史上曾经作为商业街的传统，成为商业步行街的首选。

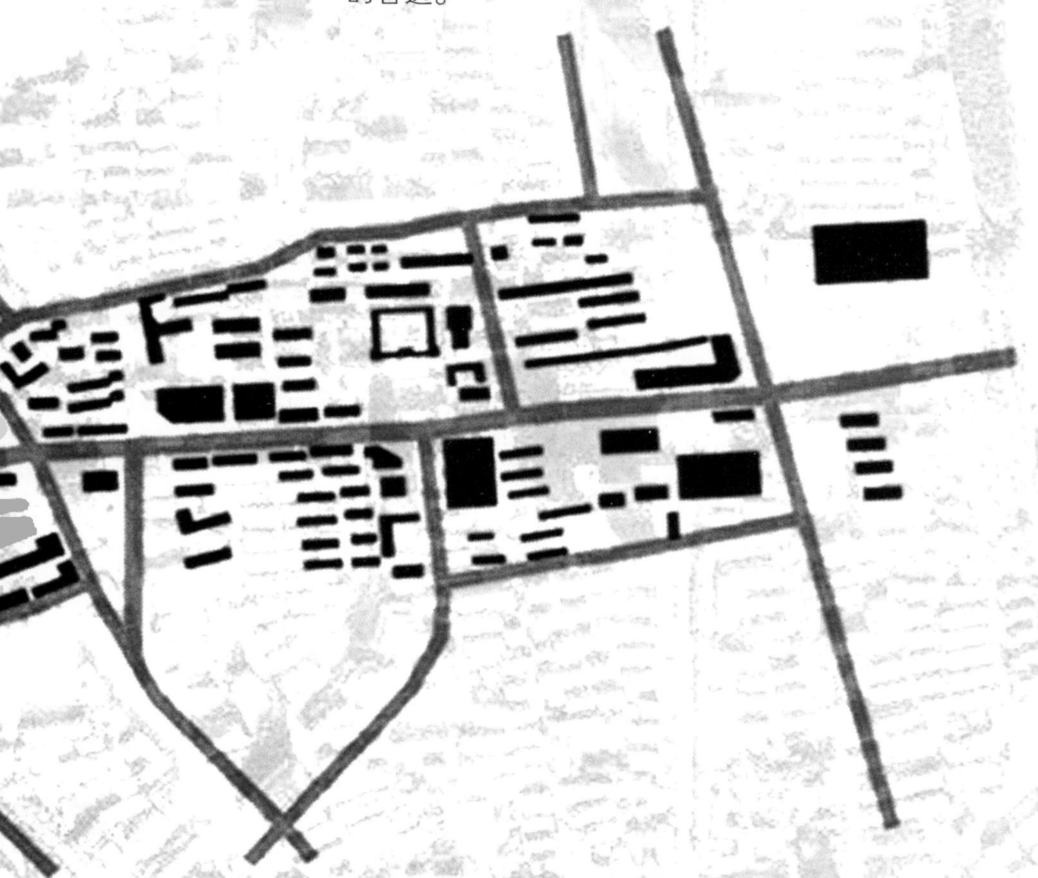

但是，由于其“速生”的急迫性和既有城市条件与商业不符，导致其发展总是受到种种羁绊，而二十年过去，当初的商业模式、品牌更新和统筹规划都早已无法适应新时期的需求，却也因为动迁难度大而无法做根本性改变。

表面看上去，湖南路拥有时下商业步行街所需的一切元素：大量的服装品牌专营店——却多数为国内流行品牌，已经跟不上时下年轻潮人们的审美；拥有“狮子桥美食一条街”，却充斥着大量如“麦肯”之类的快餐连锁，在国内任何一个城市都能吃到，鲜有真正的本地特色小吃；它还配备了大量与婚庆有关的主题商业，如影楼、婚纱、婚庆等等，却彼此分散没有“气场”；为了增添奇观，它甚至还设计了一条“灯光隧道”观光走廊，可是短短几十米的距离实在是无法增添多少颜色，反有“鸡肋”之感。再加上此街道两侧住宅、商务、政府机构和一些无法清晰定义的业态的混杂，使该区域的商业整体性受到进一步破坏。综上种种，我们就不难理解湖南路的尴尬境地了：它似乎每样都沾点边，却又每样都做得不充分。实际上，我们更深层次的忧虑在于它的可识别性的缺失——它与中国当下任何一个中心城市的中心地带流行的商业街模式没有任何不同。除了新街口、夫子庙之外，南京还能有第三个“特色步行街”么?

湖南路是完全具有这种潜质的。除了本身区位的优势、大量人流的聚积地之外，正是因为它没有太多历史的延续性（或者说，已经被割裂），它反而具有更容易接纳新鲜事物的潜质——夫子庙必然是传统街市型的，而新街口则为大型综合商业混处的中心，湖南路自然可以与它们之间做不同的定位——即使不能像东京表参道那样云集了大量顶尖品牌和前卫设计，至少也可以成为南京“最时尚的街区”。

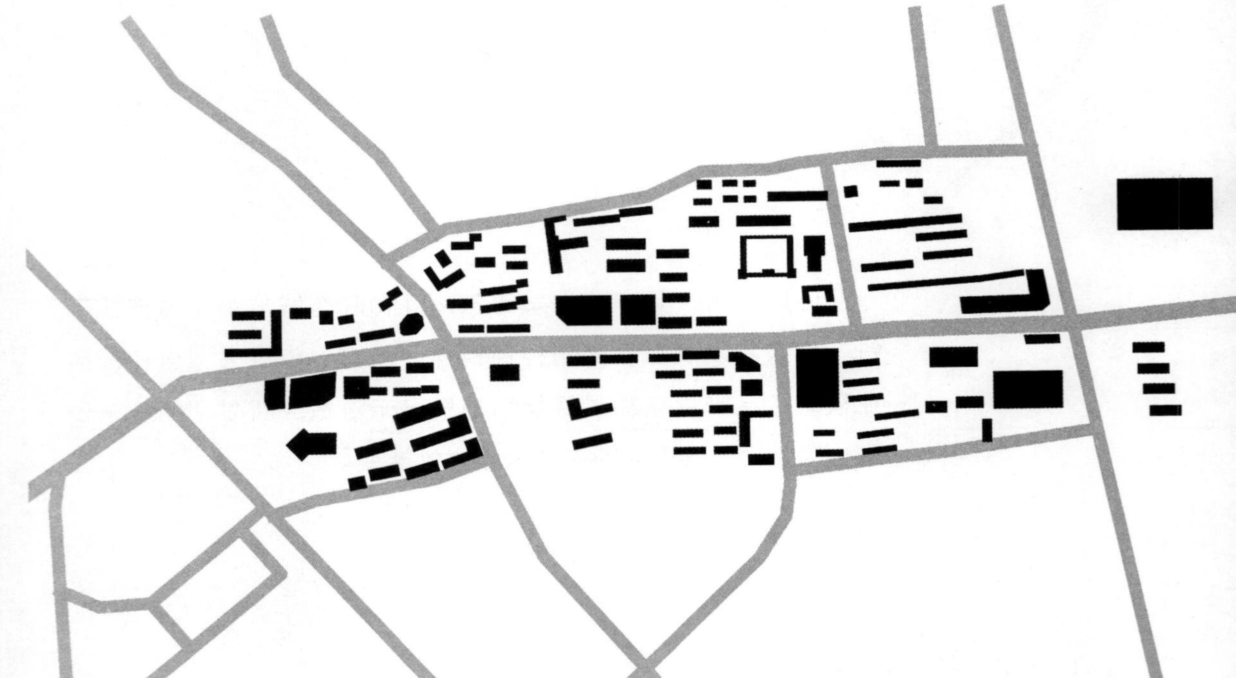

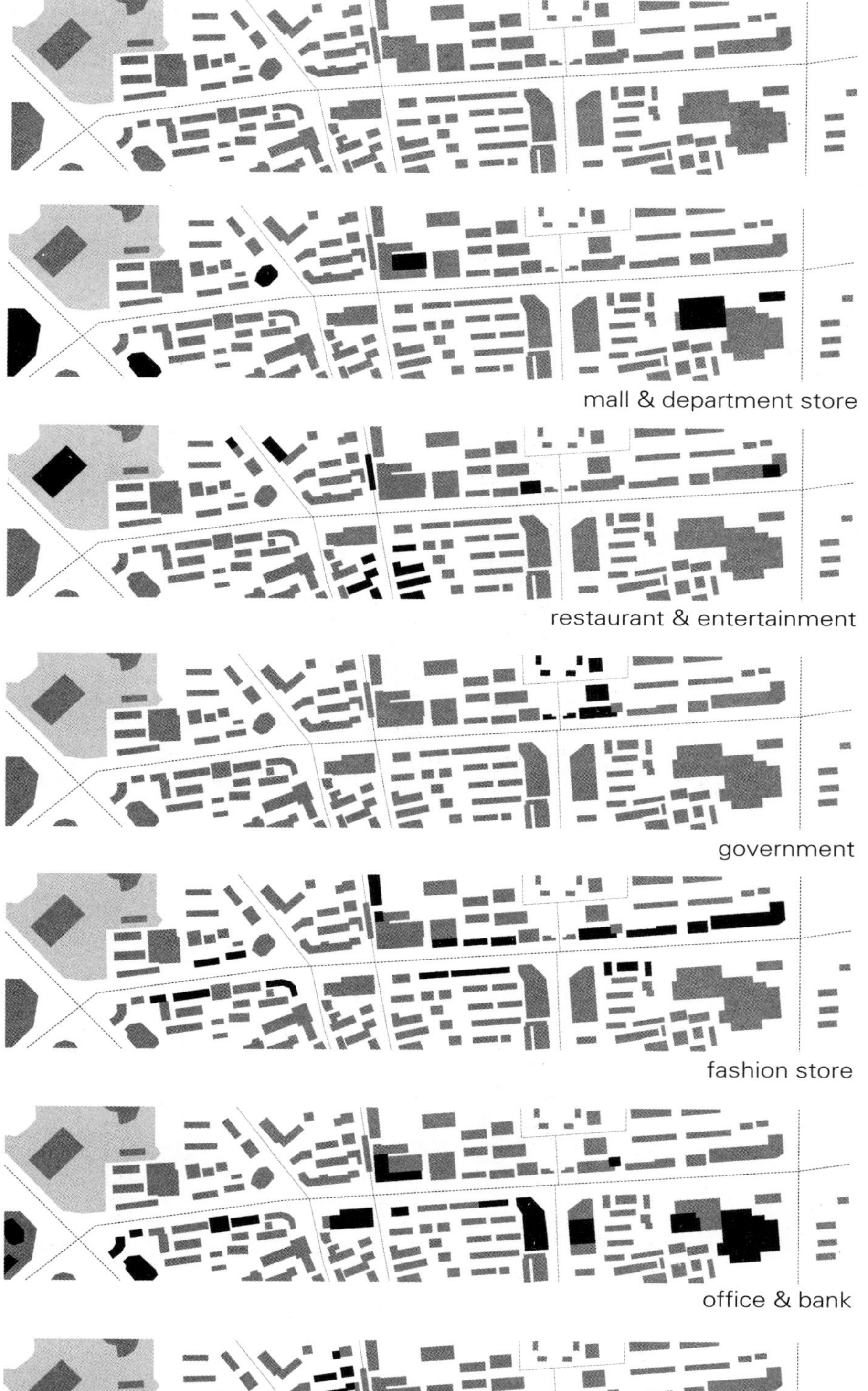
mall & department store

restaurant & entertainment

government

fashion store

office & bank

residence

一条步行街，可以成为人们思维、观念、意识转变的契机么？

出于对中国街道的敏感性的谨慎——私密性、空间以及文脉，我们的策略是用一种对于既有程式的再组织，来避免一种过于野蛮的改造。它的逐渐演化的灵活性和自然性，将化解人们对于改造的副作用的担忧。

此处临街主要为5～9层商住两用楼的居民楼。由住宅转变成为商业街的步行街，其本身基质即是有先天缺陷的。无论是内部机能或者外部立面，都与商业要求相去甚远。与我们试图挖掘其文化意义、公共性深度的初衷更是毫无关联。

我们从整个街道上截取一段典型的“样本”作为研究和设计介入的对象，期待总结出一种可行的改造模式，进而运用至全体。

现存两种主要商业模式

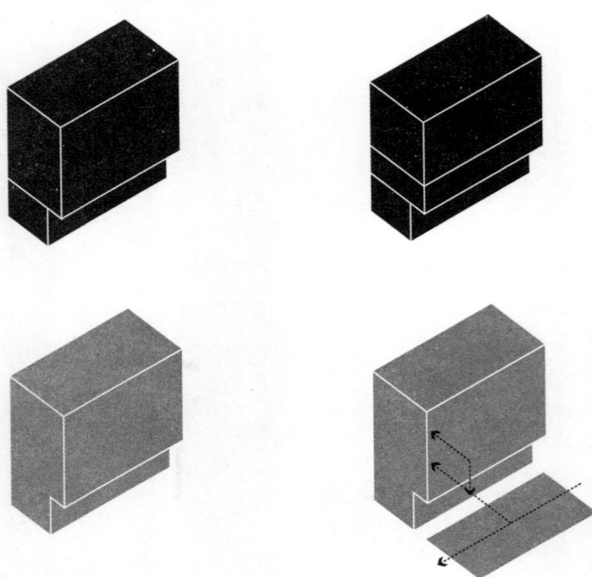

下店上居，1、2层商业，2层以上住宅

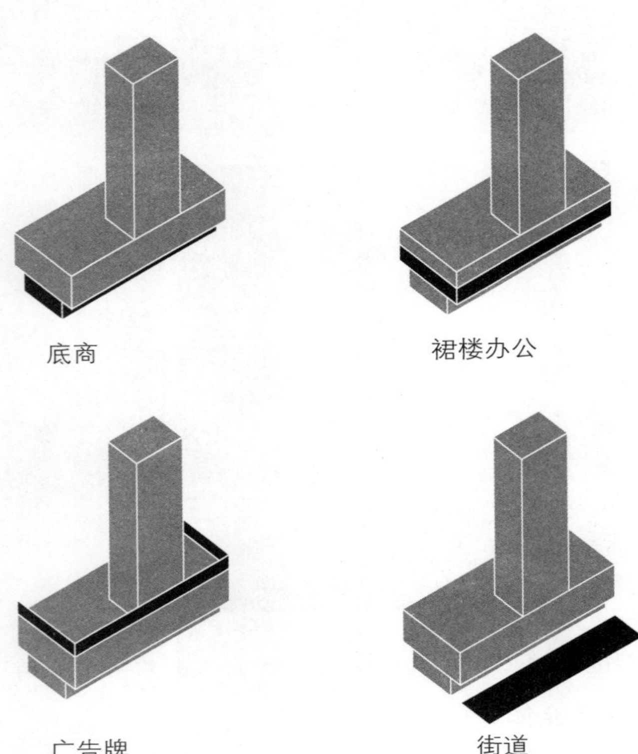

高层建筑裙楼，首层店铺，以上办公

对湖南路既有主要的商业模式进行采样分析之后，我们发现无论是高层建筑的裙楼，还是多层民居的底商，目前湖南路普遍采用的是上居下商的模式。商业仅仅在底部两层范围内运转，本身空间即有限，而上层邻街立面因其旧式住宅属性又无机会得到改善。

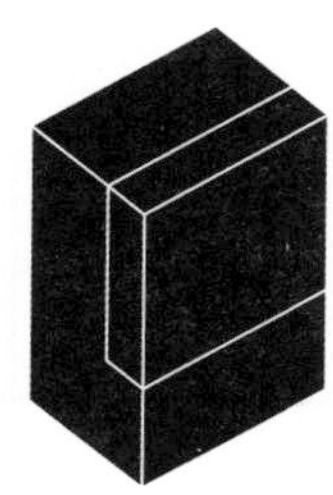

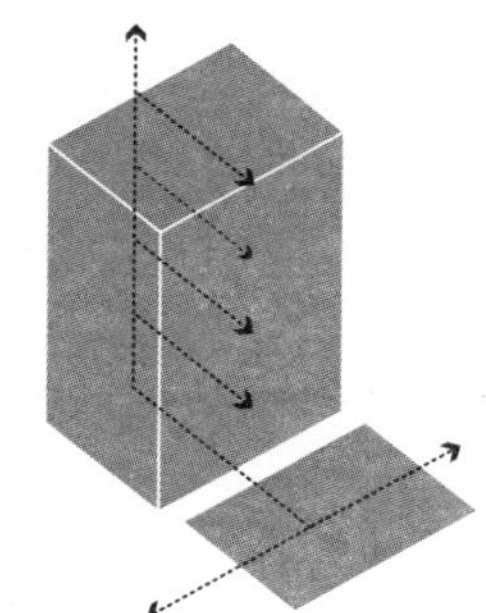

1+N 商业模式：前店后居

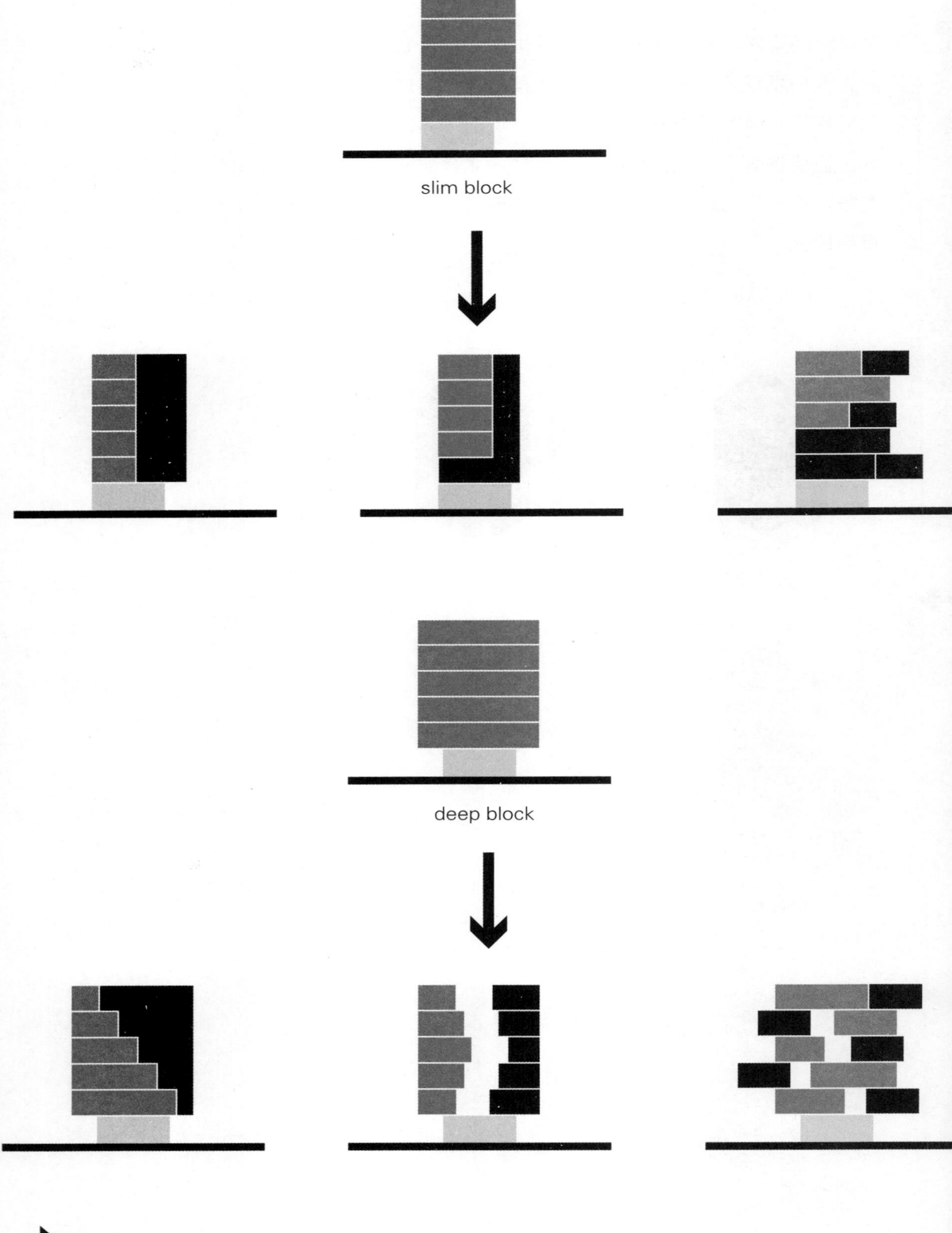
slim block
deep block

1/2 城

我们将上下分隔的商业模式旋转了90度，改为前后分割的形式。我们将每栋楼临街的1/2拿出来，作为整饬商业街的依据，也作为我们公共性介入的起点。另外1/2全部转为服务于前端商业或工作室的公寓。商业和居住各占一半的空间。相对于街道来说，则为前店后居的模式。一方面将使整个临街面转化为商业，另一方面可以探讨湖南路原来各种特殊商业模式（如摄影工作室）之类的机构如何更恰当地安置其位置，并形成“集群效应”。一次翻转的操作给予我们将“程式”重新编写的机会，使其摆脱因历史僵化造成的症结，迈向某种匿名的整合性。

有人或许会质疑将商业上移是否能引来客流？以普通商业区惯常的简化逻辑判断当然有问题，但湖南路在数十年的自我发展之后，商业面临的却是完全相异的状况：不是趋向更稳定的沉淀，而是一种容器无法容纳过量内容时的“溢出性”与“挥发性”，正因为此，我们有条件尝试新型商业布局：这种改变不仅是空间上的，更是关乎内容的。

针对不同进深的楼栋，我们探索多种商居并存的模式的可能性。

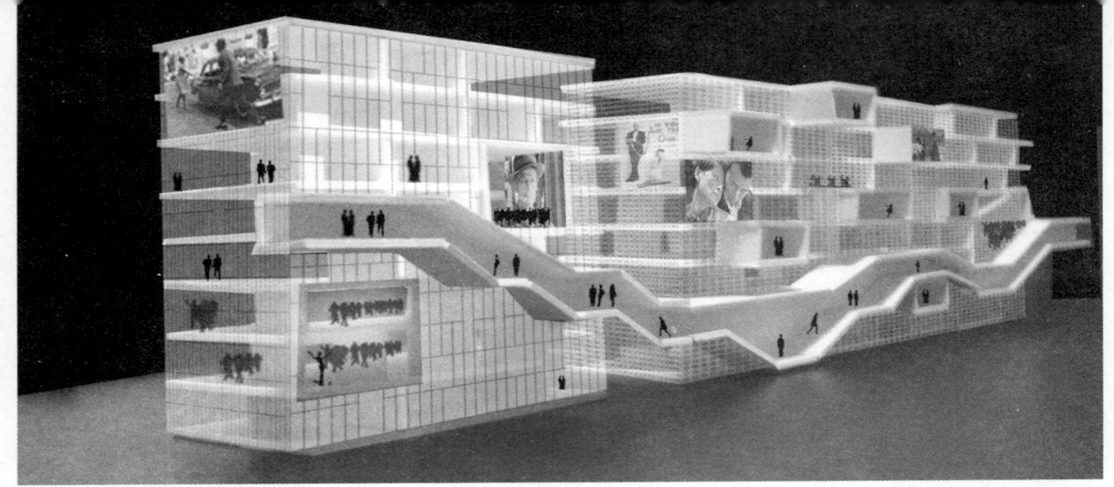

1. 公寓与商业的界面，是逐层变化的，从底层的截然对立，到顶部住宅单元的松散组织，公寓、工作室与商业，经历了一种从清晰二分法到逐渐暧昧的过程。

2. 每栋楼内的商业将被按照主题重新整合，将同类商业由原来的零散状态，转变为集中布置。除了买卖活动本身之外，它还应被加入更多的展示与宣传功能，商业与艺术的结合。时装的买卖楼中，有时装加工室、设计工作室与时装秀。

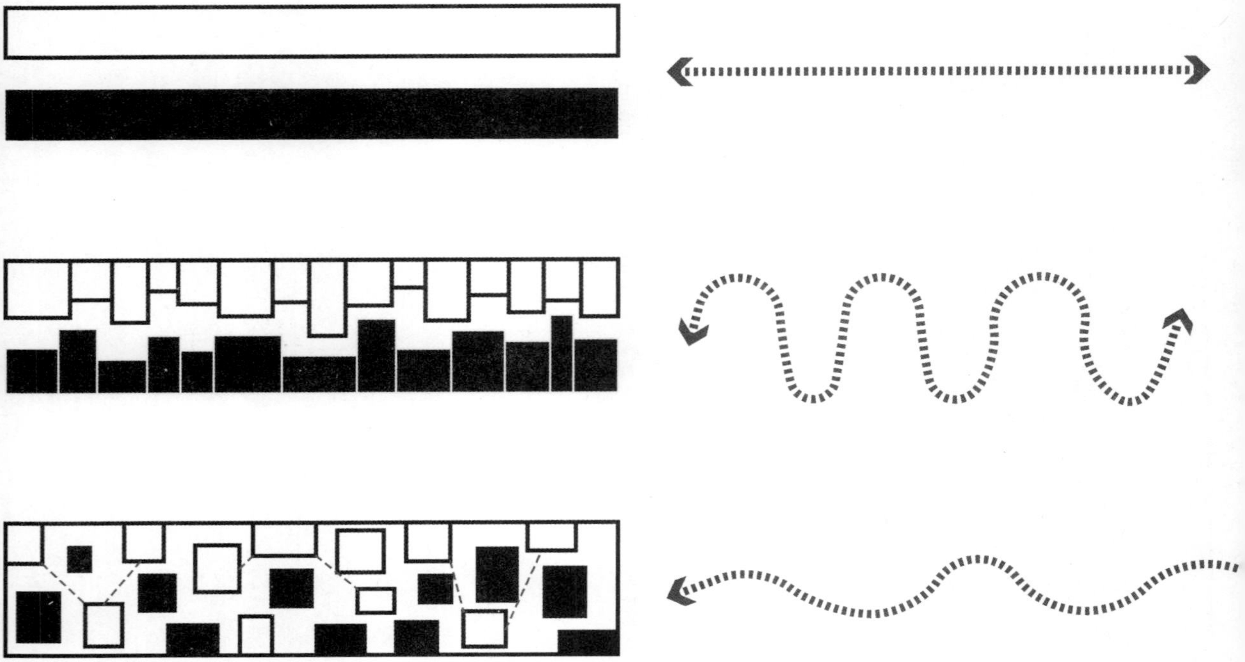

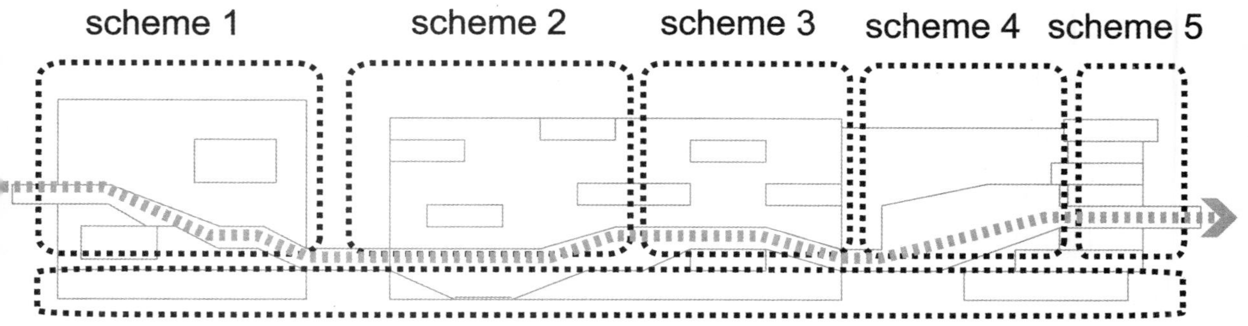

3. 建筑设计对于商业的介入能否引发人们观念的转变？此议题是我们探索的目标之一。娱乐、爱情和时尚，是真正改变中国人生活面貌和观念的三大要素，而在我们的改造方案中，这三个议题均有涉及。

曾几何时，红色中国流行体现劳动人民本色的“人民装”或者天下均一的“绿军服”，改革开放后，境外事物涌入，国人才渐渐有了“时尚”的概念，从80年代的蛤蟆镜、喇叭裤，至90年代的日韩风、朋克、嘻哈风，到了今天连中学生都能脱口而出的LV、Gucci等国际品牌。“时尚”已经渗透生活的各个角落，并引领人们张扬个性。湖南路也是潮流转变的见证者。但是，就目前情况看，还是落后于时代了。

关于爱情的主题，来自于湖南路上聚积的大量的“婚恋产业”店，除了各影楼、婚纱商业及婚庆公司外，还有各类摄影工作室。一方面，人们持续发掘爱情的深邃性和恒久性，赋予其美轮美奂的诗意，与其有关的节目、活动和产品层出不穷，也带动了婚庆产业的空前繁荣。但另一方面，主观愿望和完美的包装并不代表爱情就一定完美和恒久，而且往往出现背道而驰的状况：期盼越多反而失望越大。而从20世纪开始，社会观念的持续变化使人们重新思考这一古典价值的真实性和合理性。我们的提案中包含定期举办各类单身派对，对于婚姻有种看法的团体都可以在此聚会活动，甚至可以有同性恋的团体介入，使人们思考，婚姻本身对人的意义等等。

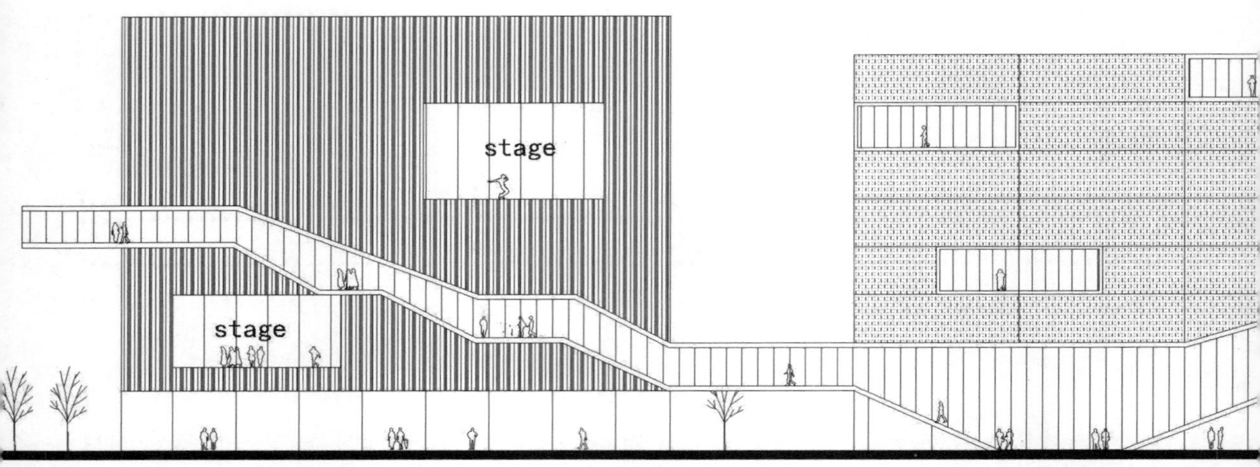

至于娱乐，不消多说，在这个“娱乐至死”的年代，它是生活压力释放不可或缺的组成，用新的炉子，烹饪古老的材质，目的是使“娱乐”这个通俗概念产生完全不同的味道。

立面

既然我们的整个临街面都已经从住宅或者办公功能中解放，那么立面也将获得更大的自由。一方面，通过规整轮廓我们将使它更加整体；另一方面，各个主题商

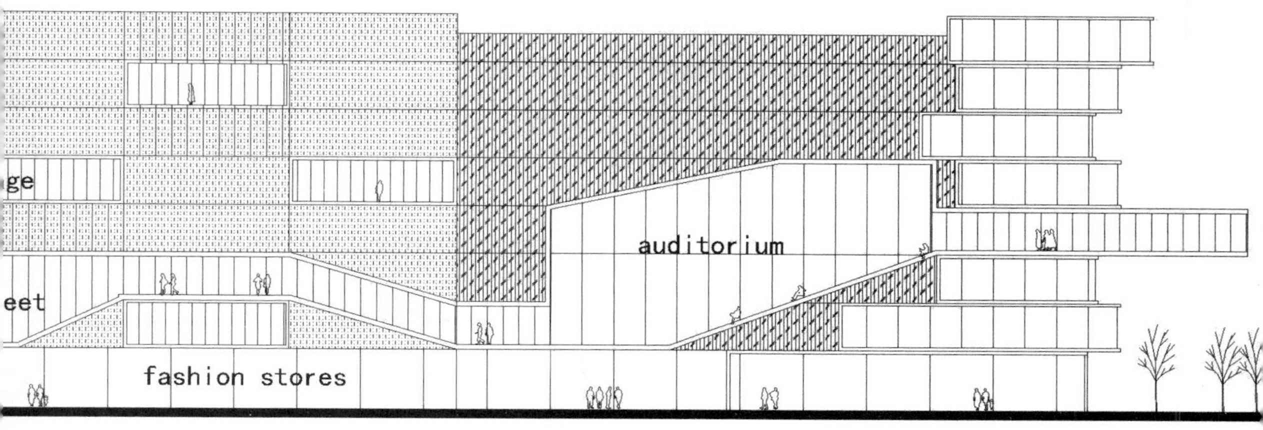

业必然对个性化设计有其独特的需求，东京表参道的经验在此同样受到推崇，每个地块将由一名知名建筑师独立设计，采取集群设计的方式，获得差异性。

同样出于对公共性的需求，我们每层每隔几个单元都设置各类出挑的平台，这是对街道开放的展示橱窗，可以为该主题租户提供对外的各类演出、表演、展览。这也是我们所定义的“可识别性”的一部分——不是通过建筑装饰，而是通过内容。

想象未来的图景：都市的夜幕下，徜徉在街道上，抬头看见各类精彩的演出在镁光灯下进行。

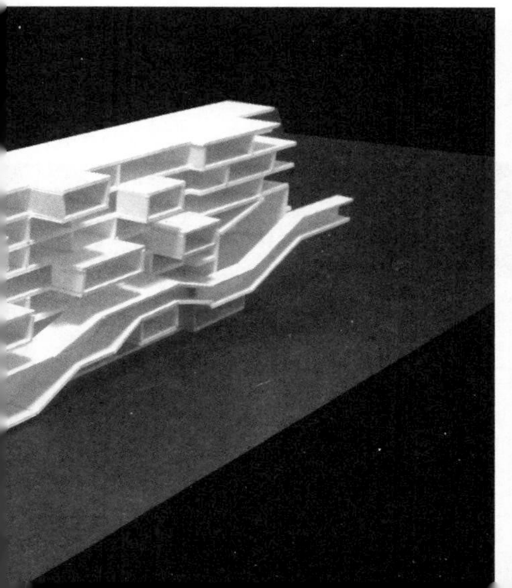

一条连续的空中步行道将各个主题楼栋在空中串联，集中布置展示功能，它将成为人们了解每个主题的文化通廊。同时，它也时常落到地面，将人流向上方引导。你刚刚路过一个工作室，马上又遭遇了一场时装秀，接下来，又可以进入报告厅去聆听一场关于摄影的演讲——“天街”进一步使纯商业向公共空间的转变变得可能。

STORE+STUDIO
SHOW ROOM
STUDIO
STORE+STUDIO
STUDIO
SHOW ROOM
STUDIO
STUDIO STUDIO STUDIO
STUDIO STUDIO STUDIO
STUDIO STUDIO STUDIO
STUDIO
STUDIO
STUDIO
AUDITORIUM
SHOW ROOM
SHOW ROOM
SHOW ROOM
SHOW ROOM
SHOW ROOM
SHOW ROOM
SHOW ROOM

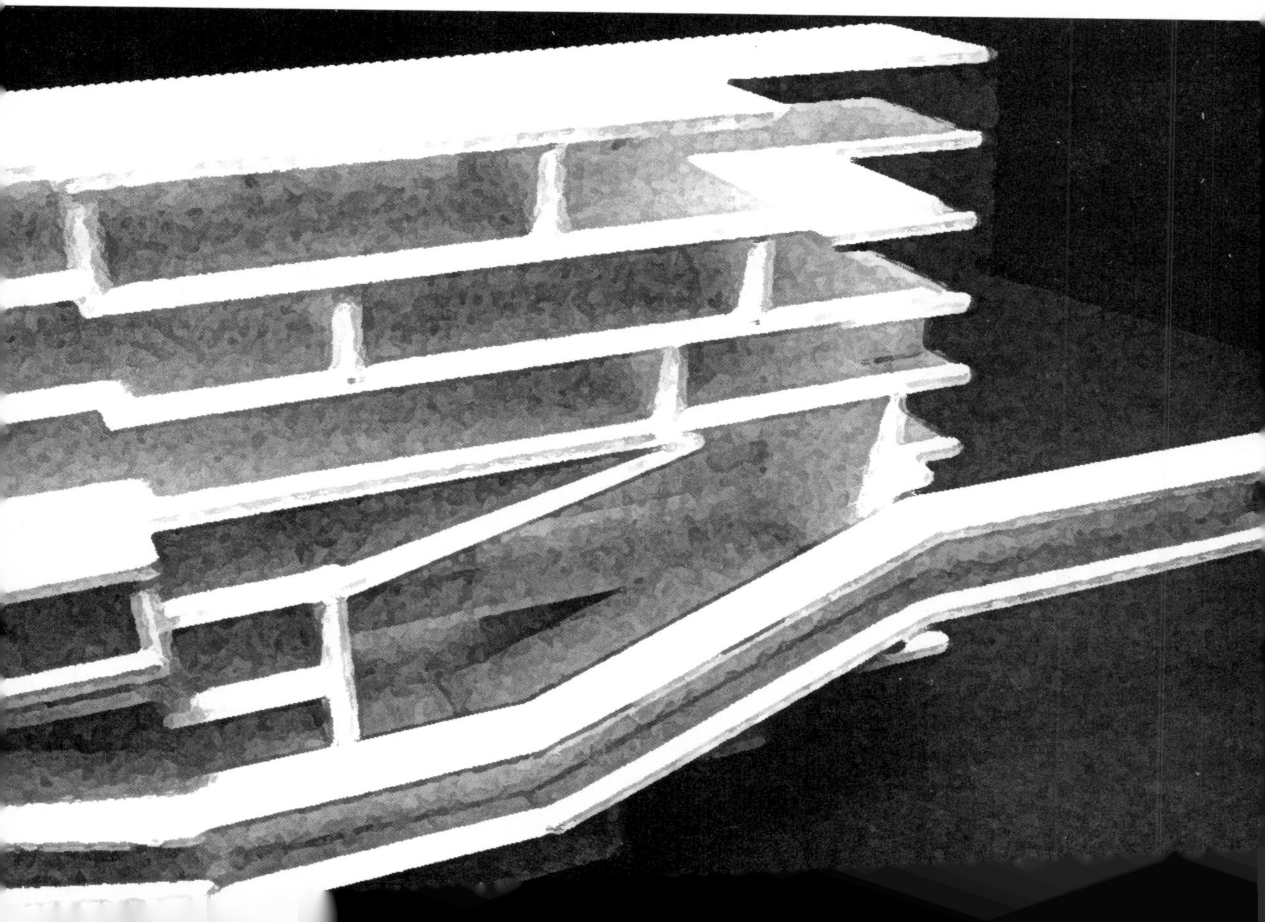

store
store
store
store
store
store

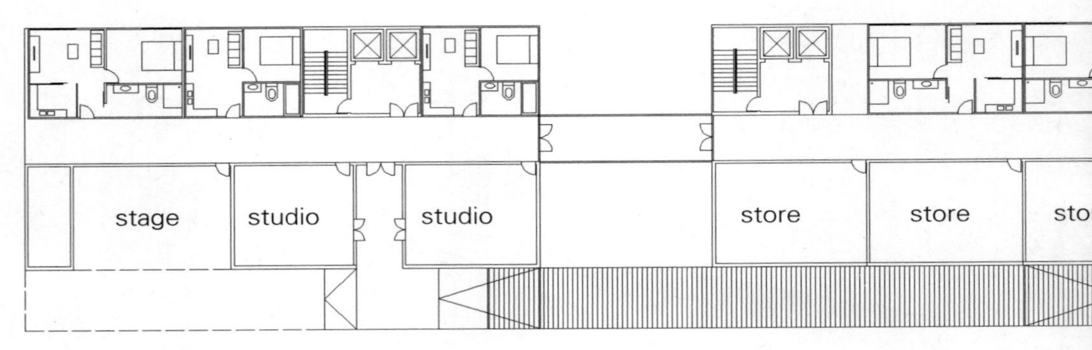
stage
studio
studio
store
store

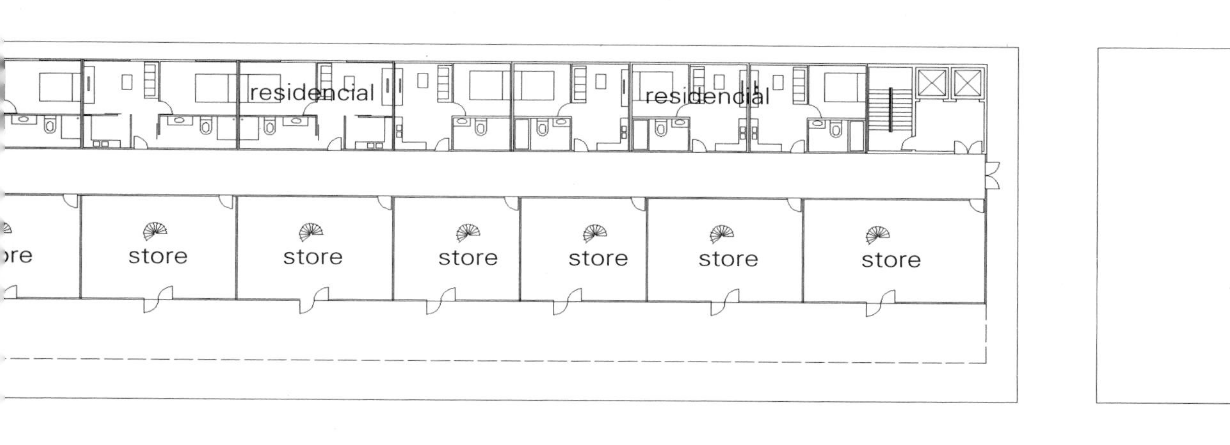

Plan 1F

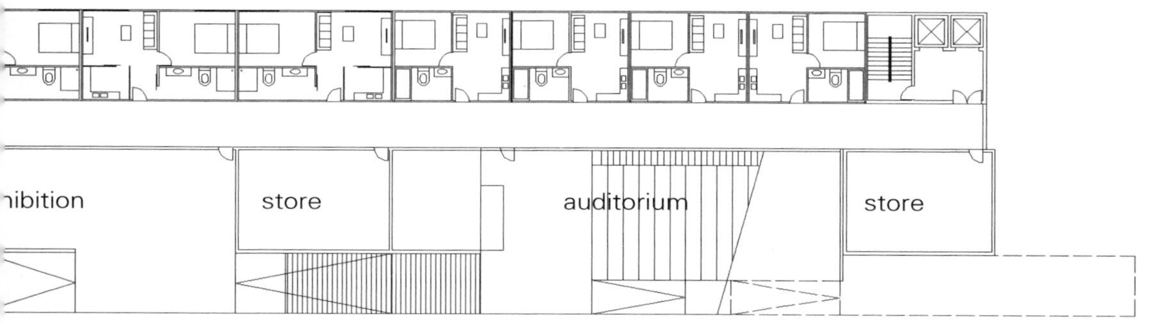

Plan 3F

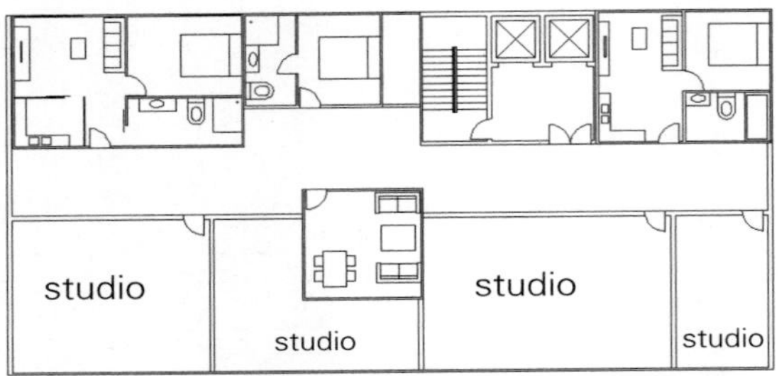

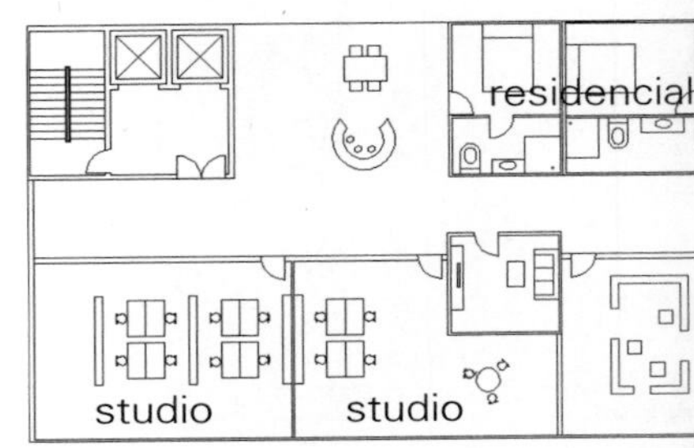

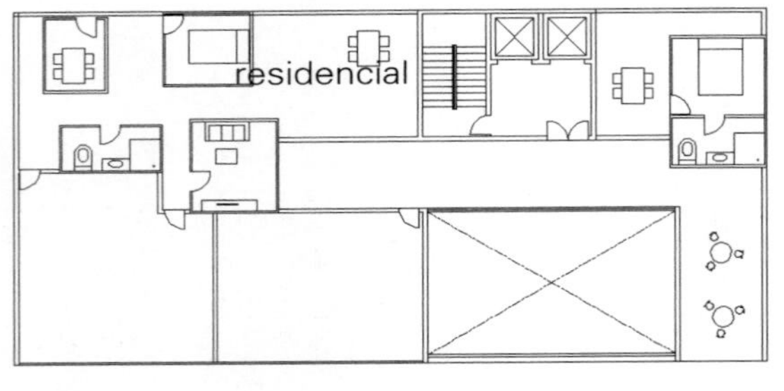

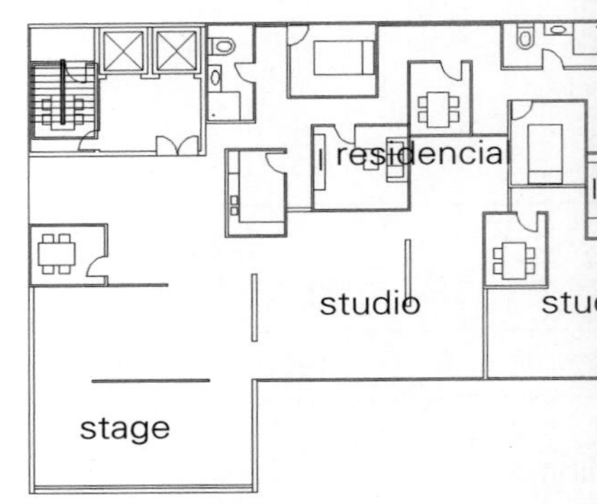

从平面布局的细节可以看出自下而上商业与居住之间关系的变化，下方更加界限分明，而逐层往上，则经历了互相融合的过程，至顶楼，居住本身被分解，分散在商业内部。如此设计，主要的考量是由于未来工作和娱乐的界限将消失，娱乐就是工作将成为新时代广受推崇和流行的生活方式。新到的顾客与进驻的商家将体会同一种震撼：离地面越远，你获得的自由度反而越多。

Plan 5F

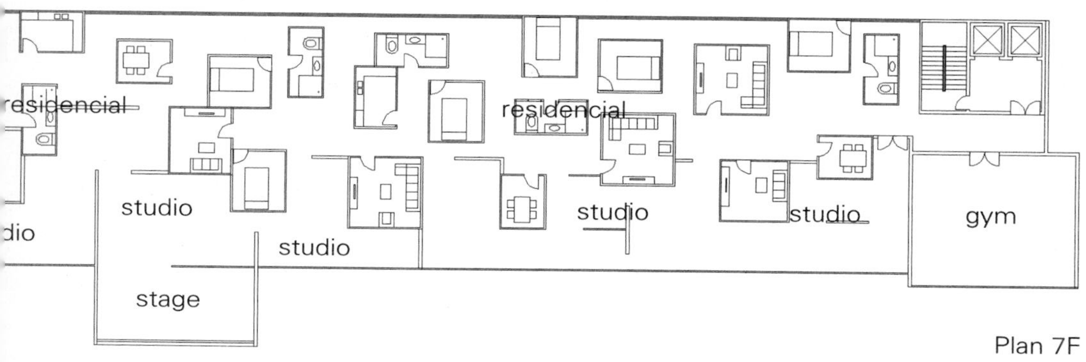

Plan 7F

John Carmark麾下的员工可以在工作中拿玩具枪互射，可以让员工睡在地板上上班……当物质积累达到一定阶段，工作就是生活，生活就是工作，“湖南路1/2城”原意是成为这种生活方式的实验基地。娱乐与工作融为一体的方式重新定义了生产与消费、创造与享受之间的关系。

我们在寻找商业街的未来，虽然它是不确定的，但是已经在发生了，人们走入其中，却毫无察觉。因为他们仍是以过去的思维在思索。我们所有需要做的，就是使人们知道，他们曾经存在于未来中，并且那就是让其存在于那里的原因。

惊异伴随着神秘感的消失而产生，对于一条中国最常见的商业街模式的重新设定开启了概念性批判的航程，没有历史的隐喻，没有宣言。

《重庆森林》

重庆大厦只是尖沙咀的一栋破旧而混乱的高层建筑而已，为什么王家卫要选它作为电影的核心背景？这有他自己的考量。香港本地人都知道，这栋楼内部结构复杂，并且混杂了各色人等，与香港普遍的文明状态相较，这里显得非常的“非典型”。然而，它确实是当代城市生活错综复杂的一个缩影。

城市空间

王家卫的电影，有时候城市空间本身就是主角。对重庆大厦中故事的描述隐含了对于城市的观念。城市不是讨论的目标，而是作为社会问题最适合的隐喻而存在，重庆大厦在王的电影中暗示了孤立、自闭、混乱的状态。在这个每个人都如陌生人的社会里，敌意环伺，城市的每个角落都可能充满暴力；同样，在这个可以不断遭遇偶然事件、人物的环境里，爱情可能也会在不经意间产生——这似乎就是王家卫在《重庆森林》所表述的城市空间的意义——它像一片森林，让观者难以看透。

越界与交织

重庆大厦的关键词是：混乱、嘈杂、阴暗、动荡，甚至还隐含了某种未知的危险，但是它仍然是有魅力的。它的魅力正是在于它这种非常规的“混杂性”。王家卫在电影中对重庆大厦的描述并不是虚构的，在现实中，它就是如此。首先是居住人群的混杂：这里有香港人、台湾人、印巴人、黑人，还有各种来路不明的人；其次是功能的混杂：这里有各种售卖假货水货的摊贩、全球各地小吃、背包客旅馆以及经营者自住的住宅（也许还兼有色情服务场所）；再次，是空间上的混杂，比如旅馆的接待在3层，但是实际客房可能是在11层，小贩的商铺在底层，可是居住却可能是在最高层。

这种非常规的城市状态，是由一种自发的需求导致的，建筑原本的使用目的、功能和方式，已经消失。“被预设的”让位于“历史形成的实际需求”，重庆大厦里，“规训”的颠覆是靠“非正式”来实现的，那么，我们作为建筑师，是否在建筑的开始，就考虑采纳这种“越界”的思维， 从而创造全新的建筑类型？这是我所期待尝试的。

意识流

如果叙述者只管自顾地以他自己的方式、说他自己想说的话；如果他说话同时又非常的跳跃，非常符合真实思维的不连贯状态时，他的表达方式就很“意识流”。从这个角度来看，其实王家卫非常的“意识流”。

他的人物总是沉浸在自我的世界里，有时候略带神经质。当短发的王菲在小食店里随着《加州旅馆》的旋律一边摇摆、一边做厨师沙拉的时候，有一份旁若无人的从容和自我。在梁朝伟扮演的警察出现之后，她所有看似不经意的举动都有了关注的含义：她可以在梁的小屋内打扫、收拾、躺卧，一个人幻想两个人的世界——在愿望不可企及的状态下，幻想是唯一可以得到的方式，但是前提是这种幻想必须具有某种情境作为依托，她选择了偷偷潜入警察的家里，此时，空间成为了幻想的载体和依据。

主体与客体

王家卫电影中的物体总是具有某种寄托，或者它就是某种人类的隐喻，当情绪进入某种状态，人眼中的很多场景就同样具有了某种情绪，当情绪无处宣泄的时候，与当事人有关的物体便成了情绪外溢的唯一出口。例如金城武不停吃的凤梨罐头，例如梁朝伟那个喜欢拿来摆弄的模型飞机，

“我不知道是不是我上班的时候忘了关水龙头，还是房子越来越有感情。我一直都以为它很坚强，谁知道它会哭得这么厉害。一个人流泪的时候，你只要给她一包纸巾就够了，但是一座房子流泪的话，你就要多做很多事情了。”

“看着它哭的时候，我很开心，因为它外表好像改变了，可是它的本质没有变，它依然是一条感情丰富的毛巾。”——不是感情丰富的毛巾，而是感情丰富的人，敏感而细腻的人眼中的毛巾才会哭。

客体的另一个作用是串联原本不相关的事件，使它成为故事发展的线索，例如林青霞的那顶金色假发，例如王菲一直爱听的《加州旅馆》。这个线索成立的前提，是导演必须不停地言说、指涉它，使其产生某种连贯性。

时间与空间

王家卫自己说，这也是一部关于时间的电影。

“其实他不是没有来，只是走错了地方。那天晚上，我们大家都在加州，只不过我们之间相差了15个钟头，现在是他那边早上11点。不知道今天晚上8点，他会不会记得约了我呢？”

“我们分手的那天是愚人节，所以我一直当她是开玩笑，我愿意让她这个玩笑维持一个月。从分手的那一天开始，我每天买一罐5月1号到期的凤梨罐头，因为凤梨是阿May 最爱吃的东西，而5月1号是我的生日。我告诉我自己，当我买满30罐的时候，她如果还不回来，这段感情就会过期。”这种近乎倒数的计数方式暗含了对于感情的不舍，和对于感情回归的某种侥幸期待。

空间与时间的转换，是人物境遇与心理转变的契机。任何事物都会随着时间而改变，而这种改变，也许是另一个开始的源头。

王家卫以电影探讨时间与空间，与我们在建筑中的主旨有共通之处，在接下来的章节中我们将展开讨论。

流动的边界

——中关村信息媒体综合体·北京

在创建伊始，中关村的电子信息商务区成为一种象征“未来新世界”的力量。但是发展至今，虽然它依然是智力的核心、新技术的试验田和最新IT科技产品的首发地，却没有显现出一个智慧中心的前卫性和面向未来的气象。

这一方面当然与部分中国企业爱走捷径、赚快钱，善于模仿、“山寨”，却缺乏核心技术创新能力有关——“中国制造”尚未转变为“中国创造”。另一方面，中关村的建筑在这个进程中也起了很大的负面作用，前者更易察觉，而后者却很少有人关注。

中关村的建筑与其他地区的“标准商务区建筑”并无不同，采用的是“商业裙房+高层办公楼”的形式，各楼栋外表花哨，内里单调。一切都是为商业服务，而对于利益的渴求显得如此紧迫：一个各层均质的大卖场，分租给各个品牌的代理商或者个体租户，密密匝匝仅剩通道。每一层的布局几乎都是确定的：首层的电脑集中销售，二层的数码产品销售，三层的相关配件销售，四层的个体经营为主的电脑产品维修、二手手机回收等业务。如有五层及以上，则多半为售后服务和各种业务代理。而塔楼中分布了各种类型的网络公司、硬件代理、安装公司、软件研发公司等中小企业。中国人硬是把一个科技产品的卖场做出了菜市场的感觉。

其实，中关村并非个案，全国的“IT一条街”几乎都是相同的组织模式，无论你身处深圳的华强北，还是南京的珠江路。地域跨度之大，却保持了如此高的相似度，我们不得不再次惊叹“全球化”的威力。

从上世纪90年代起，网络和信息技术的发展开始改变世界，同时也在改变中国（这也是中国唯一一次与世界同步的技术革命）。电子信息技术对中国人生活的改变，决不仅仅是提升生活质量、增加娱乐手段或者便捷沟通本身。许多新兴的虚拟事物，甚至在某种程度上带动了社会和精神的深度变革。例如，“随时随地分享身边事”的微博、微信，谁也未曾料想它们竟然兴盛至此，并且承担了一定的传播新闻和反腐功能，以虚拟冲击现实；各种网络社区、聊天工具将人们的沟通和情感带入新的境地；而电子商务的兴起，大有取代实体商业的气势……凡此种种，数不胜数。而中关村目前的建筑，对此类引领变革潮流的虚拟技术鲜有回应。

另一方面，硬件设备也在飞速发展。今天，电脑、手机、PAD、电子阅读器、数码相机、摄像机、游戏设备、电子词典……已经充斥了社会生活的各个角度，现代人已经无法想象离开它们如何生活，且以上产品的更新换代也快的令人咂舌，各种功能复合而体型小巧的产品，将人们带入一种连续而诗意的自我重塑过程中。而中关村的建筑对于这些新科技产品，同样处于失语状态。

我们注意到，由“苹果教父”乔布斯打造的“i”系列电子产品，在成功地席卷全球的辉煌背后，除了设计本身对于人性和时尚的极致追求外，还有他们对于体验空间的重视——总是在核心地段，不惜重金打造通透而富设计感的空间，同时让消费者充分感受各系列产品的多种功能，充分体现了“展示与互动”在现代IT产品推广中的作用。

中国的电子信息一条街的建筑，是否还有更好的答案？

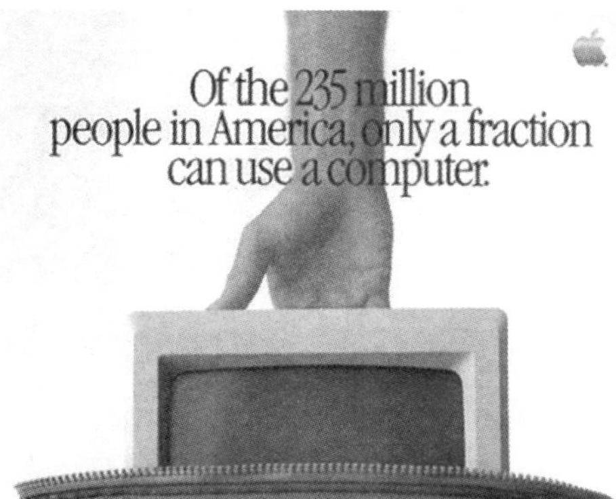

Introducing Apple II.

有学者总结了2012年互联网十大趋势，排在前五位的是：1. 活在此刻；2. 位置； 3. 扩充现实；4. 信息整理与导航；5. 云计算。

在电子信息时代，我们除了“自然人”的传统属性，也可以是手机人、阅读人、游戏人、街拍人、体验人、微电影人、微信人……电子技术和无线网络拓展了身份外延和生活维度。

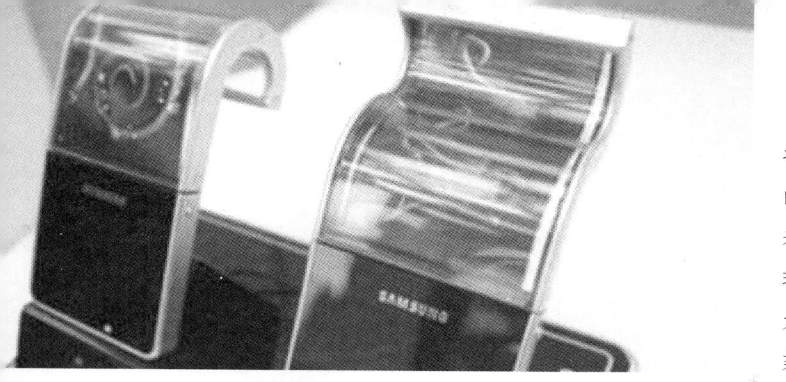

【技术趋成熟，柔性手机即将诞生】在2013 CES大展上，三星的柔性屏幕手机产品赚足眼球。接着康宁也推出了自家可以弯曲的玻璃。目前来看一部手机最主要的四大件——屏幕、主板、电池和外壳的柔性技术都已经发展到了一定程度，

【大数据背后的隐患】大数据时代，数据安全问题对行业公信力产生很大影响。据调查，91%的消费者担心在线隐私问题，88%的人称他们会尽量避免与不能保护其隐私的公司交易。管理者需：1. 明确收集数据的目的、使用方式及保护措施；2. 尽可能向用户公开数据业务；3. 随时准备处理危机。

【安卓用户有福利了！手机开关灯走起】出门忘了关灯，躺在沙发上懒得起来关灯怎么办？WeMo公司推出了专为安卓手机用户设计的WiFi Light Switch产品，通过手机应用，开关灯自由掌控。在此之前，WeMo也为iOS用户推出过名为Switch的类似产品。手机确实在逐步联通我们生活中的一切。

（以上内容来自北大新媒体官方微博）

【工作生活两不误！RIM将为手机配备双重功能】很多企业允许员工在工作时使用自己的手机和平板电脑，双功能手机产品能够将同一台设备上的个人信息和企业数据进行分离，并且限制企业获取员工个人数据的能力。员工辞职时还能远程删除手机上的企业数据，同时不破坏其存储的个人内容。

【小而强！全方位健康跟踪器来啦】Smart Activity Tracker是一个小型蓝牙电子设备，重量仅仅8克。身子虽小功能强大，可作为计步器、卡路里计算器、睡眠追踪器、体重追踪器使用；拇指对准它的屏幕时还能自动测心跳。早上起床后将它放入口袋，一天健康信息就全有了。你需要吗？

【CES 2013盘点：消费电子未来的六大方向】1．“移动”成消费电子主题；2．高通、三星成为新领导；3．“连接”成为新方向，产业整合和统一用户体验很重要；4．内容成消费电子产业链核心；5．人机交互将成为创新热点；6．中国成消费电子新力量。

（以上内容来自北大新媒体官方微博）

微博上的一天

@天才小熊猫

结了一下，每天的微博内容基本上是这样的

m 6:00

天早上6点，郑渊洁开始号召大家刷粉丝

郑渊洁

早上好，请和你的上下楼互粉

m 8:00

上8点，潘石屹会告诉大家今天的天气情况

潘石屹

朋友们早上好，今天的空气质量。

m 10:00

上10点，李铁根早已为大家准备一条没品新闻...

李铁根

#没品新闻# 人是唯一知道羞耻和有必要知道羞耻的动物——马克·吐温

安溪17岁少年或因耻于阴茎常勃起 挥刀自宫(图)

前天上午10时许，安溪17岁男孩小军（化名）在家中挥刀自宫，阴茎几乎全部离断。在就诊时，他向医生讲述，因为他阴茎经常勃起，所以才用刀子去割的。

经过手术，小军已脱离生命危险，他的阴茎保住了。随着时间推移，性器官和性功能有望恢复完好。

am 11:00

早上11点，作家崔成浩开始黑朝鲜

作家崔成浩

别人送给我的点心，吃着眼熟。

am 12:00

中午12点，各种营销账号开始发广告

微博排行榜

#四核终结者# 联想K860i从21号开始，京东、联想官网同步开售，2288元，现货足量供应！亲，生蛋快乐

pm 16:00

下午4点，睡完午觉的所长开始毁段子...

所长别开枪是我

然后男孩默默的递了张名片过来，上面写着平安保险。。

火车上，一位男孩拿着手机发微博，写着：在火车上，我对她一见钟情。她讨厌烟味。不知为什么，她一直望着窗口……男孩默默的看着她，心想她一定不知道的。过了一会儿，微博上有人回复了他：因为窗口倒映着你。男孩抬头一看，她正微笑的看着自己。

pm 20:00

晚上8点，任志强开始调戏潘石屹

任志强

跑步比跪搓板好啊。。。

@潘石屹

今天奥林匹克森林公园。跑完步后拍的照片。

am 00:00

午夜，舒淇会发一些让人看不懂的东西

舒淇

從前，我不懂你，你不理解我，我們不懂珍惜，一再錯過。末日，還沒有來。天亮以後，如果還有心意，還有機會重來，親愛的，我們一定不要再遺憾。晚安。

这就是我每天在微博上看到的内容

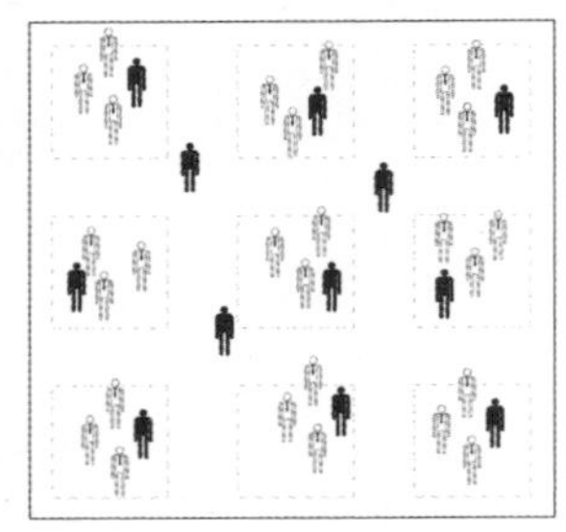

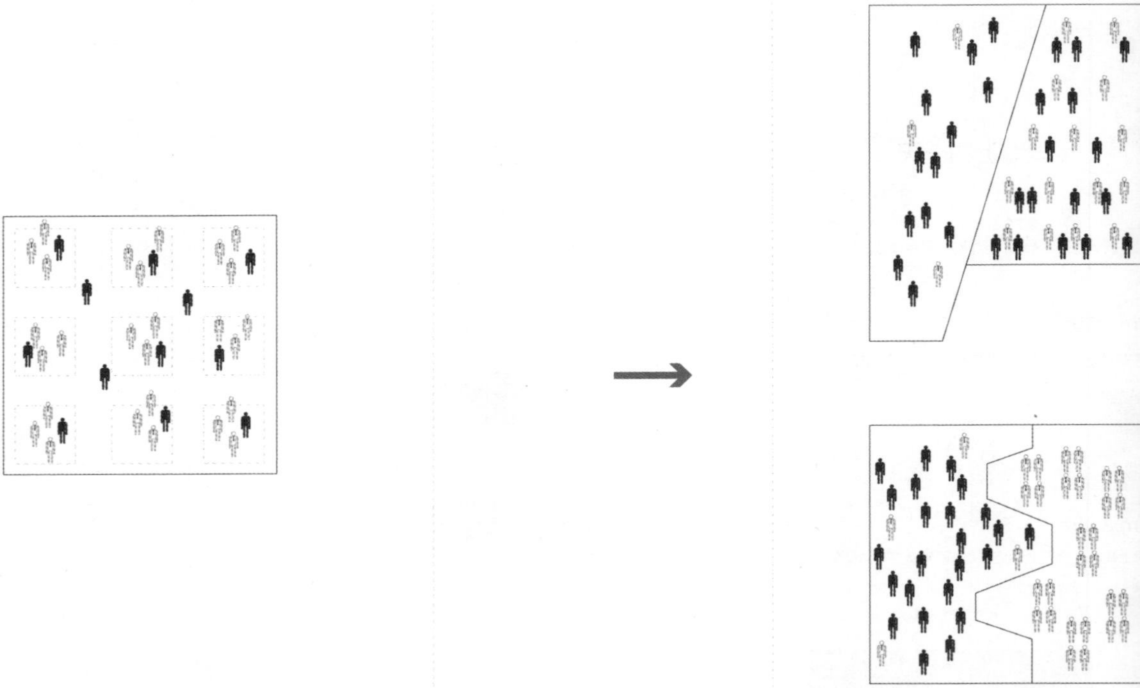

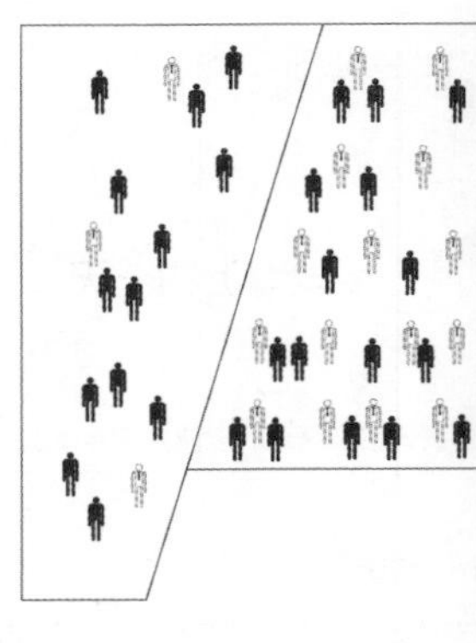

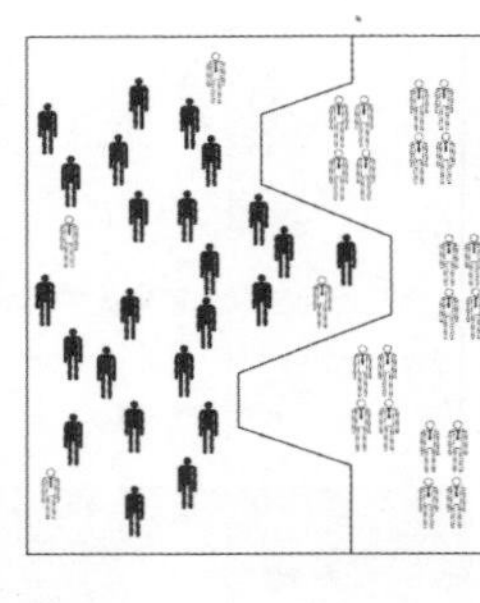

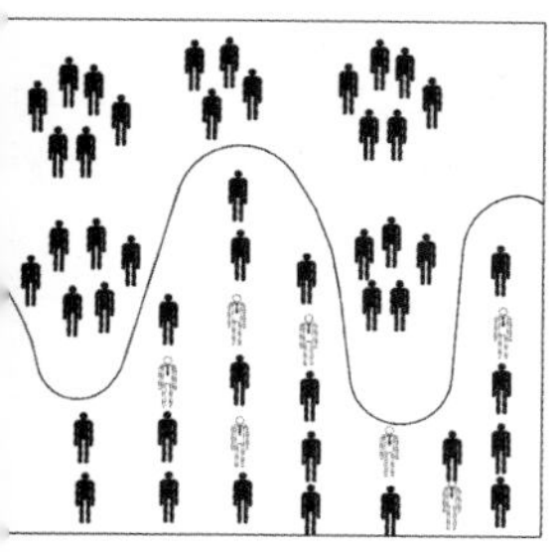
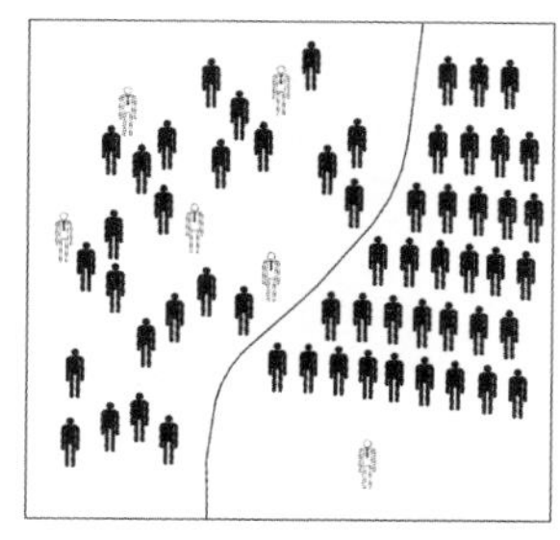

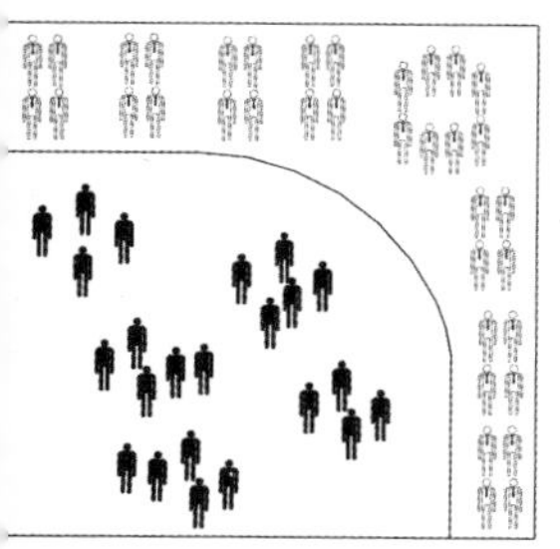
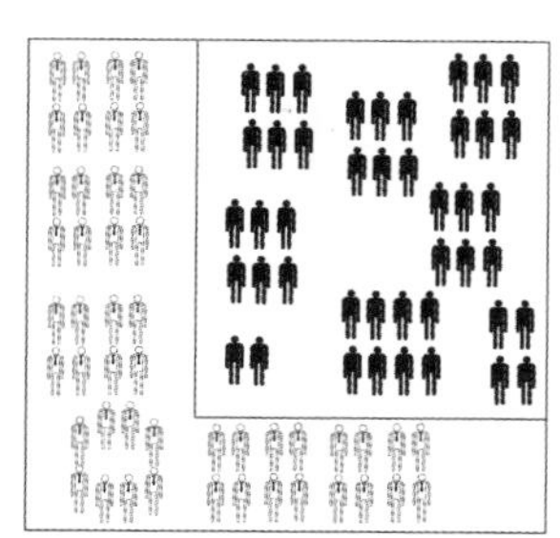

我们期待建立一个不同于以往的，将产品零售、媒体发布、技术展示、科技普及及教育功能集合于一体的新型综合体建筑，它位于中关村的路口。

这是一个独栋建筑，尺度并不太大，却与周边格格不入：它没有裙房和塔楼的区分。四个方向的边长相等，均是40米。而层数则很难定义：它是一个两层通高与单层并置，并不断交替上升的建筑。如果按照单层计算，是14层，而按照双层则是7层，它通体透明，因为对外的展示正是其核心功能的一部分。

“界面”是这栋综合建筑的关键词，为了便于理解，我们不妨将其定义为“商业”和“展示”两大类型的功能，在这里被划分为两部分，又不断地同时出现，互相冲突而又彼此依赖、纠缠。建筑成为这个界面的物化表达。

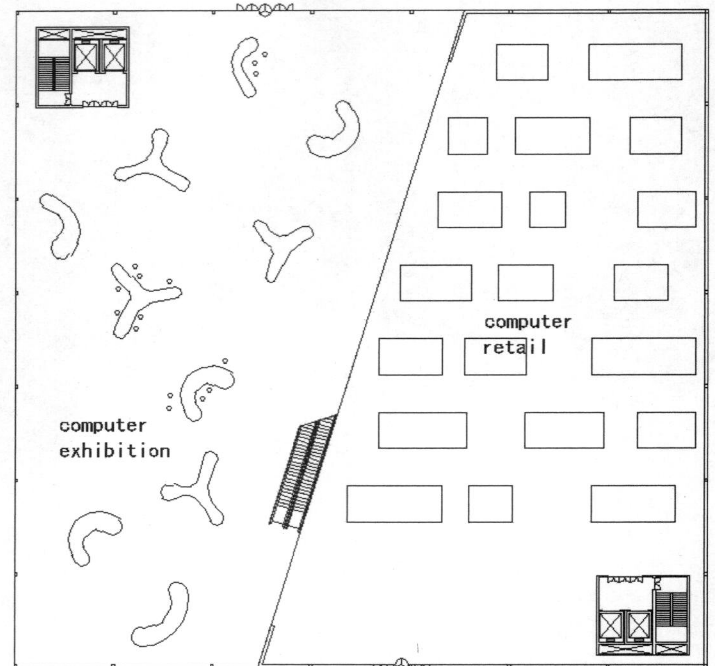

Plan 1F

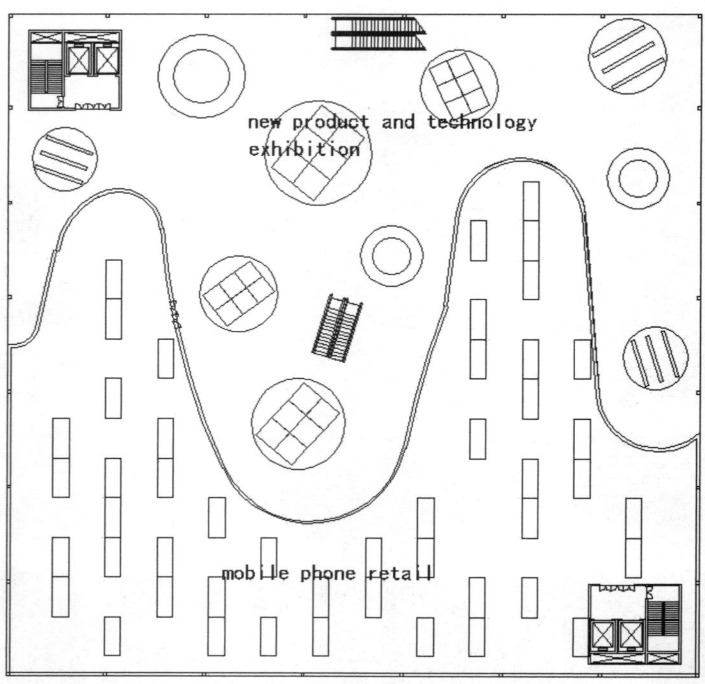

Plan 3F

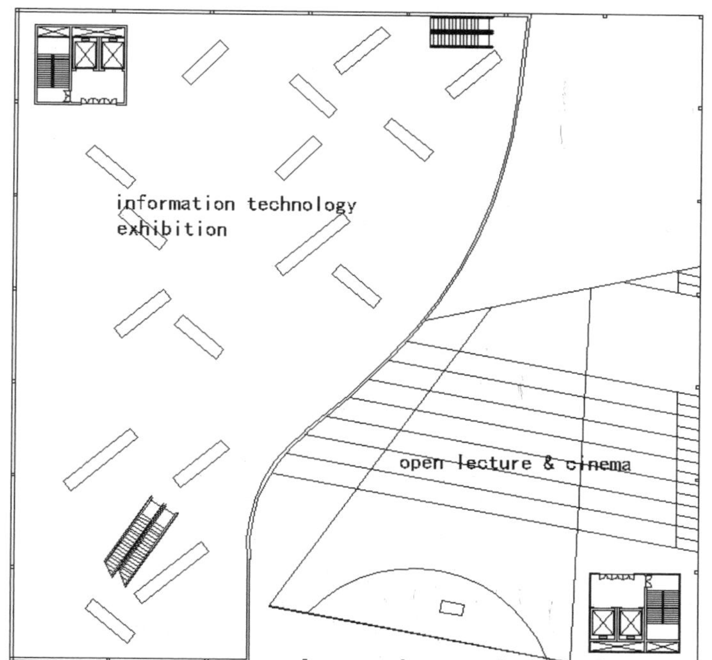

Plan 5F

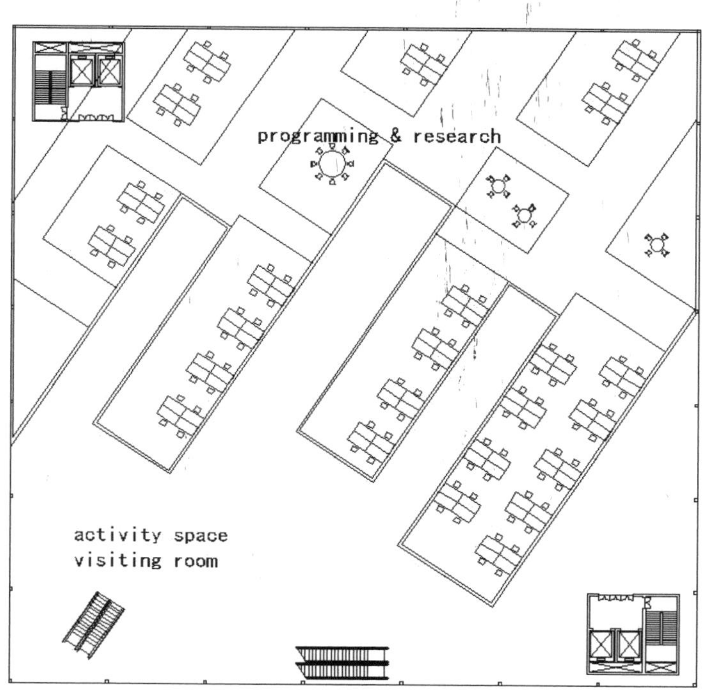

Plan 7F

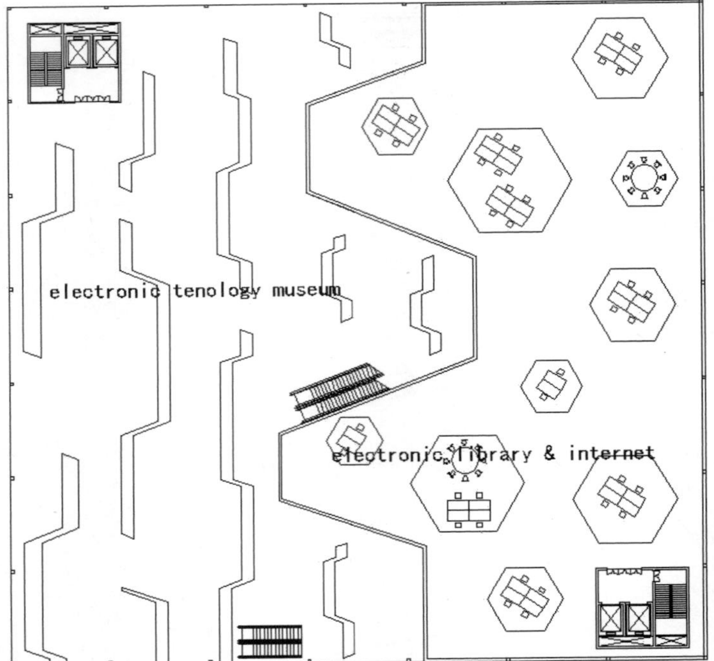

Plan 9F

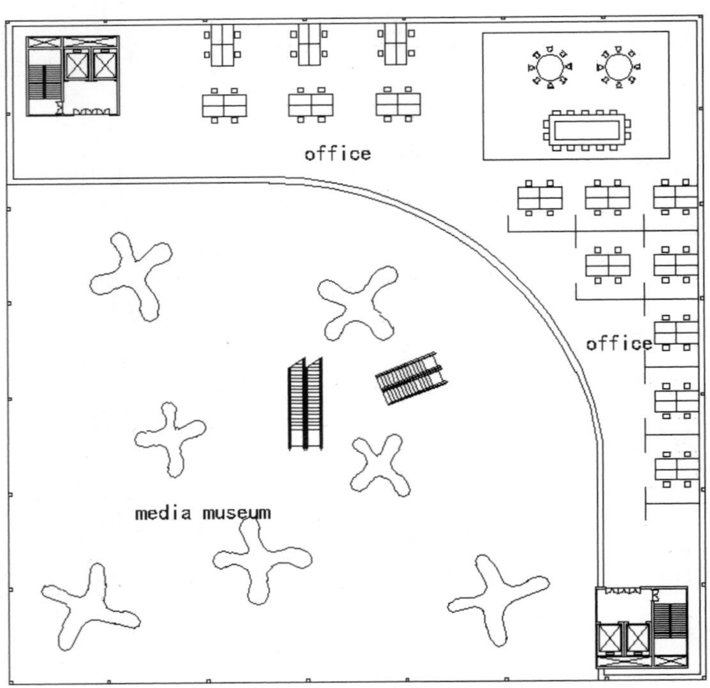

Plan 11F

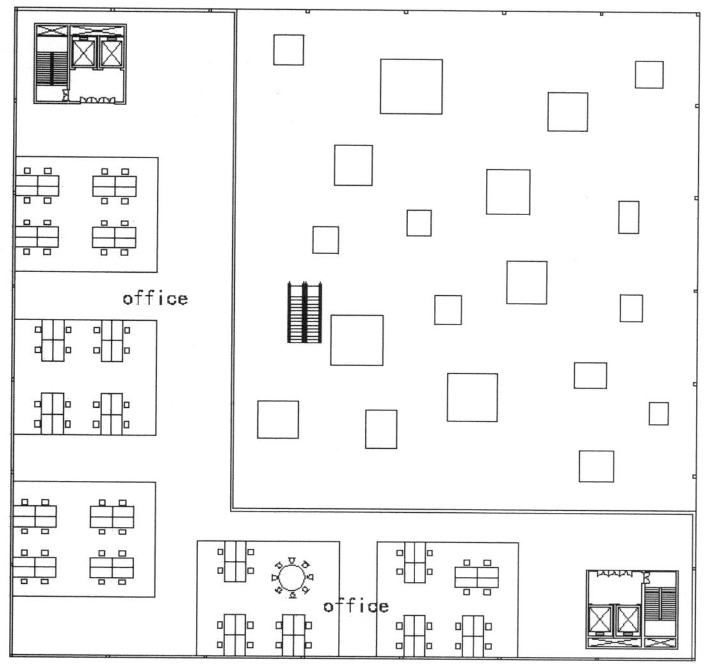

Plan 13F

与传统塔楼最大的不同是：它的分界不仅仅是垂直向度的（楼板），同时也是水平向度的。且这个界面随着程式的变化，而呈现出不同的特征。或坚硬、或柔软，或连续、或间断，或截然分开、或彼此渗透。它探讨了“分隔”与“融合”的多种形式。如同机件内两个互相咬合的齿轮，以及大脑皮层错综的沟回的构造原理一样，刻意而为的分隔的目的最终指向“融合”。

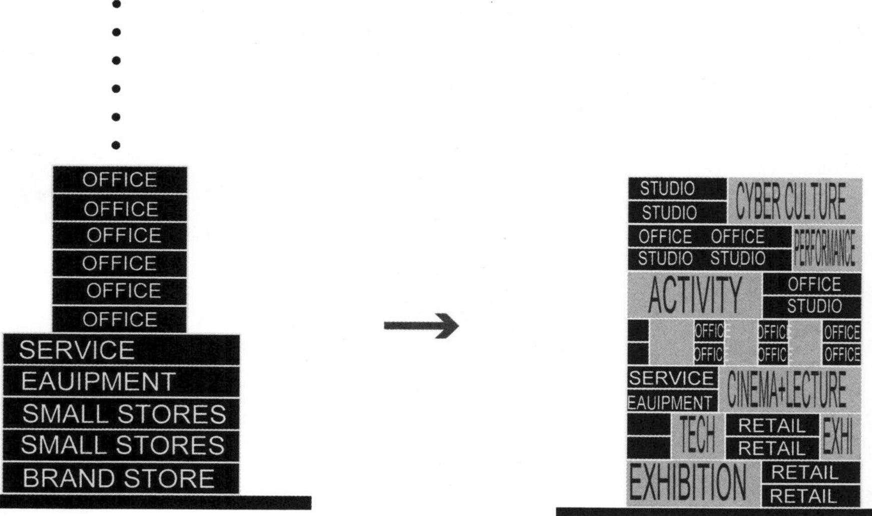

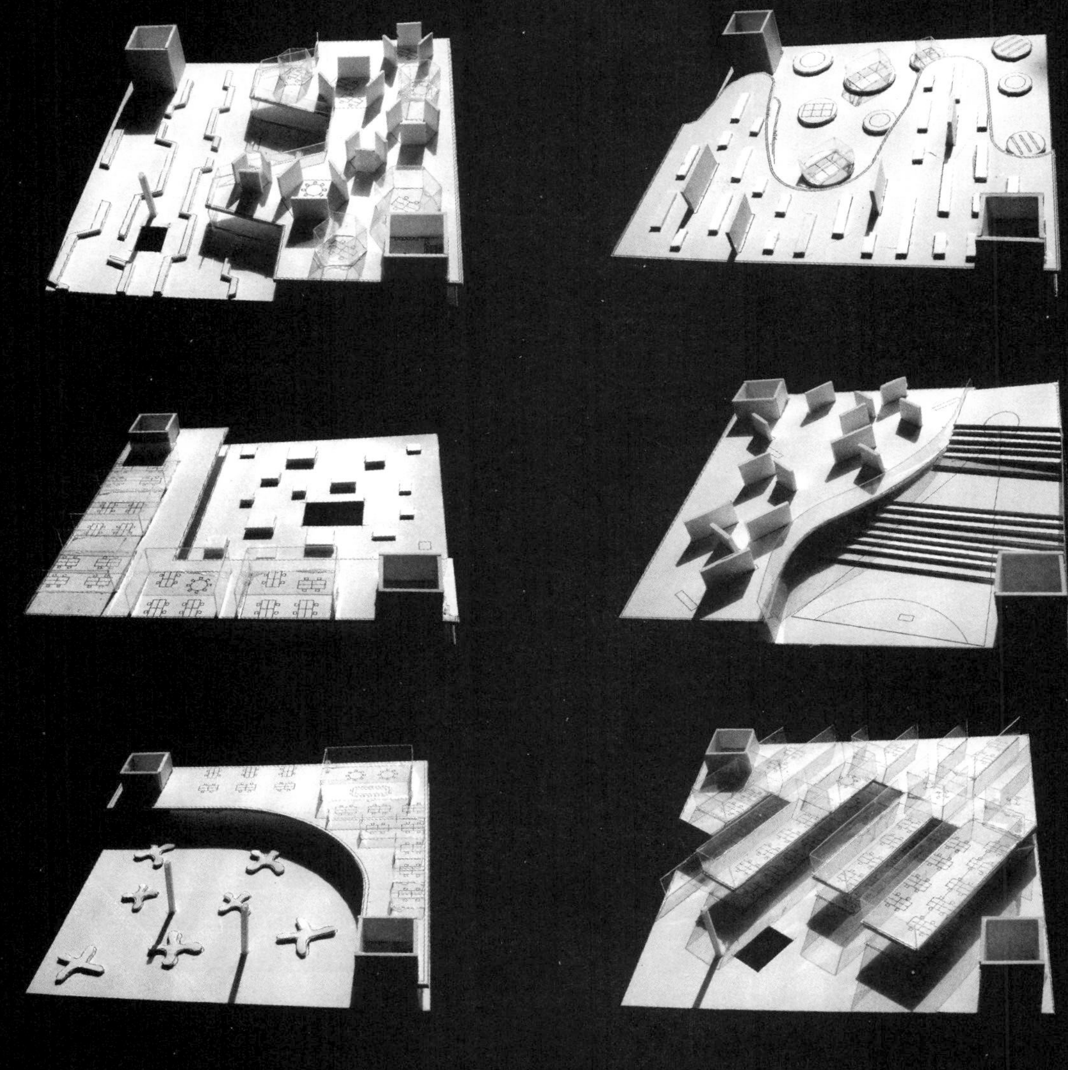

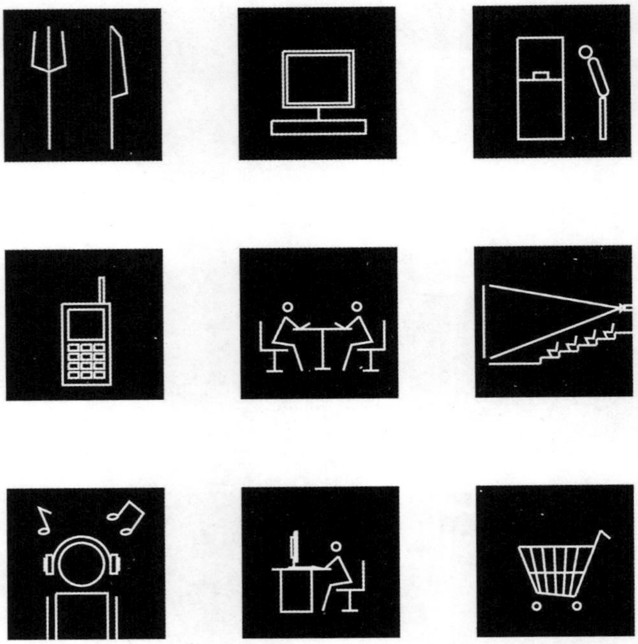

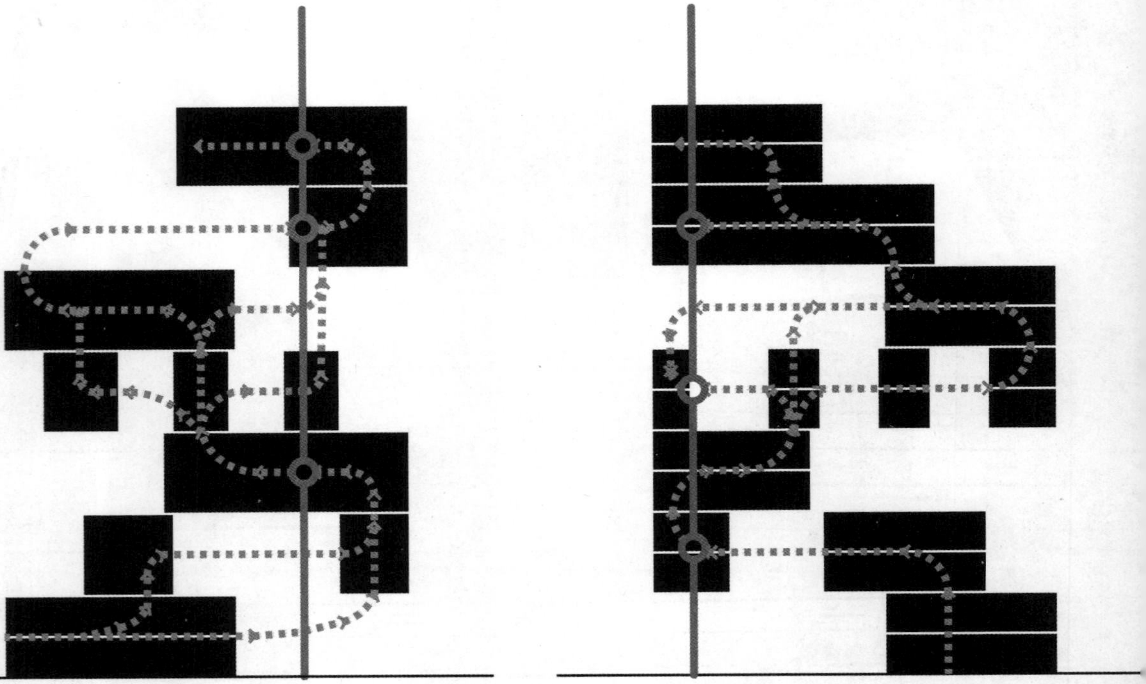

信息技术及媒体展示内容的注入，使“电子世界文化”由一种潜意识的意图转化为有意识的句法。每一类商业活动或者商品，都有其对应的技术或者媒介。例如电脑和四维体验，数码相机和全息成像，电子阅读器与电子阅览室的结合，游戏研发和Cosplay的结合等等。我们甚至安排了空间，让部分编程和研发的过程同样可以向公众展示，科技生产的过程本身，就具有教育意义和公众感染力。

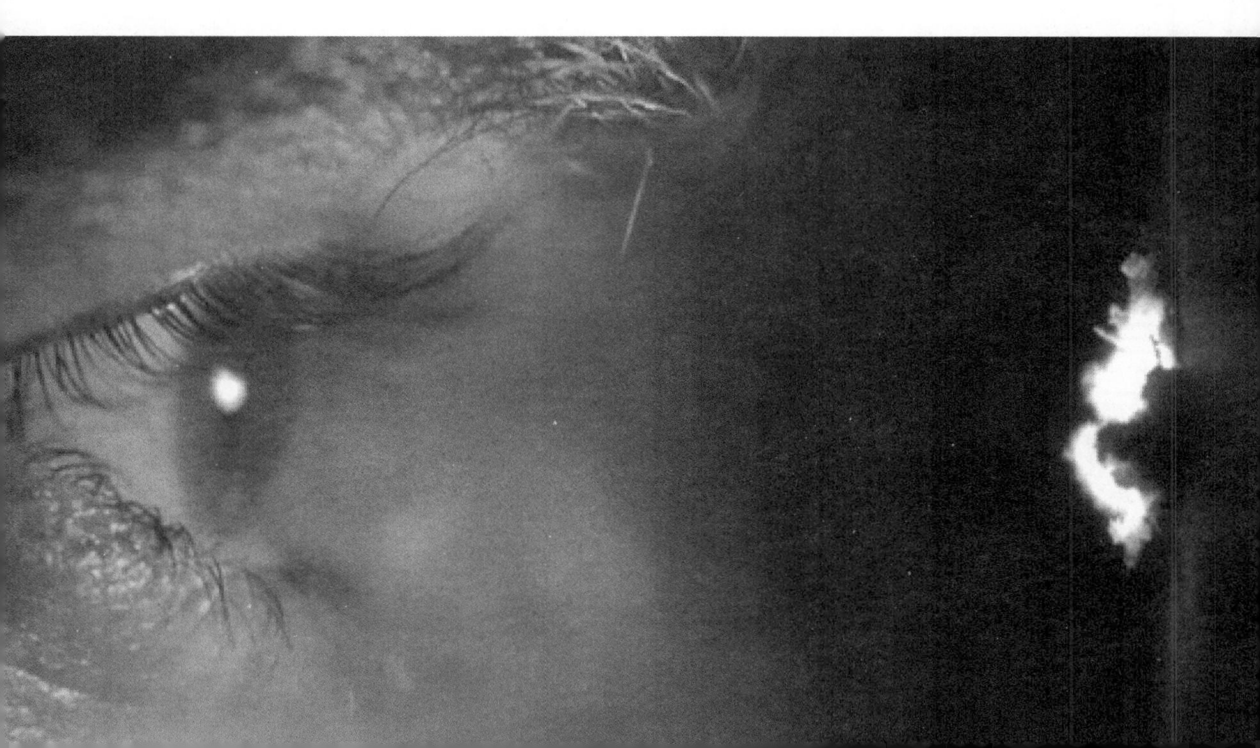

这是一个综合性的信息媒体展示与商业、商务结合的中心。功能涵盖了实体电子产品展示、虚拟信息技术展示、视频及虚拟现实、媒体技术剧场、演讲厅，所有这些公共活动与商业空间紧密结合又边界清晰，适当的地点相互交汇融合——终极意义上，它是一个指向公共的商业实验室。

塞尚画作里的“变形”与“多视点”两个不同的层面的内容，其实是一体两面的问题，画家为追求“有深度的视觉表现”，而由不同的位置去观察同一物象，但空间位置的转换即隐含时间因素的存在。当画家将“多视点”的意向融入一副画作时，观者却面临“将时间因素消除”而以简单的浏览去解读多个焦点的困难，于是人们称之为“变形”。在这个媒体展示中心中，我们同样尝试了多视点的交错。

界面的划分可以类似于病理学上的“精神分裂”，但与精神分裂的无意识状态不同，在此处，我们采取了一种主动的精神分裂措施。诺曼·贝兹(《惊魂记》）的分裂属于前者。而主动的分裂，按照精神分析的观点——“有利于认清更深层次的自我。”我们在所有可能的层面上创造两种元素的分离与并置，达到终极的商业的利益最大化与建筑师对于电子媒体文化的梦想之间的重合。

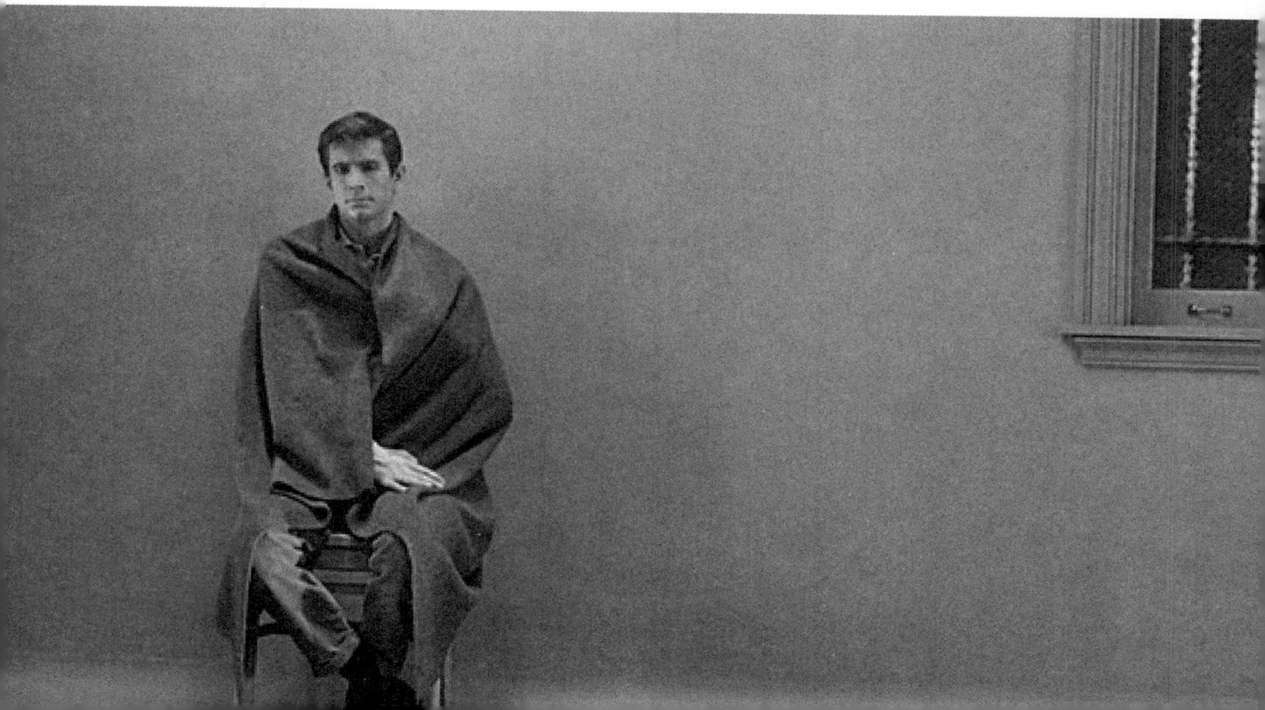

《惊魂记》

单一精神世界往往很难承载复杂的情绪与欲望，因此，精神主体常常分裂为两种截然不同的状态，驱使主体走向某些相异的极端。这在病理学上被称为“精神分裂”。

影视作品中对于此现象多有精妙的描写。最知名的要数希区柯克的《惊魂记》里面那个表面平静，内心无比纠结的诺曼·贝兹。

诺曼·贝兹，一个被母亲的“声音”控制的精神分裂者。在年轻女孩到他的汽车旅馆时，一方面对其充满欲望；另一方面，每在关键时刻，他的“母亲”总会出来，用凄厉的声调告诉他这些女人都是荡妇，不能让她们存活。影片中在真相大白以前，都是以母亲的形象完成了一系列的杀戮。影片也没有用直接表现的手法，仅仅在浴室中展示了一个握刀的影子。

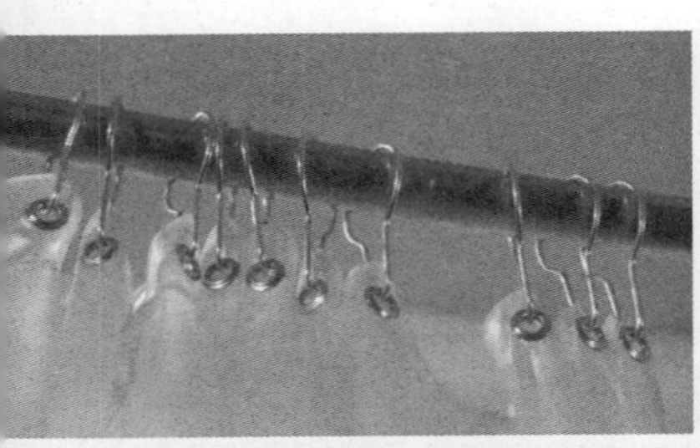

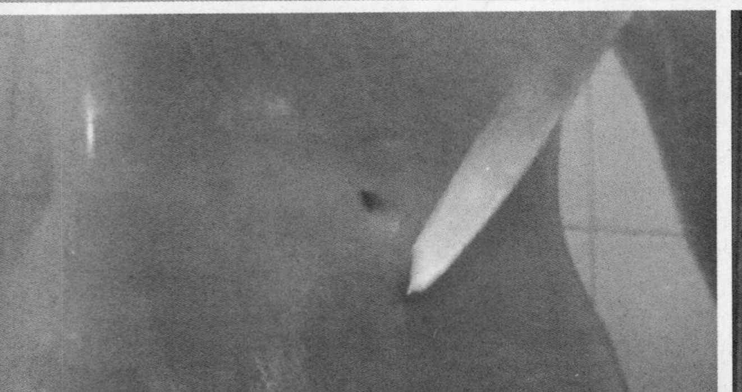

演员对于诺曼·贝兹的神经质刻画是非常到位的，从他望着鸟的喃喃自语，到一系列异常的举动，从墙洞里窥视玛丽蓉换衣服，以及行凶后注视着那辆车渐渐沉入沼泽的表情，无不凸显出一种被严重压抑的欲望与一种扭曲的外部世界之间的张力。当侦探最后将那个一直作为贝兹精神主控和系列凶杀的元凶——端坐在沙发椅上的“母亲”转过来时，赫然发现那竟然是一具干尸！直到最后一刻，导演才揭示出母亲早已去世，那个贝兹心目中的母亲，仅仅是他自己幻像中的存在，同时也是他本人。他与母亲的对话，都是他模仿母亲的声音一人而为，而当他戴上假发的一刻，他已经把自己幻化成母亲的本体，完成了杀戮。母亲是贝兹精神的施虐者，而他本身又同时扮演了施虐和受虐的双重角色。

影片中，希区柯克还利用“偷窥”的手法，将观众带入电影中。诺曼·贝兹透过墙上的小孔窥视女主角更衣的场景，实际上是一次角色代入的过程。艺术评论家詹姆士·吉布森将“偷窥”描述为观众本身的心理诉求，而在观影时倾向于将自己认同为电影中的角色，所以把镜头的视点当作自己的视点，这是在电影等媒介产生之后，人眼观看与心理辨认的特殊模式。而另一位艺术史学家贡布里希则认为，媒介也会对知觉能力和习惯进行重塑。

影片可圈可点之处甚多，例如重要场景的设置：一个是汽车旅馆，一个是山上的哥特式古屋，而贝兹则在这两者之间游走，形成他精神世界的一次次转换，这仿佛是一种隐喻，影射了美国人在现代与古典之间的徘徊与艰难抉择。而本片的情节设置也颇具特色，开始的玛丽蓉偷走老板的4万美金，慌张出逃，本来就是一个独立的故事，却在到达汽车旅馆之后，随着女主角的死亡而终结，从而引出另一个更为令人惊骇的秘密。“声音”原本是这个故事的辅助线索，却因为发声者与受动者集合为一体，形成了一个“没有主体的借尸还魂”，更增添了全片的诡异气氛。

这是一个“无意识”的精神分裂的绝佳案例，而我们在“中关村”媒体中心中所做的尝试，却是一种类似于达利的“有意识的超现实主义”——主动的分裂。

在虚拟时代潮流的外延，拒绝了现有的陈腐处理方式，通过以不寻常的方法嫁接和并置寻常的事物，“分裂法”是一种对虚拟时代建筑手段的“预告”。

浮与沉的城市舞台

——1912酒吧街·南京

人造“城市性格”

“1912”是邻近南京长江路、总统府的“民国风情主题酒吧街”，以部分遗存的民国老建筑改造加建而成。

1912酒吧街=消费

1912依托总统府是一个绝妙的选择。

总统府=历史、荣耀、贵族气质、享乐、尊贵、奢侈、庄严、想象……

酒吧街=餐饮、酒吧、娱乐、休闲、欲望、消费、交际、显摆……

北京798虽然在厂区改造的Loft的内部仍然留下了大量的红色标语，但是它的前提是：年代的久远已经使这段颇具政治色彩的、曾经是话语禁忌的历史有了艺术的反观价值和轻松化可能——它可以轻松是因为它已经纯粹成为一种历史。而南京的革命遗迹则不同，至今仍然承担着强烈的“革命教育”社会重任。几个著名的景区（中山陵、雨花台、江东门纪念馆）其本质都与“墓葬”有着某种联系。这个主题无论如何也难以和“娱乐化”扯上任何关系。

酒吧所代表的小资文化与以红色记忆为基调的共产主义记忆的土壤格格不入——南京那么多“名胜古迹”，民国总统府及其周边地区久已形成的历史客体基础与文化气场使其成为这一主题的“不二之选”——十里秦淮虽然在古代也有“夜店休闲”的传统，可是夫子庙常年以来的市井化，已经难以满足所谓酒吧街所代表的小资文化与中产生活休闲场所所必备的雅致环境。

总统府——自南京解放起，其作为政治中心的生命就已经终结，行政功能被旅游和纪念取代——在计划经济时代，也许纪念性更大于旅游价值。1912酒吧街选择毗邻其旁，将其潜在的经济价值发挥至最大——它并非仅限于本身的观光价值，而是作为一个时代象征的、磁场的、中心的辐射价值。

总有一天我们同样会有：

“1949共和文化一条街”

“1966大跃进一条街”

“1970‘文革’文化一条街”

“1978改革开放一条街”

——它们尚未产生，只因年代不够久远。

1912酒吧区=少量民国建筑遗迹+人工仿制品+怀旧向往+民国想象+小资情绪

=体验价值+商业价值最大化

=荷尔蒙释放场所

其本质的驱动力量仍然是——资本。

酒吧街暗示了当代公共空间的一次重大转移：从户外转向室内。一种极其“火爆”的室内，与灰砖墙的沉静户外形成极端的反差——也许内与外的冲突正是现代都市的另一特质。

酒吧街语言

综合了当代广告的醒目、拉斯维加斯式的直白、欲望消费区特有的煽情和暧昧。

从正街到侧街的转变，由沉静典雅向肤浅花哨过渡，“吧”也由静至动：这是一场内外一致的推进。

酒吧街不可能是现代主义的，它只能是后现代的。

后现代风格是否是“奢靡”的代名词?

无论外表如何花哨，其本质仍然是“消费”。

以历史为卖点的消费街，它必定在历史上也曾经是风月场所或者兴盛的街市。例如“秦淮风光带”在历史上就是著名的“娱乐场所”，因“秦淮八艳”而闻名遐迩的青楼文化足以让人浮想联翩。

特色街的睡与醒

特色街的特色之一是其鲜明的生命周期——“1912”必定从晚上9点之后开始真正兴奋，而“大明路汽车一条街”、“创意产业街”必定在天黑时就开始休眠；而“夫子庙观光带”、“狮子桥美食街”则必定在周末开始真正聚集人气。

特色街的发展模式

1. 政府规划部门在地图上画一个圈

2. 招商引资

3. 填空——企业进驻，先来先得、利多优先

4. 产业整合、调整、竞争、进化

在建设初期，往往处于无序、混乱状态，缺乏管理和确切的目标——并不是没有规划，而是计划赶不上变化，中国特色的发展模式使一切充满变数；而产业缔造者本身对于街区的结果和效果都没有办法把握——一切都只是以一种实验开始。即使是照搬别处的成功模式，此模式在本地是否能成功，街区的规划者、投资者、设计者和官方心里都没有底。

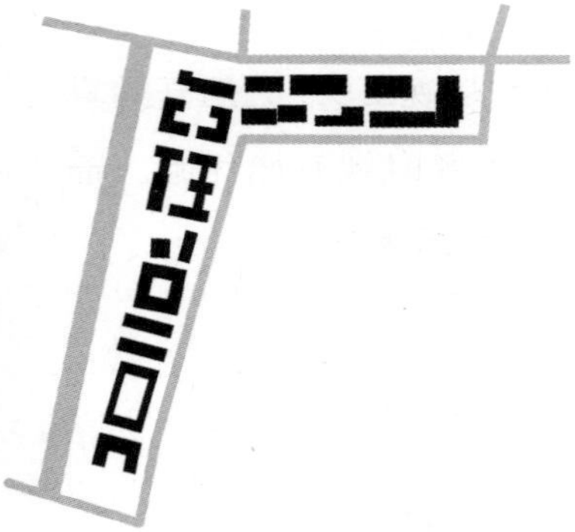

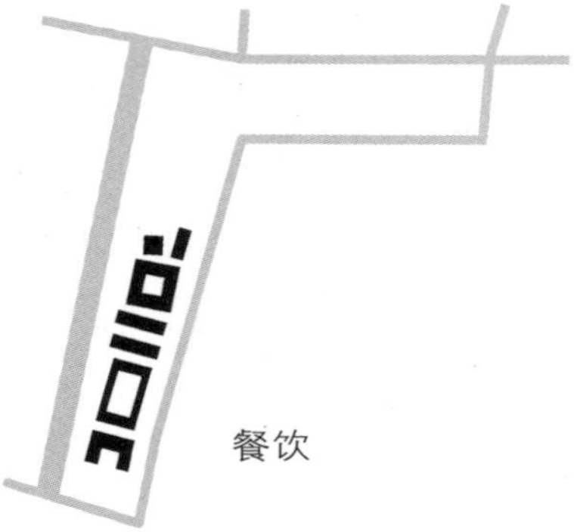

餐饮

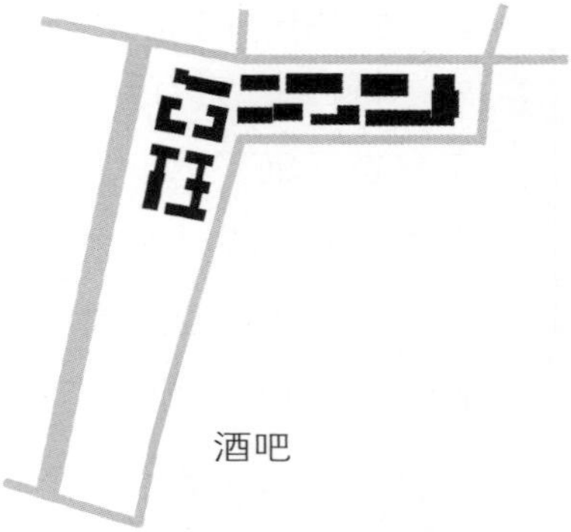

酒吧

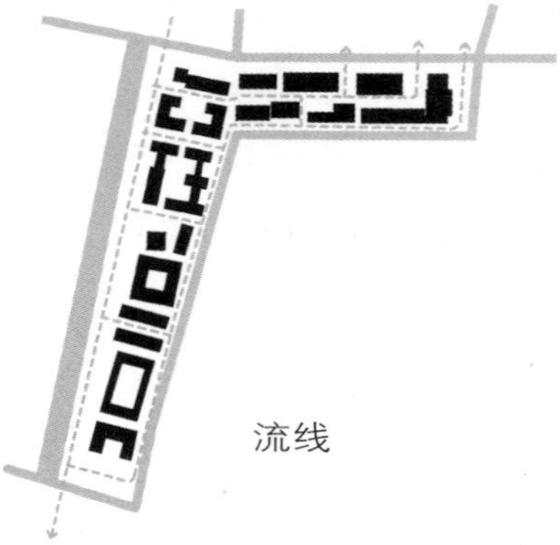

流线

公共空间

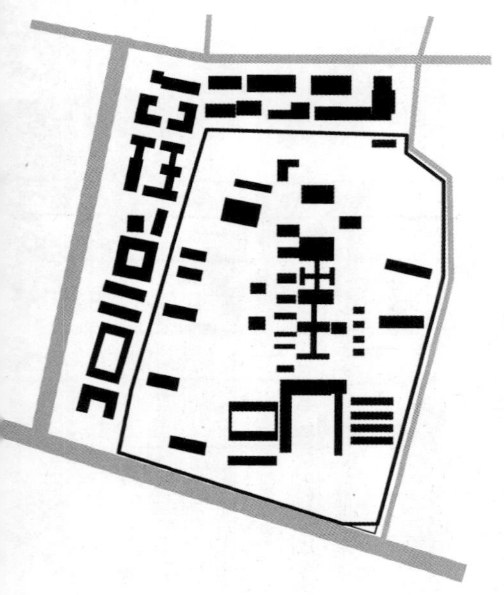

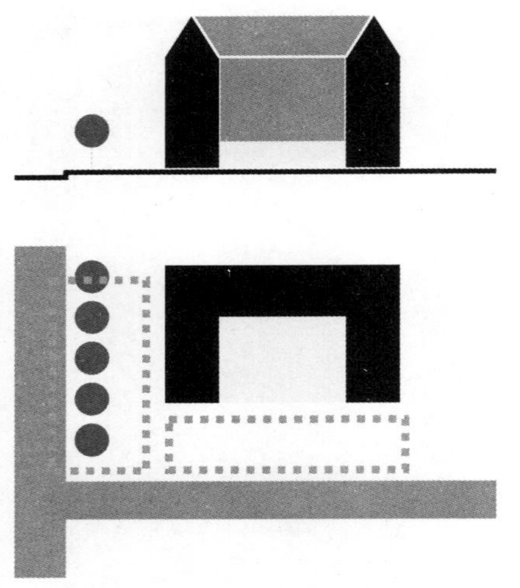

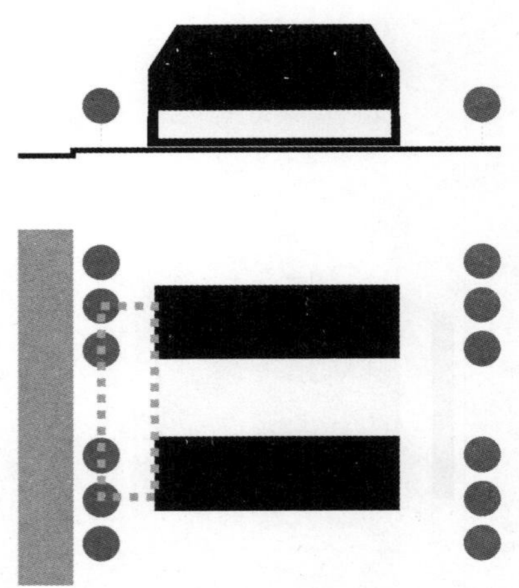

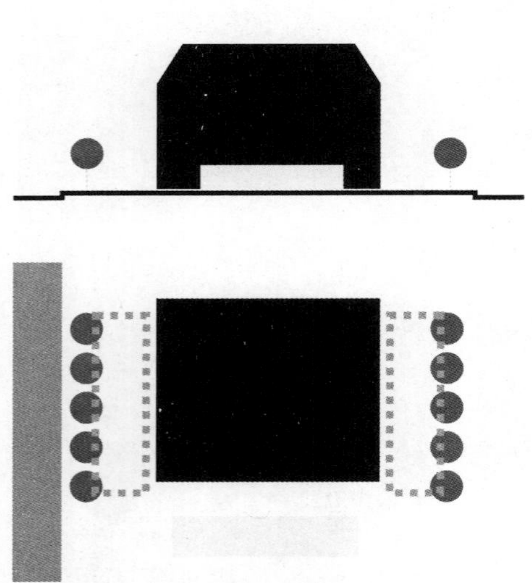

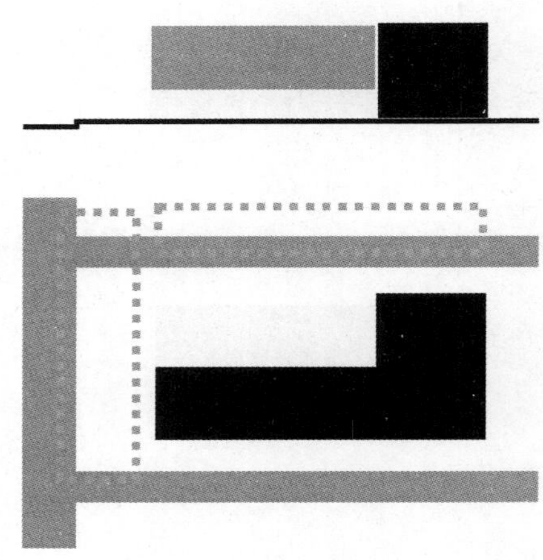

户外消费空间

自由公众区域

现有空间模式

在“南京1912”酒吧区项目中，我们置入了一个双重的公共舞台：天上和地下。如同《白日美人》所用的意识与潜意识互相交融的手法，我们所提议的舞台亦是在显与隐之间流动的。地上漂浮部分是巨大的平台，有镂空的部分是升降舞台，在举办演出时可以落下不同的高度，如同悬挂的橱窗般，同时举行单个或多个不同类型的表演。

法国电影《白日美人》讲述了一个人格和身体双重分裂的、美貌的医生太太的故事。由于丈夫无法满足她对于性的需求，她趁丈夫外出时，长期在一家妓院作妓女，以此获得快乐。主人公一直处于两种极端的状态中：在家中是端庄的夫人，在外面则是放浪的淫女。在影片中，其灰暗面的场景处理的极为虚幻，使观众难以分辨这是真实的存在，或者仅仅是女主角的性幻想。

正是导演将现实与想象的重合的处理，弥合了超我与本我的界限。

而下沉式广场开放部分可容纳开放式演出或者演讲，地下周边围绕广场一周均为展览空间和表演空间，满足不同的需求。大型的坡道和阶梯既是地下部分的顶盖，又是观众席，并且从地下一直延伸至地上漂浮舞台，实现了地下、地面以及空中几个部分的平滑连接。同时，相反的两条路径的交汇也制造了整个空间序列的戏剧化冲突。可以前行、折返或者原地观望。多个展览和事件同时上演时，在此空间中游走可以获得如电影中时空错乱的体验。

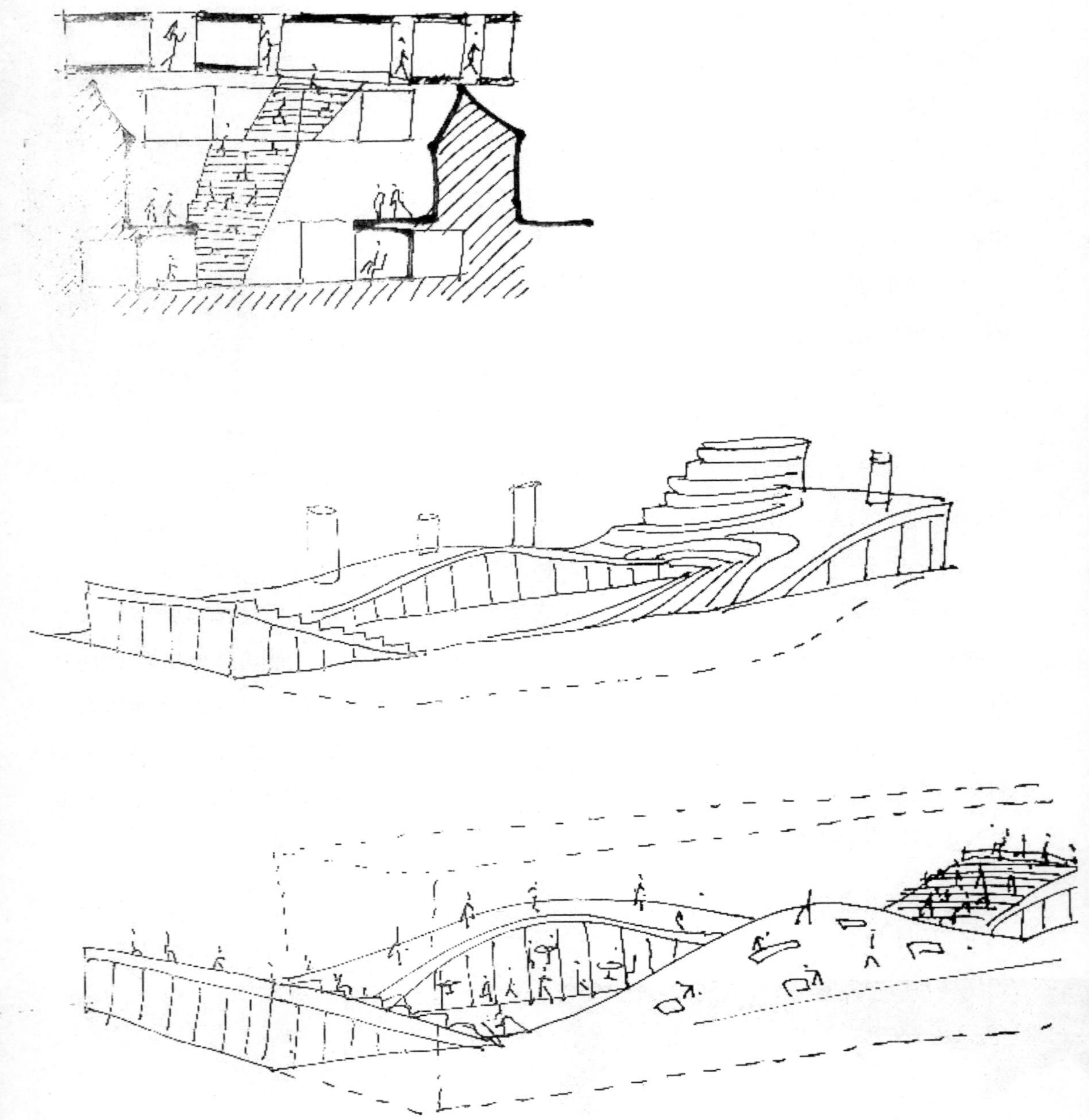

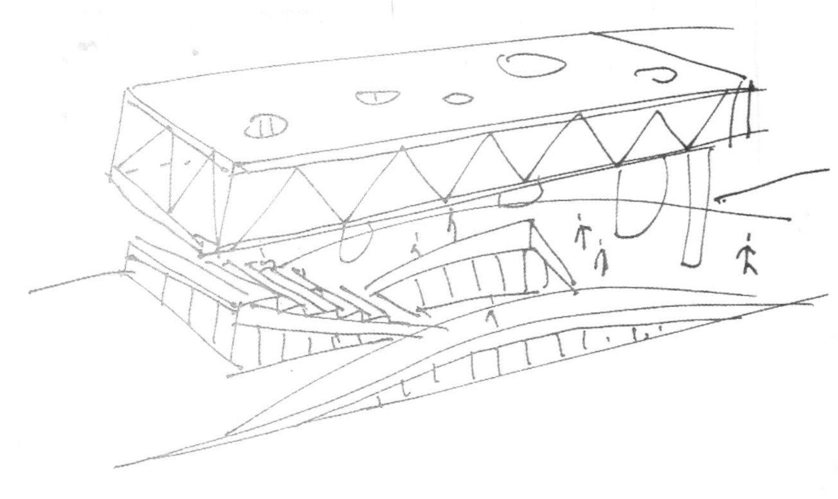

这个介于建筑和装置之间的场所，试图将多个时代的片段和事件聚合在内，因此具有了更加短暂、临时、不稳定的特质。这契合了福轲曾经定义的“异托邦”建筑的概念。它通过创造虚拟的情境，来提示现实世界的虚假，但本身又具有完整性和真实性。民国和现代、正统与情色、开放与封闭，多种文化和意指在此处并置，这种零散和瞬时的特性构成了对于主流权力话语体系的某种解构力量。

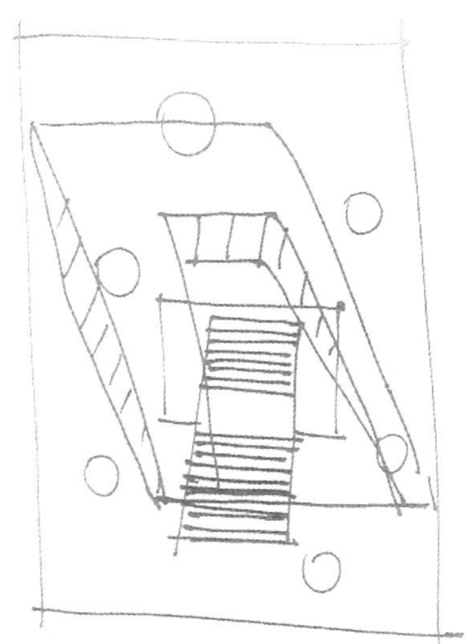

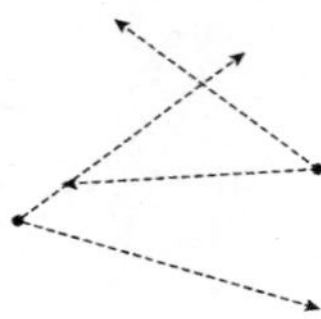

视线：观众望向舞台
view:from audience to stage

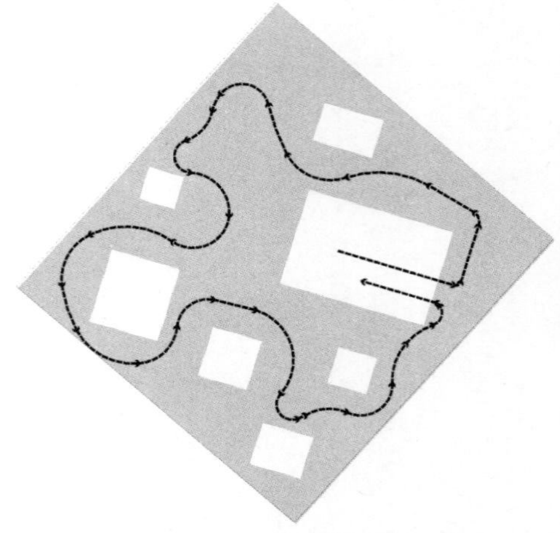

流线：二层（抬升层）
circulation:1st floor

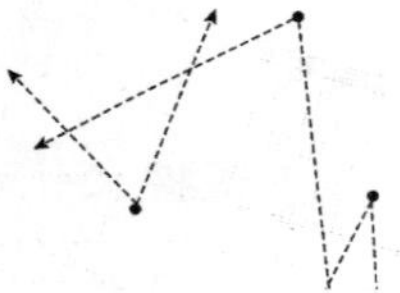

视线：地面望向地下表演
view:from ground to the underground space

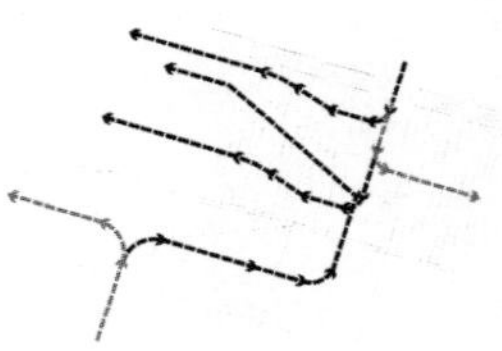

视线：地面层
circulation:ground floor

空间：露天舞台
space: open stage

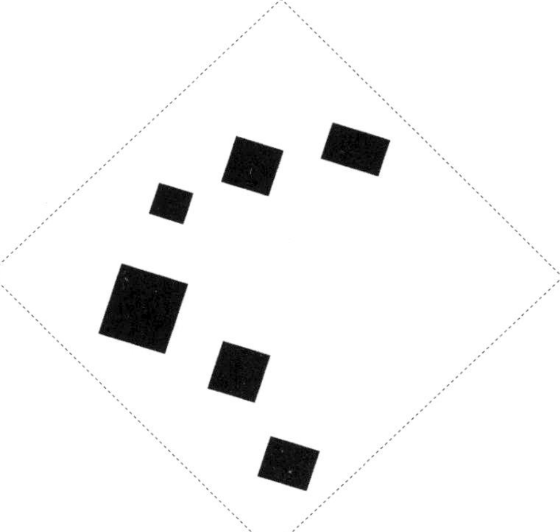

空间：空中表演橱窗
space: show case in the air

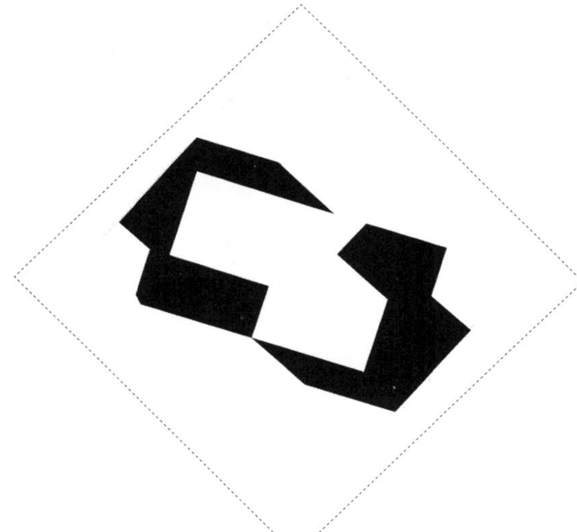

空间：地下大厅
space: underground halls

空间：空中舞台与观览
space: floating stage & terrace

根据“情境幻想”的“自我派生”原则，我们希望这个展览与舞台结合体，可以在酒吧文化之外，激发出与“情欲文化”相关的内容，探讨建筑与“情欲”相关的问题。这不是一个类似国内流行的“性文化节”之类的商品与模特的展示会，不是充斥着挑逗、猎奇或者商业化的虚假文化活动，而是通过一系列展览和演出，甚至是露天电影，能够从心理分析层面引发大众对于“性”的多元化思考，话题本身的受关注度已经以一种“匿名”的方式持续升温多年，而因其与中国传统文化保守含蓄的物质的冲突而无法获得公开、正式、科学评价的机会，“浮与沉的舞台”借力酒吧文化的场域力量，以一种渐进引导的方式，将此隐秘议题正式置于公众目光下。

“同性恋”议题作为此话题内不可回避的社会现象之一，也有机会在“浮与沉的舞台”得到探讨。荷兰学者Kapsenberg研究的同性恋行为表明，在通常的同性恋聚集区，虽然人群看似在无目的的行走，但是，实际上通过一系列有意识的行动彼此吸引，在欲望、吸引、距离及周旋之间，凝视和窥视起了关键作用。

同性恋网络使用的松散的方式，赋予他们一种地下根茎关系的特征。无尽的地下网络，因为规避了外界压力，导致暧昧的关系，被视作自然的事情。如此的环境给了男女同性恋者家一般的感觉。

这个研究表明，城市的基础设施应当适应多种族群、甚至特殊族群的要求，以鼓励亚文化的存在。当今的社会实际存在着太多的亚文化现象，同性恋、虐恋、易妆癖……因为被主流价值所不容而长期处于地下的状态。建筑将不再代表一种高雅文化，而是可以根据实际需求不断更新的软件系统。

浮与沉的舞台提供同性恋聚会的场所，通过微妙的家具调整，为同性恋的彼此相识提供了机遇：对于家具的微小调整，使人的目光可以穿越吧台，小的桌子方便膝盖之间相互触碰。厕所蹲位旁边的镜面反射出旁边人的鞋子，同性恋桑拿的长凳不仅使他们可以观察他人洗浴，还鼓励人与人之间的交往甚至身体接触。任何亚文化的存在与生长都需在一定的范围内进行：既保持其独立性，又不致与主流社会发生明显的冲突。

如同《一条安达鲁狗》中大量的使用象征和暗喻的手法来揭示梦境与欲望的不可知性。我们在这个设计中的意图是充分挖掘对于欲望的理解的个人化表达，它可能引起的共鸣或者排斥都是在意料之中的，但是却为更多个人化解释提供了可能。

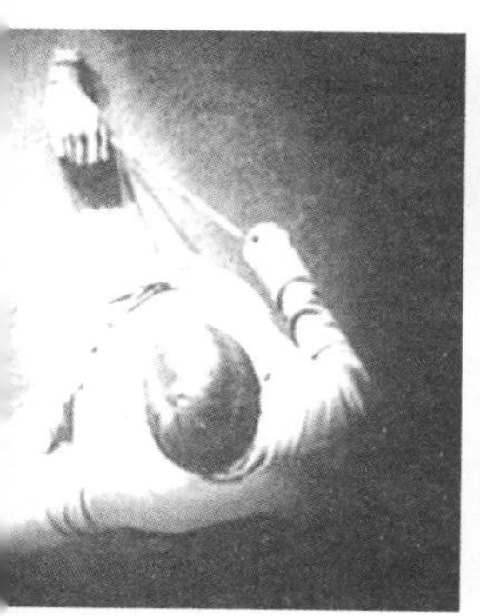
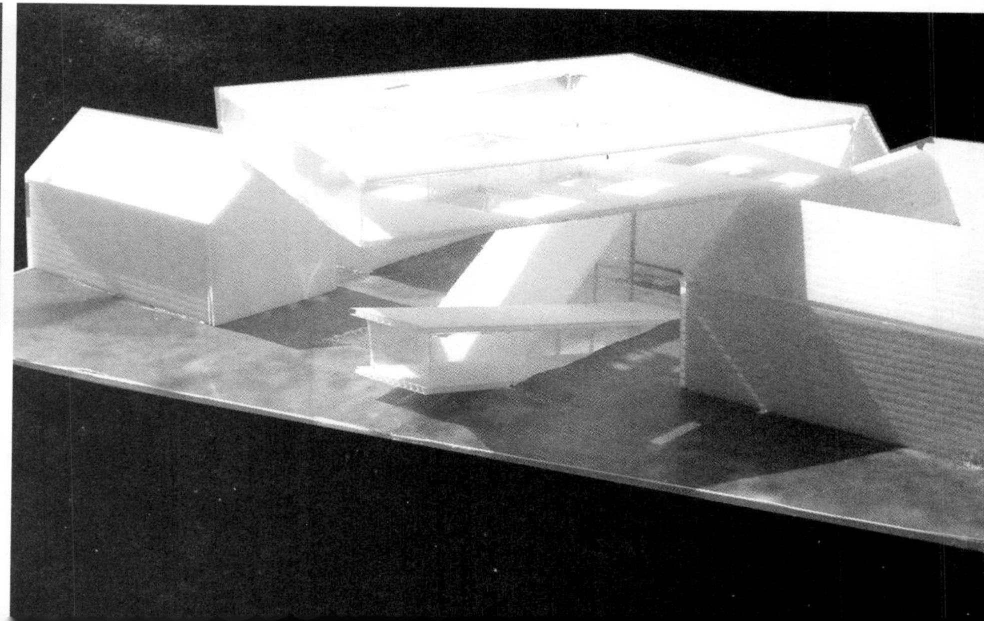

人们欲望的丰富度可以从韩国电影《佳节》中得到体现：有沉迷于人偶而对真人不感兴趣的宅男；有偶然了解到彼此兴趣的投契从而搭建起一个隐秘的SM天堂的寡妇和修理工；有喜欢在家中偷穿女性内衣的男老师（易装癖）；还有发现女友采用“振动器”获得快感而信心崩溃的男警察。这些人获得满足的途径与他人不同，但是，这又有什么问题呢?

“浮与沉的舞台”的地下展馆将提供此类影片的资料馆与放映室，水平向的分类与连通容纳了各种心理状态人士的团体聚集与团体之间的交流互通，“情欲文化”的匿名性被清除，并被建筑吞下，被更广泛的大众所吸收。

影片中他们无法公开自己的“隐秘爱好”，并且，一旦被社会发现，立刻受到各种不解和谴责。按照李银河博士的观点，一个人获得快乐的方式，只要不妨碍他人，完全是他们自己的权利，此项目的抱负之一在于提升公众对于他人选择多样性的理解。

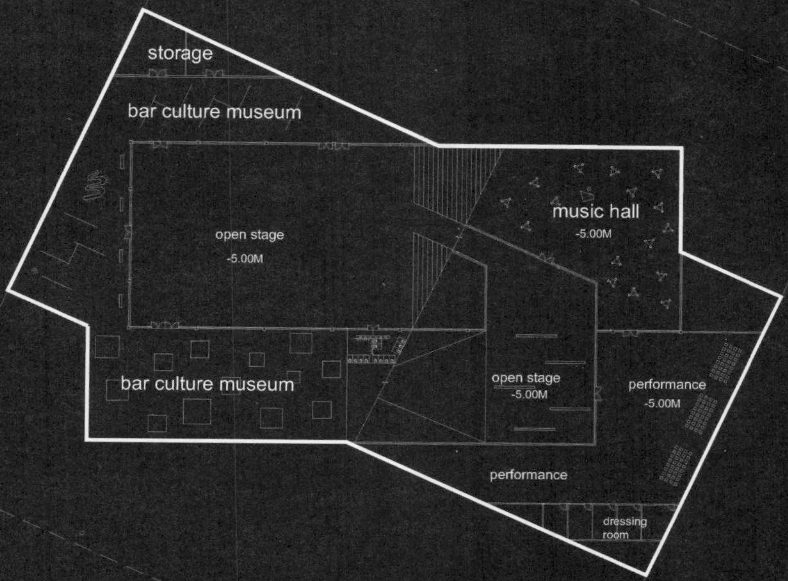

storage

bar culture museum

music hall

-5.00M

open stage

-5.00M

bar culture museum

open stage

-5.00M

performance

-5.00M

performance

dressing room

Plan B1.

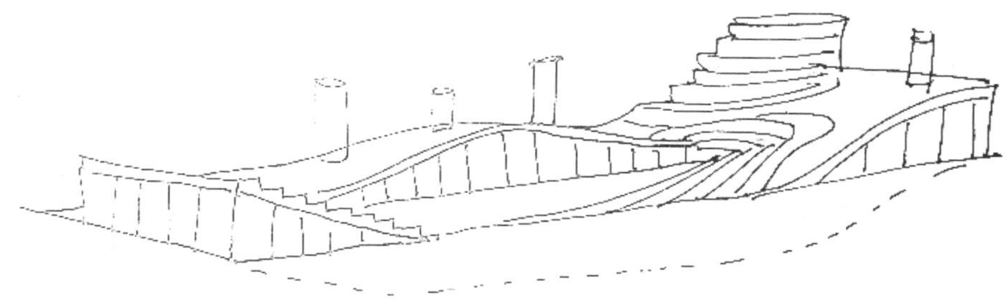

地下层

底层为下沉式庭院（广场），为两种展示内容的交错地带：酒吧文化展廊和音乐演绎空间。两组空间均在两个“空白”的微妙错动间产生：埋于地下，紧邻边缘，形态狭长，单面开敞——如此安排使得“程式”既可以维持其神秘感，又可以在地面层各个角度看到其中部分内容，保持适度的“诱惑力”。音乐演出部分具有同样的逻辑——更偏向于电子音乐的类型，在节庆日子里，此下沉广场可作为集会活动的场所（如“同志派对”等主题）——下沉的城市舞台。

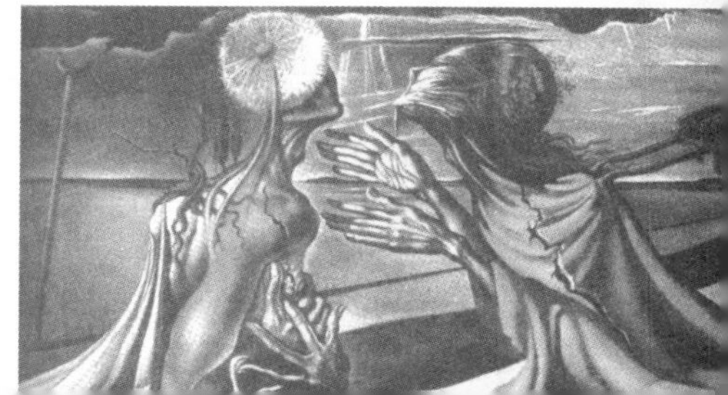

Plan F1

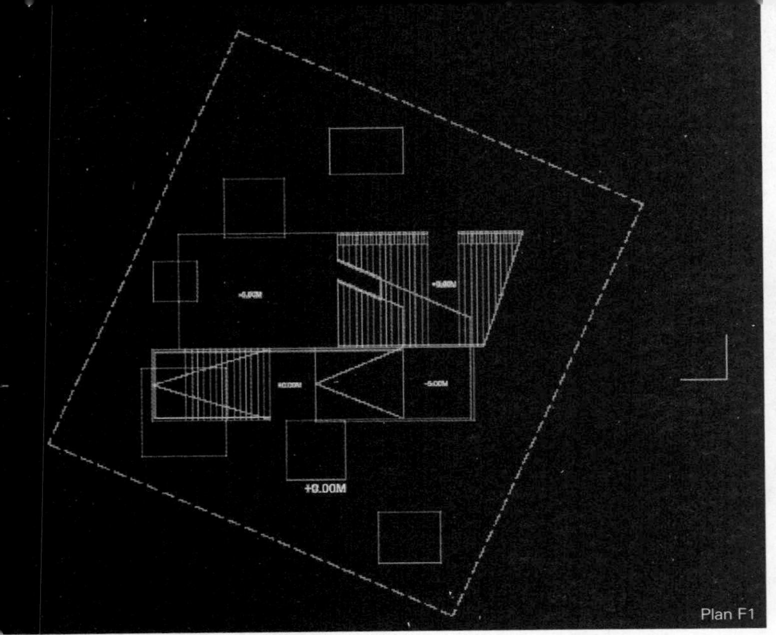

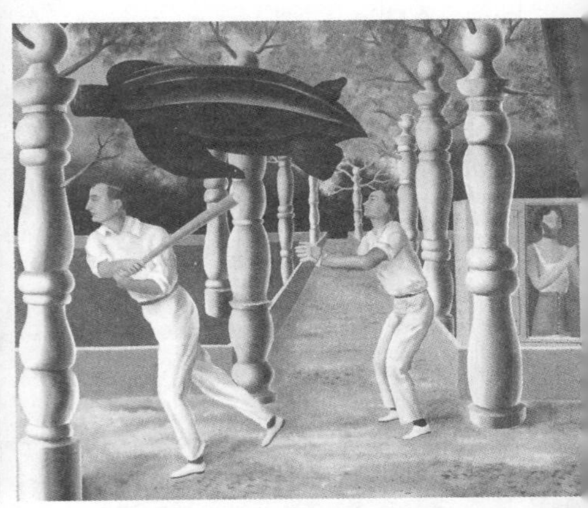

地面层

严格来说，没有完全的地面层，它是两组斜坡相交汇的产物，一片为阶梯状表面，宽大，连接地下一层广场和二层的飘浮舞台，本身可用作观众席位——承担交通和观览双重作用，其底部覆盖的则是音乐厅；另一片较窄，坡面平滑，自地下开放舞台及后台起始，一直延伸至另一侧半空，其下部隐藏的是酒吧文化展廊：两条坡道在地面标高处相遇，并可将地面人流引向多个方向。这种设计具有奇妙的双面性。

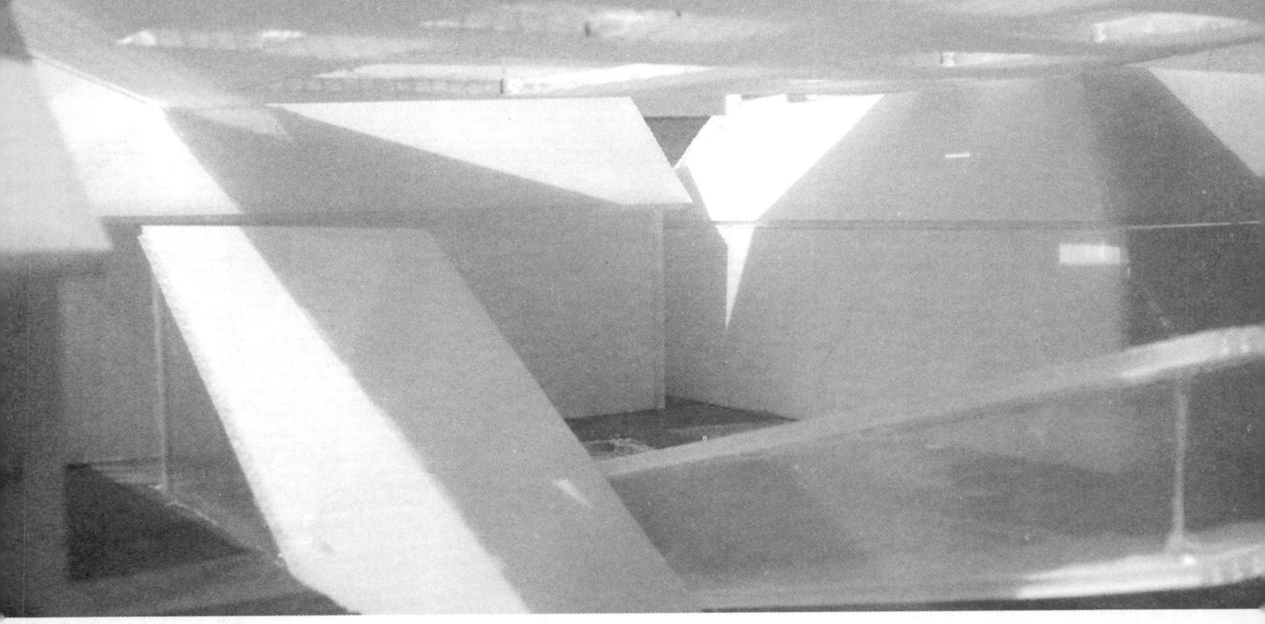

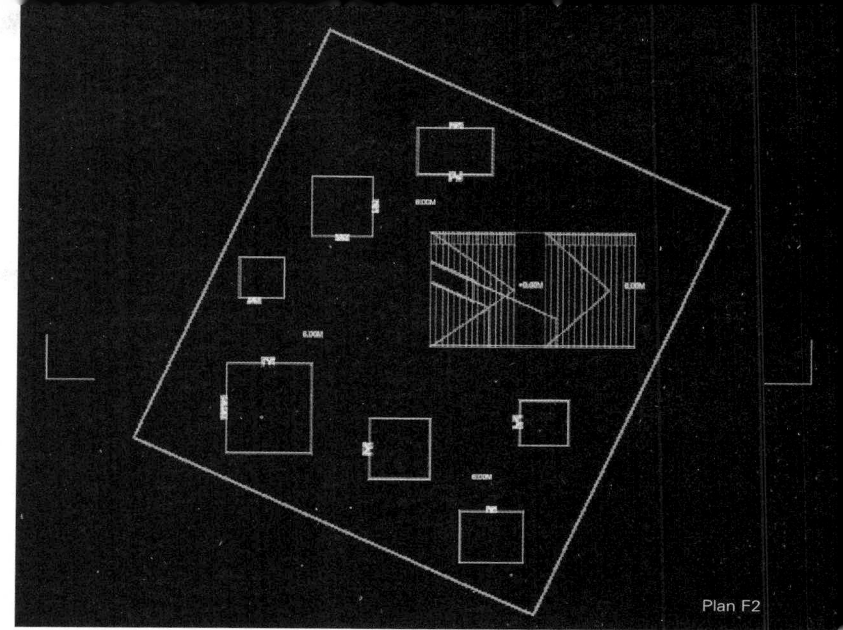

飘浮层

顶层是本组户外展示和活动空间的高潮部分——飘浮的空中舞台。平台本身由巨型网架构成，四围透明，结构隐藏于玻璃后部，而垂直支撑隐匿于原有周边民国风情酒吧内，外观上看仅仅有四个角搭接，如同悬浮于空气中（现代主义的经典理想？）。此空间内部有大小不一的方形展示橱柜，六面透明，平时作为展柜（情欲文化展？），而特定演出期间，此透明橱柜可自由向下降下，作为“真人秀”的场所。最大的孔洞直接连接阶梯坡道。

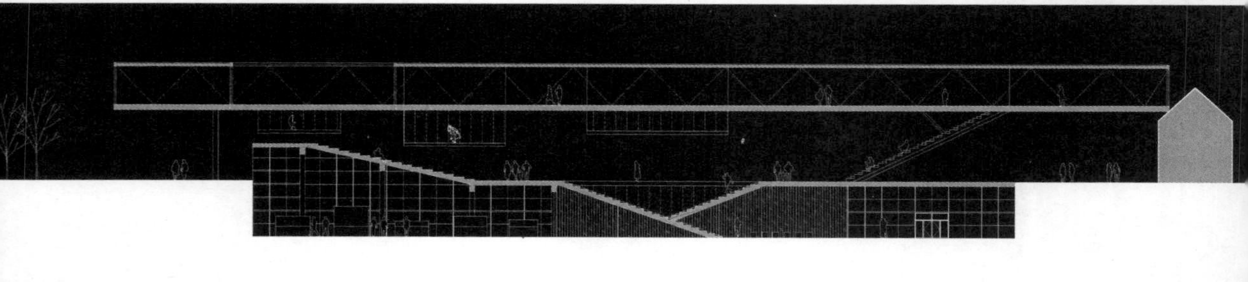

三位一体

飘浮、下沉的舞台，由互相交错的坡道相连，地上地下的活动、演出、展览构成一个交融的整体。人群可以在空间的上下左右自由流动，去向他们感兴趣的场所。“虚空”与“实体”交互出现，互相包容。地面的人、空中的人、地下的人、表演者与观众、过路人与参与者，构成了多元的对位关系，观察与被观察成为相对的行为。

1912酒吧街在纯商业与娱乐之外，将会多出一个与“亚文化”相关的引爆点。

《八部半》

——费里尼的梦中独白

在对于梦境的痴迷和探索方面，分属不同领域的三位奇人——费里尼、达利和库哈斯呈现出相同的兴趣，并且分别以电影、绘画和建筑的形式对梦境做出回应，这其中的心理学依据离不开弗洛伊德在《梦的解析》中总结出的精神分析理论。梦境的启示，在达利的绘画中表现为超现实主义，在库哈斯笔下是“偏执妄想批判法”，到了费里尼这里，最集中体现的就是他的电影《八又二分之一》（又名《八部半》）。

“那些以自我为中心的孤独者，最终不是被一声大笑就是一声硬咽卡住喉咙”

——司汤达

《八又二分之一》，单看片名，让人觉得费解，了解其实质之后又显得无意义——只说明了费里尼在拍摄这部片之前，已经拍过七部电影以及略等于半部影片的两个短片。其实，片名所显示的“未完成”状态正好暗示了导演自己所遭遇的瓶颈期。实际上，影评家普遍认为这是费里尼由现实主义向超现实主义的转型之作。这部影片带有一定的自传性质，是费里尼在面临现实困境时进行深度自我剖析的作品，由“拍别人”转向“拍自己”，影片的主角——导演古衣多面临的困境，某种程度上是费里尼心理现实的再现。

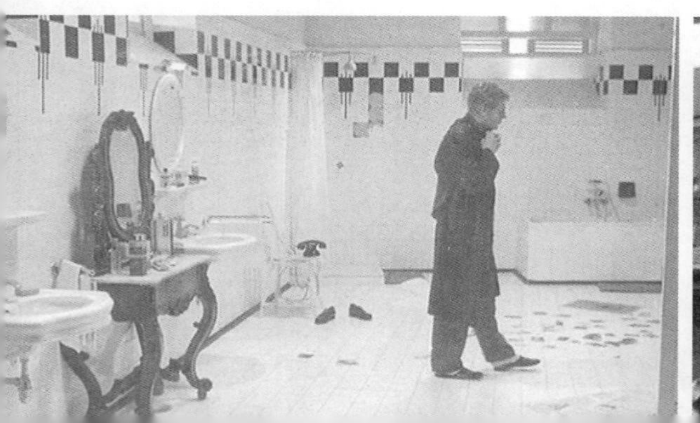

影片的叙述方式并非按照现实发展的时间顺序，而仅仅遵从梦境本身的逻辑——混乱而不失线索，其回忆也非再现往事，而是对现实、记忆、梦境等多种精神片段进行混合再加工的产物。所以，整个影片并无明确的连贯的情节，更像是一个个梦境的场景迅速切换——这也符合人在梦中的真实状态。这种直接将人物生活现状与电影内容嫁接在一起的处理，也使影片呈现出亦真亦幻的效果。导演古衣多需要完成一部大制作的科幻片，于是剧组搭建了一个巨大的太空船的场景，许多荒诞的情节就围绕在剧组周围发生。影片开头古衣多在天上飞，很快又被地面的人群用系着他的绳子给拉回地面，这本身就象征了他在拍摄过程中所遭遇的、来自各方的束缚和困扰，无法摆脱的状况，成为全片的基调。他的恐惧与纠结来源于：他想拍摄“诚实的电影”然而这样的电影对观众来说并没有意义，只能埋藏导演自己的记忆。

影片的发展以各种与导演相关的人物的出场和交流作为推动的方式。在影片中，出现了多个女人与导演有着缠夹不清的关系。其中有他的妻子、情人、青年的性幻想对象、他的母亲等等。首先有温泉边的性感女人的出现，与天主教毫无关联的交织在一起。这表达了费里尼少年时代对于情欲的懵懂向往与他受到天主教教义的束缚之间的矛盾。影片中也以较少的镜头表现了导演的妻子和情人，象征了古衣多在代表秩序的感情和单纯的情欲之欢之间的纠结和混乱。

狂欢之后巨大的失落感也是费里尼在此片中传达的情绪之一，这与中国式的虚无主义在某种程度上有共通之处，所以，过于戏剧化的情节与过于情绪化的心理，在他这里，都是一场“濒临尾声”的狂欢。

而影片中的几个男性配角的出现更像是对古衣多电影艺术和哲学的追问者和批评者。首先是剧作家多米尔对于古衣多的表现手法提出质疑，认为他的电影“剧本缺乏情节性，想仅仅依靠哲学前提来拍摄电影，其结果最终是一个个毫无意义的片段”。“剧本还没有上升到先锋派的高度，却有了先锋派的所有缺点。”“导演沉浸在回忆里，却与故事没有任何关联，本意是想批判，结果却成了批判对象的帮凶”云云，言辞不可谓不激烈。实际上，这些内容也正是导演对自己创作的质疑，借剧作家之口说出而已。古衣多的精神世界受到现实的侵扰，四处寻找克服空虚的良药，所有的声音、语言、形象来自于虚空也将归于虚空。

在表现手法上，由于费里尼开始受到荣格心理学理论的影响。癫狂的梦境此刻占据了费里尼影像的主要部分。他常年采用下意识的、漫画式的方式记录他的梦境，并由此生发出大量他影片中的人物形象，如同一个精神科医生一般对自我进行心理分析，并以此为线索启动电影的叙事。它们如同一个个瑰丽的奇观，展现着人们内心里的欢乐与恐惧，忧伤与纠结。超现实主义的布景，引导着观众超越时空的界限与他一起做着一个个现实里不可能存在的梦。

环环相扣

——建国门市民广场·北京

目前中国展开的城市化只有一个单一目的：推动经济发展。中国新城市的存在意义就是为了提供就业，创造商机，促成交易，它不关心生活质量，更忽视都市生活乐趣……至少对于成功人士和希望成功的人士来说，他们更关注如何去炫耀财富……当然，新贵们的确在消费，但却像是出于攀比或为了消费而消费。中国式实用主义深深扎根于中国人对于富裕的重视。表现在对于数字、尺寸和头衔，以及背后空空如也的立面的喜爱。人为了面子而活着，中国城市被面子工程淹没。

——张永和

公共空间有多公共?

中国城市不论大小，也不论经济好坏，有一个城市元素是必须的、普遍的、不可或缺的——城市中心广场。并且它们也有一些奇妙的共性：广大、空旷、恢宏，大面积草坪、对应于城市的中轴线，且多数年代都并不久远。

这些巨型广场都有美好的名字“xx市民广场”，似乎反映了某种美好的初衷。但是现实的状况是：草坪虽大而碧绿却因周边围上的半高的灌木难以接近；广场虽宽却因后方紧邻的政府办公大楼的威仪感使人难以亲近；视野虽广，却没有可以小憩休息之处……真是“想说爱你不容易”。

另一方面，中国老百姓似乎对于公共空间生来就有一种自发的开发智慧和天然的包容度：太极、扭秧歌、广场舞、老年迪斯科、街舞……从早到晚，只要给他们一片空地，他们就能用各种活动将其填满（是否来源于社会主义集体活动的传统？）。其高涨的热情显示了对于公共空间的渴求。“自发性”与“随机性”成为“中国式公共活动”消解中国“官造”公共空间“重形象而不重实质”的陋习的融剂，与西方公共空间相异之处在于：在当代中国，是“公共活动”真正定义了“公共空间”。

如何解决实际的公共性需求和“不可用”的城市“公共空间”之间的矛盾？怎样的广场是市民真正需要的？除了现有的开放活动之外，是否可以通过建筑的手段，给目前的公共活动注入更多的“多义性”？

为了解答以上的问题，我们选择了建国门地铁站西北出口外的空地作为我们的实验场地。这里具有北京地铁外的典型景观：一出来首先面对的是纵横的高架路，马路的对岸遥不可及；此岸是被一片城市绿化带隔开的各种设施，可能是机关或者写字楼，同样的与多数人并无关联。道路栏杆、绿植樊篱共同将你的行动限定在人行道的范围内，只能随着它前进或者后退……幸运的是，这里还有一片绿地，并且已经有了公共活动的迹象，足够成为我们设计的起点。

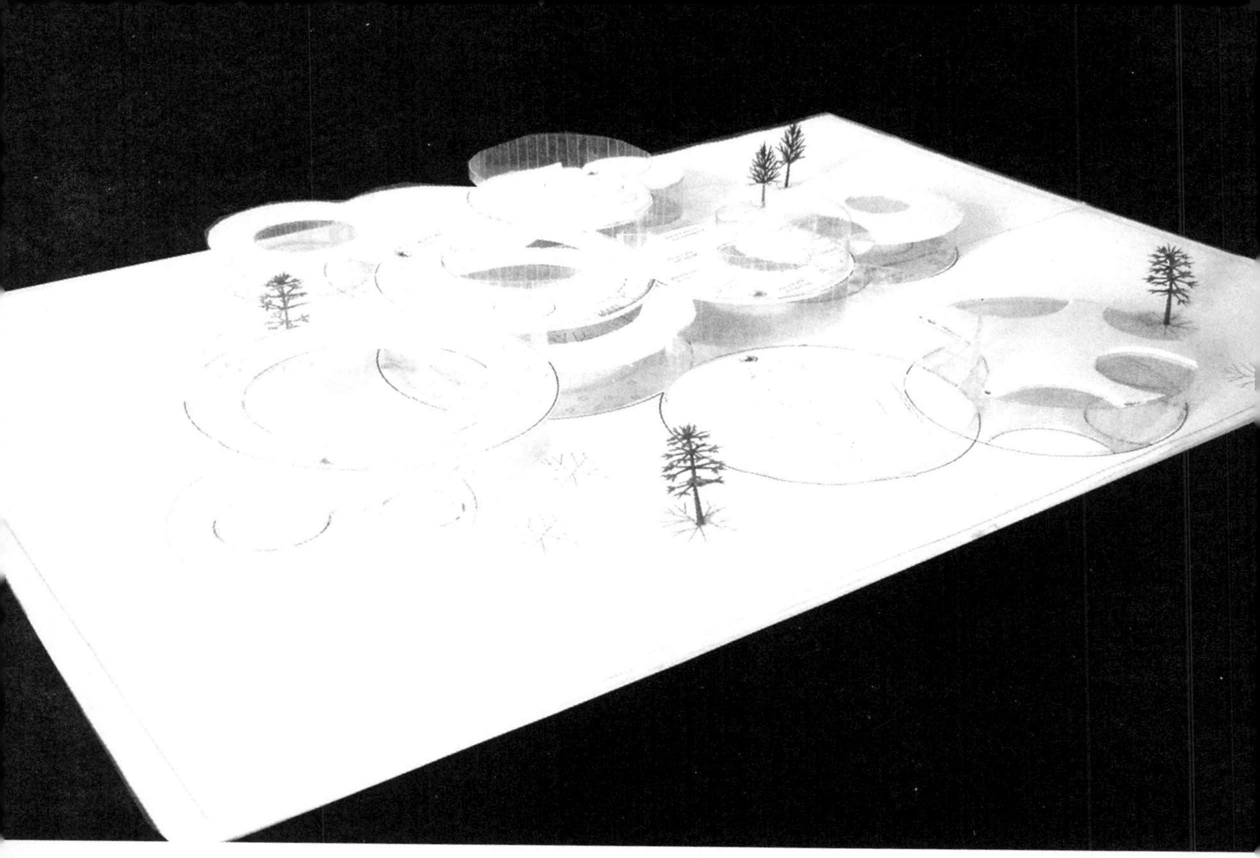

在这片草坪上，我们通过精心策划一系列非常规的而又互相联系的“圆”，来营造一个开放而又具凝聚力的市民活动场所（选择圆是因为它具有所有朝向的均质性，这与我们对开放性的追求最大限度的一致）。

这里的原型是指圆空间的三种关系：圆与圆的相交、相含和相离。从而产生出实体与虚空的不断交错变化。黑色为实，白色为虚，分别对应于室内和无顶盖的空间（景观）。一方面出于对于不同使用功能的需求，另一方面来自于体验。

人们在其中活动或者游走，可以获得一种对于未知的探究的快感，可以不断经历从室内到室外的变化——空间的深度是多重的、不确定的。无论是凝神或者环视，不断获得参照，又很快失去参照。

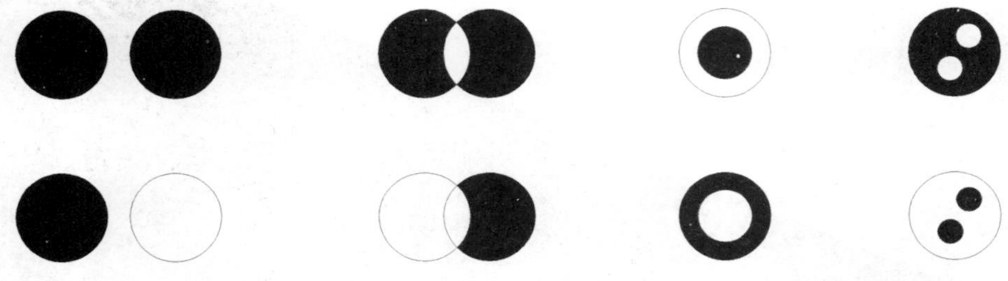

我们的逻辑类似于希区柯克的电影《西北偏北》中空间的设置：一系列空间通过彼此的对立或者对比，而获得其自身的存在逻辑和意义。通过媒介的结合以及相交之后的催化，空间之间实现了相互转化。空间不再仅仅是情节的容器，而是特定的空间类型对应于特定的情节单元，空间本身即以实质方式包含情节与表演。

同时，我们在此设计中也试图探讨建筑本身打开的方式与环境的对应关系，即建筑作为景框，如何通过控制景框来实现空间景物在密度、景深和比例上的变化，以及其与人的运动交织在一起所能达到的叙事效果。观众在其他空间中所形成的、固有的观看习惯和空间经验，在此将被重塑。

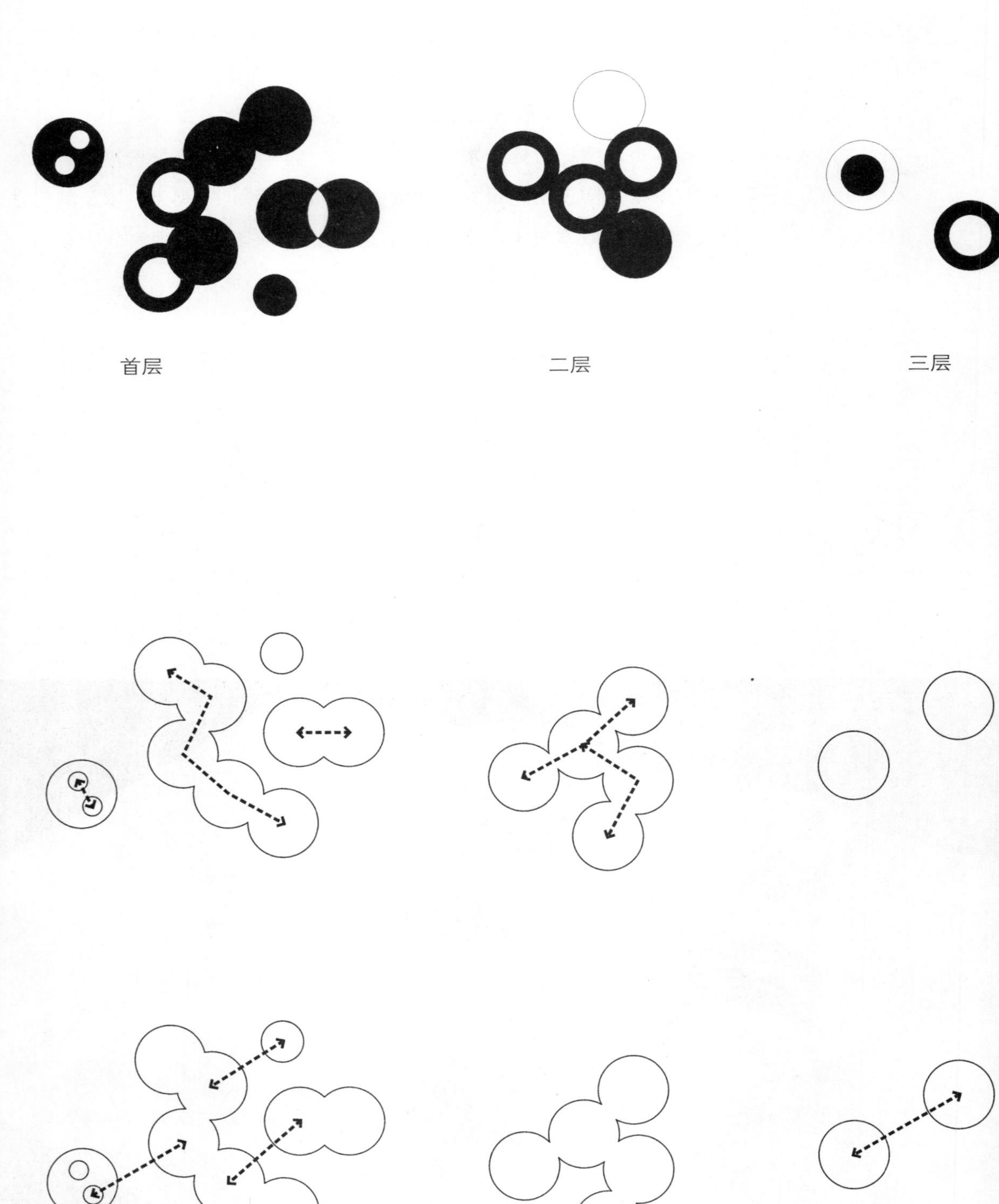
首层
二层
三层

这不是一种常规的空间叙事组织，它的某些特定空间只能通过某些单一路径到达，而其余空间则具有多向的连接可能。

这个提案吸引我们之处在于同一元素所构成的丰富性: 室内与室外，计划与偶发，意识与无意识，确定与动态。在这个市民活动中心中，传统的明确的功能在这里缺席，(虽然我们仍然给每个空间一些基本的定义)，但是，这些定义是暧昧的，开放的，随着使用方式的变化，它完全可以被重新定义。

这是一个建筑师本人都不知道“功能”如何存在的建筑，需要使用者不断去寻找。

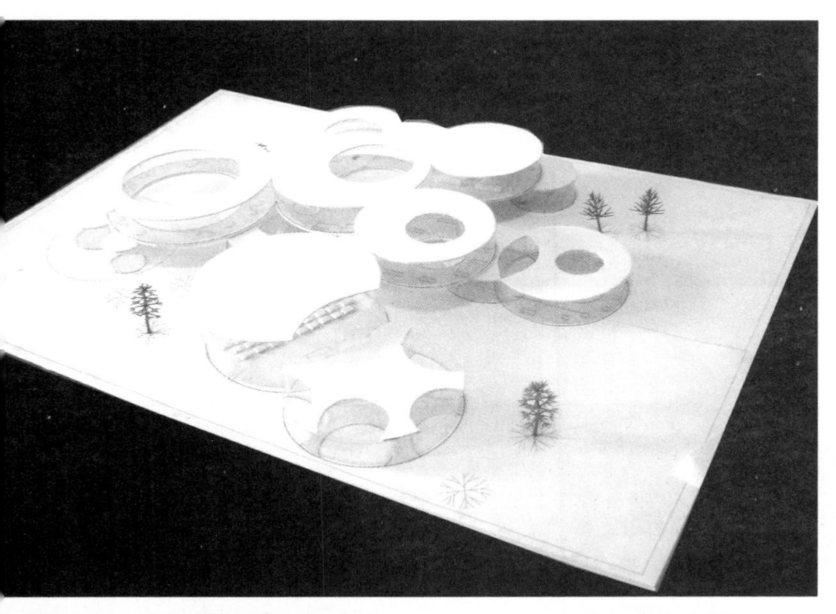

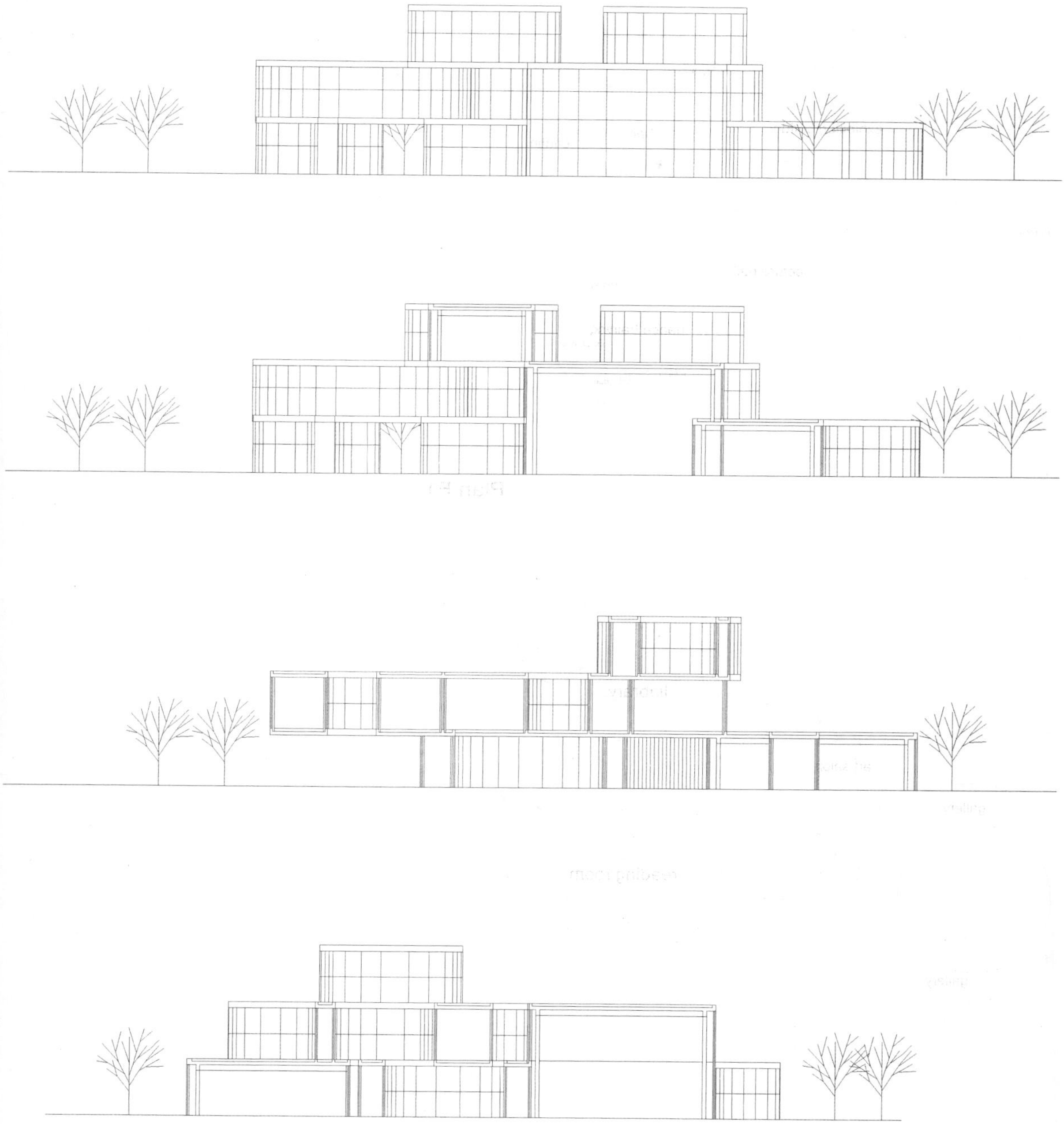

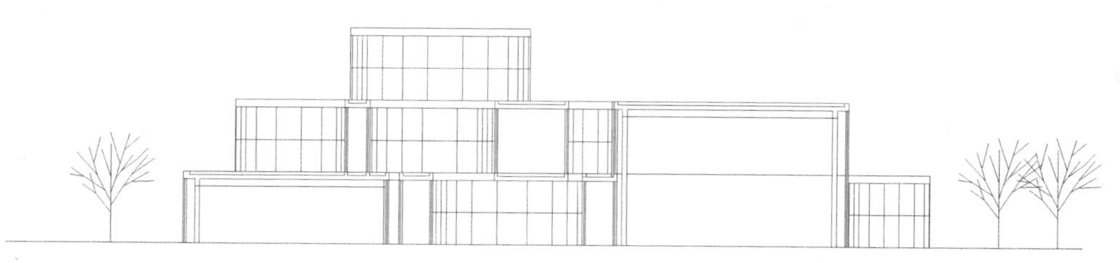

sections

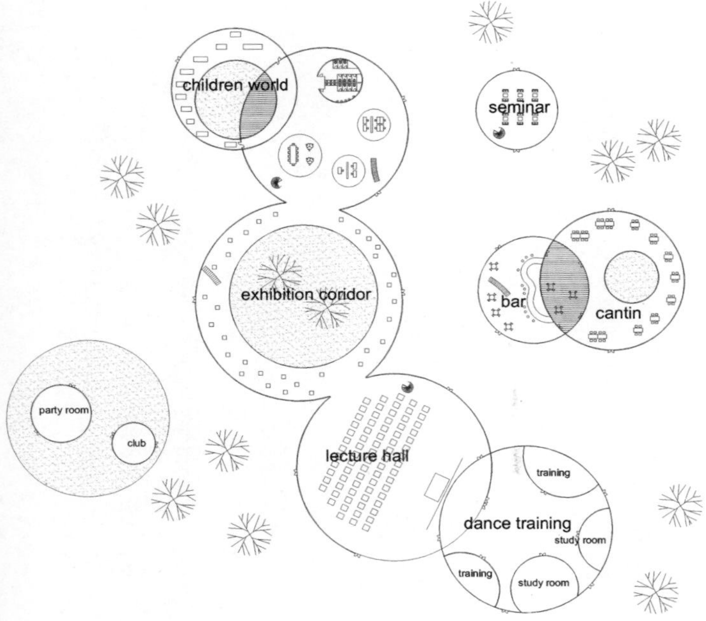

Plan F1

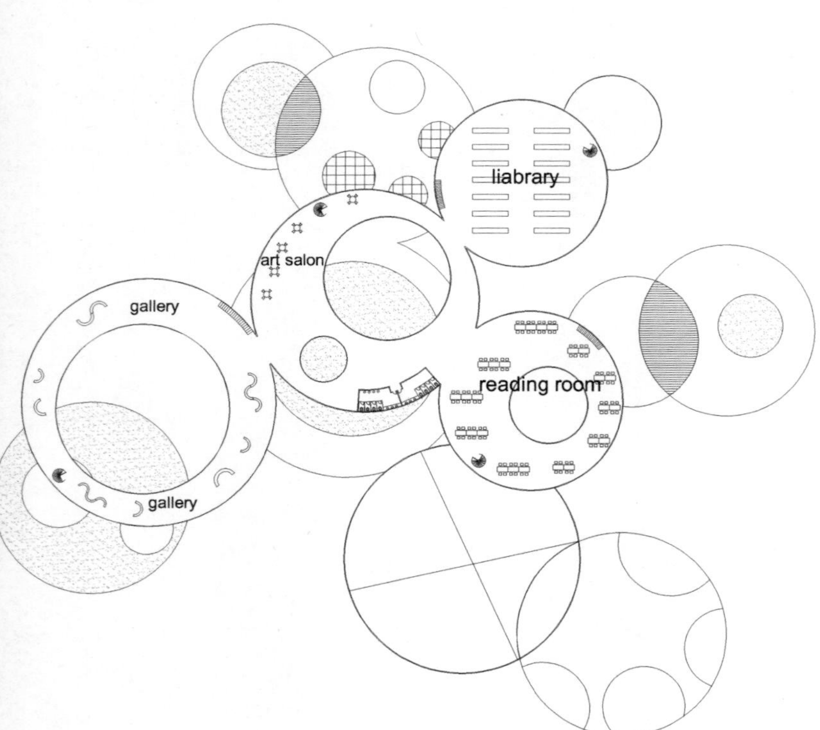

Plan F2

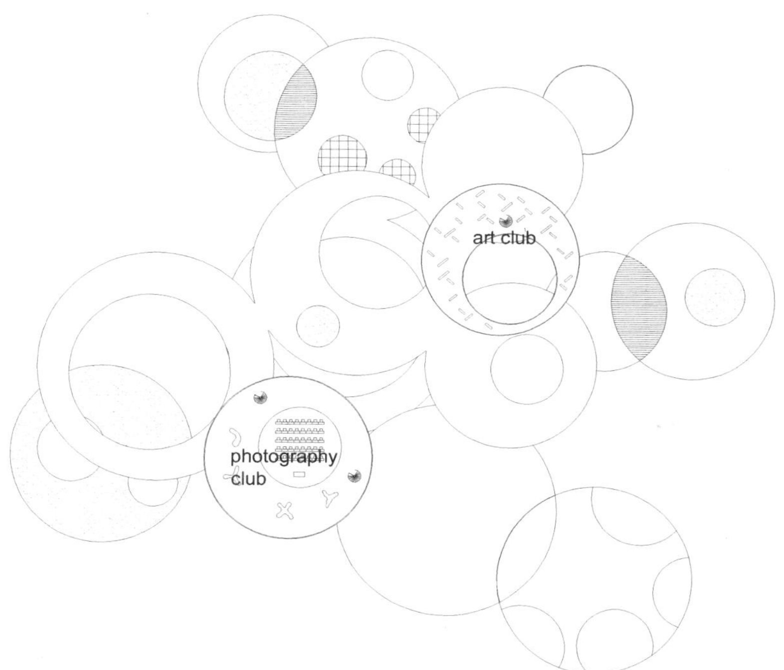

Plan F3

一种不同于传统现代主义矩形所创造的现代性。

一种内部与外部互动的全新市民中心模式，建筑使外部产生了空间。

一种模拟了现代人与人在虚拟世界交往和活动的模式。

麻木似乎是我们国人的常态，鲁迅先生曾经哀叹过民众面对社会不公的看客心态。如今的麻木却有不同的"时代韵味"。他们常常面无表情，不会放声痛哭也不会纵声大笑，容易被最俗套的韩剧感动，却很少在感情或者亲情面前落泪；他们不愿意不开心，可是为了避免伤心，他们宁可不用太快乐。每天的状态就是早起，路上匆匆买早点，赶刚好能赶上上班时间的班车到公司。工作只需要完成任务即可，领导不给额外的任务绝对不会多走一步，偶尔加班那是迫不得已。会议上绝不会抢着发言，常常盯着幻灯机的屏幕脑子里却想着昨晚的肥皂剧，总是一副恹恹欲睡的样子。每天8小时应付完手头的事务，则准备寻找机会往家走。路上打包一袋快餐，赶人不多的公交回家，要么看看肥皂剧，要么上网浏览一堆八卦网页，然后洗澡、睡觉。第二天照旧，日复一日。

“无感者们”可能爱看恐怖片、悬疑片，只因为现实生活太过平淡；他们喜欢影视剧里轰轰烈烈的爱情，因为现实的爱情往往显得苍白脆弱不堪一击。他们即使生活在大城市也很少有买房的冲动，因为房价跟收入相比实在遥遥无期。所以，租房、月光，今朝有酒今朝醉。他们多数谈过几次恋爱未果，然后连恋爱也懒得谈了。少数修成正果走到了婚姻，发现结了婚也就是没完没了的柴米油盐，渐渐心生厌倦。很快生了孩子，却发现自己其实还是个孩子。生活给了他们无限的焦虑，越焦虑，越麻木。

他们是“无痛感的人”。无痛感的人是目前我们身边最大的族群，也可能就是你我。他们的生活如同一部人类行为学规范：毫无表情，隐藏情绪，不带一丝人气。

现有的建筑要改造这群人的精神状态是无力的，因为中国的建筑比人更加的“无痛感”。我们所期待的“建筑的疗愈作用”是很困难的。他们需要的不是简单刺激——这个时代的刺激已经够多，甚至人们对于刺激本身都已经麻木了。“神经搭错”的建筑可能反而是这种症结的克星——一种反向操作，可以激发人们的痛感的建筑，建国门广场的“环环相扣”就是这么一种非常规的尝试。

艺术家丹·格雷厄姆在上世纪70年代以镜面、电子媒体相结合的方式探讨了影像和空间、真实与虚拟之间的关系。通过镜子、屏幕和摄影机的组合，制造多重反射，让观众（同时也是体验者）体验实体、镜像和影像空间叠合而成的空间错觉。我们在“环环相扣”中的多重玻璃（透明、半透明与镜面反射）的设置，也希望市民在其中体验身体与空间的现场边界，从而反观更加真实的自我。

城市·电影·人系列 4

《血色浪漫》的年代

20世纪70年代以后出生者，没有经历过那个时代的人，对那段曾经对中国历史和民众心理都带来巨大的冲击的运动，都缺乏了解：史料的匮乏，意识的距离，和有意无意的忽略，使现在的年轻人很难对其有深入的探究。而每每向老一辈征询关于那个动荡年代的底细，却往往得到含糊其辞、语焉不详的答复，他们似乎都不愿意过多提起那些往事，也许，只因为在彼时，每个人都可能既是受害者，又或多或少是无意识的参与者。

深入反映那个年代的文艺作品，往往很难真正获得公映，因此，《血色浪漫》在中国电视剧里面是一个比较特别的存在。可能是因为它对言说的尺度掌握的恰到好处。

开卷明义：这是一个讲述“老三届”故事的片子。父辈们都非常熟悉这个称呼，“运动”中当过红卫兵，之后上过山、下过乡，“运动”结束后回城，并成为改革开放大潮中最早的一批弄潮儿。人生中经历了如许的转变和波折，使他们的经历往往显得颇为离奇、沧桑又极具戏剧性。

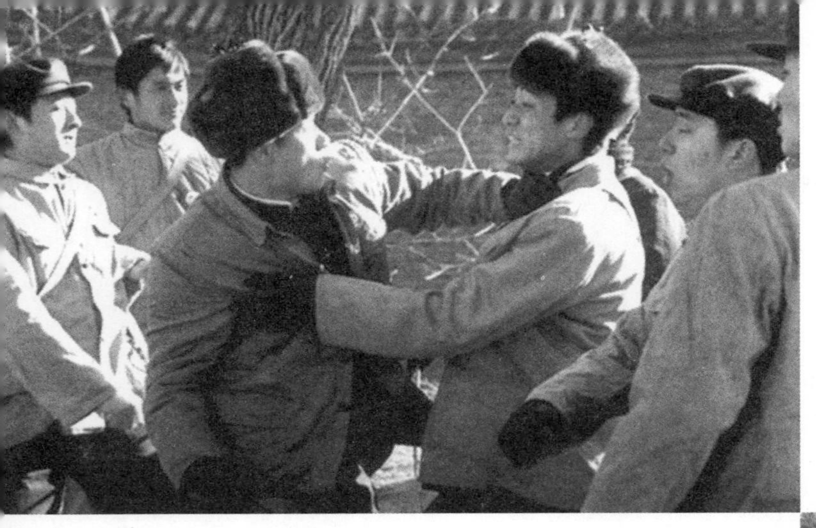

故事的主角是以钟跃民为首的一批在“文革”时期正值高中生岁月的年轻人，讲述他们的命运随着国家的几次大变革而转变的过程，其间也饱含着对人性的拷问，对时代的焦虑，以及对固有的“正常”人生观的质疑等内容。钟跃民看似是这部片子的主角，是因为他身上富含了作者对于自由和不羁的生命的某种向往，实际上，这个片子的真正主角是整个群体。

“四九城的顽主们”是这一群体当时引以为傲的自称，他们也有某种“圈子”，在那个“公检法全面瘫痪”的年代，年轻人的雄性荷尔蒙得到空前释放的机会：“打架斗殴”和“拍婆子”是他们生活中最重要的两件事。当然，这种圈子的聚集也具有强烈的阶级性，有代表高干子弟的黎援朝一伙，有贫穷子弟如李奎勇、小混蛋儿等，也有相对中间阶级的钟跃民等人。这几个圈子时常相互碰撞，并且互相之间也有所交集。在这种特殊状态下，古代中国江湖义气，加上革命中国的大院体制，形成了某种特殊的“新江湖”，“拔份儿”和“丢份儿”成了江湖中最在意的状态。

有极端分子如小混蛋儿“敢真正杀人”的主儿，也就有围堵小混蛋儿之类颇具一点英雄主义色彩的行动。但是，无论是小混蛋儿也好，李奎勇也好，对于现实的极端行为仍然是根源于对阶级悬殊的不满，所以，他们也是时代的悲剧。

影片中表现的年轻人对于感情的追逐也是颇为大胆且开放的。这种表达在我看来，有过分夸大之嫌。因为在那个男女之间只允许有“阶级兄妹的友谊”的年代里，真实的状态是，长期的以革命运动为纲的风气及对“小资情调”的打压，异性之间连多说几句话都可能会遭到周边舆论的强烈批判，“小报告”打上去之后，将受到组织严厉的批评教育。剧情中如此开放的关系只能理解为作者对于现实的故意筛选，也许在一小部分人，或者某个特定时期，是存在的，但是绝对不是那个时候的“主旋律”。时代的伤痛和对于人性的压抑，被他们满口贫嘴和过分夸大的浪漫爱情给冲淡了。

主角钟跃民对于感情的态度，是这个人物个性的集中体现。他有过几任女朋友，相识之初他对周小白的搭讪在这个出身于革命高干家庭的女孩看来，绝对是一种流氓的行为。然而，正是这所谓的“流氓”，对于周小白这类一直受着“正统”教育的女孩来说，是具有致命杀伤力的。更何况，钟跃民本性不坏，他生性跳脱，过于流气的表象部分是应对周遭严酷环境的某种自我保护，部分也是“无法无天”时代在年轻人身上留下的烙印。钟偶然的一段对于柴科夫斯基音乐的即兴描述，更让周小白对他刮目相看。俗话说：就怕流氓有文化。这个“文化流氓”的魅力由此逐渐放大，终至爱到不可收拾。

但是钟跃民是注定无法和周小白走到最后的，因为周总是习惯性地为他安排一切，她希望改变他、控制他、驯服他（也许连她自己都没有意识到）。这对于天性向往自由的钟来说，是一种莫大的束缚。她苦心孤诣地恳求父亲动用他在军队的关系，为钟谋得一份好前程的做法，在她是理解为一种帮助，在钟看来，却是一种侮辱。尤其是当周母采用自上而下俯视的态度对他，谈论他们的婚事的时候，他更是不卑不亢地拒绝了。

这种暗含交易性质的施舍是他骨子里的傲气所不能、也不屑于接受的，所以他选择了离开。借助“知青下乡的机会”，他离开了周小白，离开北京——也许这也是他主动寻找的一个离开的理由。

正是在陕北农村，艰苦岁月，他邂逅了他的至爱——秦岭，这个和他用信天游对歌的、同样来自城市的女子，有着和他一样自由和不羁的性格。无论是在陕北，还是回到城市，加入戏剧团演出，她选择的生活方式和价值观念，都如此地自我，又如此地自然，丝毫不受现实的左右。也许正是这份自我，让钟跃民看到了另一个自己。他们在一起没有刻意，没有外界强求的一切东西，他们也不在乎。但是，矛盾也是来源于此——同样的向往自由，自然也同样难以永恒。直到最后，钟跃民和她第三个女朋友在一起时，他自己点出了他的神髓："我就是一个在路上的人。"他去了可可西里——只有不束缚他、让他尽情做自己想做的事情的伴侣，才可以真正长久的相处。

这种观念，无疑在当今的主流价值观中，是属于小众的、另类的、独特的，甚至在大多数人看来是不能接受的、叛逆的。中国虽然已经改革开放了30多年，但是，在整个爱情观念上大多数人还是秉持着和过去一样单纯的想法：单纯地憧憬，单纯地失望，继而单纯地分开，却最终不单纯地想不开。这与其他很多所谓的传统观念一样，我们从未逃离他们的桎梏：我们穿着现代，但很多时候我们还在用封建时代的思路在思考问题。这种单纯并没有让时代更加进步，却徒增了我们许多单纯的悲伤。

实际上，这部电视剧的最精彩部分在于前半部“文革”到上山下乡时期的展示，虽然它对于当时惊心动魄的时代背景作了粉饰处理，比如武斗、阶级斗争、文化禁锢、男女问题等等，这场运动对于全民的震荡和伤害，仍然得到了一定程度的体现。

钟跃民这个人物，虽然被刻画为顽主形象，虽然也在男女情感问题上多少表现出了“不羁”的倾向，但是导演还是刻意地将其刻画为一个颇有文化的“表面浪子”，比如他在对于音乐的那一段即兴的评述上面，以及“基督山伯爵将手套扔在对方脸上”之类的对于文学的只鳞片爪的了解。随着剧情深入，则越显示出其面临大是大非的时候的果断和意志，这一切，都尚且在主流意识的道德框架之内，使其成为“略具瑕疵”却“仍然正面”的一个形象。

随着摄影机中镜头缓缓移动，当夕阳将余晖洒到北京城那些50年代苏联特色的工人办公楼时，当前景中微微颤动的红叶映衬在先农坛广场空旷的青石地面上时，当黄军帽、绿大衣下那一张张脸孔面对红旗虔诚地敬礼时，浑厚的圆号演奏的带有革命时代体征的旋律在耳边响起，我们不知道感觉是悲凉、沧桑或者别的什么。

纯粹的误会

——夫子庙民俗文化街区·南京

夫子庙是一种偶然的历史遗存和一种当代的商业诉求之间相遇并交互的产物，如今作为一种符号正在被观看、消费、参与和记忆。

数百年前，夫子庙是一个“多义文化集聚中心”：一方贡院，是全国各路才子进京赴考，求取功名的考场；“十里秦淮，六朝金粉”，层楼画舫，名妓云集，“秦淮八艳”德艺双馨，绝甲天下，也是香艳文化的中心，留下多少传奇让后人谓叹；加之逢年过节的各种庙会、集市、灯市，是当年从士绅到百姓都乐于前往的一片乐土。

如今，香艳不再，繁华依然。经历几世变迁，夫子庙早已“物是人非”了。实际上，“物”也已经不是当年的“物”了。经历了革命年代被忽略的岁月之后，在举国上下“以经济建设为中心”的浪潮下，夫子庙迅速被转变为一个充斥着“俗世”消费气息的纯商业场所。

“世俗化”并不是夫子庙最根本的问题，实际上，世俗本身代表了一种大众化的活力，因其“俗”而生动，相对于面向大众的俗文化，我们认为打着“高尚化”和“品质提升”的旗号，将历史街区改造为少数富人的“私家会所聚集地”的做法破坏性更大——其建筑的手段往往并不比目前的仿古街更加高明，其结果却从根本上杜绝了公众参与的可能性。

夫子庙的问题也不在于其建筑都是“仿古建筑”，先不谈“仿古”的罪状，反向思考一下，如果不仿古，那么，如何保持这片街区的古典意象？含有某些古典表皮意向的现代街区，是当下流行、也是建筑师喜爱的改造方式，但是，普通大众似乎无法从这些非直观的做法中获得对于过去的感受，他们需要一种更为直接、易辨识的方式来复兴、还原他们对于“古代”的认知和遐想。纯现代的商业街则更行不通。王澍主持的杭州南宋“御街”改造是将古典和现代结合的有益尝试，但是在夫子庙确无条件作如此大规模的变革。

试想，把这里全部变成现代商业步行街，将产生怎样的景象？——想想现在的湖南路就知道了，其结果并不令人乐观。我们打造的现代步行街，由于种种原因，无论如何也做不出东京表参道的水准。

在城市化进程中，历史街区已经被擦除的所剩无几，城市越“通属化”，人们越能感觉到这些尚存些许地域气息的区域的可贵——哪怕它们已不再纯粹。

夫子庙最大的问题首先在于它的“不伦不类”：一水的青砖黑瓦的明清建筑门脸，却在门脸的下方都是现代商业步行街店铺的logo和西式装修。其结果成了现代商业与中国古代街区之间的不可兼容性的实证。如同一个人上半身穿了马褂戴了瓜皮帽，下半身却是牛仔裤加旅游鞋，错位而滑稽。

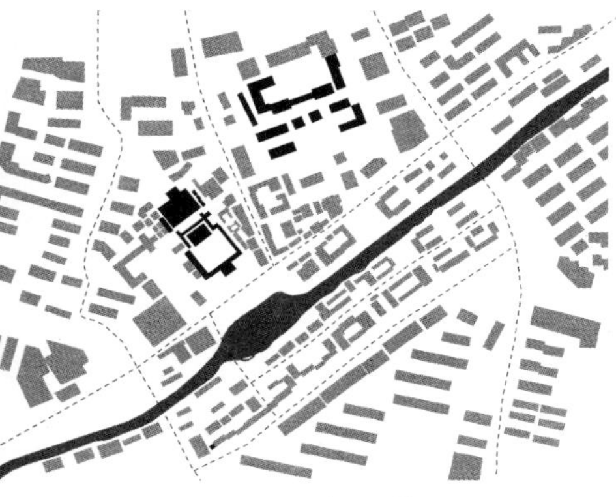

culture & monuments

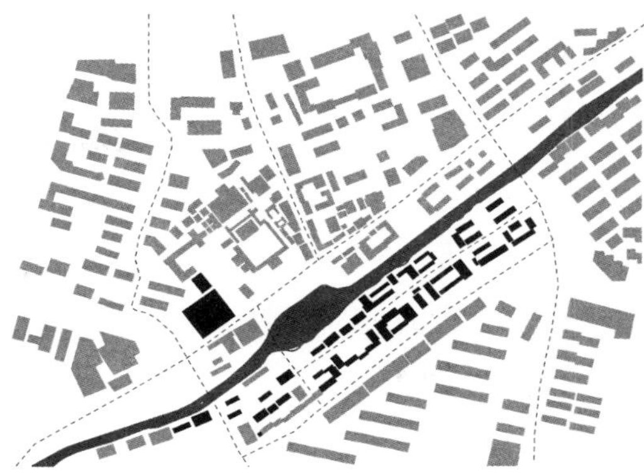

restaurants & hotels

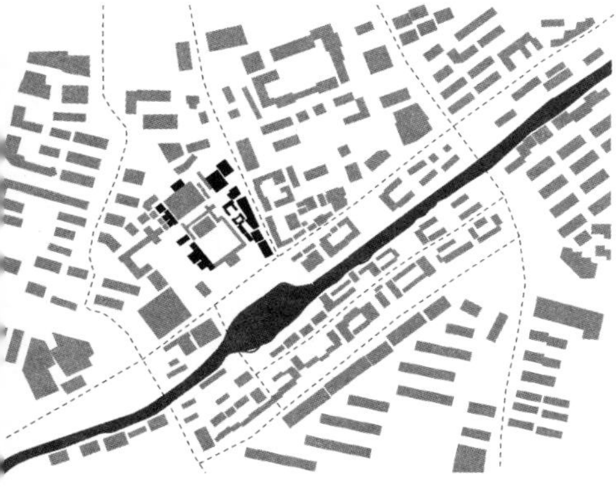

commercial _ traditional

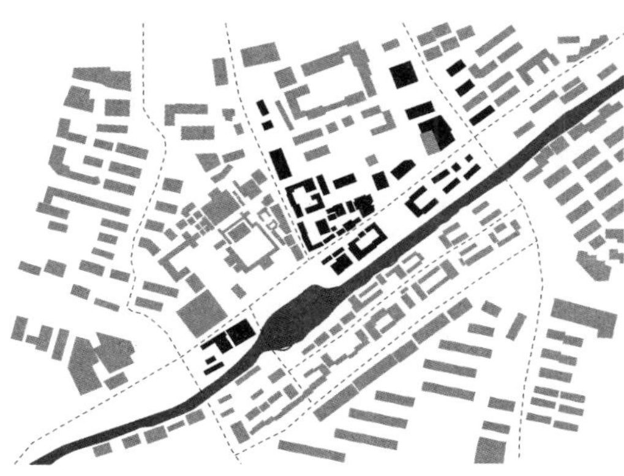

commercial _ mordern

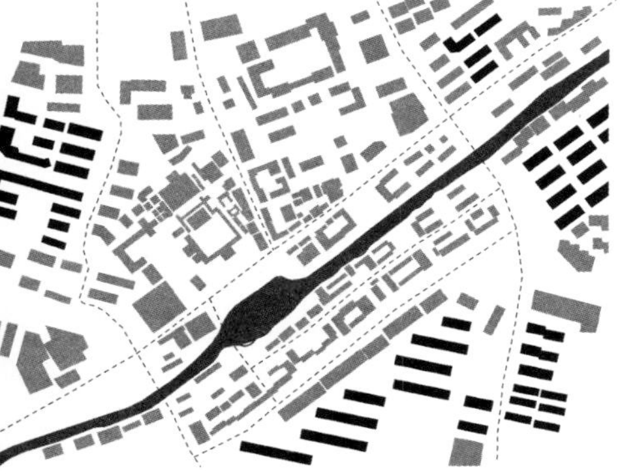

residence & school

main pedestrain

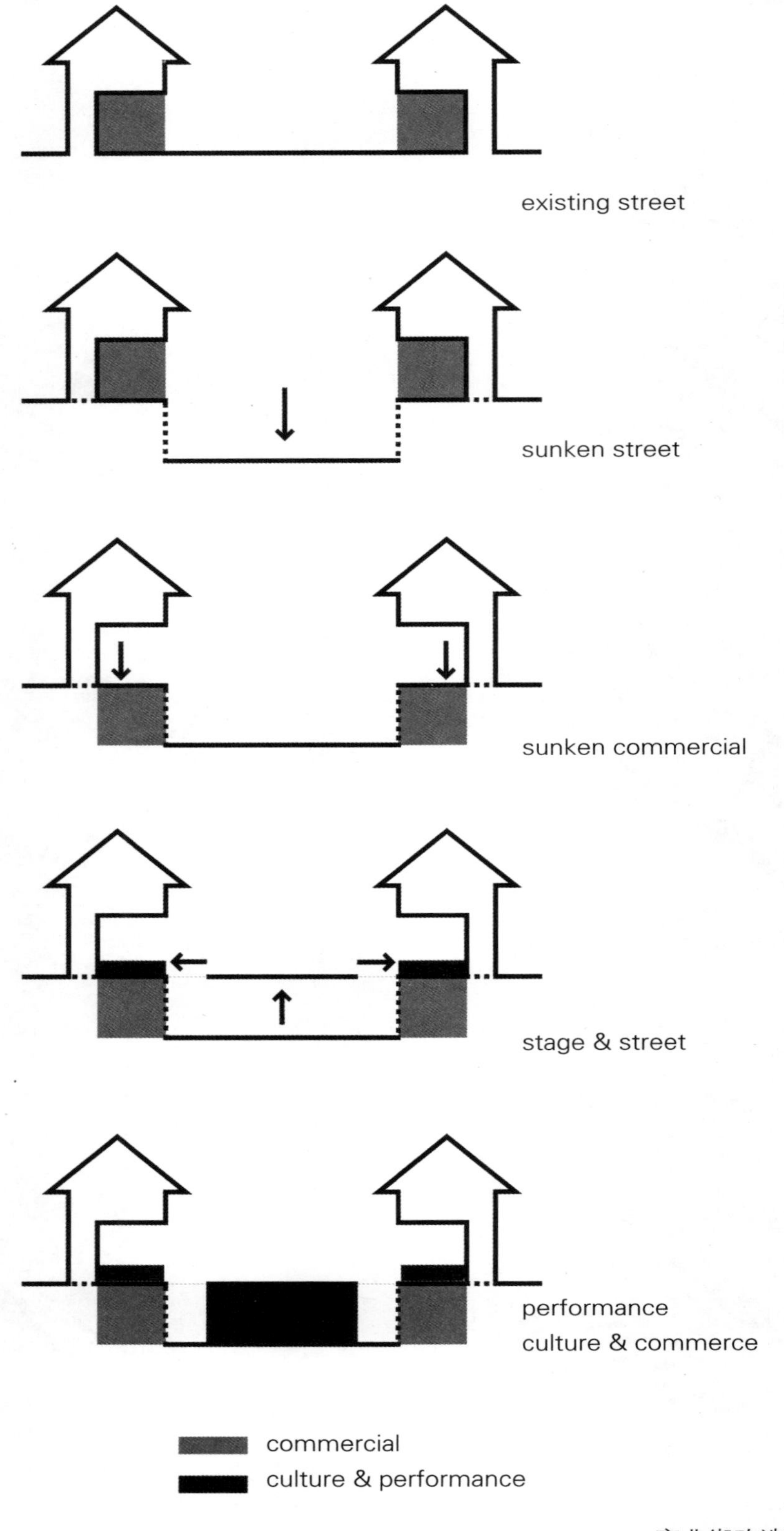
existing street
sunken street
sunken commercial
stage & street
performance
culture & commerce
commercial
culture & performance

商业街改造建议

外来游客对于夫子庙仍然是一个颇具地域特色的古典文化街区的臆想，变成了“一个纯粹的误会”。

为了排除混沌，理清头绪，我们首先尝试采用更加鲜明的二分法，将古典与现代分离。使历史上浮（地上），而现代下沉（地下），更确切的说，是使文化上浮，而商业下沉——两者之间形成以地面为界限的清晰界面。

分层之后的街道表面（地上）将恢复到真正市集的面目，而容纳文化展示和商业售卖两方面的功能。文化展示包含古代书画、乐曲表演、民间技艺表演、地方戏曲演出、民俗展示等多种内容，而商业售卖仅售卖与古典文化相关物品。

现代商业街则被置于地下，并保持地上地下视线可达性。现代与古典的强烈对比依然存在，并因这种对比而增强了各自时空的存在感。

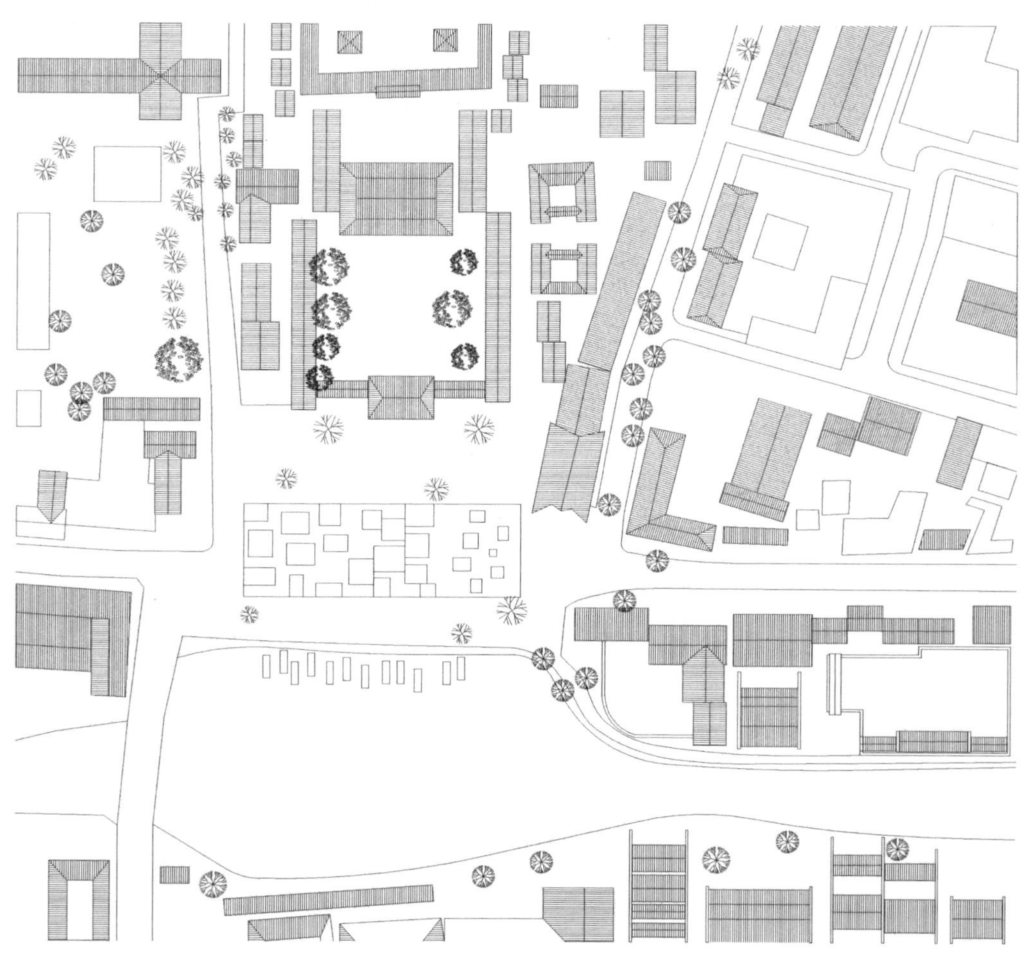

在原孔庙大成殿与天下文枢的牌坊之间的广场地下，我们置入一个单层的古秦淮文化博物馆，作为整个地上地下序列的焦点。从东西南北两向地上地下观览过来的人流在此处汇集。将其置入地下，同样是出于不影响原有空间格局、并且保持地面人流通畅的考量。而顶部采用透明玻璃处理，使整个博物馆在地面上向下俯视也同样一目了然——简言之，这是一个全开放的博物馆，观众与馆内的人群在视线上形成互动。

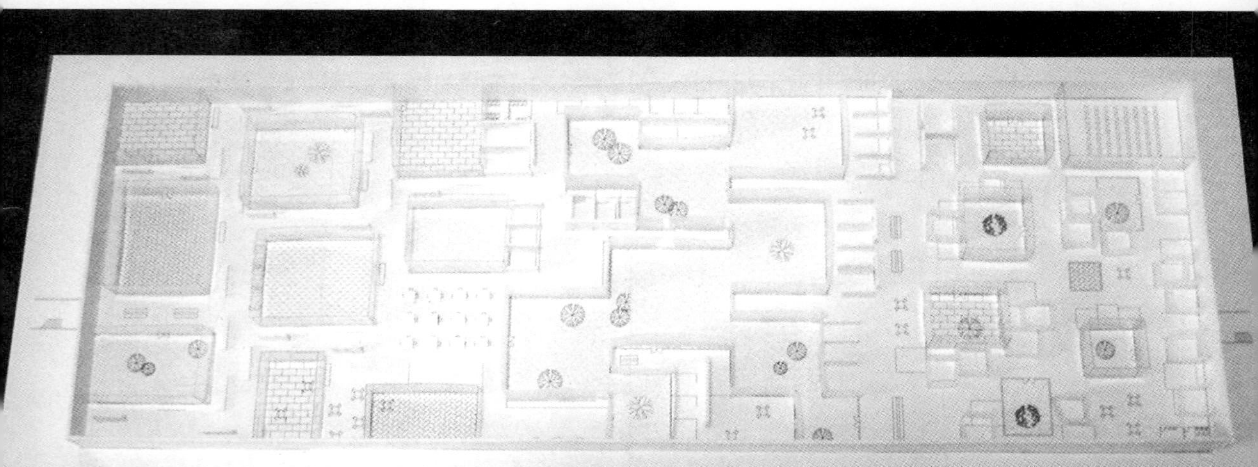

家具店
燈籠鋪
瓷器店
成衣鋪
茶葉鋪

茶葉鋪
草蓆鋪
裁縫店
中藥鋪

戲服店
錫器店
錫器店
鐘表店

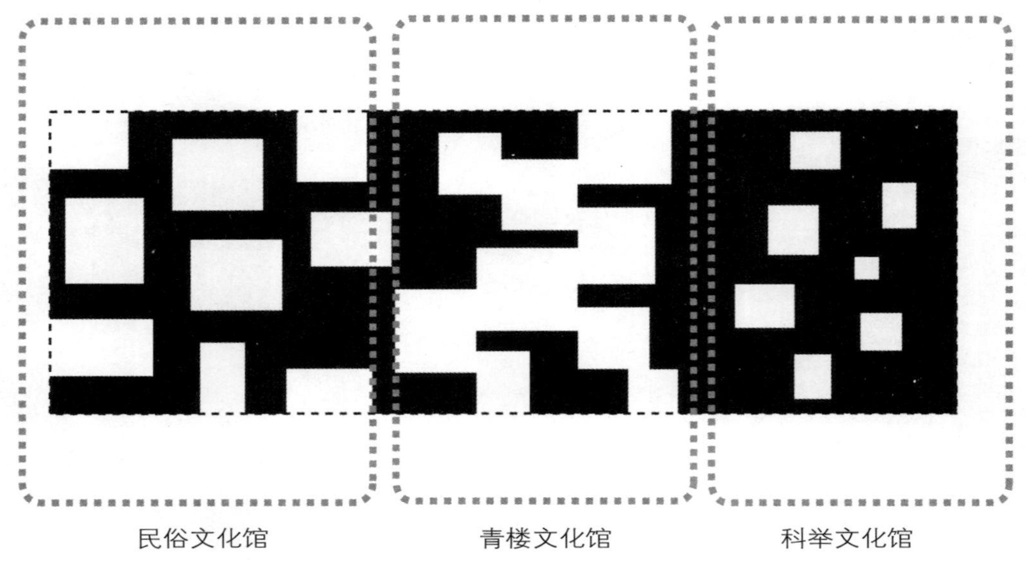

博物馆分为三部分：民俗文化馆、青楼文化馆和科举文化馆，涵盖了夫子庙历史上同时共存的三大主要功能——江南贡院、庙会集市和“六朝金粉”，如今变身为观照过去的主题。将博物馆置于浅层地下，并覆盖以玻璃表面，也同时创造了一种类似“遗迹保护”常用的方式，仿佛这同样是刚从地下发掘出的文物般的感觉。三个馆在平面上自西向东平铺开来，如同一张展开的山水长卷。在此，从一馆至另一馆的距离增大至视线无法一次性企及的程度，那种迅速掌握全局的观看方式在此失语，它表面上是令人费解的——所见非所得，需要亲身完整的游历，才能体会全部的细节：一种“入画”的过程。

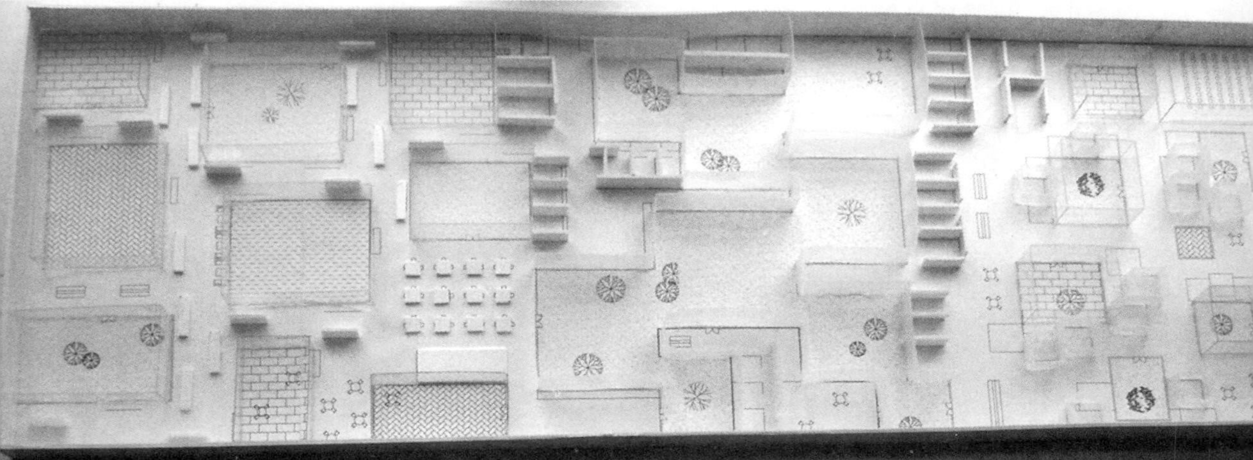

地下古秦淮文化博物馆全局的内容需要视线平移观览。三个主题展馆之间并无明显界限，从一种空间自然过渡到另外一种，这与中国山水画散点透视的布局方式相近。如清代查士标所作的《仿黄公望富春胜览图》，虽然是立轴，但是其观看原理与水平长卷并无区别，仍然是步移景易的任目光游走，只是方向变为自上而下。全画没有一个集中的灭点，而是动态的“可游可居”的感受，目光可以随时停留在画上某一段，并聚焦于此。黄公望对山水画的突出贡献之一在于“以极其简单清楚的设计调配成一个复杂的构图……数世纪之后立体派的做法也如出一辙……黄公望不强调图绘中感性的成分；像其他立体派画家一样，他似乎分解了有形的世界，并且用更新颖、灵活和容易理解的方式再一次重组”（高居瀚语）。如此看来，似乎黄公望比西方立体派更早意识到如何在平面绘画中表达“时间性”的概念。而我们所做的秦淮文化博物馆，也希望无论是在地上俯视或者其间游走，都能获得这种在不同空间之间自然过渡的感受。与山水画卷中采用树木、烟云、小桥、堤岸来巧妙衔接各个不同深度的空间之转换一样，我们的三个馆开放程度不同，而其间的庭院、植物、水体与隔墙相互渗透，使室内外联结成整体。

虚　　实

动　　　静

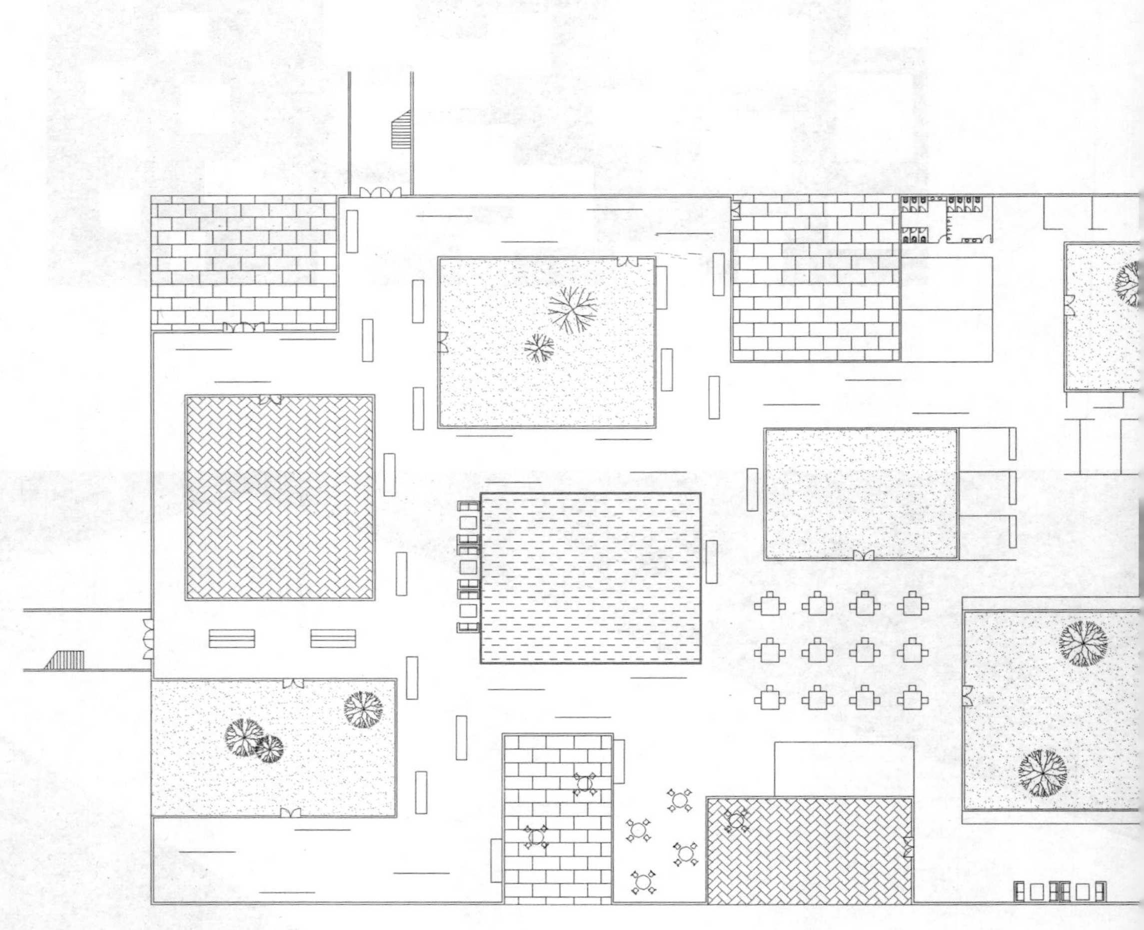

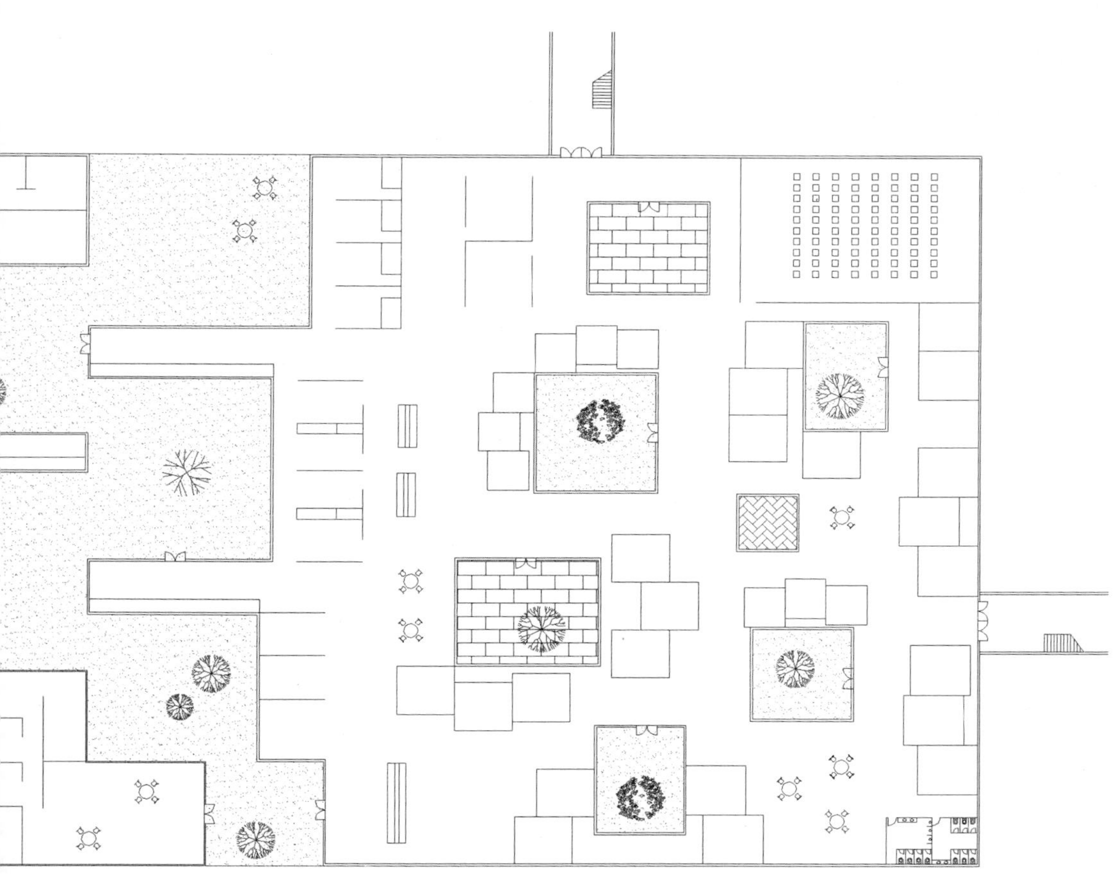

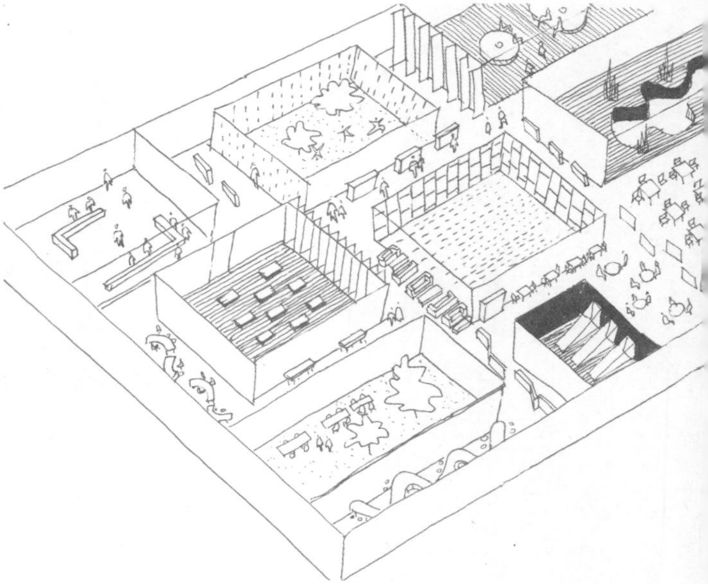

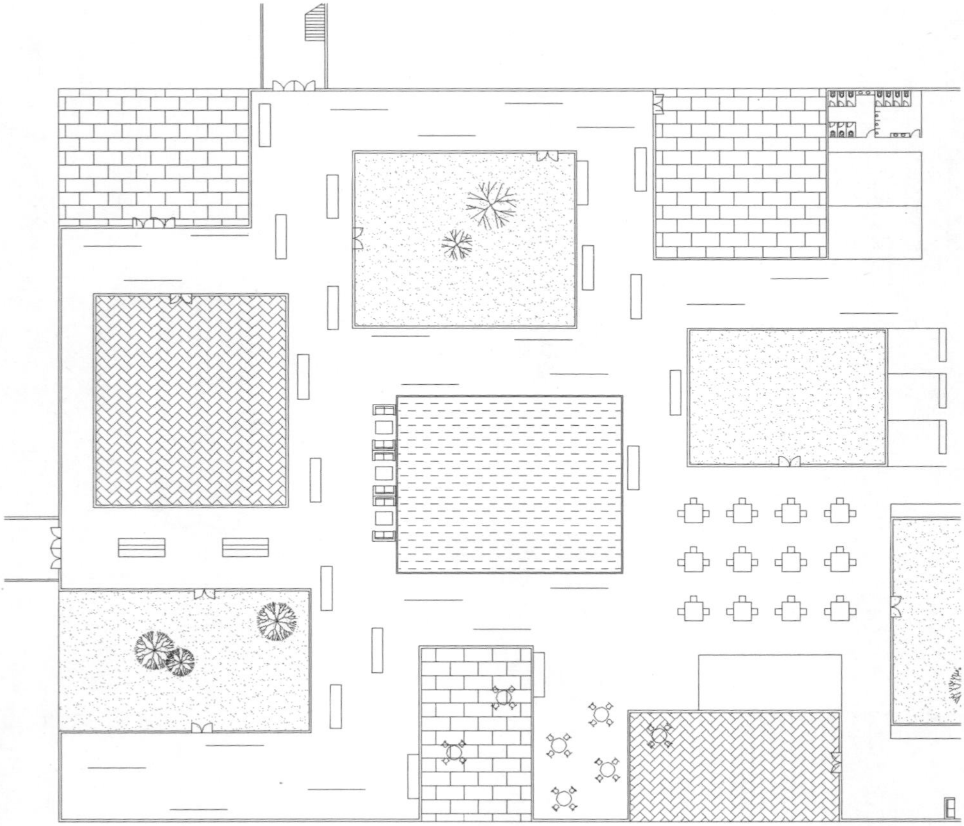

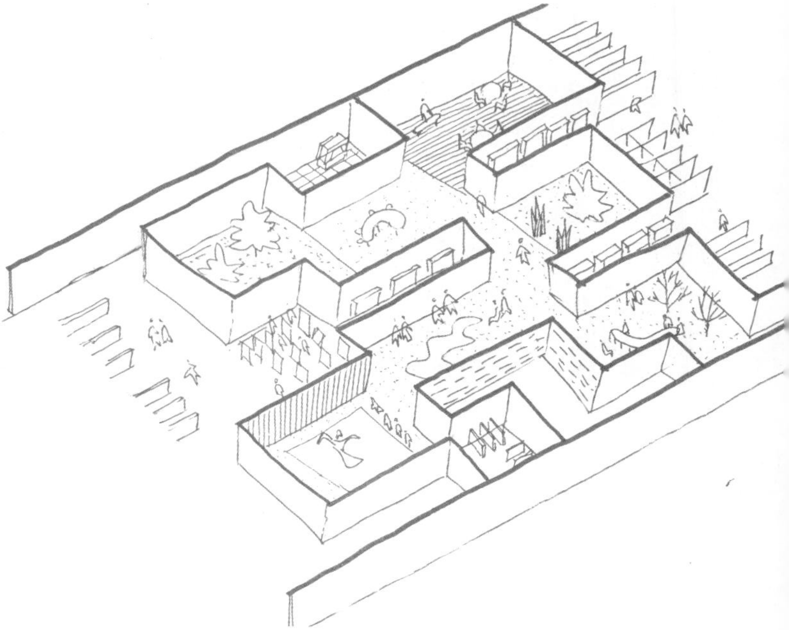

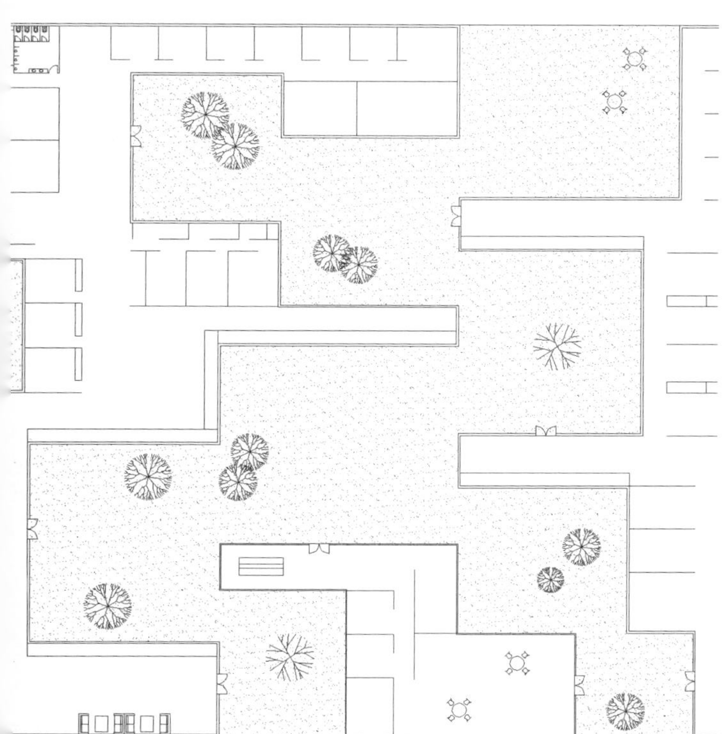

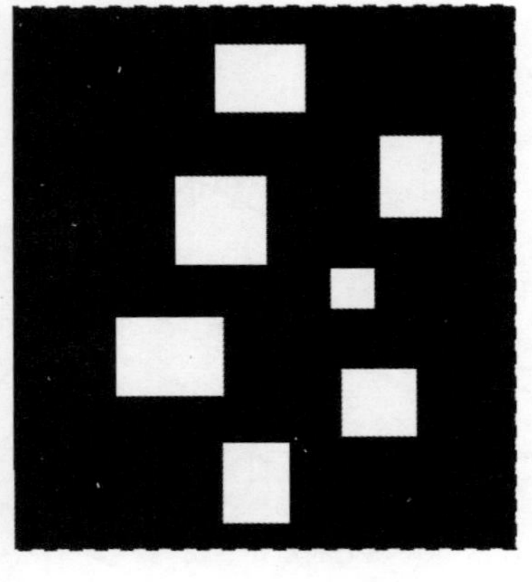

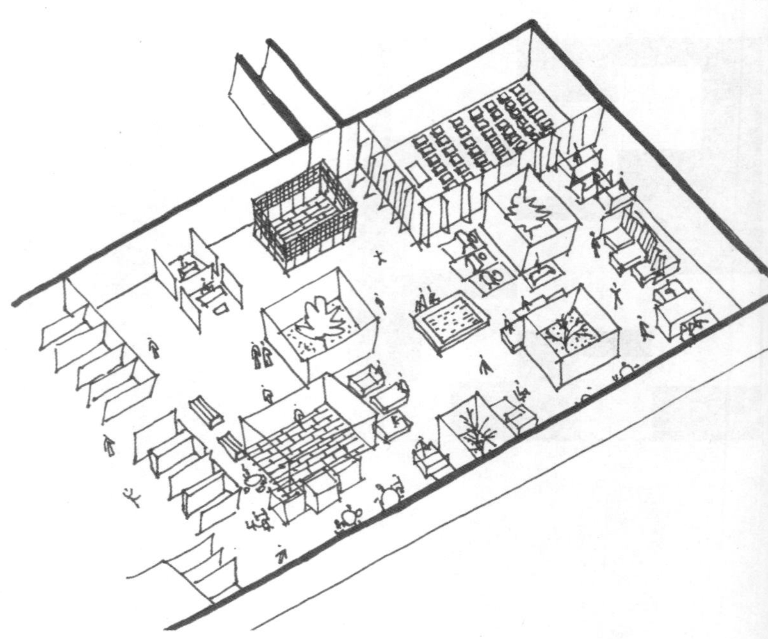

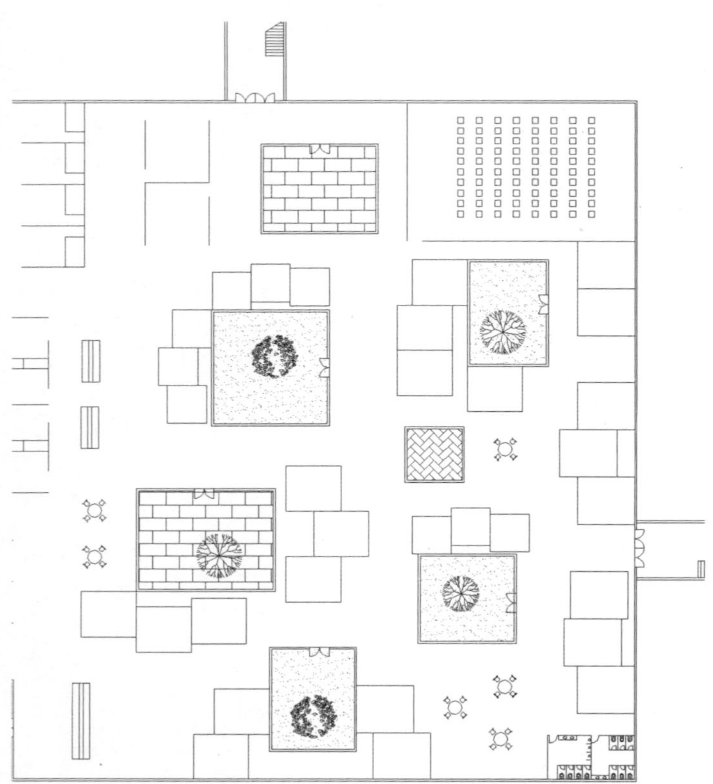

城市化石

——王府井的“斯德哥尔摩情结”化 · 北京

北京的现代化进程一直面临两难的困境：现代都市的高效、密集与简约，与北京作为“古都”身份的展示需求之间的矛盾。为了在保证“现代化”进程的同时满足外地游客的怀旧和本地居民的乡愁，城市规划者和建筑师们采取了一个最直接的方式：在大体量的现代混凝土建筑上，加上古典的、中式的符号“大屋顶”——两者都如此“纯粹”，以至于二者叠加在一起的结果显得如此“不纯粹”。

“古代帽子”式的“古都再现”，完全是字面上的，没有触及根本，它的意义仅限于一种修辞。北京的都会性等同于功能主义与返祖的纪念性的叠加。作为都市的“门面”之一，王府井的这种古典现代的直接并置被赋予了正当性。几乎在每一个建筑上都体现了这种“中式现代化”的修辞法，当然，也不排除少量以西方古典元素加以装饰的折衷主义作品。萨义德曾经在《东方主义》中指出，东西方的概念不是自然存在的，而是人为指定的和预设的一种群体身份。而在建筑学层面，这种关系常常被简化为一种文化和历史在地域上的简单对立。符号化的“中国特色”或者“民族风格”占据着中国古都建筑的统治地位，使独立的建筑学判断在此处于失效的状态。

因其建筑语义学上的简单化处理，王府井反而成为一种“为崇高而走向滑稽”的图景。“古典而秩序化的建筑范式”被简化成象征主义的符号，并被抬升至它们从未达到的海拔；“现代商业建筑”被描述成一个巨大的立方体盒子，装饰以不纯正的“装饰艺术”风格。

其巨型的躯干本身就是对顶部的古典“佩饰”的一种嘲讽。出于商业对于“土地效益最大化”的需求，每个商业建筑几乎都是按照地块边界垂直复制多次的结果，它们是3D max里面一个命令可以生成的建筑：“拉伸”。“单调性”成为其另一个令人厌倦的特征。

王府井的建筑意味着“北京商业步行街”某种尴尬的境地：作为“步行街”它的尺度过大，离人很远；作为有一定历史意义的街道，它又显得过度商业化——最终，成为波普与严整的混合物，是新时代的“四不像”。它的优势在于：它是“一线”城市的核心地段的商业街，拥有消费力旺盛而又极度喜欢“凑热闹”的民众群体。

怎样的建筑学介入，可以改变它种种不和谐？在一个“古都的核心商业区”里面，我们可以让它承载一些除了纯商业之外的文化使命么——并且这种文化的命题必须是“人民群众喜闻乐见的”。

尽管对其有种种不满，我们也有众多的都市范本可以参照，但是，任何大规模的、颠覆性的城市改造都是不现实的，我们不能期待将其现状全部摧毁、移除，再取代以全新的建筑。可行的策略，只能是在对现状的最小破坏的前提下进行，这是一切“改造”的根本。

问题的核心在于：我们如何在不改变其基本体格的情况下对其翻新，赋予其全新的图景？

在经历了长时间的无线索之后，我们注意到王府井有两个明显却通常不被留意的特征：

1. 截取任何一个建筑的一段纵向的断面，我们可以发现，它清晰地分为三部分：中式的屋顶，厚实而现代的中段，以及通透而新潮的底部。无论个体之间差异多大，这种垂直方向上的叠加关系在各个建筑上反映竟然惊人地一致。形成一种可类比于地质的岩层化石的层次关系——历史随着时间而积淀，在城市的躯体上最终演化成建筑岩层的堆叠，整个街区的建筑形成一种同一性基本形态。我们是否可以通过一些基本的操作，固化某种已经存在但仍然不甚明确的关系？这种固化的过程本身，可以形成具有强烈地域特色的空间形式。

2. 另一个给予我们启发的现象是，基于地块之间的各自为政和道路边界的整齐划一，王府井的建筑在表面的混杂下暗藏了一种城市的网格，类似于曼哈顿的“街区”，但是尺度完全不同。正是这种格局，使“控制”仅仅局限于作为整体的网格本身，而在地块内部则放任了最大化的自由度。这种“全局受控下的个体自由”是重要的，因为商业街区也是公共建筑群，如果所有的区域内建筑都是同一种空间组织方式，那么，其所包含的购物、休闲的内容则将越来越趋同和单调。

根据西方建筑学者德·昆西的类型学理论，“在所有古老和伟大的时代，建筑延续了国家和民族某种强烈的精神和物质的共性，类型表达了某些与过去联系的永恒特征，是任何新的建筑知觉识别的开端。”如果按照这个观点，王府井现存的这种无论从整体网格到垂直叠加的延续特征，似乎也是其自身“强烈特征”的延续从而构成某种“类型”——尽管这种类型与崇高或者伟大都没有关系。

可否以这两个基本的潜在特征为线索，作为设计的切入点？如果我们假定这两个特征不是消极的，那么它是否可以获得某种新的城市质量？既然它已经是建成事实，可否将“坏的”变为“好的”？

艺
世

串
府井家常

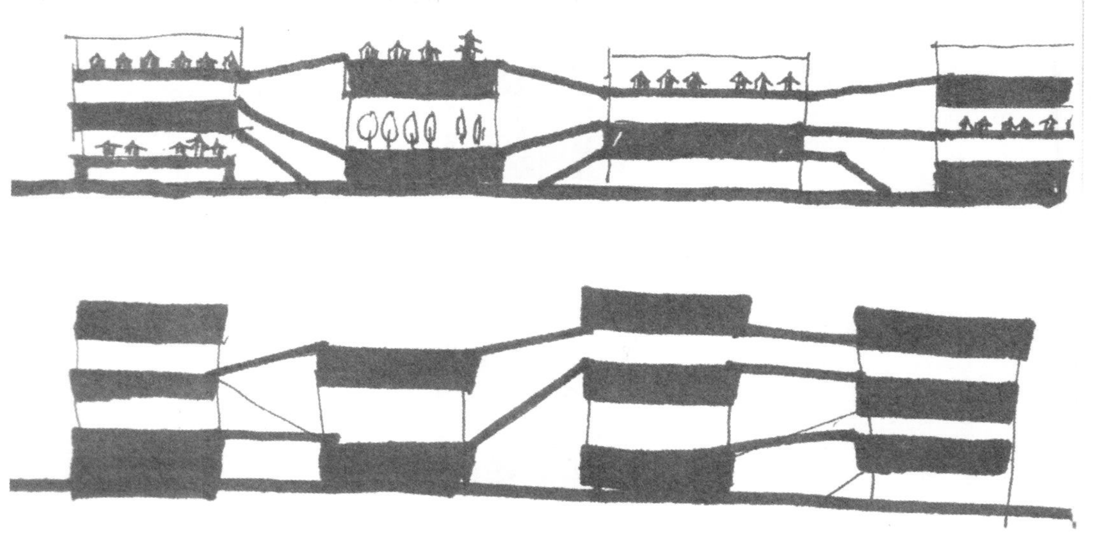

我们的思路与常规的做法相反：以加强这两种特征作为出发点，做一次对消极事实的反向操作，一种以良好意愿对曾经是建筑原罪的重整——建筑的“斯德哥尔摩情结”？

关于当今城市的“拟像”现象，鲍德里亚指出，虽然虚像是借助被扭曲的真实模型而产生，但因为人们长期共同的观看，已经被普遍接受。因此，它不再是简单的模仿、复制或者戏仿现实的手法，而是以另一种歪曲的现实取代了现实。电子媒体的这一原则，同样适用于关于王府井的古典街区的意象。

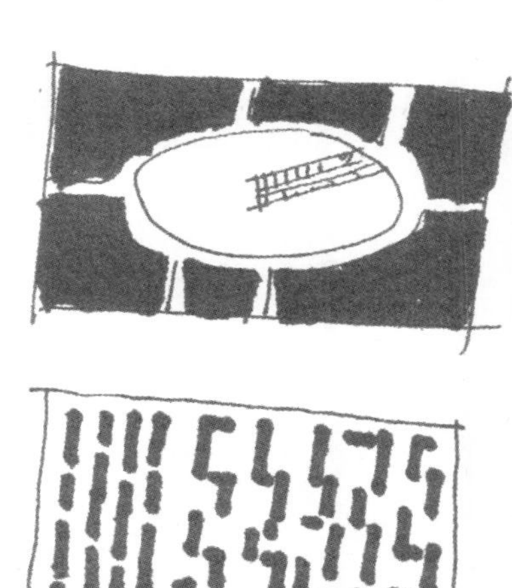

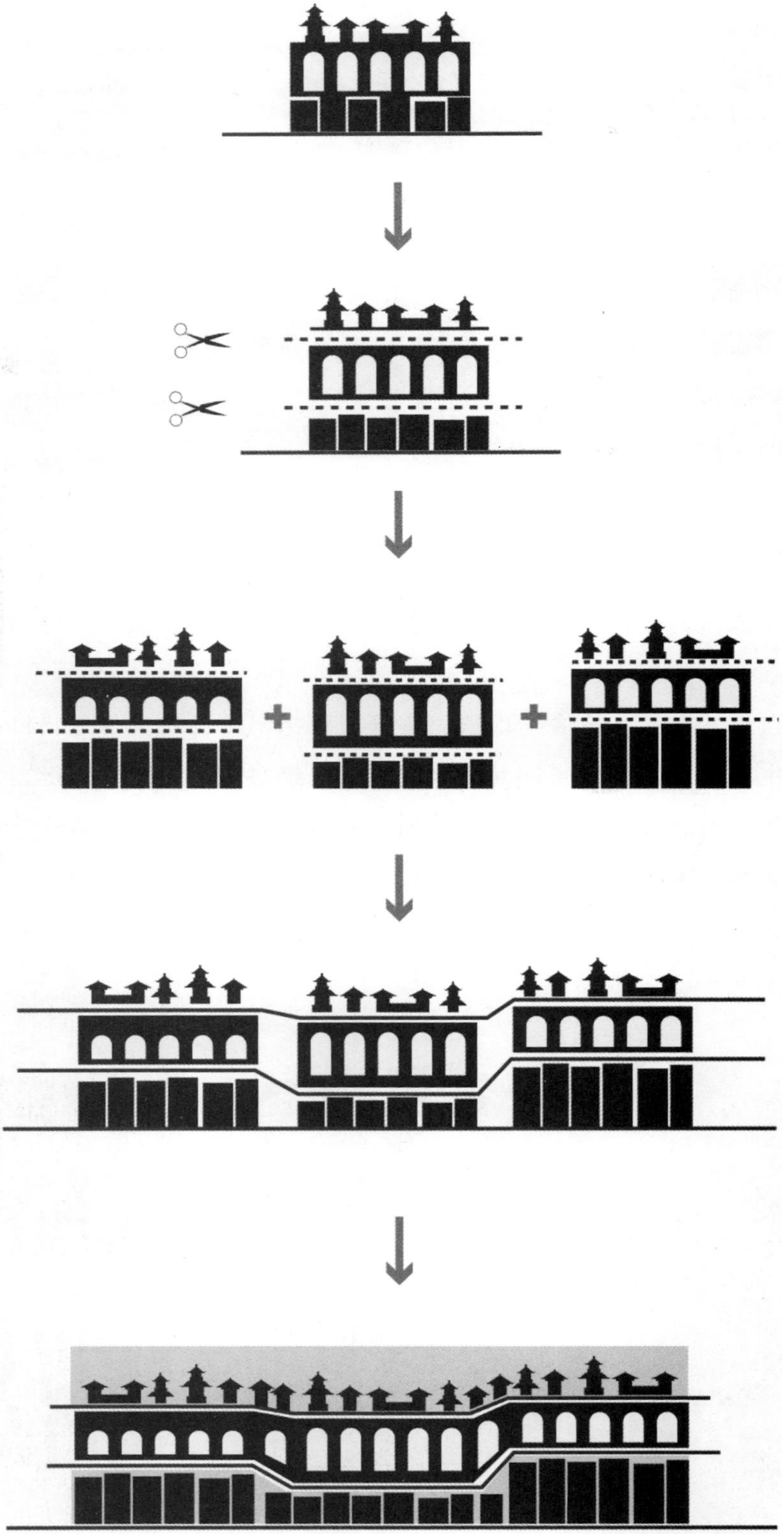

我们的设计介入分为以下几个步骤：

1. 层析：我们将每个独立商业体量的三种既有风格，在垂直方向上明晰分开，形成独立的三段，中间以楼板层加以强化和分隔，从剖面一直延伸至立面。如同化学中的“层析”法，采用特殊溶剂，将不同物质在同一容器里清晰分离。

2. 街区：将原有的不清晰网格做进一步的明确化、均质化处理，形成一种整体的规整性和全局可控的城市结构，从而形成单个地块内的建筑最大化的自由。

3. 水平连接：在垂直分离的同时，在水平方向上，对于三种异质元素：中式屋顶、现代实体驱干和时尚透明的底部进行连接和连续化的铺陈，将各自的特征最大化；我们允许各街区水平高度的差异，并且以转折的面进行连接和表述，以形成空间的多义性。

4. 对于三段式分层的真正抱负并不在于简单的形式化（尽管一个绵延数公里的阵列其形式本身也是震撼的），而在于我们一贯追寻的、将纯粹的商业空间转化为承载一定文化功能的公共空间的命题。顶部的“中国风”片区将成为“小尺度古典城市肌理”的集中展示场所，每个地块内可引用包括古代北方宫殿、中原街市及至江南园林的格局——即使是完全的照搬亦可，让游人体验各种纯粹的古典空间（古典意象的迪斯尼？）；而中部则成为“中国式百货”的集中展示区；底层则可以完全解放，供各类新潮设计师发挥，成为现代潮流时尚的秀场。

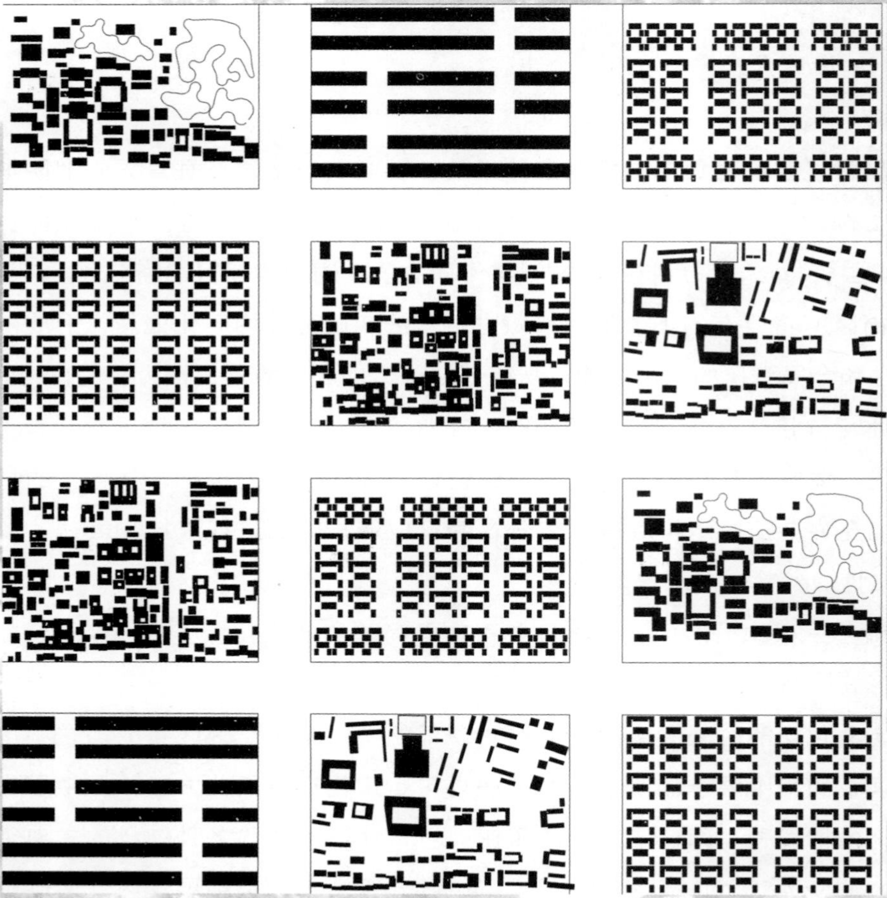

顶层——传统

重新编排后的结果是一个三维的网络。

不再是单个建筑的概念，而是无尽的延展，吸纳各方流线，成为一个城市尺度上的新的独立层面。

顶层保留了古典特征并被反复放大——原有的零星的、仅仅起装饰作用的传统亭台楼阁被强化，并延展成簇；大面积空旷的屋顶平台将被四合院群组、传统夜市或者园林所填充。曾经位于地面的少量“北京土产街”、“老北京风情街”、“美食街”将被搬到顶层。

其结果，将最大限度地满足游客对于传统的心里预期。

中间层——后现代、集中式商场

中间层（3–5层），最大限度地保留原有商业格局，也即是王府井商业街最常见的集中式商业形式——百货店和Mall，原有商场基本格局保持不做太大变化，与顶层相同，各个商场将在3层或者4层靠封闭式连廊连通。与后现代装饰主义相呼应，外立面采用厚重的石材+适当的线条装饰。

一个超大的空中“Mall”的集合，同时建立了一系列彼此连通，又充满不同主题的隔离和间隙的购物综合体。

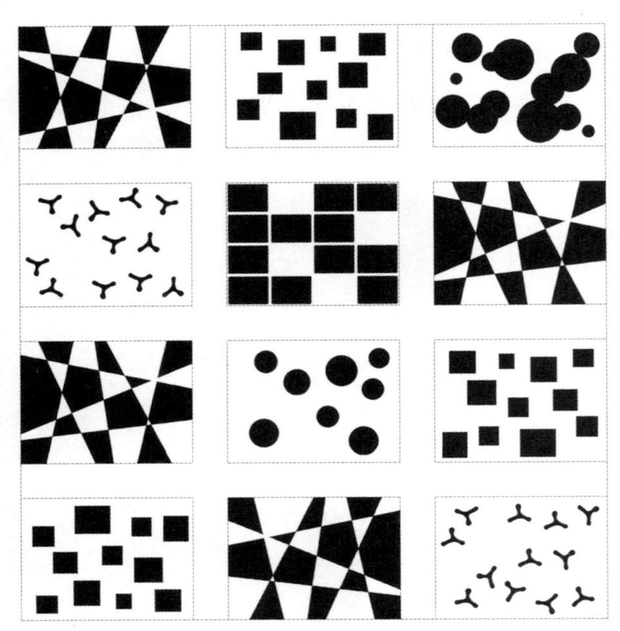

底层——时尚潮流

为了证实其可信度，我们将新插入的分隔层想象为柔质的，如同魔毯，将各层区隔，让平台叠加。

底部两层为时尚层，将最潮流的品牌及商品安置于此，店铺采用灵活分隔的小店为主，外立面偏向轻盈、透明和个性化，与上部的“后现代集中商业”形成强烈对比。

底层将成为北京“最潮”一族的乐园。而各个店铺也将随商品的风格作独立设计，每个商场在底层均被解构。

三种截然不同的城市层，使每个进入者都建立了一种在垂直方向上的城市地图，将更加容易地定位自己的坐标。

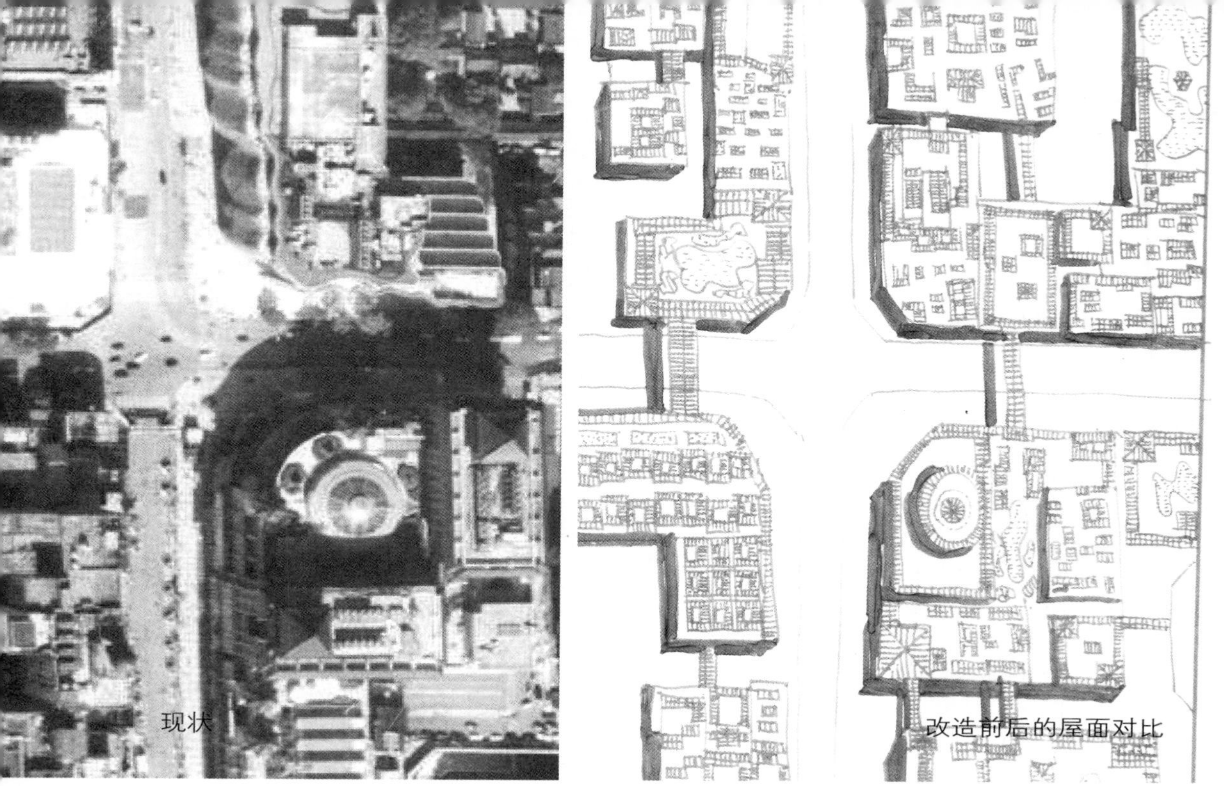
现状

改造前后的屋面对比

层与层的分离完成了一次建筑意义的分离和转移。其过程可以看作是将既定对象从它之前所处的惯常文脉中抽离，并加以孤立化处理后，重新叠加入新的特殊空间之内，虽然其疑义仍然保留，却因为陌生的组合方式产生了大于原有意义的指涉。

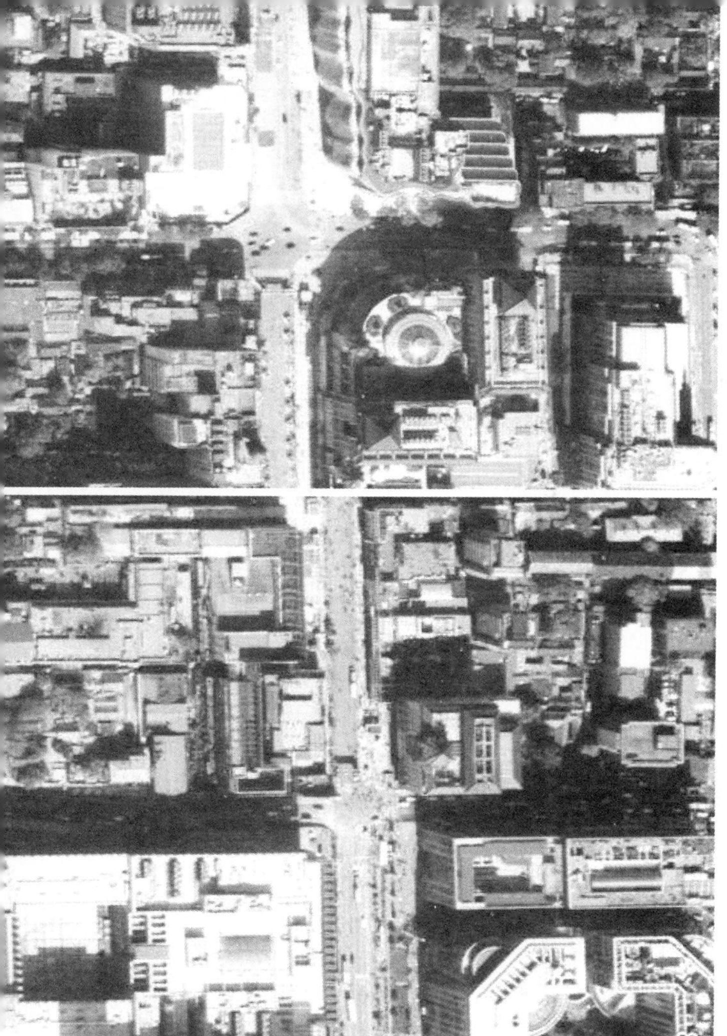

编者点评

北欧的城市，随便处可见这种水平方向拼接在一起的建筑，似乎自然生长在一起。

如果说，珠三角地区的特征是“加剧差异化的城市”，那么我们在王府井改造的目标则是“差异化加剧的街区”。我们在城市尺度上提供一个相对稳定的结构（水平层和垂直网格），在各层内部容纳各种未限定的、差异化的活动。对于结构的限定某种程度上是依靠风格的近似化来达成的，从而具有一定的灵活性。它追求的不是单纯商业街区或者恢复传统，也不是创造公司社会和公众纪念性质的建筑，而是在城市尺度上最大化街区特质和潜力的建筑方法：形态、空间、经济和事件的总和。虽然可识别性的需求更容易从公共图像中得到满足，但我们仍然期待通过公共空间的改造同时达到实体和图像的统一。

我们反对历史折中主义的态度，但有时候也不介意采用戏仿或者反讽的形式，能够以隐蔽的、间接的形式，折射出特定社会制度和历史时期生活面貌的变化。

《西洋镜》

八国联军还没进攻北京之前，很多老外的东西已经涌进国门来了。

刘京伦摆弄着留声机，正好谭老板过来拍照，眯缝着眼细细品了一会儿，评论道“洋人的东西也倒有趣，就是太浮躁，不如我们的沉稳。”开始还以为谭老板是京城某个大户，看到后来才发现，原来他是大名鼎鼎的京剧名角谭鑫培，看来过去的老板的含义，比今天的涵盖面要广，还带了些许的文化色彩。

雷门带着他的电影胶片放映机来中国“开拓市场”，老百姓都听不懂他说什么，也没人有兴趣看。刘京伦给他做“托儿”，拉人去看，作为报酬是给雷门打下手。

老少爷们儿这么一瞅——哎哟喂，图画还真能动嘿。火车一开过来，一屋子的人都吓趴下了。提鸟笼子的差点儿把鸟给扔了出去。

从此雷刘二人联袂，玩起了“影戏”，最后红火起来，都传到老佛爷耳朵里去了，并钦点为贺寿节目。看来老外要想到中国混，都要在中国找个“托儿”；中国人要想出名，也可以找个大哥“抱大腿”。

夏雨演了两部电影都是和电影有关的。一部是《电影往事》，另一个就是《西洋镜》。两部都还不算赖。虽然叙事很平稳，但是该说的都说到了。

《西洋镜》本来也是半记录，半传奇的片子，它表达的更多的是对于现在北京的城市的敏感。作为近代的国都，北京相较上海和深圳，在老外眼里更具有中国的地域特点。也正因为此，这种东西方文化的碰撞才更明显、更有趣。我们开着洋人发明的车，穿着西服T恤牛仔都不会觉得有异样，唯独对住着西式的楼房就觉得别扭，觉得我们城市不应该是这样的，觉得我们应该保留老祖宗的东西，今天也住在四合院里才最美好。

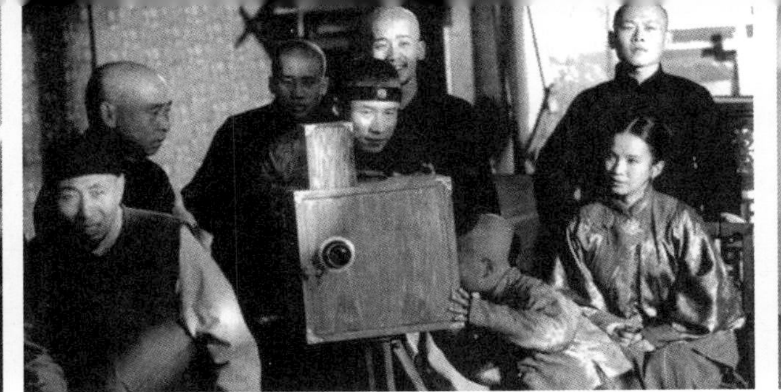

但是，在寺庙里面开锐舞派对和在迪士高里面看到和尚在蹦迪一样会让人觉得别扭。现在这个时代，生活方式变了、节奏变了，旧的形式很多不能适应这样的变化。设计就如同汽车和服装一样，也应当对这个时代作出回应。

谭老板一句话说得好："不用挡了，要来的总是会来的，挡也挡不住——更大的变化还在后头呢。"

消失的伊甸园

——中国式大学校园・北京

中国大学校园

曾几何时，“大学”是国民心目中纯洁高尚的“象牙塔”，而大学生是令人羡慕的“天之骄子”，寒窗十载，当一代代年轻人挤过“千军万马”的独木桥终于来到自己梦想中的校园时，他们意气风发，洋溢着对未来的希望和实现一番抱负的雄心。然而，随着近年来“教育产业化，行政官僚化，招生扩大化，学术虚假化”等一系列趋势的出现，中国大学生传统的精英形象正在渐渐被贬抑。从清华等知名学府大学的变迁看出中国大学精神风向标的指向：民国时期强调人文，新中国成立后培养工程师，如今成了官员的摇篮。

1. 大而空

如今，学校变成一个工厂，批量生产标准化的毕业生产品。学校也是一个公司，以产值计算效益，教师变成了公司经理。学生该学的都没学，却失去了原有的纯真。大学校园规划也沾染了中国官僚建筑的习气，喜好讲排场：轴线、对称、大楼、大门、中心广场、环路……占地动辄数百公顷，规模巨大，在建筑群严整的表象之下，却难掩各种规划上的空洞、乏味和非人性化。行列式的布局、千篇一律的复制、尺度骇人的道路，哪里可以寻到丝毫的“人文校园”的感觉?

武汉大学、厦门大学、南京大学……这些被誉为“最美校园”的学府，其获得普遍赞誉的，正是基于深厚历史底蕴和将山水园林规划融为一体的“人文校园”理念，而绝非如今普通流行的，在城市远郊荒地上如空降一般建造的大而无当、千篇一律的“大学城”。

大学城・北京

大学城・南京

大学城・广州

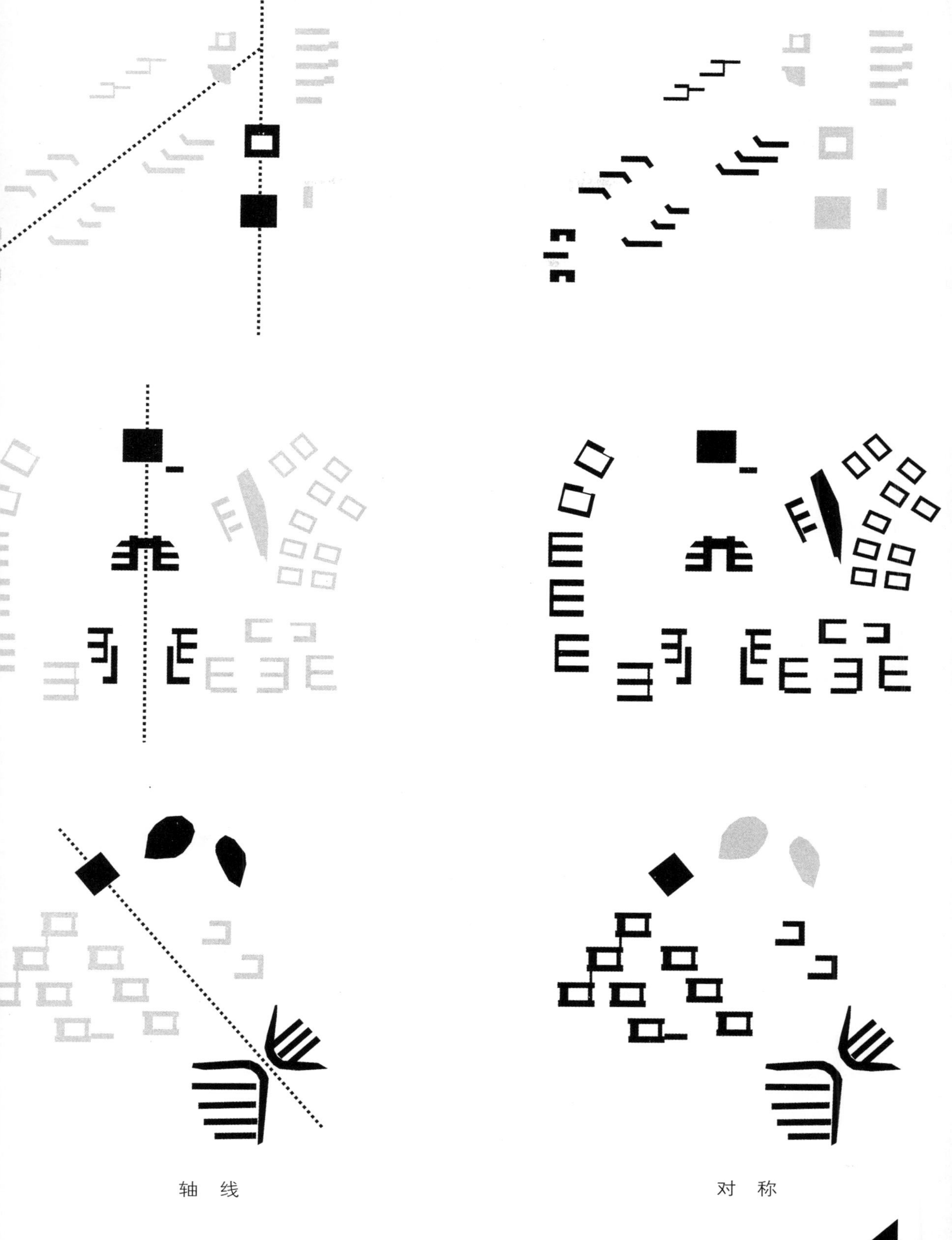

轴　线　　　　　　　　对　称

2. 孤岛——边缘

随着大学扩招，学生人数急速膨胀，大学校园建设往往在荒芜人烟的城市远郊。学生常常戏言："这是一个寂寞得让人想谈恋爱的地方"。大学校园在一片农田之间，仿佛一片超现实主义的画面，如此虚幻又如此真实。空间的疏离，远离了城市的滋养，精神世界的来源变成空白。这不是校园，而是厂房的设计逻辑。大学校园的培养重点应当是世界观的塑造，而与社会严重脱节的孤岛，使这段经验没有着落。

大学城内部，各个校园被分解为无联系的碎片，每一个都是缺乏深层次整合的"半成品"，短视的规划、超速的建设，使其既"孤立"又"无个性"，以最简单的功能颗粒呈现于世，其背后隐藏着深度的"程式的塌陷"。

3. 无场所感

中国传统的大学，虽然设计也谈不上有多精彩，但是他们至少给人创造了场所——绿树成荫，建筑错落有致，小桥流水不时掩映其间。新建大学校园新区与中国的"CBD们"如此接近。功能主义的所有弊端——无近人尺度和亲人空间，无心灵可以栖息的场所等等在此得到了集中的体现：身体的无场所导致心灵的无归属。

在校园中，建筑不应是突兀于空地上、不可亲近的"自在之物"，而应是一种"融于空气中的实体"，可以触摸，可以感知，"可以进入的民主"，是校园中自然而生且应占主导地位的氛围。

4. 深层危机——精神

我们以上所谈论的种种，集中于“中国式校园”的实体对于学子的影响，实际上，物质来源于精神，中国大学（中国教育）堕落化的本质问题更在于精神层面。教师与学生们同时确切地处于一种以“教育产业化”为目标的集体冲锋之中，对于增长、就业、指标、高效的持续焦虑，让大学整体教学质量在一片澎湃的表象下，隐含了种种深度危机。

中国校园大学规划千篇一律却也有迹可寻，我们总能发现它与中国城市规划的某些固定倾向的内在联系，所谓中轴对称、行列齐整、大开大合、秩序井然，正是“行政审美”的最爱。当年蔡元培先生任北大校长时，试图把清朝的京师大学堂转变为真正具有现代独立精神之大学，强调学校自治，学术自由，师生之间亦师亦友，可以畅谈学问，并成为一时社会精神之先导。如今的大学，完全转变为“高等教育产业化”，学校如同一间公司，办学的目的也“以经济建设为中心”。其结果产生的教学官僚、科研造假、盲目扩张、学生轻浮、设科短视等等问题则不足为奇了。

当整个社会都在将“经济建设的成果”作为成功的唯一标准时，曾被视为“象牙塔”的大学也不能免俗。知名大学纷纷在市郊大面积征地开建“大学城”，而不知名大学也可以通过与知名大学的“联营”来增加创收的机遇。大学城是投入也是招商引资，平价的教育用地可以部分高额转让作其他用途，绝对不会有亏本的买卖；而联合办学则利用知名大学的品牌和师资优势，达到“双赢”的目的——输家只有学生，有的挂着知名大学牌子的“分校”远在天边，仅仅靠每月几次的“空中飞人”往来授课，很多甚至只是挂个名字而已。

老师们最忙的是两件事情："做项目"和"评职称"，因为只有这些与收益直接相关。导师们都在忙着做项目，学生忙着帮导师做项目，以"实践出真知"之名推而广之。中国大学的职称评估体系由种种量化的"指标"来进行衡量，例如，每年在"核心期刊"发表论文的数量等等。很多时候，老师们为了完成指标不惜铤而走险。各种学术造假事件层出不穷。

当一切以经济目的为先导，大学学科的设置也就变得分外短视和功利化。基本上社会上什么行业"热门"，各学校便扎堆设置此专业，很多根本不具备相关教学资源也要凑热闹。但是，中国的行业热门点如同天气一样阴晴不定，今天的热门可能很快就变成了明天的冷门。曾经不愁出路的计算机、金融、外语、传媒行业，如今均出现了不同程度的人才过剩现象。

综上种种，可见中国式校园的实体问题根源于其精神，没有一种正常的心态作为指导，我们不知道如何组织实体，不知道如何放置实体，更不知如何应对实体与精神交织时产生的不对位问题。反之，空间实体本身也成为精神塑造的土壤，那么，怎样的校园才可能在这纷杂的乱象中，保持独立的人文精神，拒斥社会物质主义洪流的侵蚀？我们以中外几个卓然不群的案例加以说明。

王澍在中国美院象山校区的设计中，尝试建立自然、建筑和人的某种和谐关系，这与中国人的传统哲学观念一脉相承，而在当今学校的设计思路中，无疑是另类的。

整个美院建筑群以象山为基点，布局以建筑与自然山水的结构疏密为依据而展开，建筑师尝试将自然置入建筑，不仅在空间上希望二者融合，更希望创造一种时间上带有距离感的"遥远诗意"。建筑群由一系列彼此独立、但整体连贯的个体建筑组成，布局完全是中国式的，借鉴了书法中"取势"、"运笔"和"留白"的方式，讲究向背、张弛，回应了地形的起伏。校园的材料大量使用木材、青砖和瓦片，以极大的热情重新诠释了"本土性"，亦可以看作一种对于"全球化"的抵抗。

其最大的特点还在于建筑师对于"教学场所"的独特理解。王澍的灵感来源于崖壁佛窟，他认为这是"最具亚洲性的大学建筑原型。"因此，其建筑类型在于提供多样而略带闲散的教学场所——院落、屋顶、坡道、檐口、洞内等不一而足，甚至在散步、饮茶和观景的过程中，也可以同时完成学习。这种颇具人文情怀的处理还原了中国人千年来对于"学"的方式的独到理解。虽然建筑从使用效果上看仍存

在保温性能不足等功能性问题，但这不妨碍其在当代中国校园模式探讨上的先锋性。

再看看国外的案例，以荷兰乌德勒支大学校园规划为例：校园虽然有若干条东西向的主路构成，并且大部分校园建筑围绕这一方向展开，但是完全没有占绝对统治地位的“轴线”，建筑也无“主次”之分，各个学院均等布置，学生宿舍穿插其间。欧洲人对于“平等”的兴趣似乎大于“秩序”和“等级”。与我们刻意制造等级差异相反，他们的规划似乎刻意消弭了这种等级，强调民主的氛围。

与我们着力制造建筑的庄严、神圣感不同，他们更加注重校园的人性化设计，每个学院都有自己的餐厅和大量活动和交往空间；但凡相邻的建筑，一定会采用封闭廊道连接，以避免使用者走出户外的温差变化。

另外，规划层面的“平淡化”处理并不代表学校建筑本身的平淡。相反，这里的单体建筑可谓个个都是精品。这个由OMA规划的新校园，某种程度上采用了“集群设计”的方式：维尔阿雷茨的中心图书馆、库哈斯的学生中心、UN studio的实验楼、纽特林和里代克的“红楼”，以及Mecanoo的经管学院楼等，每个都可圈可点。

维尔阿雷茨的乌大图书馆位于学校的入口。它的最大特点是打破了通常图书馆各种不同功能的空间之间相互分隔的常规。各个功能被组织于一系列开放平台之上。多次折返的楼梯将各层的阅读平台连接，存书空间、阅读空间与交通空间时时渗透。密斯在创立在平面上的“流动空间”，在此处以三维的形式实现。宽阔的楼梯将人引入大厅的中心接待处。大厅的空间一直延伸至顶。封闭的储存室如同不透明的云被延展在空中。开放结构给予参观者空间感和自由的体验。其间以大量的连廊，休息室和过厅作为非限定性过渡空间。只需在其中置入简单的桌椅，沙发等家具，就形成可供休憩、讨论等可以自由定义的空间。

天花与墙面采用黑色印花混凝土，地面反而采用米白色抛光水泥。通常感知中的“上下”之分似乎被颠覆，有意制造一种顶底倒置的错觉。一如Weil Arets作品中一贯富含的哲学意味，它以一种稳重优雅的方式，质疑了人们通常观念中“上”、“下”的概念。

图书馆的形式极为简省和内敛，不是通过体量的穿插，而是通过立面的开放与闭合虚实细微变化来制造差异。玻璃的丝网印刷与石材的雕纹都采用相同的样式母题：“竹”。与赫尔佐格和德穆隆图书馆外观作品中有意剥除图像的象征含义的极少主义手法不同，此处的图像样式明显有所指。Weil Arets借用东方文化中对于竹的学者气质来提示图书馆作为知识载体的文化寓意。它同时还具有减低日照强度的功效。

人们惯常思维中既定的不相关的事物能否联系在一起？NL Architects的建筑师用非常规的操作在现实中实验了这一悖论。由于校园建筑规范的松动，新的大量学生公寓正在建设中，需要一个咖啡吧作为一种非正式的集会场所。既可以作为夜晚学生休闲的场所，同时也可供学者和教授在此讨论。它位于两条主路的交汇口，并且紧邻校内唯一一栋80米的高层建筑。这个15mX15m的吧还是既有书店的延伸。由于书店层高达不到咖啡吧的层高，咖啡吧则部分沉于地下。咖啡吧与书店被一条“阅读桌”相连接。

篮球场被置于咖啡吧的屋顶，咖啡吧门前下沉了一个螺旋状的小型景观广场。橙色的坑由餐吧起始，以阶梯状旋转数周后在远端消失。它用鲜艳的颜色在地面上限定出一个“场”的边界。与餐吧的平滑过渡又形成一种生长的动态趋势。三种通常相对独立的空间：餐饮、休憩与运动成为三个可能相互交织与影响的活动。别具匠心的地方是在屋顶上开了一个圆形天窗，正是篮球场的中圈。餐吧中就餐的观众可以透过它看到屋顶上运动者快速移动的脚步。这个圈窗作为一个媒介式的景框，联系了内外“一动一静”两个不同的世界。

Neutelings & Riedijk Architect的物理学院，是从看似狭小的入口步入，由一段并不宽阔的楼梯拾级而上，空间略显暗淡压抑。然而转过平台，一个开阔的大厅在眼前豁然开朗。这种由抑至扬的体验控制，类似于“桃花源记”中武陵人穿越逼仄的山洞步入桃园胜境的经历。进入前的焦虑与迷惑放大了发现的喜悦程度。

大厅的左侧为一个室内的水池，人工的暗泉涌动，在水面上泛起涟漪。“如果冬天的湖面是冰冷的，难以亲近的， 那么我们为什么不把它搬入室内？”它增加了室内的静谧，保持了内环境的湿度，并且借助微暗的光线，共同生发了一种平静的，可栖靠的场所。水声、倒影、微微湿润的空气——学生可以在“湖岸”或躺或坐，或三五成群的随意交谈。设计师在大厅的右侧外墙与内墙之间添加一层夹层，

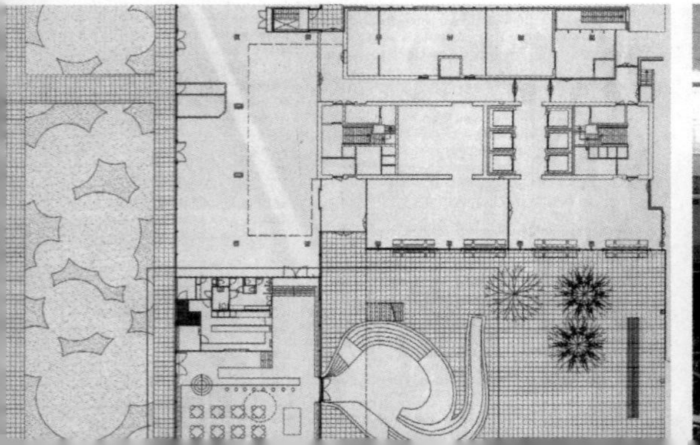

夹层中设置对座的隔间。有趣的是隔间的开放方式：建筑师顺应沙发的外轮廓，有意将洞口做成一个圆润的形式，并且在它的顶上顽皮地加了两个黑点。这些厢座顿时如同一张张抽象化的卡通脸孔，使大厅的气氛轻松起来。这个十分充满童趣的处理是想告诉人们：大学的学院不必是刻板的、沉闷的、过于严肃的，它同样可以是活泼的、轻松的、充满想象力的。

从外观上看，这个建筑是相对封闭的，光线从为数不多的窗洞中透入。这个60米长，25米宽的室内集中空间，可以适应多种的用途：集会、演出、展览，只需添加少许装置，空间的性质就可以瞬间改变。它是一个无法被明确定义，却提供多种可能性的事件发生器。

综上所述，我们认为理想的校园建筑应当是有趣的、多义的、平等的、近人的，能容纳各种事件的发生，能促进师生之间、学生之间交往，能够激发灵感与创造力，能够给个性与人格的塑造提供契机，最重要的是，建筑本身能够给人以归属感。

既然校园建筑不再关于彰显威严、维持秩序或者表现等级，我们将打破固有的“轴线、对称、阵列”的陈旧思路；既然单纯的以功能机械划分校园布局的方式过于简单粗暴而扼杀了生活本身的复杂性，我们将以更灵活的布局方式将其取代。

相较于传统的“学习、住宿、公共活动”截然分开的中国式校园规划，我们提倡新型的、以院系为单位进行组织的规划法。每个院系将整合其各自的教学、住宿、公共活动和服务空间，形成一个完整的综合体。一方面，院系内部的交流得到强化，有利于同类型学科的集约和前后辈学生的互相观摩，将其各自的学院特色最大化；另一方面，每个院系的“综合体”将向其他院系开放，兼容公共课程和校园活动，达到互相交融的目的。

综合学院的建筑形式有两种：“集约式”和“聚落式”。

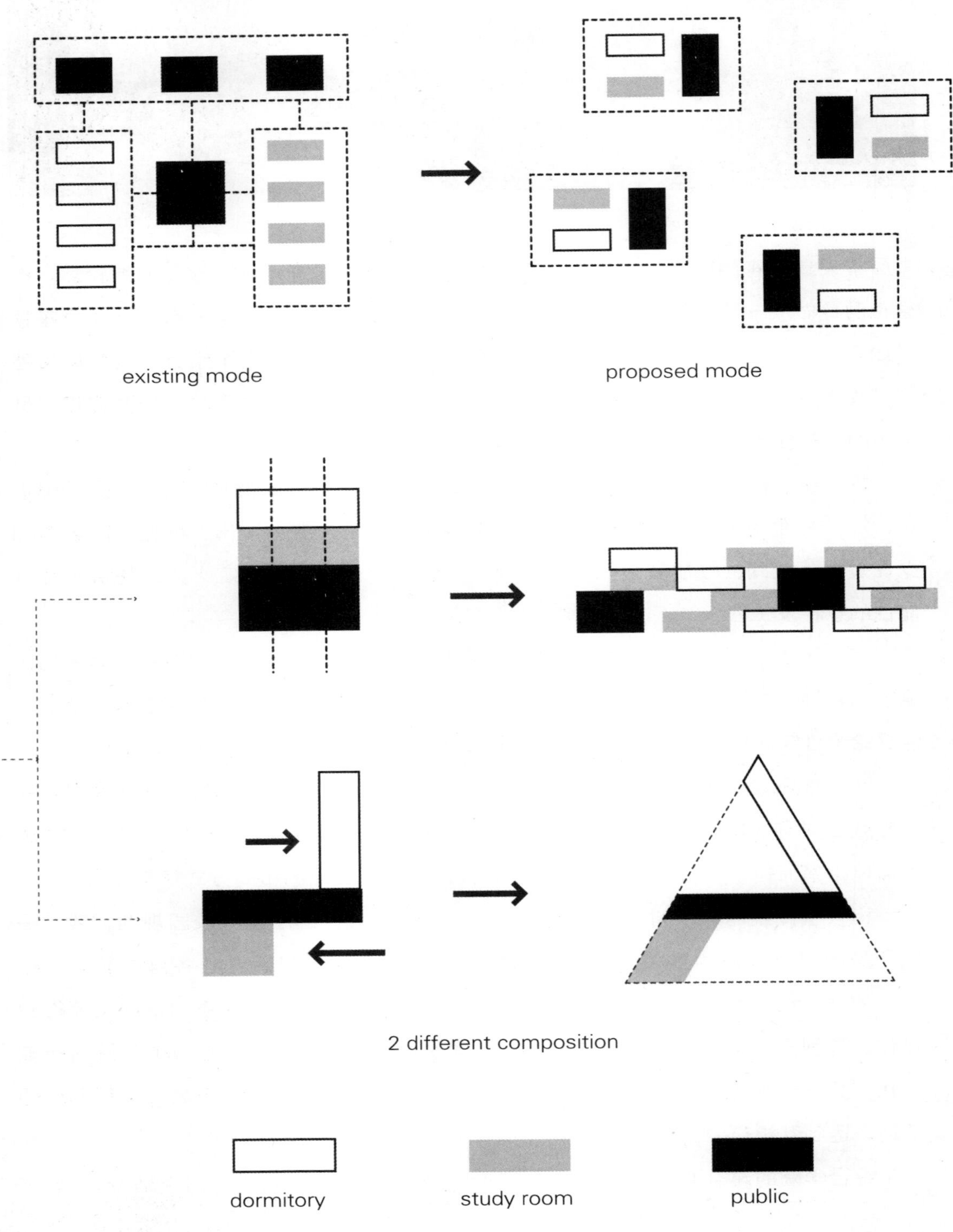
existing mode
proposed mode
2 different composition
dormitory
study room
public

1. 集约式

正三棱锥体的综合体，低层区为教学区，高层区为住宿，而中间为一整层平台容纳所有公共活动。教学和住宿区分别沿三棱锥体一面布置，形态倾斜，最大化吸纳阳光。外表面双层玻璃幕墙封闭，可作半户外公共空间。

以一栋建筑来激发所有的未知事物，并不是为了单纯的“共存”，在限定的三维体中，可以自由地将各种差异“最大化”，使多样的“事件”得以繁殖，这个类型以前所未有的尺度探讨各种校园活动组织的新标准。

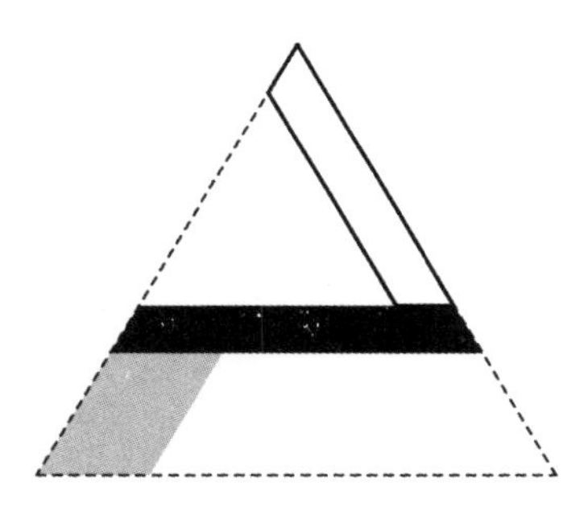

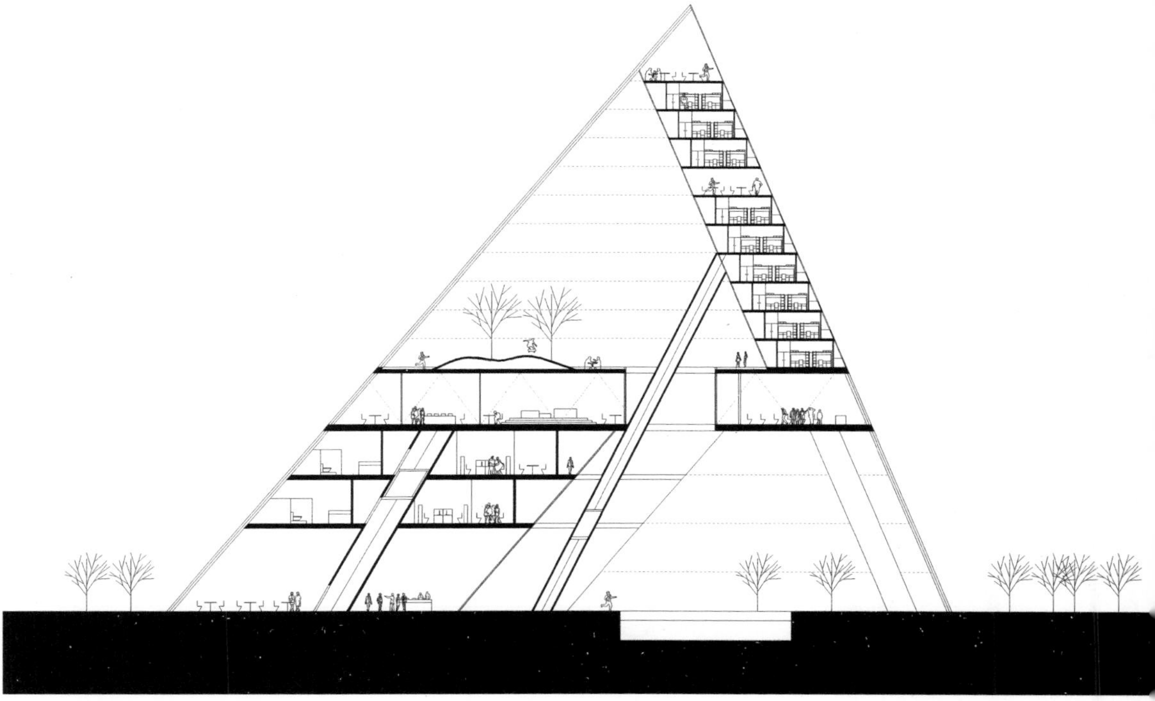

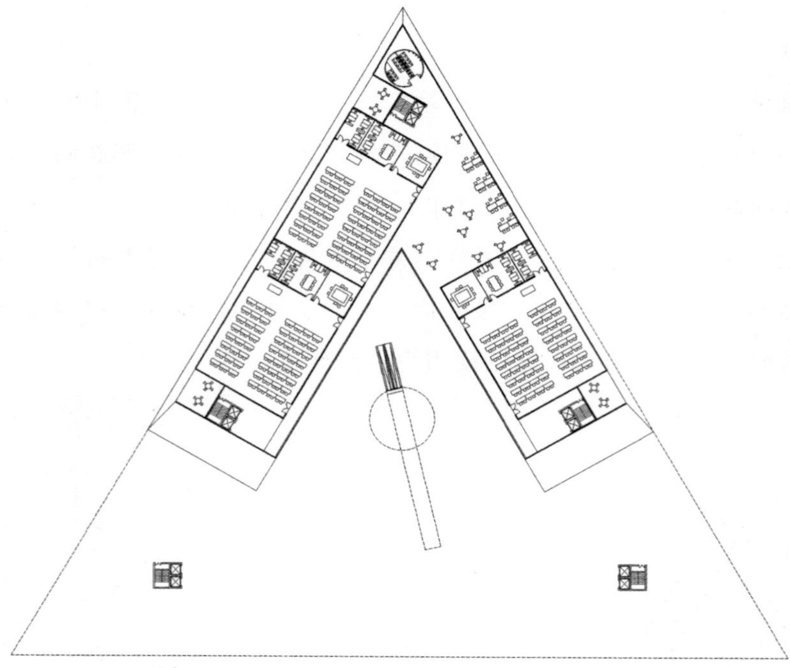

Plan L1： study room

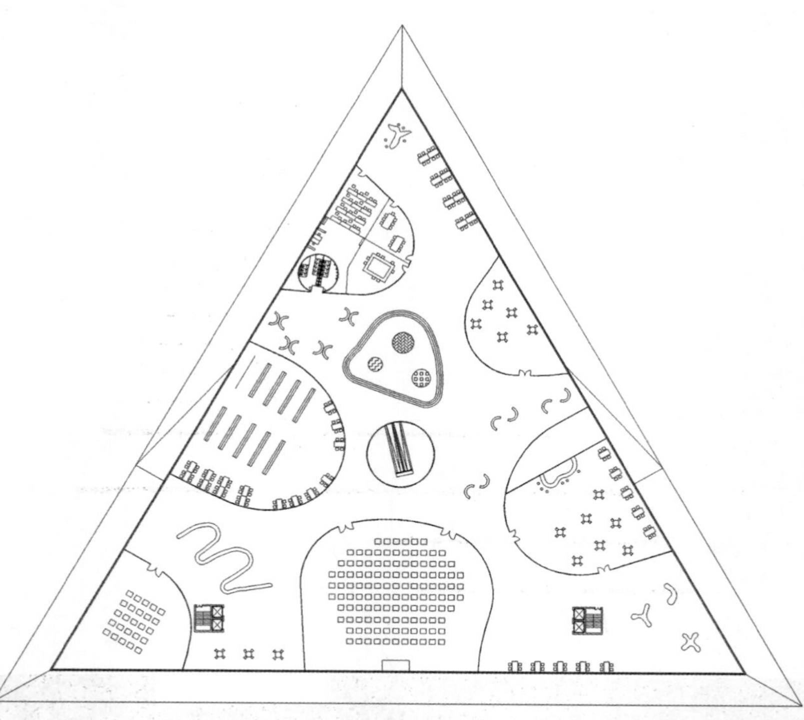

Plan L7： student centre

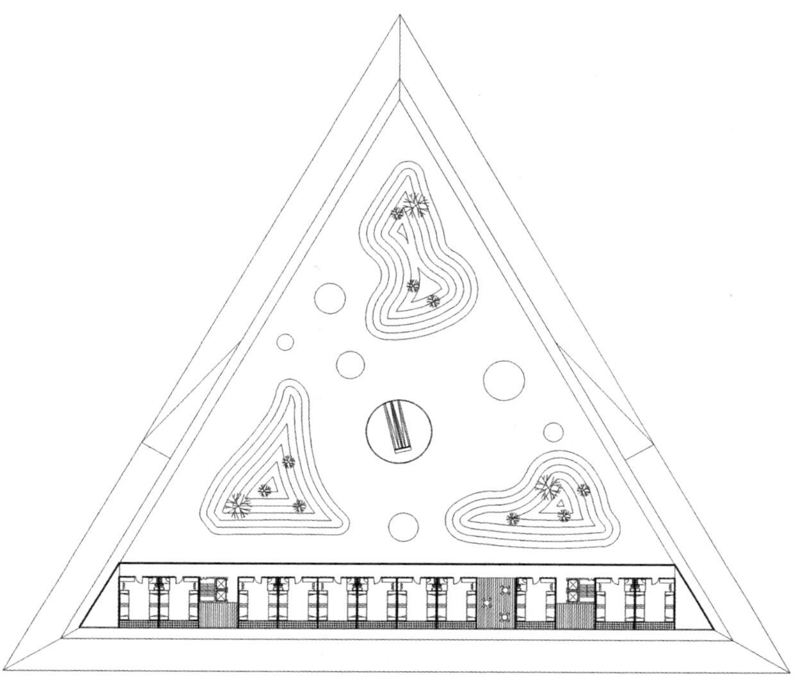

Plan L8: landscape

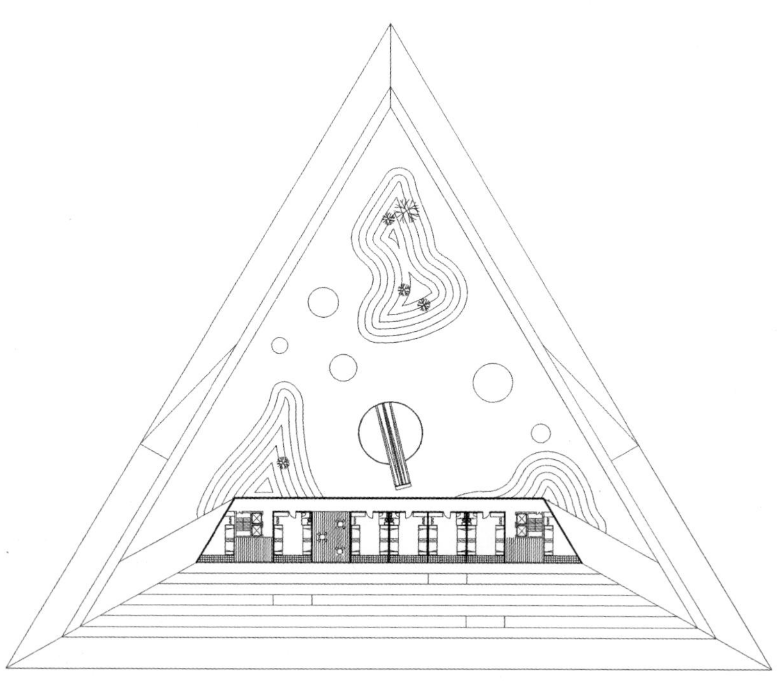

Plan L14: dormitory

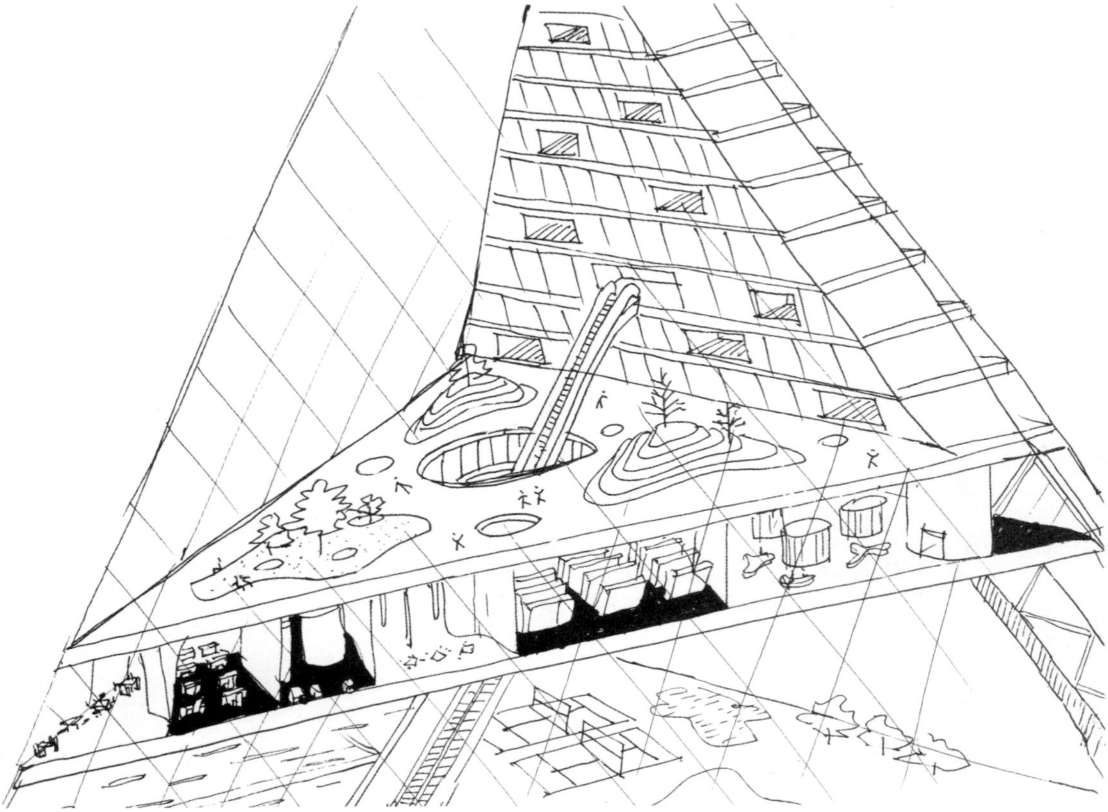

2. 聚落式

将各类功能拆解为更细分的均质单元，采用如同聚落的方式进行堆叠，各种功能互相交错，每个个体都能均等享有各类活动空间。

“聚落”将校园活动的复杂性和偶发性从过去僵化的外壳中释放，使“程式”成为一种类似液体的状态，校园生活亦由过去单一的线性模式，转化为一种点线互通的“蛛网”。每一个个体活动都与另一个原则或场所相连，生活被随机叠加，构筑了“校园村庄”。

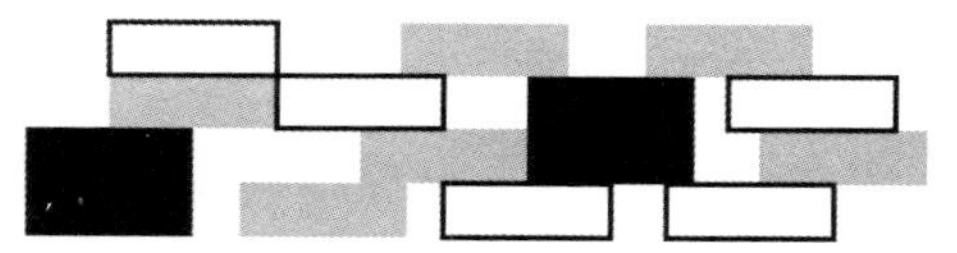

dorm tory
dormitory
IN
CEN
DIÁ
RIOS

Plan F1

Plan F2

Plan F3

Plan F4

dormitory
Auditorium

《十三棵泡桐》

“那一天，不知道过去多久了。仿佛落在头上的雨水还没有被风吹干，我们就已经老了。”四川某中学少女何风穿着运动鞋和裙子，是半少年半成熟导致的极不搭调的装束，抱着双臂在空的餐桌前，注视着空的杯盘。

她小时候看的第一本连环画，是阿拉伯勇士费拉斯为了证明自己的清白，把一把刀子插在自己的脚背上。她觉得这把刀子也刺穿了她的身体，灼伤了她，从此她也喜欢上了刀子。十七岁的她，间或能够在幻想中看到一个骑骆驼的阿拉伯人经过。那是她认为他感受到了她身边的费拉斯。

何风的打扮相当中性，用俗语说叫“假小子”。她喜欢男同学陶陶(也是问题少年的头头)，因为觉得他“像把刀子”。每次她和陶陶有什么亲昵举动的时候，最看不下去的是她的女班长朱珠。朱珠每天跟何风混在一起，而有趣的是朱珠看不下去不是因为她自己喜欢陶陶，而是看不下去何风跟男人好。“又有三个男生给我写情书了”她曾经暗示地跟何风说。可是，朱珠表示她对他们无动于衷。

导演想说什么，似乎已经很清楚了。但是他很狡猾，他从来没有点明。在中学这样的一个体系中，在目前的媒体审核尺度下，这是不好点得太明的。而且，这种“不言明”反而给这种关系增加了真实度，体现了人性的需求与环境的约束之间的张力——这种表达很微妙。

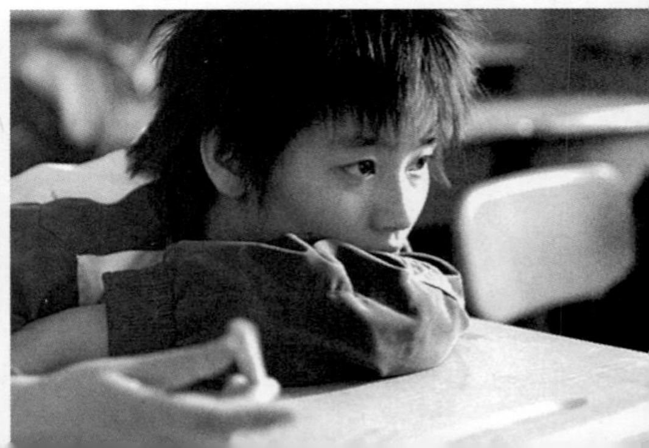

微妙的地方还不止这些。关于师生关系，电影中有一些很短但是很奇怪的情节。陶陶到老师宋小豆那里去“认错”。宋老师她穿着很“私隐”，刚洗浴过，长发披下，发梢还挂着水滴，粉色衬衣的领口敞开，脖子至脖子以下也露出了“很大面积”，一般这种情况下面对学生来访，她应该稍稍整理一下的，但是她没有。陶陶来的时候，她正在用一条毛巾擦脸，擦完之后，她直接递给陶陶了。陶陶进门之后，随手把门关上了。

这个细节不禁让人浮想联翩：他是为了打秘密的小报告，还是有些别的什么……导演很狡猾，他又没有明说。他的意思是，我把门一关，里面发生了什么，你自己去想去吧。但是对于这两个人的关系，后面还有一个很“细”的细节与前文呼应。陶陶被包京生（另一个问题少年）打了一巴掌的时候，宋小豆曾经下意识的伸出手去想摸他的脸，但是手伸到半空，意识到周围有围观的学生，把手又改为了缕自己的头发。

中国大众的接受度，很多东西还是不能明说的。所以导演又犯坏了。

比较高明的文艺作品，它所要传达的意思，或者说情绪，往往是比较含蓄的。但是含蓄又不等同于晦涩，王小波的小说就很晦涩，因为很多东西不便直说，所以他要借用很多象征、隐喻，而且这些圈子往往兜的很远，他想说又有戒心。所以他选择了一种隐藏的方式。

比较“坏”的作者，你在他的东西里面能强烈的感受到一种情绪，这种情绪弥漫作品的始终，无处不在，却可以略有游移和错动。但是你找不到他任何语言直指这些内容，他往往会选择很多其他的事物来写，你能感觉到他要传达的氛围，却无法找寻到确切证据的蛛丝马迹。

这部影片里面有打架斗殴、有意气用事、有敲诈、有阴谋、有控制、有早恋、有性，还有不伦、同性、第三者插足……

凡是教育者认为中国被教育者不该有的，作为一个“好学生”不该有的，甚至超越师生关系范畴的不该有的，它都有了。老学究们喜欢把这些少年称作“问题少年”。他们习惯于把问题简单化。

他们认为把问题简单化了，就可以没有问题。教育者常常告诉被教育者：小小年纪思维不要这么复杂。这个片子看似很简单，但是却告诉你：其实少年也不是那么简单的。因为人性从很年轻的时候开始，就已经很复杂了。

《十三棵泡桐》里所反映的“少年”的面貌，和整个学校里人与人关系的面貌，不同于任何一部传统青春题材的影片。这部影片的基调和视点，更接近于贾樟柯的《任逍遥》和韩杰的《赖小子》一类的作品。这些“问题少年”的问题，往往是由他们成长的家庭和环境带给他们的伤害所造成的。他们的个性和命运，也是这种伤害的直接映射。这些少年人的青春，显得比同龄人更加痛楚、迷惘和残酷。而这个故事发生的场所——学校，也因其所揭示出的一种非同寻常的权力关系，而使这部现实主义影片的探索达到了新的高度。

城市动脉的再激活

——高架路传奇·北京

北京的城市高架路在提升城市运行效率方面，并未显现出显著的效果，却在无形中将城市切分成彼此割裂的状态。本以通达为目的的高架路最后收获了阻隔的效应，这是中国城市高架路的悖论；为满足一方面的利益却可能牺牲另外更多方面的利益，是中国式规划或者城市建设经常出现的问题。在北京，经常步行的人会对“恐怖的高架路”有深切体验：巨型的混凝土构筑物专横地覆盖在大面积地面之上；轰鸣而永无止境的车流；宽达数十米甚至百米的交叉口，如同横亘在面前的高山峡谷一般，难以逾越。灰暗、压抑、粗野、不可通过、不可靠近是高架路的最显著特征。抬升的车流并未解放地面的步行系统——地面仍为行车道。路存在的唯一意义是为车服务的，而行人则处于被忽略的境地。

站在任何一条高架路前，当你想到达马路的对面，或者穿过一个交叉路口到达另一端，遮天蔽日的立交系统如同一张巨大的网，使人迷茫、退缩而不知所措，彼岸如此遥远，你永远看不到立交桥的那一端是什么状况。面对长城、故宫和北京城里林立的高楼你可能也不曾体味的个体的渺小感，在高架路前却如此真切、毋庸质疑。

因其高度和不可上盖性，高架路在城市中具有专断性，它所覆盖之处，都成为其专属领域，同时排除了其他一切城市元素。既不能容纳客体——如建筑和景观，也不能容纳城市主体——人。主客体的同时缺失，使高架成为一种“城市空白”。甚至更甚——城市空白尚且有填补的可能性，而高架路的上下，则是一种绝对真空的状态。

制造阻隔、划清边界、形成孤岛、切断连续性，高架是一堵城市尺度的墙，几乎具有了“墙”的全部消极属性。公共性是当今建筑师的时髦词汇，从这个意义上说，无人可以参与或者使用的高架路，是非公共性建筑，虽然它作为基础设施的初衷是完全公共的。

高架=不可能。

高架路是真正的粗野主义，高架路对于城市的吞噬，是一场没有沙土的荒漠化，其结果是人与城市关系的深度疏离。怎样的介入，可以将城市的“无人之地”、“禁区”和“不可利用的条带”，转化成为城市活力的激发器？可以让僵死的城市血管重新充满血液，成为真正的“城市动脉”？高架路在北京的影响尤其明显，与我们特定的“癖好”一致，我们总是喜欢将问题置于风口浪尖上。

这是一次城市的“反荒漠化”。

通过类比，我们发现北京的立交的交叉口目前分为两类：一类是90年代以前建设的，采用的是比较标准的上下垂直交叠、四向匝道的“蝴蝶扣”式样的交叉口，另一类是在近些年兴起的，容纳多方向、多层次车流的立体交叉口形式，例如著名的“西直门立交”和巨大盘旋的四惠立交桥。交叉口正是问题的焦点，我们选取典型的两类作为设计的场地，探索在“禁区”会有哪些作为。

同时，我们也不可能忽略了高架桥的主体——桥身，此处正是占用了最多城市空间的领地。詹明信在《政治无意识》中指出，“文艺作品总是或多或少以某种隐蔽或者弯曲的方式，反映其所在社会的制度或者变化。”而建筑和基础设施作为目的性很强的城市人造物，这种属性其实更加明显。建筑的实体形式必然是在某种制度作为幕后推手作用下的产物，其形态和功能必然也反映了这种需求。既然它已经在那里，那么我们所能做的，只能是在不影响现行功能运转和体制原则的前提下，对其进行创造性改进。

北京交通一直实行道路“宽而稀”的双向交通模式，20世纪50年代的道路规划一直执行至今，机动车道一般相隔700至800米一条，相比之下，一些西方发达国家的城市则走了一条窄而密的发展模式……从现状来看，北京交通太困难了，伦敦700万人口，280万辆车，道路面积率23%，与北京一样，巴黎也是这个数字。伦敦这么多人和车，只有几个立交，高架路只有1公里，而我们100多个立交，交通却更挤了。”

——《逃离北上广》

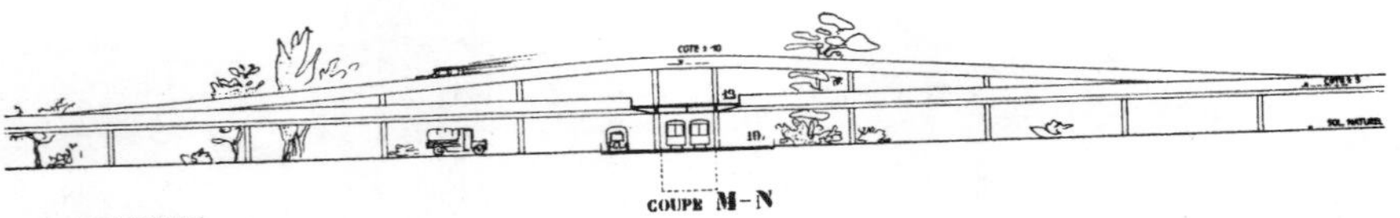
SOL NATUREL
COUPE M–N

上图，高速公路剖面图

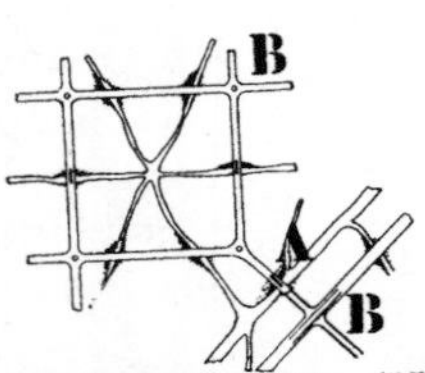
B
A
B

地面高速公路网络的片段，一侧是400m的网格，在图中所示的人行系统中有四处地下通道

地面层局部示意图

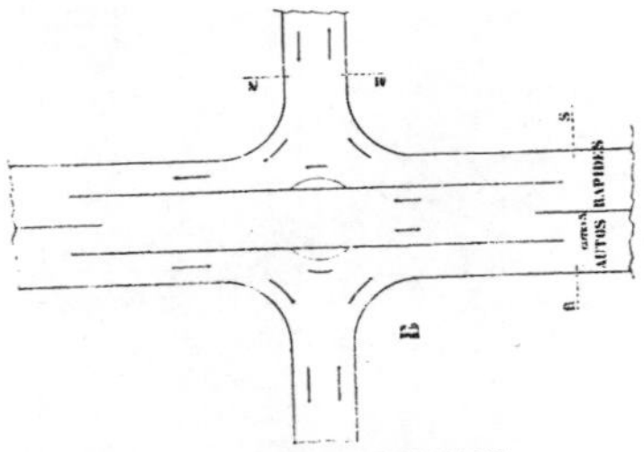
AUTOS RAPIDES

高速公路及其单向道路交叉系统布置图

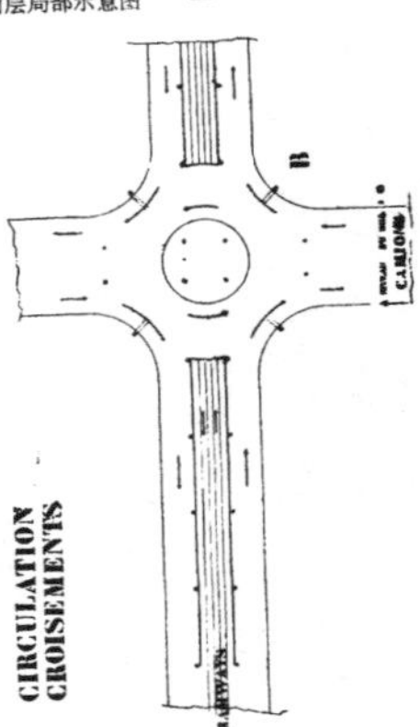
B
CAMIONS
CIRCULATION
CROISEMENTS
TRAMWAYS

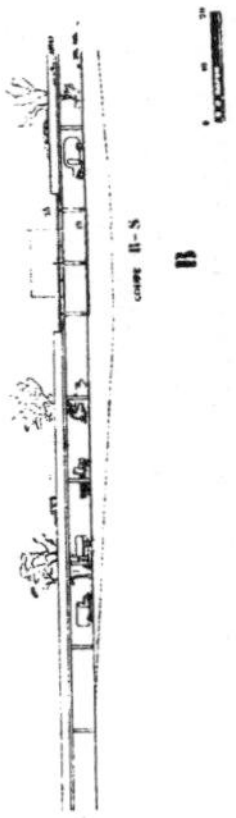
COUPE R–S
B

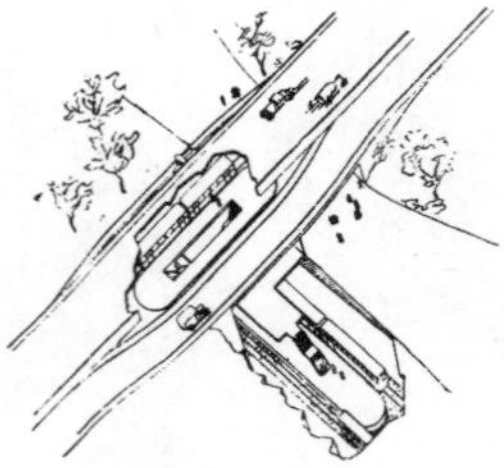

行人与快速交通工具的联系

人行地下通道。我们节选了与有轨电车以及班车路线相交叉的地段

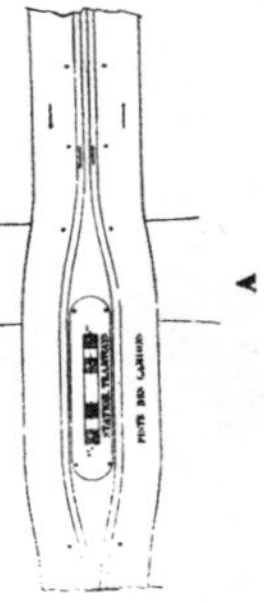
A

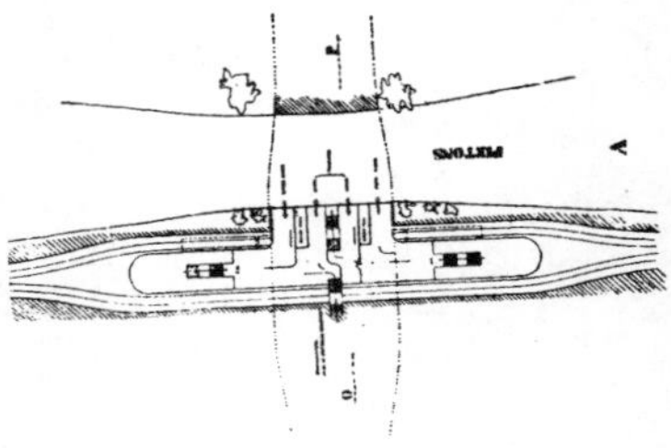
PIETONS
A

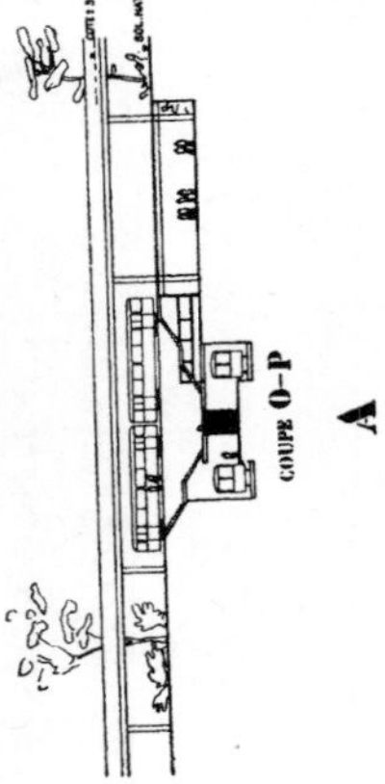
SOL NATUREL
COUPE O–P
A

“柯布西耶的立交桥研究”

——来自《光辉城市》

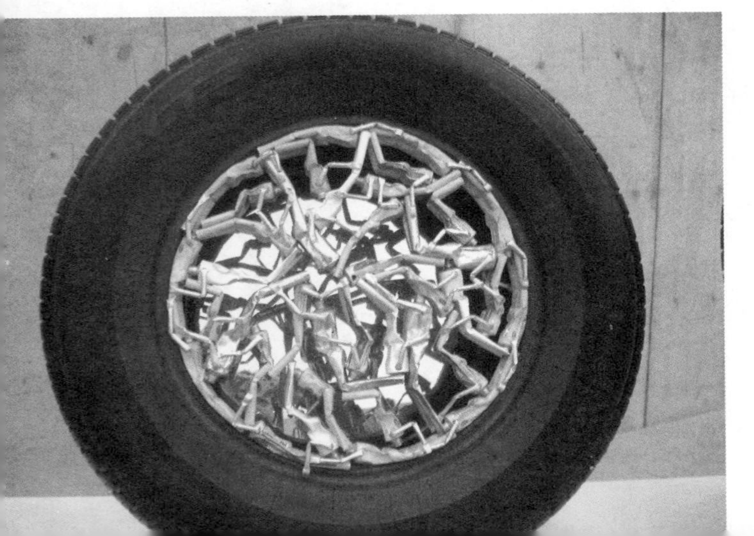

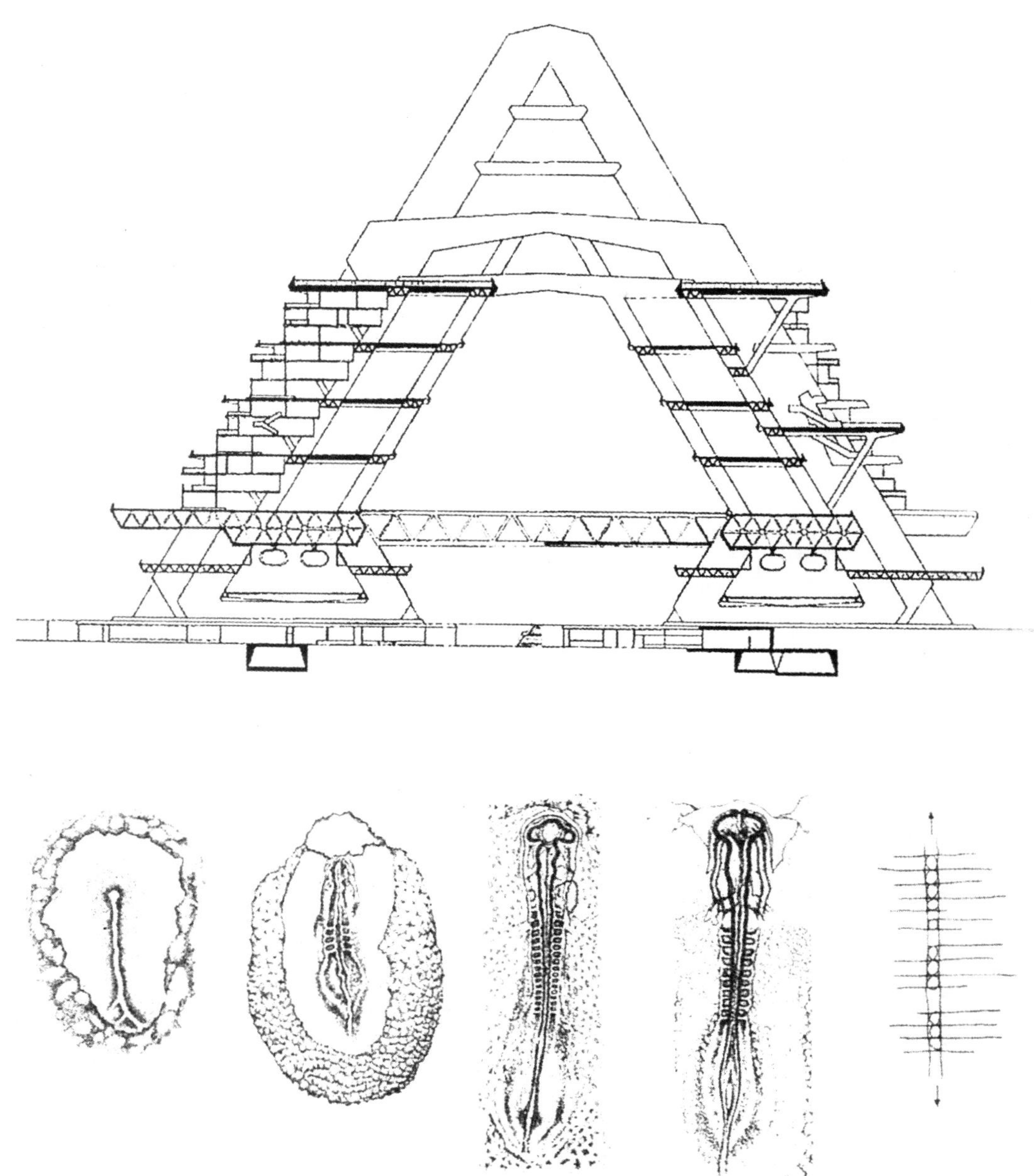

1970年代，日本新陈代谢派代表人物丹下健三的东京湾规划提案，尝试以线性脊柱状发展模式取代传统单中心模式。

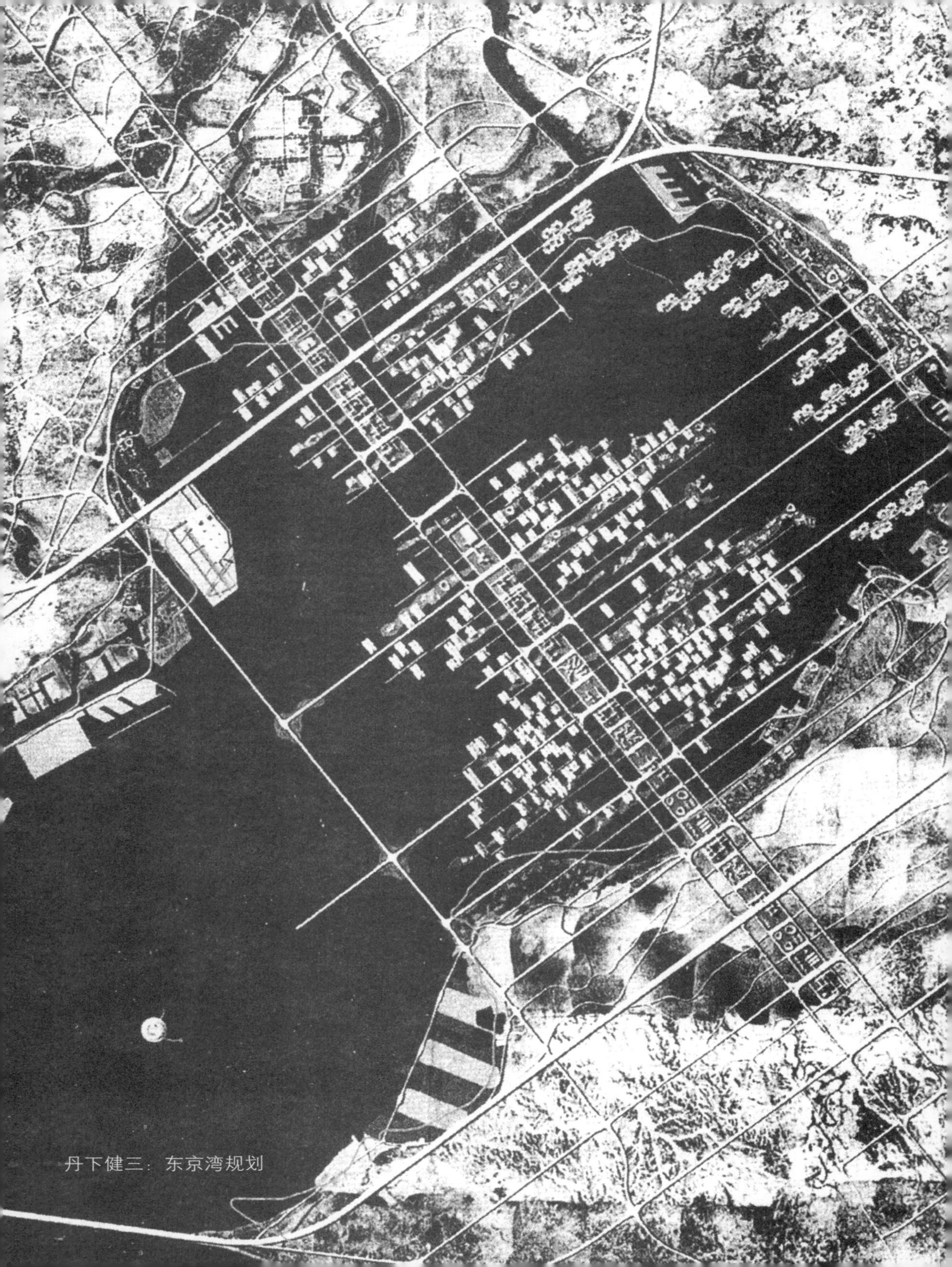

丹下健三：东京湾规划

“都市驿站”综合设施

地点：国贸桥立交

类型：蝴蝶十字形交叉口

功能：商业+市政办公+艺术展览+娱乐休闲+运动+酒店……

1）沿交叉口道路边界设置巨型支撑结构将新增建筑托起，保持高架路本身交通通畅。

2）上盖多层城市公共设施，顺高架路道路形式布置。

3）因其下方（交通）永远的流动性和上方（公共空间）永远的临时性、可变性的特征，故不适合设置需要安静、稳定环境的功能如住宅等，却可以容纳多数市民活动的需求。

国贸桥地处北京最核心的商务办公区，因其用地的极其紧张与交通的极度繁忙，并不适宜引入“四园牧歌”式的步行街道系统。相反，一个充分利用高架桥上方空间的市民综合设施却成为合适的解答，它不与城市竞争，而是成为城市在空白地的有效延展，城市具有活化的潜力而建筑将其实现。此综合设施，利用了“拥挤”来对抗基础设施的“无意义”的一面。

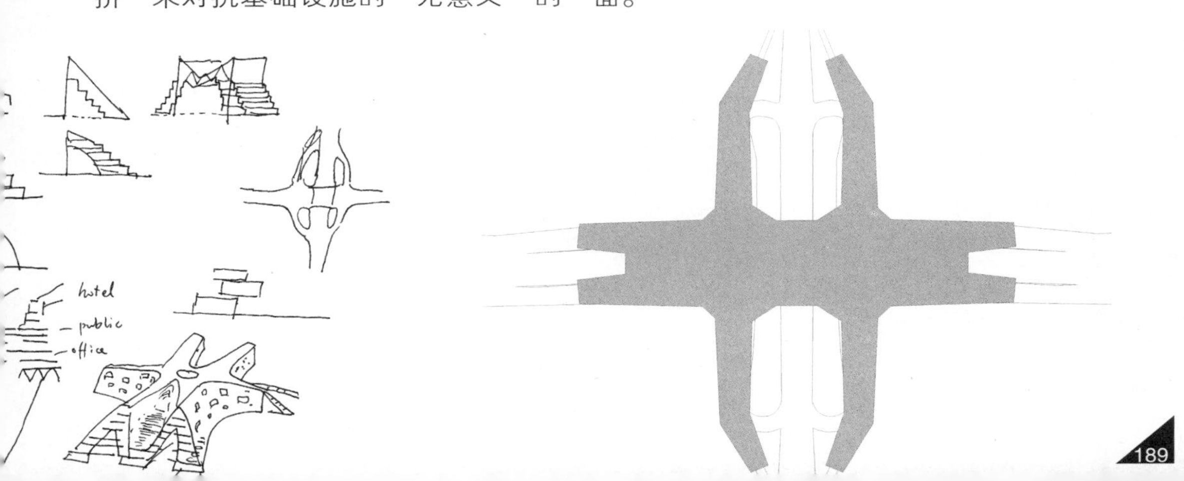

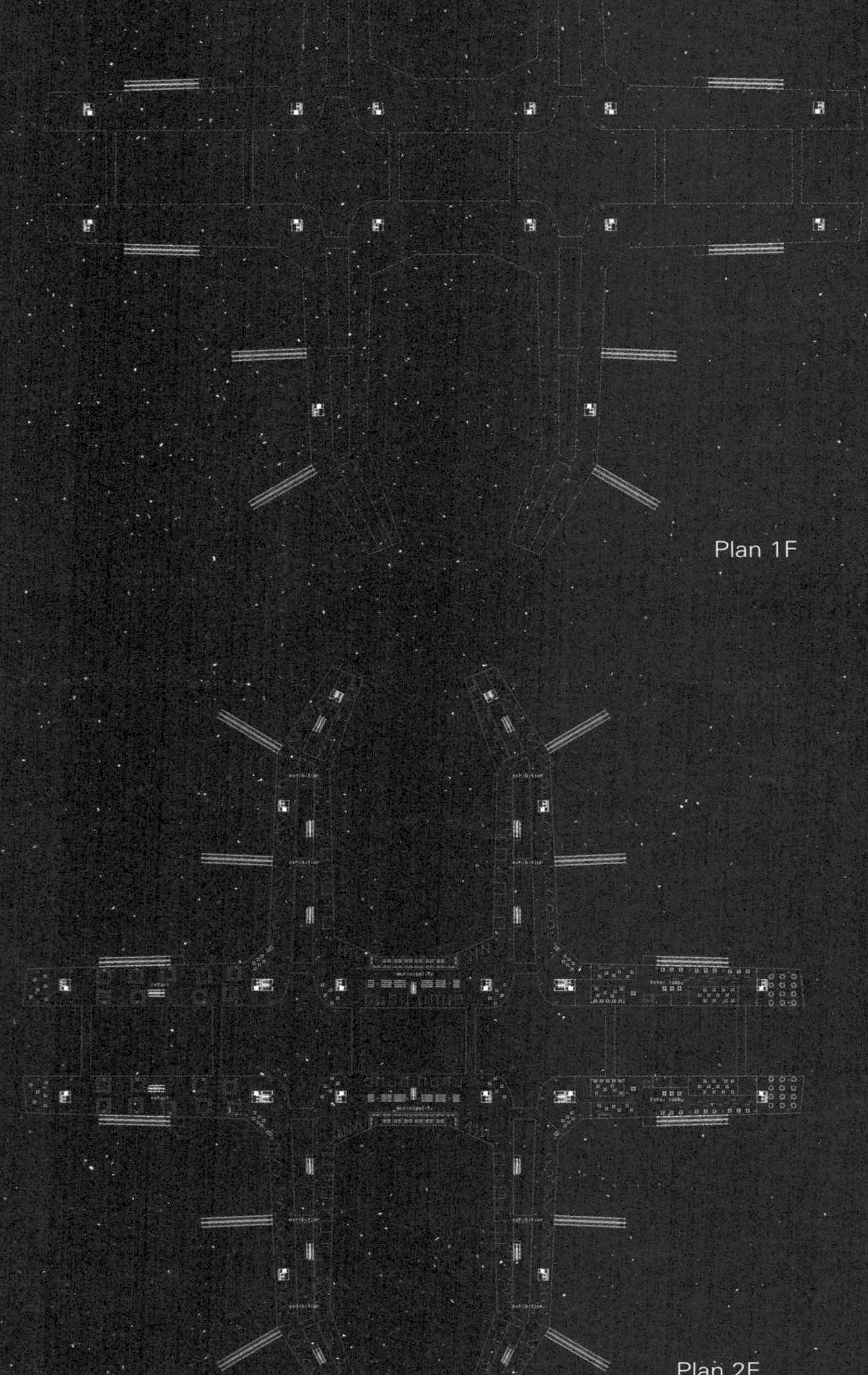
Plan 1F
Plan 2F

Plan 3F

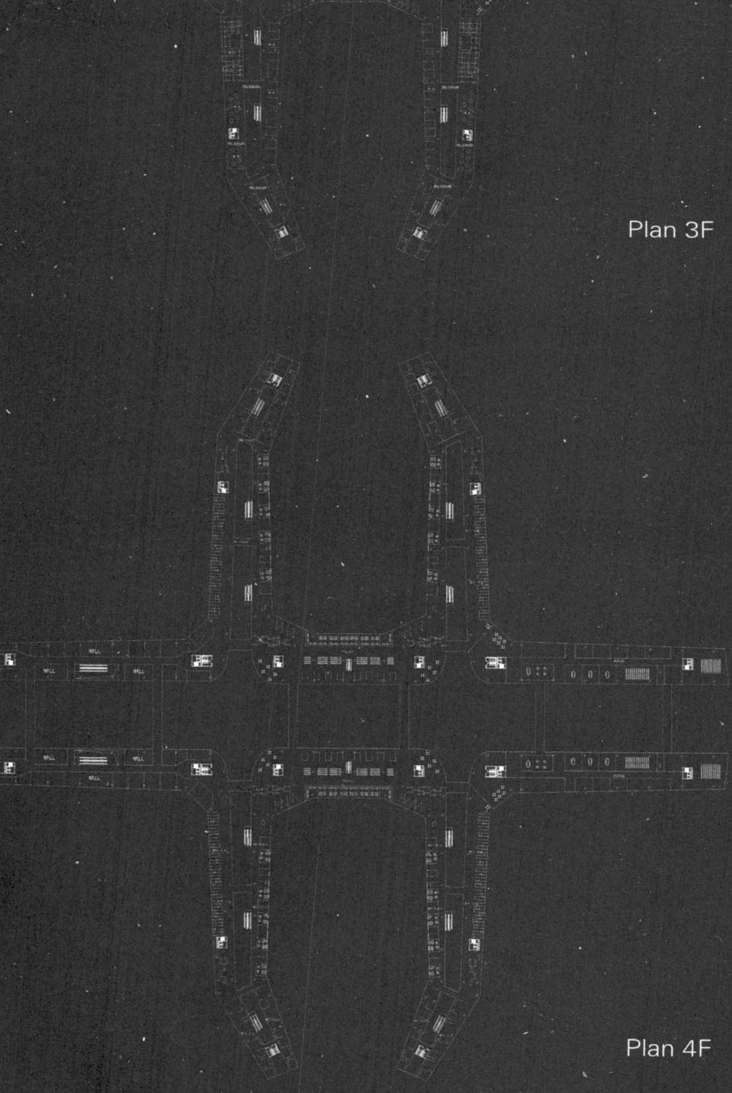

Plan 4F

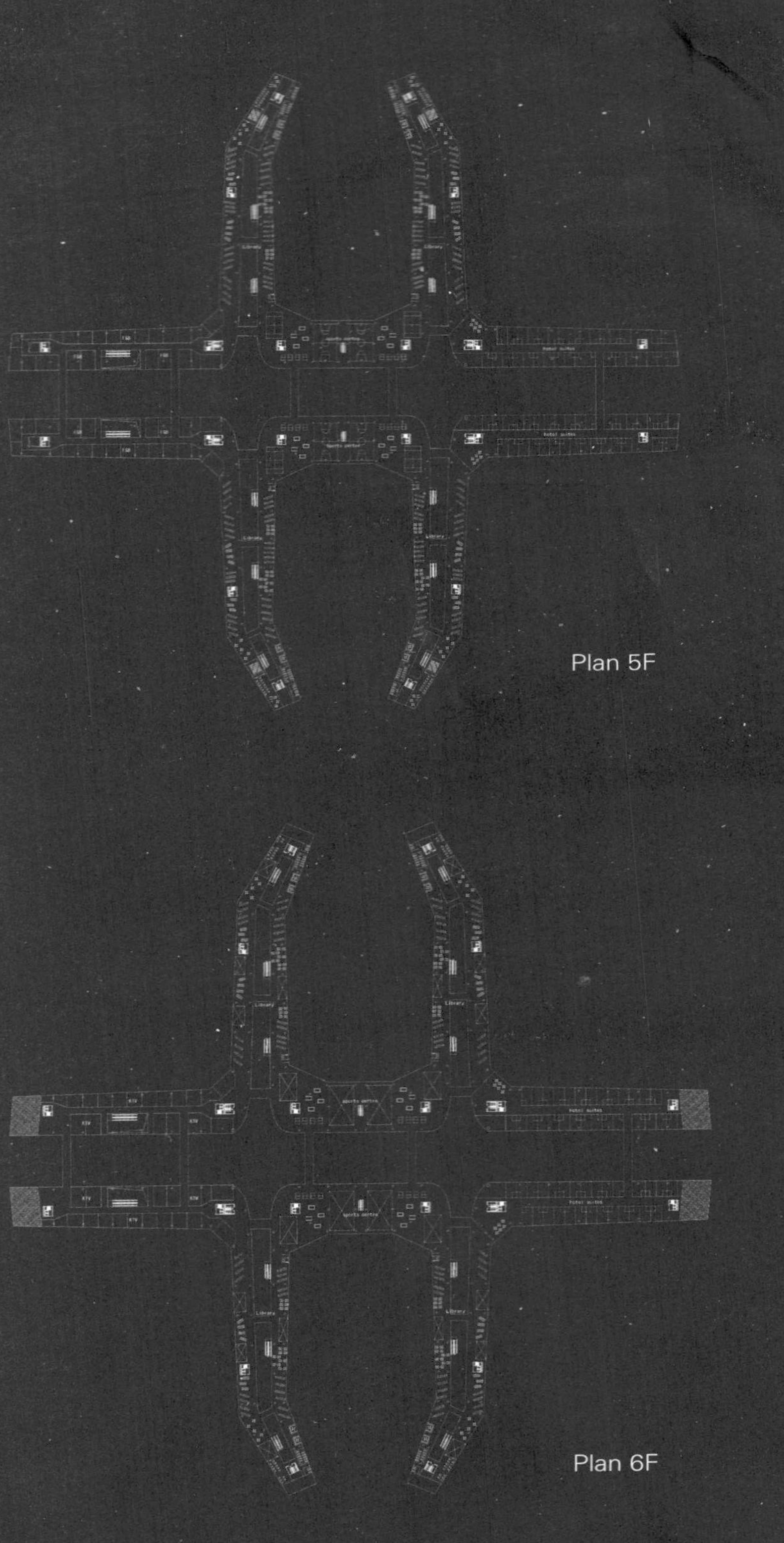

Plan 5F

Plan 6F

1

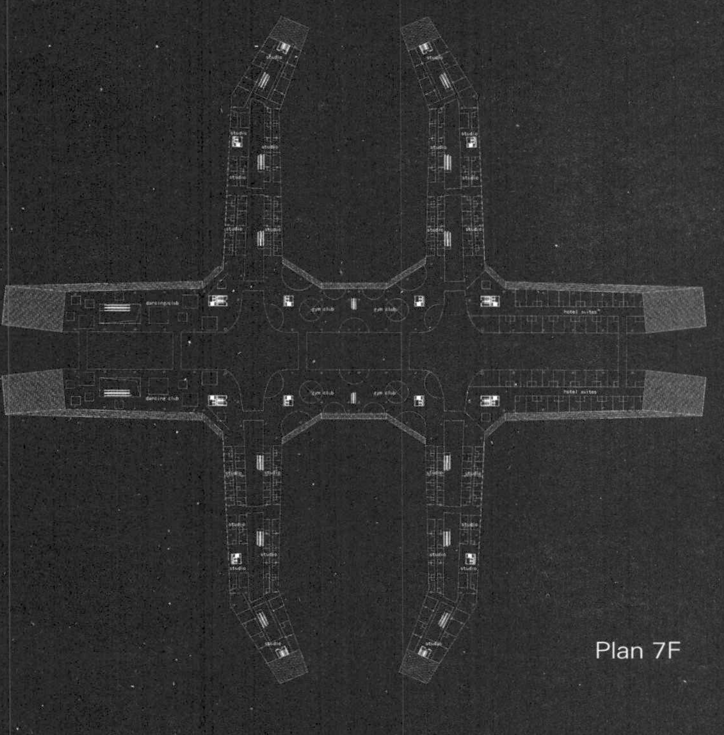

Plan 7F

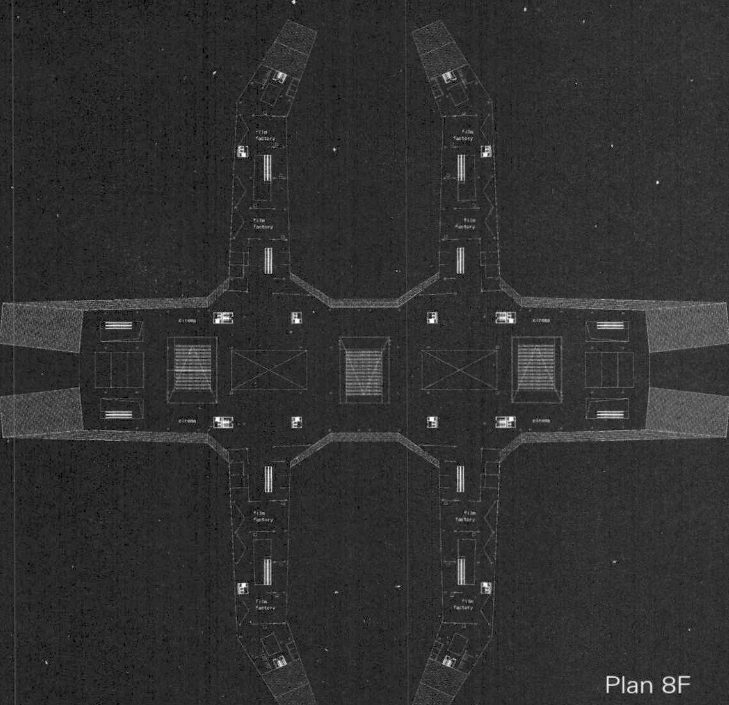

Plan 8F

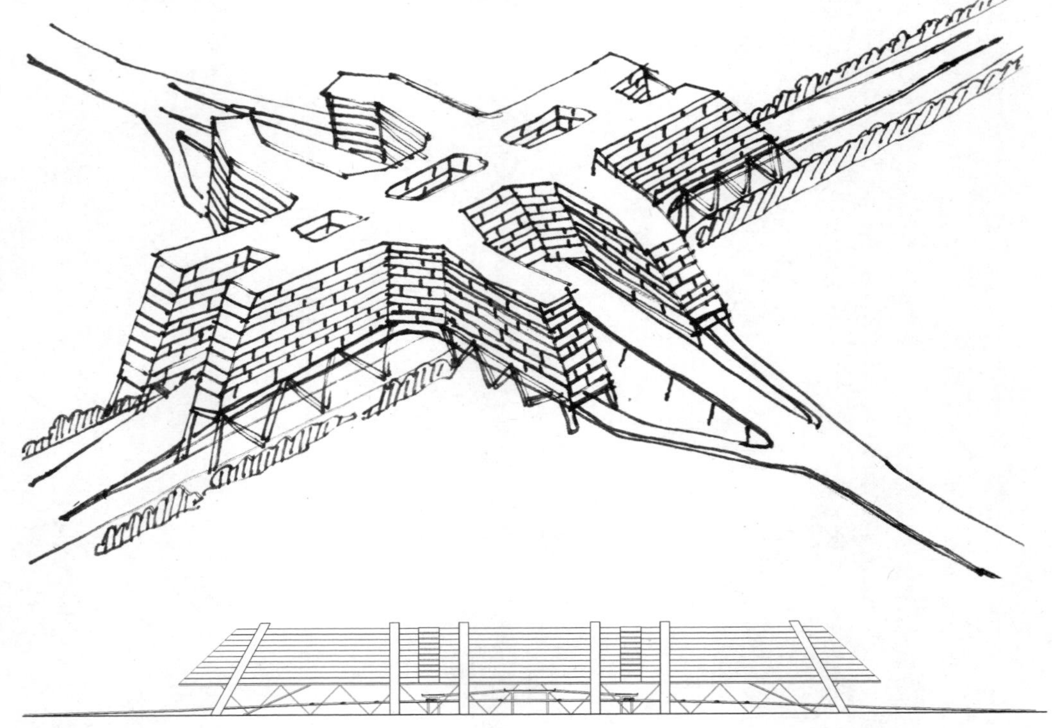

差异与重复

在早期的现代主义思潮中，存在着功能主义和理性主义对立的情况。功能主义坚持形式追随功能，因为个体建筑的功能不同，则相应的形式也同样独一无二；而以密斯为代表的理性主义则更倾向于寻找更为均质却能满足多种需求的解决方式，并不介意重复。我们的解决方式更接近于后者——因为作为如此复合的公共建筑，未来的功能种类和配比随时可能随需求而改变，因此，我们倾向于提供确定的总体结构，而可以允许将来未知的改变。

数据——汽车消费增长

汽车保有量2011年8月底突破1亿辆，首次超越日本居世界第二位。

2011年1月，法拉利在中国迎来了999位车主。

宝马2011年上半年在中国卖出121614辆，比2010年增长61%。

中国高速公路7.4万公里，居世界第二位。收费高速公路长度世界第一。

2011年前8个月，中国汽车保有量增加983万辆，日均增加3.27万辆，创45个月新高。

上海2011年9月车牌平均中标价52622元。

3年内，百万私家车辉腾在成都的销售增长了7倍。

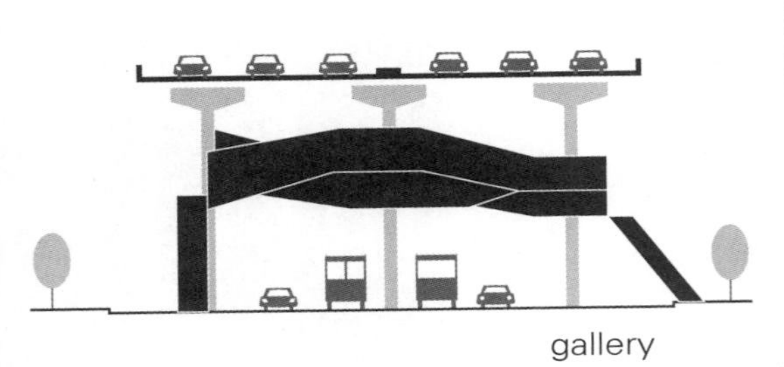
gallery

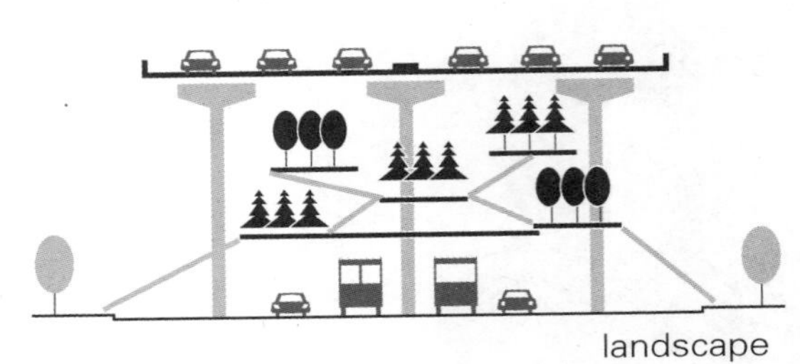
landscape

sports

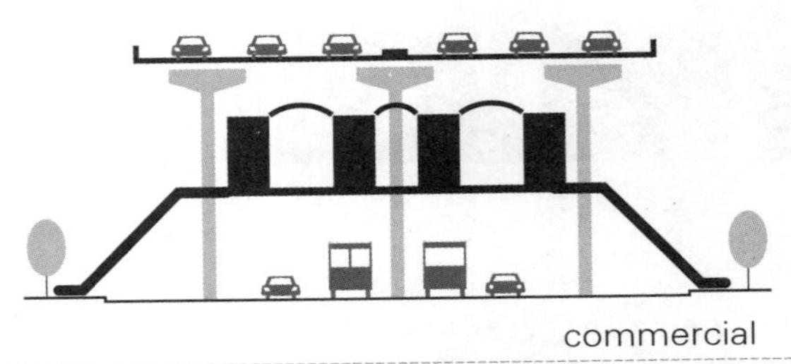
commercial

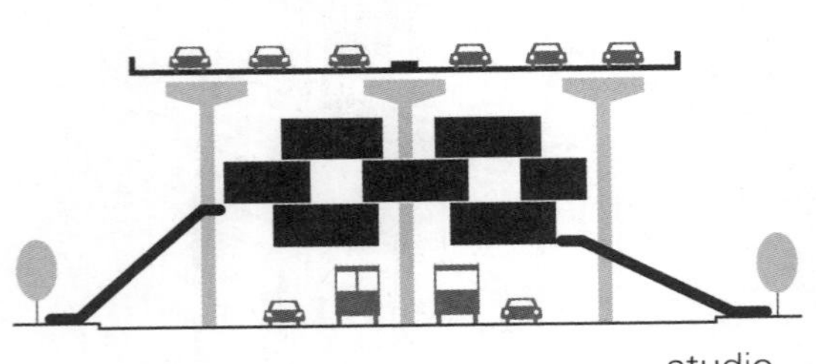
studio

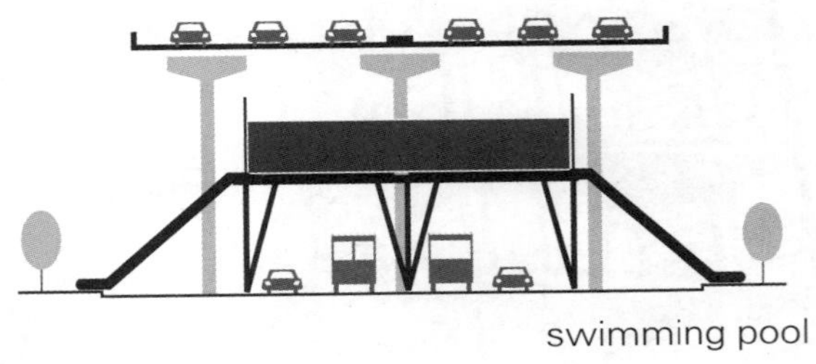
swimming pool

桥下乐园

地点：慈云寺高架路

功能：展厅、工作室、运动场、商铺、泳池、景观……

1）城市高架路至地面距离往往远大于车通行所需高度，在地面与桥身之间，我们完全可以加入一个“中间层”，以容纳更多民众可以参与的城市功能。

2）形成线形的都市休闲序列，中间嵌入景观绿化，有效填补高架路作为城市空白的遗憾。

3）整体观之，这是一种“线性叙事”，但是每个节点都有其自己独特的“微逻辑”，可以迂回、转折、游走，步行者可以在多个位置选择“切入点”，并且选择符合其自身兴趣的活动参与其中。

这是一个新的都市“奇观”——地面和高架两层快速流动的车流层之间，夹杂了一个容纳“慢生活”的中间层，这是一种新的“相对论”——同一空间下不同的时间在以不同的速率流淌。

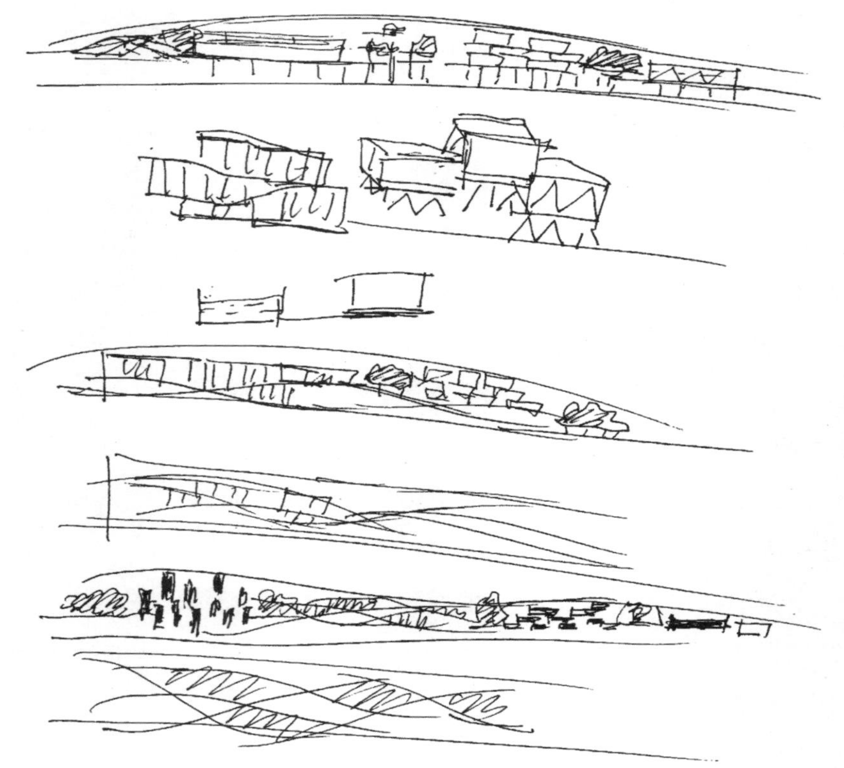

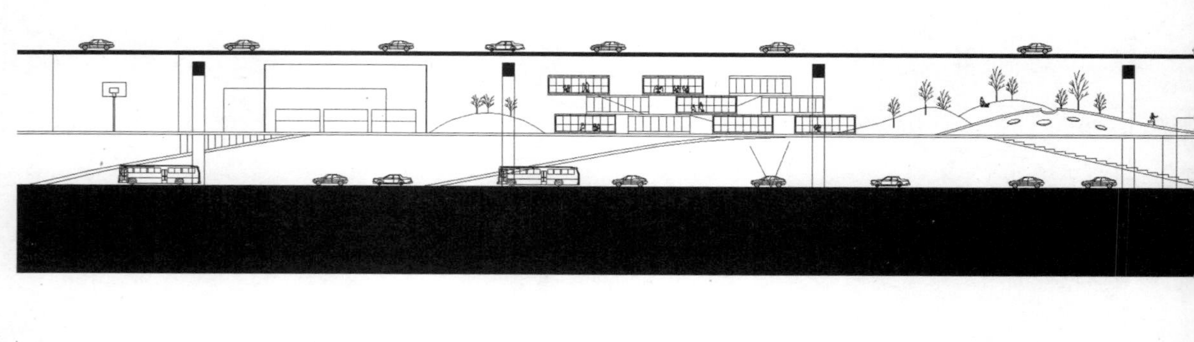

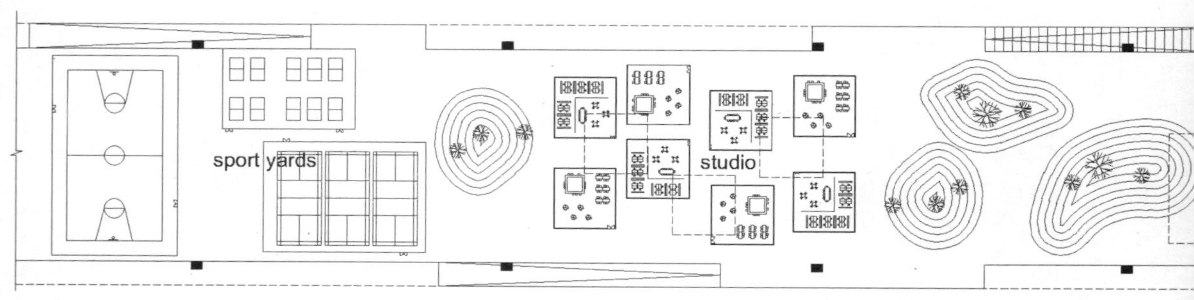
sport yards
studio

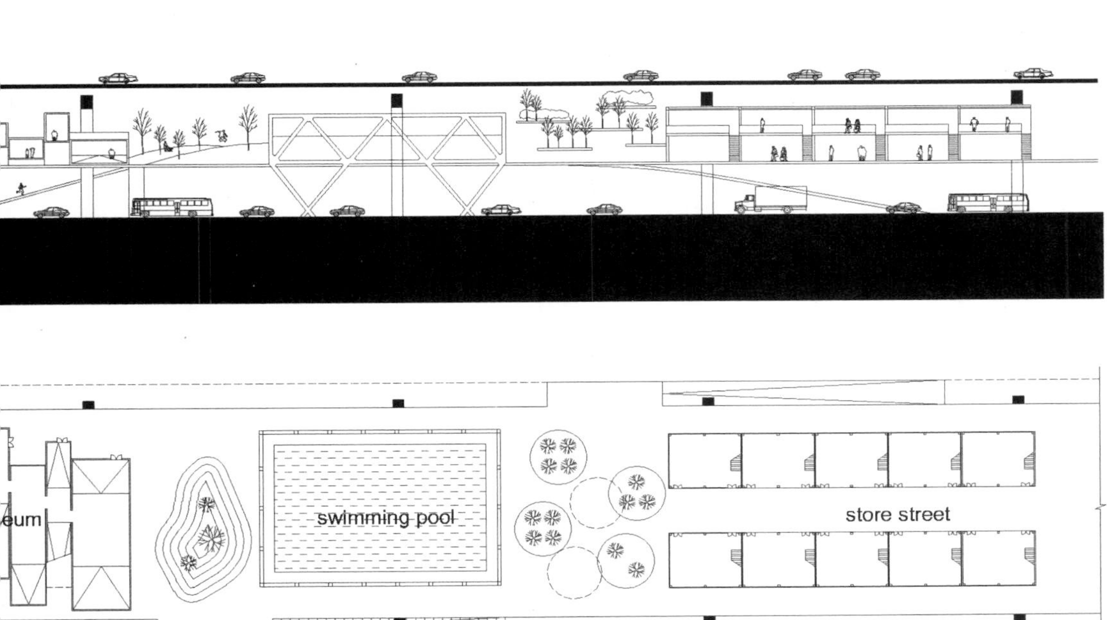
eum
swimming pool
store street

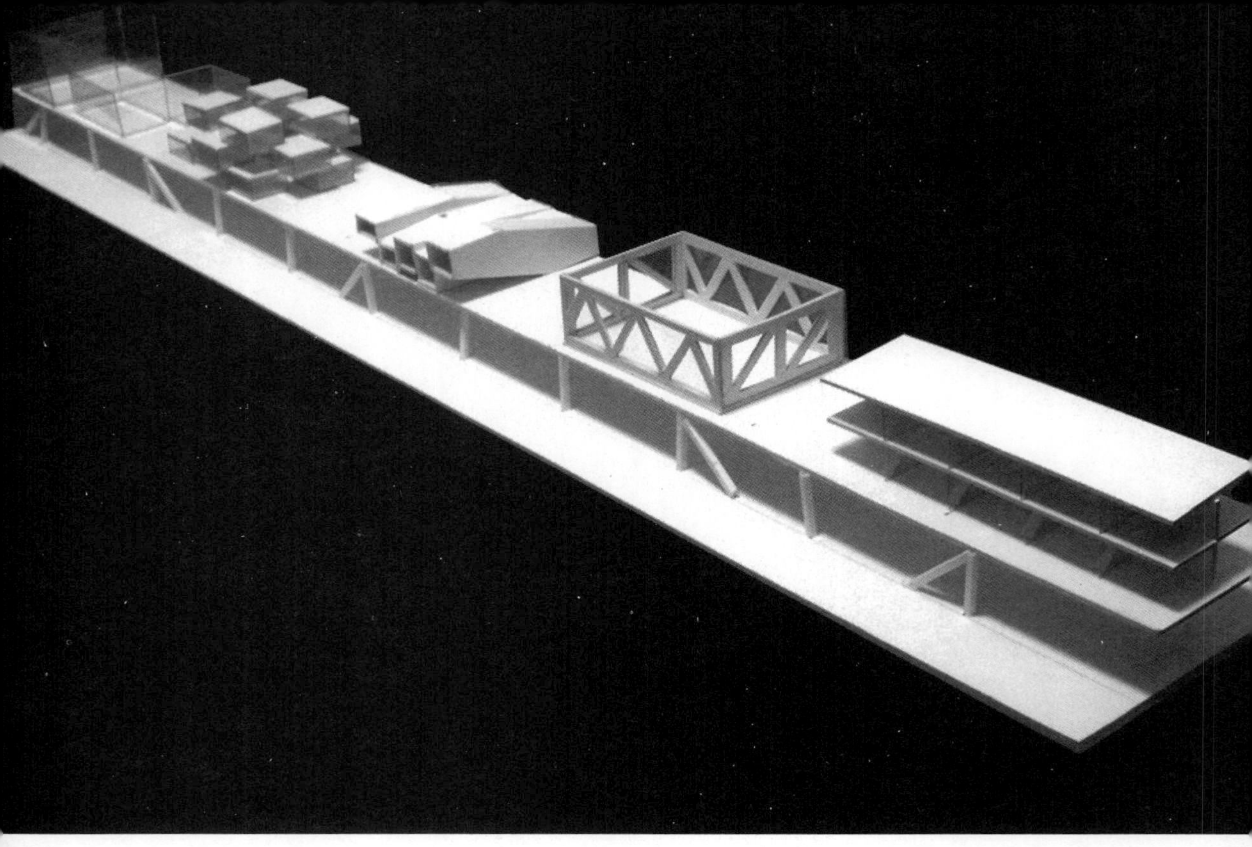

意大利符号学家安贝托·埃柯评价意识流小说的开放性时指出，阅读此类小说时，读者仿佛面对是一个立体的物体，或者多维的城市空间。可以从全书任何一个位置作为起点进入文本，例如《尤利西斯》和《泽诺的意识》。这些小说是“运动的作品”，页码可以看作是无穷尽的，达到一种观念上的“无始无终”的状态。

我们在“桥下城市”中的空间叙事也希望达到类似的开放状态。虽然表面上看，程式的演进按照线形的方式展开，可是彼此之间并无一定的因果逻辑和先后次序。大众可以从任何一点进入，根据自己的意愿组织其行动和路径，在游走过程中充满了跳越和迂回、减速和加速、急转直下和空白感。

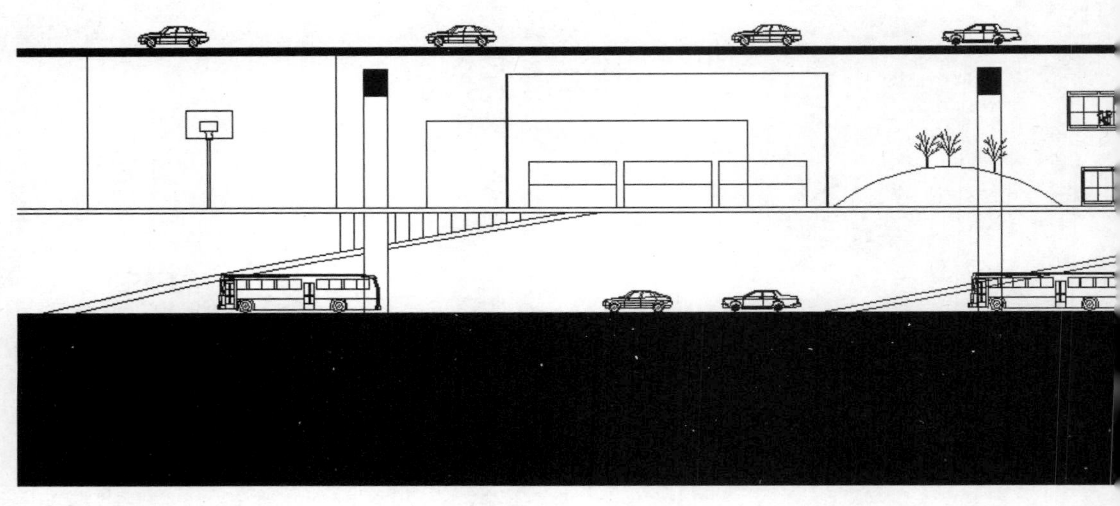

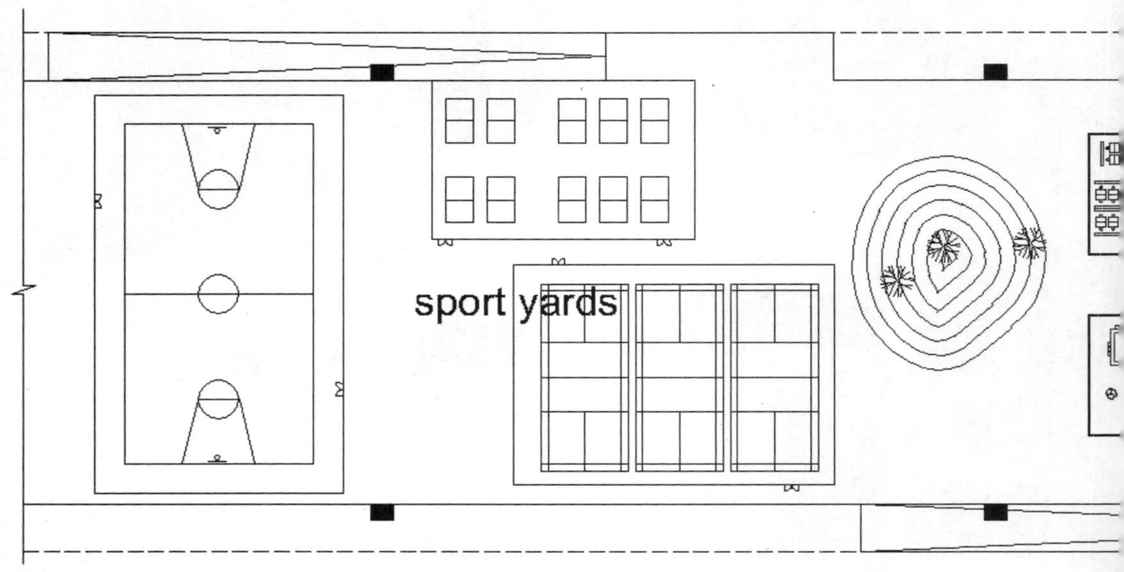
sport yards

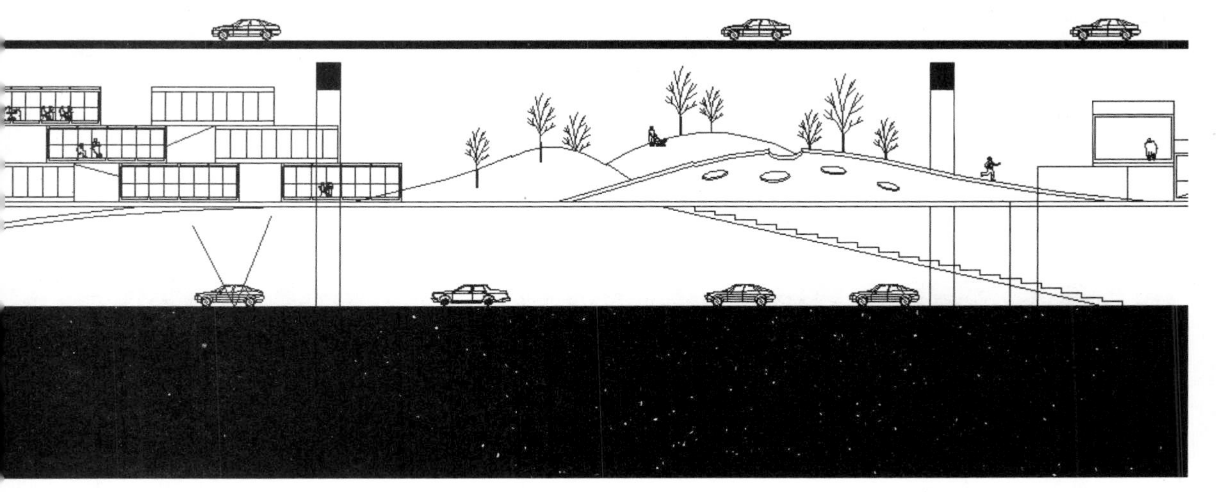

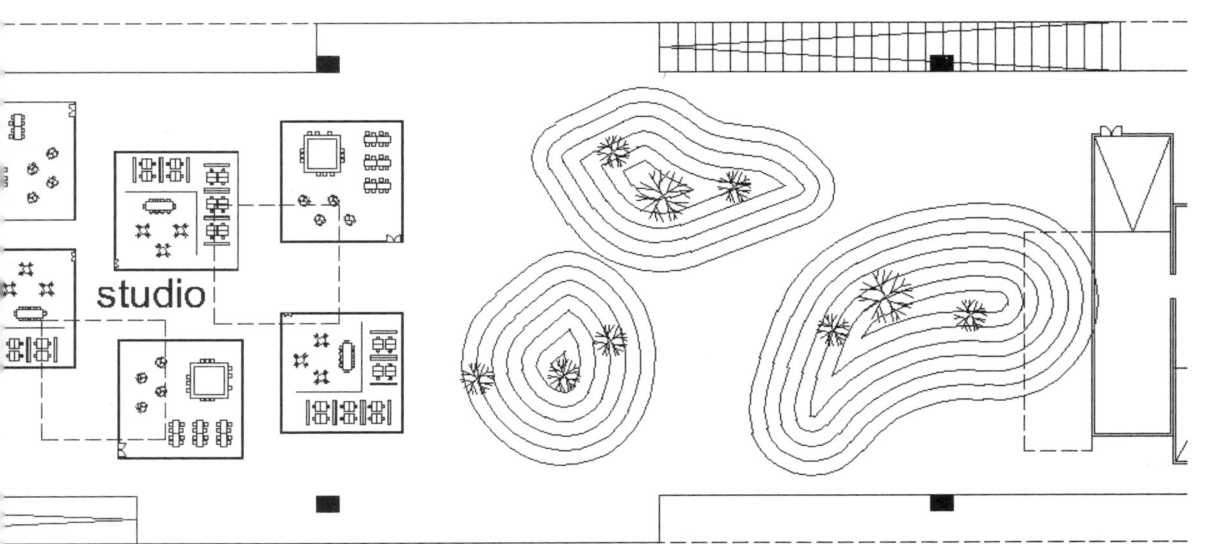
studio

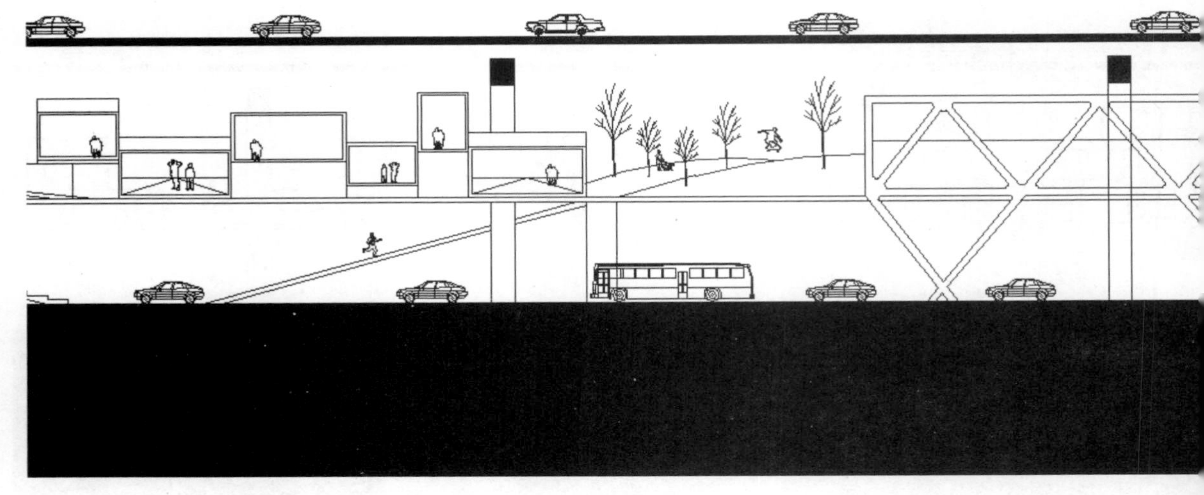

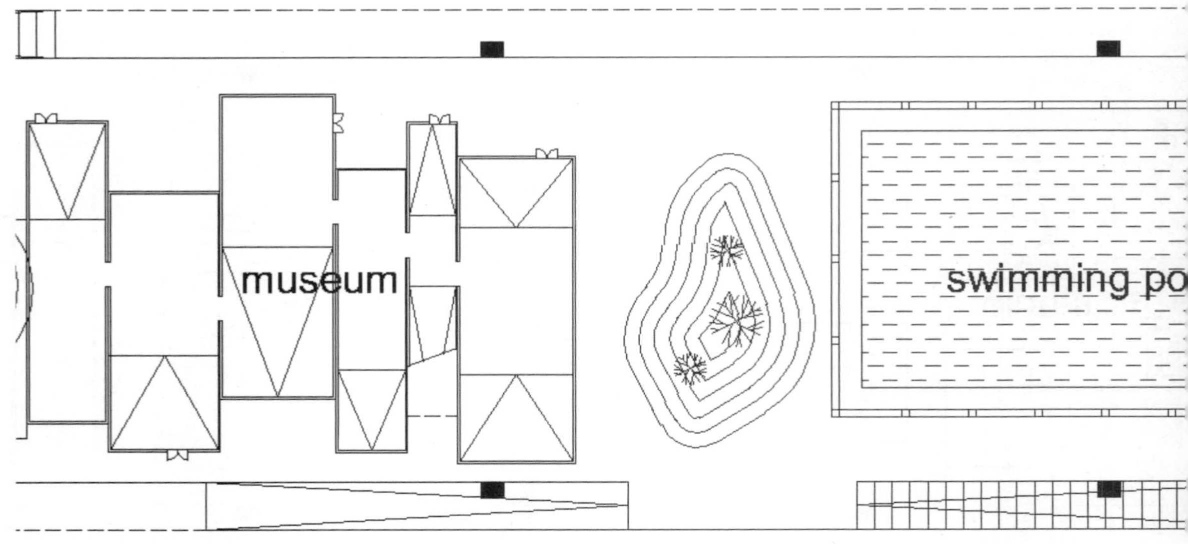
museum
swimming po

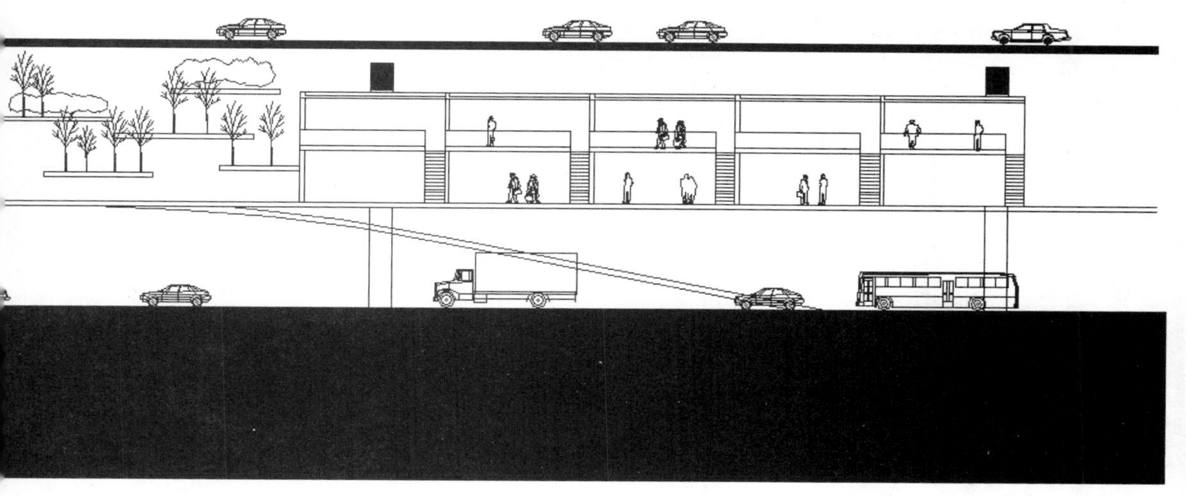

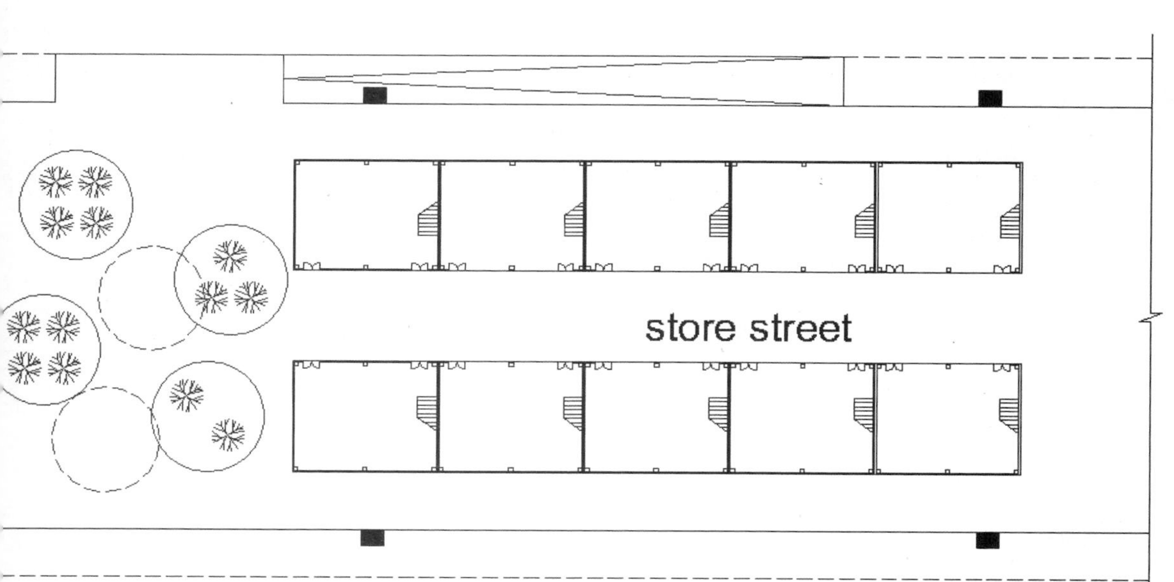
store street

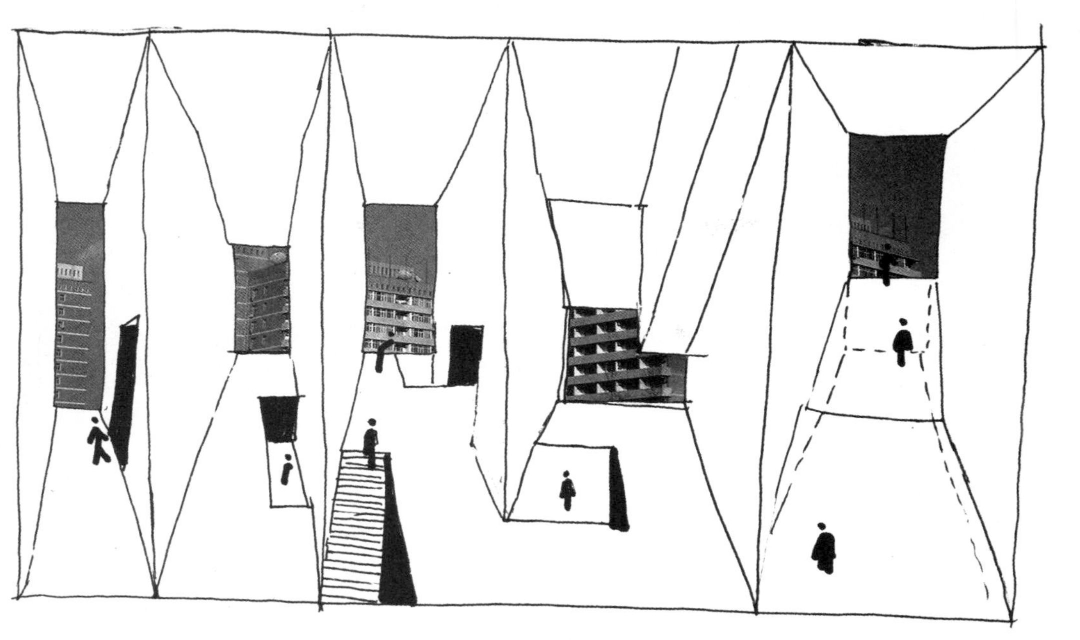

新概念
商业综合体

购物占领世界

放眼今天的世界，商业已经持续渗透入公共生活的每个领域。通过其各种外延，无论你是否情愿，商业似乎已经重新定义“公共性”的概念。一个个巨型的购物中心正在全球范围内兴起，尤以亚洲国家为盛。购物中心是“令人愉悦的法西斯分子”——如此专断地占领、侵入城市，且又让大众无法拒绝，购物中心的体型正变得越来越庞大，为了生存它必须不断吸纳新鲜事物以自我革新，其背后的关键词是资本、租金、品牌、竞争和特权。而其表面上呈现给大众的永远是关于：尊享、时尚、爱心、共享、高贵……光环如此耀眼和有效，仿佛一夜之间购物演变为一场全民运动。如今很少有一种公共活动，能够像购物一样使人们如此步调一致了。

百货这种商业形式用了百年时间才发展成熟，而此后仅仅用了不到50年的时间，郊区Mall就成为商业的主流，这很大程度上改变了城市实体空间的布局，但最终由于过度的扩张而衰退。最近流行的大的仓储式购物空间，使独立的购物中心发展到极致。尺度的增长是一把双刃剑，某种类型的增长可能引发另一方面的衰减。

在商业建筑发展史上，技术的革新和进步往往引发了购物中心形式的革新和拓展：天光的引入促进了早期步行拱廊的发展；骑楼的出现使城市街区的室内向公众开放；而空调技术的诞生将消费者置入一个可以无限扩展的、连续的室内空间中；自动扶梯使人流可以在不同层面上平滑移动……而今天，单纯的通过机械手段来促进消费空间的变革已经变得困难，需要寻找其他更复合性的方式。

“购物中心”是否是公共空间仅存的出路？我们未来的街道、室内广场是否除了消费之外，再无停留的可能，而仅剩下穿越的功能？

在当今中国，“商业地产”的发展已经呈现出“竞争白热化”的趋势，我们的城市是否容得下如此多的购物中心？而公众的消费能力是否可以消化如此多的商业场所？各个商场在同质化严重的局面下如何彰显自我？而当网购的兴起对实体商业造成前所未有的冲击时，“购物中心们”将何以突围？

在一场全民的商业狂欢上演正酣之时，危机已经悄悄来临，而以上的问题，却因表面的市场繁荣，从未得到认真的检省，如果我们暂时无法改变世界，也至少需要在当今商业遍地开花的纷芜乱象中，对于其最具公共性价值的部分作一次梳理和归类。

久光

1. 都市性

商业中心设计中所强调的“都市性”，具有两层含义。一层是指商业本身的丰富度和人性化，另一层是指大型现代购物中心本身可以作为一个独立的城市单元——微城市的概念。此点我们将分别从两方面加以论述。

传统商业位于城市的中心，20世纪早期随着郊区大型购物中心的出现，城市中心的商业受到冲击。郊区商业最大的优势是土地成本较低，可以获得更大的商业面积，以增加业态的丰富度。同时，便利的高速路网和汽车的大众化也使郊区购物迅速普及。

面对冲击，传统商业中心需要进行自我调整和优化。纽约也曾经经历过这样的阶段。为了保持第五大道的商业活力，1916年的分区规划法规定了消费区和生产区应当保持适当的距离，以维持商业区的纯粹性。之后，又通过激活滨水区、保护城市公园和限制车行等措施，提升了城市的亲民性。同时，分区法还鼓励在核心区建立集居住、办公、购物为一体的综合商业摩天楼（今天的城市综合体的原型）。

并且，在大型综合商业之间以小型商店连接，以保证商业的整体性。这些措施使第五大道成为一个真正的“中央商务区”，起到“城市胶合剂”的作用。

以上我们谈论的是都市性的第一重含义。我们以具体的案例——香港圆方广场（Elements）加以说明。

1.1 超级平面

——圆方广场（Elements）

圆方广场是一个在比例严重失调的空间中创造无限可能的例子。

作为一个商场，圆方广场的场地是最扁平的。南北东西绵延数百米，而商场层数只有两层。它是香港顶级豪华高层住宅集中区的基座。因为是基座，所以它不能太高，因为与地铁直接相连，它又必须从地下开始商业布局。

圆方广场要解决的问题是：如何在一个面积超大，而层数极低的空间中，放下一个普通的Mall的所有内容（它甚至还包含了一个溜冰场）。

布局扁平意味着流线超长。圆方广场首先要解决两个问题：人流的疲倦和感受的单调。圆方广场是一种创造性实验，不能用睿智或者巧妙等词语来形容。它本身的成功就说明了一切。圆方广场是一种压缩的室内空间集合，它需要更多的审美体验，偶然的惊喜，可以激发更深入的购物欲望。

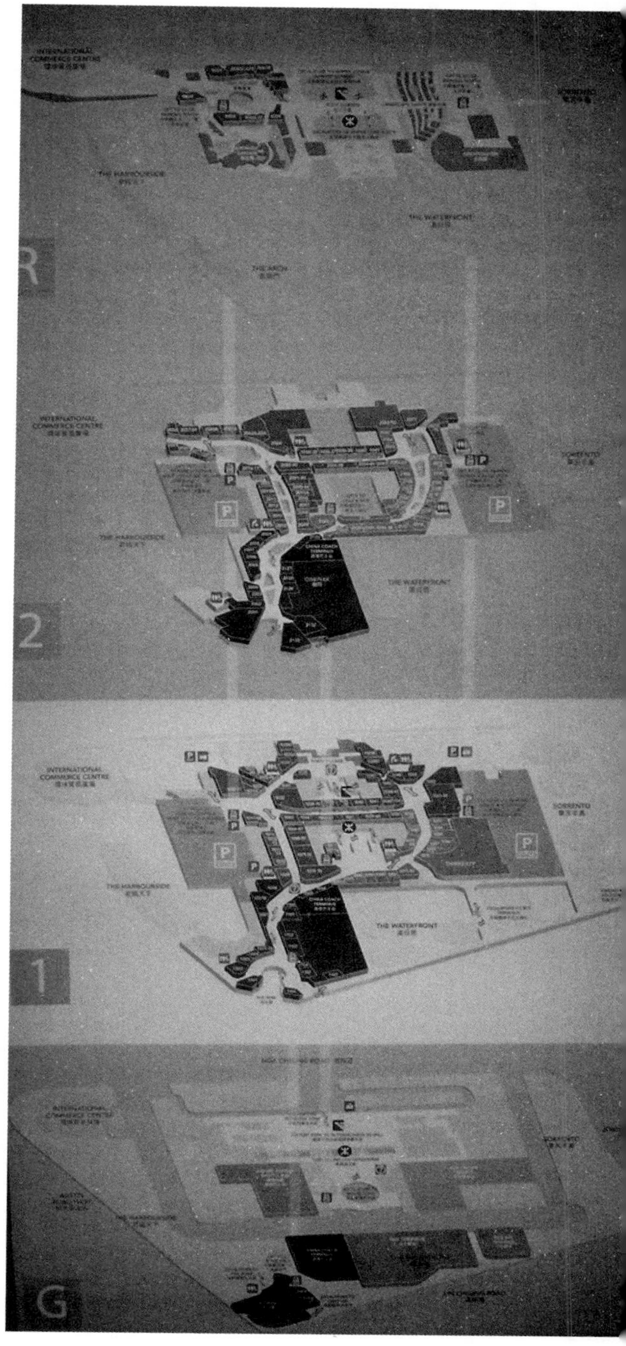

1） 图与底

白色的基本色调，辅以大面积彩画，以及暖色系的灯光，整个空间显示出一种纯粹性。这是必要的，这样一来其主体——店面，虽然谦逊的隐藏在内部，却总是在这个白色的画布中，透露出诱人的魅力。圆方的室内整体如同一个博物馆，而店面们则成为其展品。通过对于真实世界的变形、仿拟、情境再造等手段，商场完成了一种在地下重塑现实的过程，从而使原有的空间和价值参照系得到了改变，促使人心甘情愿地在其中完成高额的消费。

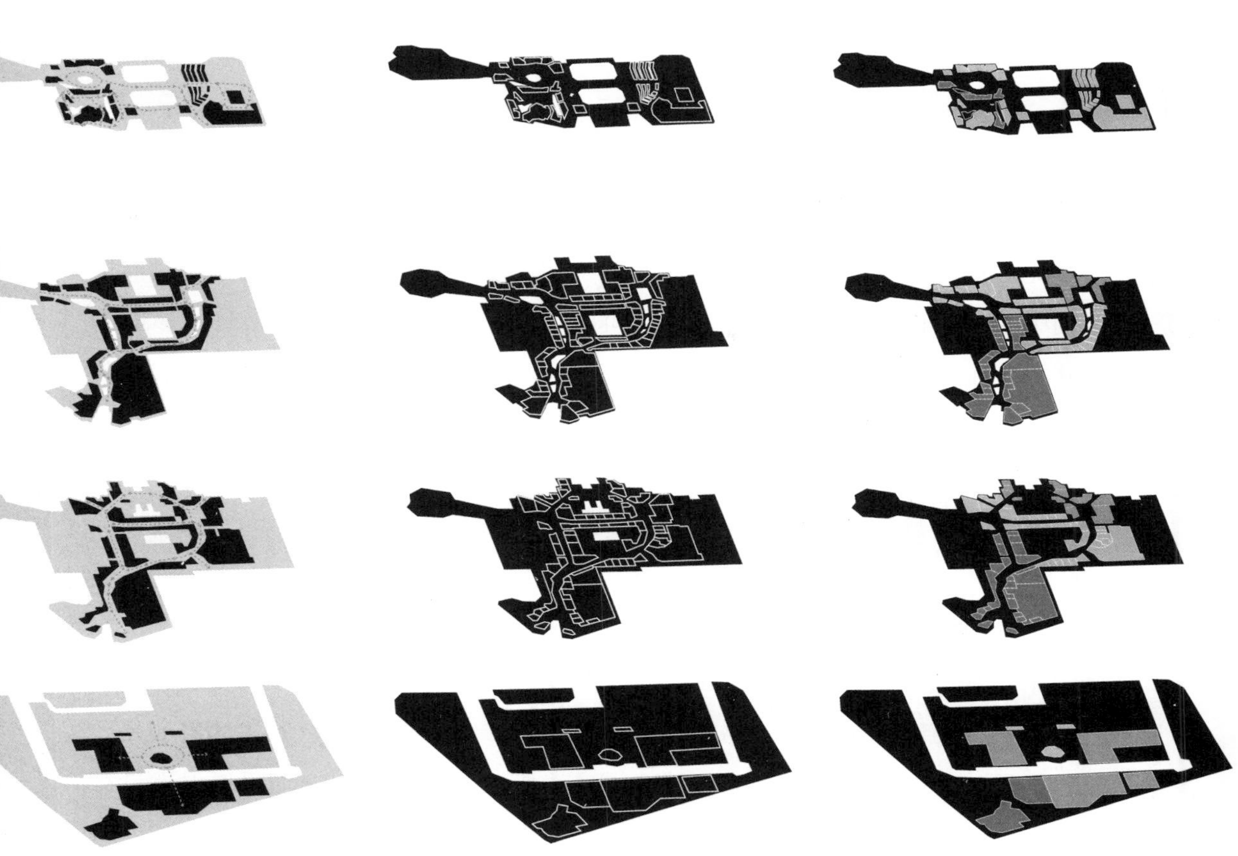

圆方的存在是对我们所见过的Mall的一种扁平化转换，不是将更多的商业集中，而是将其瓦解，并且串联在发散性的几条路径上。

2） 适时出现的休憩平台

圆方广场的总体流线长达数百米，在如此长距离的空间中行走，疲倦是不可避免的。但是每当你想停下来休息一下时，可坐可卧的景观小品就适时出现了，仿佛是经过精确计算的一样。“可以坐下来的条件”是有效的活力再生装置，它使人群有了往前的动力，同时在停下来时，可以有更多时间去观察周围的店铺和购物的他人的举动，从而对购物本身产生进一步的诱因。这种处理在传统的商业流线设计中是一种禁忌——因为商人通常认为免费的休憩空间会影响那些需要消费才能“坐下来”的店面的营业额（比如星巴克），圆方的独特之处在于他以更宽广的视野看待这个问题——只有让消费者充分感受到场所的人性化，他们才更愿意在此长时间停留。令人惊讶的是，这些坐椅总是与景观小品一同出现，有时候它们本身甚至就是景观，或景观的一部分。

3） 空间多样

在圆方中行走，你可以感受到空间的多样性。楼层空隙，是体验多样性的另一个关键词。长流线的另一个问题则是行进体验的单调性。而伴随整个流线的，是其二层及顶层的中庭开口的非对应性——上下从来都是不一致的，却总是可以让视线穿过，望见彼此。这种互为非规则景框的关系保证了空间体验的持续变化。时而梭形，时而方形，时而可以看到星空，时而可以看到三角的组灯。店面设计也参与到空间的建构中来，店面与通廊之间形成一个过渡的界面，使这种通常的过渡层厚度变宽，成为一种类似于独立层的界面，最高创造性的假设得以系统地阐释。

用金木水火土的五行元素来命名各个区域，既切合了商场的主题“Elements”，也是一种将空间个性化的策略，并同时化整为零。

1.2 购物中心＝新城单元

接下来，我们转入购物中心“都市性”的第二层含义。约翰·波特曼发明了最早的“Mall”，而到了维柯托·格鲁恩手中被进一步发展成熟。格鲁恩的野心是：Mall不仅仅是一个购物的场所，它将成为城市生活的基本单元，全面进驻并激活郊区。为实现以上的理念，格鲁恩的Mall往往是容纳了城市生活的方方面面的综合购物体验中心，这与今天所提倡的集“购、逛、吃、娱”为一体的一站式购物中心的概念不谋而合。

在国内，可以做到以“一站式消费购物中心”来带动城市发展的，目前做得比较成功的是万达的商业项目。虽然从业态的综合度、品牌的丰富度上来说，华润的“万象城”商场系列可能做的更到位，但是，他们却有本质的区别：万象城项目往往还是地处人口密集的城市中心区，而近年来的万达广场项目则多数位于郊区未开发地段。马清运把“将商业注入到一个有居住状态，而无都市状态的区域，从而使该区域发展具有都市化可能”的商业叫做“都市胚胎”，顾名思义，它具有可以迅速激发社区活力的能力。

在商业里能做到这一点是不容易的：它彻底颠覆了“商业需要人气来养”的信条，反过来，却能以一个商场在不毛之地重新聚积人气，这与格鲁恩最初将购物中心视作“新城发展的核心单元”的理念遥相呼应。

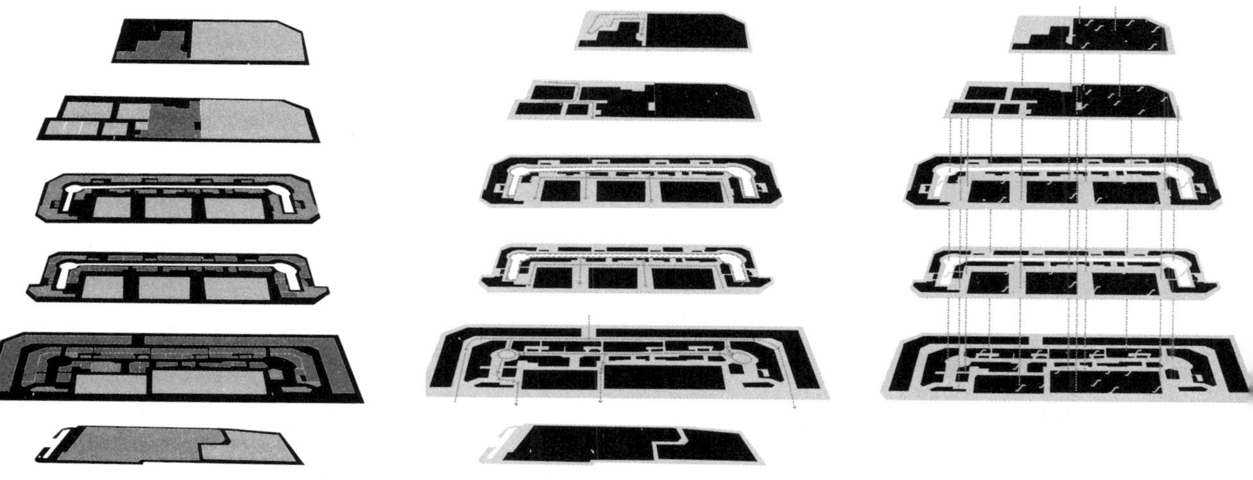

典型的“第三代”万达广场布局图

万达模式的成功秘诀在于：

（1）精准的定位。他们的目标客群永远是中端消费，以年轻人为主，这无疑是当今中国社会最大的一个消费群体。

（2）业态丰富而稳定。经过多年摸索，形成了以“百货+室内外步行街+餐饮娱乐”为一体的综合购物中心，在成熟的万达广场项目中，你可以发现固定的内容：万千百货、万达院线、KTV、电玩城、品牌固定的小商户，甚至连建筑的平面布局都是固定的。这是他们探索出的最佳“程式”，如同一个放大版的肯德基，永远主做薯条、汉堡和鸡翅，却能将连锁店开遍全球。

（3）不断进行自我调整。面对电子商务市场的竞争，万达及时意识到传统实体购物的优势正在消失，目前正在研发的“第四代商场”，已经考虑加入超大的室内主题公园等更具体验性的内容。

2. 集中与分散

自购物中心产生以来，集中式商业与分散式商业孰优孰劣的争论从来没有停止过，近年来，大型综合封闭式购物中心的发展似乎占了上风，面对大城市中心的集约式发展，雅各布斯认为，“生动鲜活的市井生活”是其解药。她认为，冷漠孤傲的现代主义城市没有能力提供多样性的城市生活——“幸好柯布希耶的巴黎规划没有实现，那是一场灾难！”她同时反对超大规模的购物中心发展，因为其具有“边际效应”，将附带大量车流和停车场，影响城市肌理，并限制人流。她主张非规划的城市发展，使传统街道保持全天候的活力。良好的城市发展需要具有：

（1）多样化的功能。

（2）小尺度街区。

（3）新老混合的建筑。

（4）人流的有效集中。

雅各布斯的基本态度是：现代主义的冰冷面目是不足取的。城市的界面应当向大众开放。回归到商业本身，这个问题也许可以简化为：集中式商业和传统街区式商业，谁更受欢迎?

历史上，得益于空调技术的发展，购物才可以由室外转入室内。因此，“一个连续而恒温的室内”是Mall这种购物空间的优势所在。将商业做成街区式或者切分成密布的小体块，则不具备这种环境优势——消费者在各个体块间穿行时，将暴露在酷热的夏日或者寒冬的冷空气中。这是一场建筑的冒险，但是，也不乏成功的例子。例如北京三里屯Village、建外SOHO的商铺街区等。

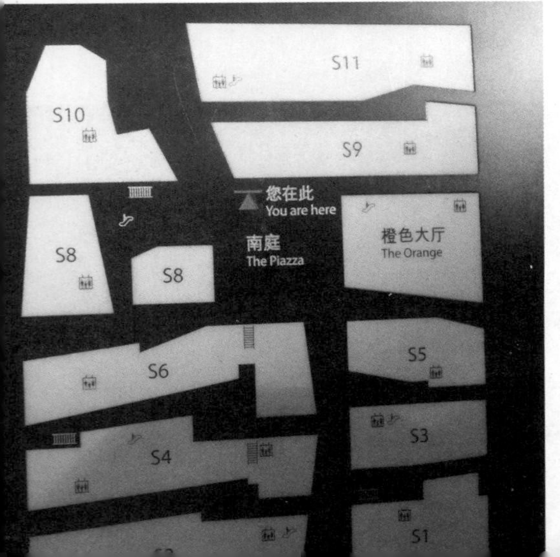

三里屯Village之所以成功，具有以下要素：

（1）选址必须位于人口密集的城市中心，这样才能保证足够的人气以忽略气候因素造成的不利影响。所有为将人们聚拢在“一个室内空间中”的发明，在这里全部作废：连续室内、电梯等所有为人们更高效的使用空间而产生的技术，在切割成小块的自足体系中，变得别扭而自相矛盾。孤立的看这个项目，可能并不能完全体会此点的重要，其实，“离散式街区商业”成功的少，不成功的居多。例如，苏州的圆融城市广场，也部分采用了小体量商业集群的概念，设计本身很精彩，但是由于这个项目处于人口不算密集的城市新区，目前人气不旺。南京河西的“台湾名品城”也具有相似的命运。

（2）街区式的商业布局，近人的尺度，使消费者重新找回久违的“在街道中漫步”的购物体验。与集中式购物中心对于意义和信息的过度扼杀不同，街区式商业是一种同时满足社区步行乐趣、家居休闲氛围和古典购物体验的多重语义的集合。

（3）切分成小块的商业，每一个都可以有其独立的外观和主题，三里屯的案例中，每一个楼栋都聘请了世界知名的设计师打造其外观，空间生产的终极追求演变

为对立面的强迫症式的专注，建筑师利用一切可利用的手段（反射、屏幕、混响、回声）来制造“迷宫”。形成了在同一个街区内的“差异最大化”。这无疑迎合了这个时代潮流人士对于“个性”的追逐。

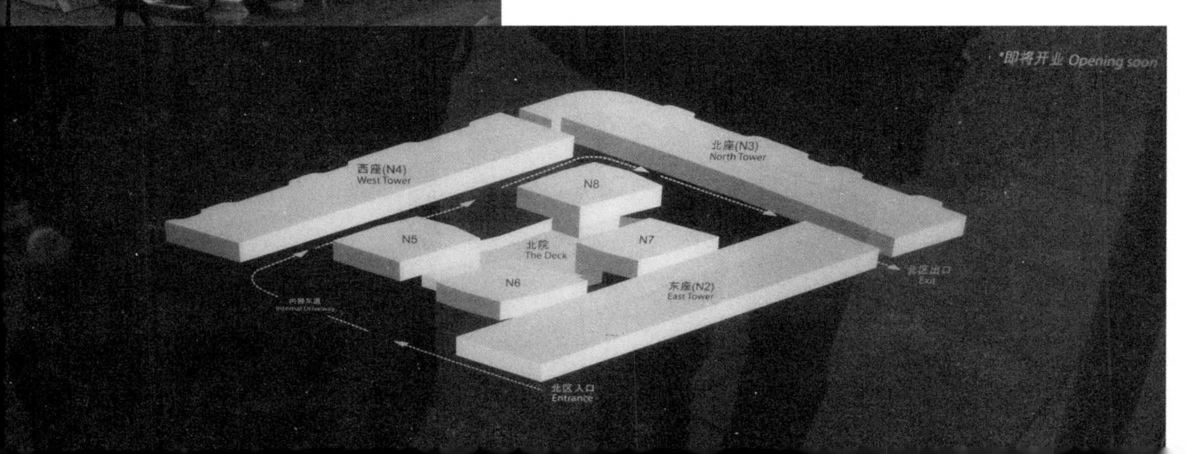

在建外SOHO的案例中完全对外的Block，使通常封闭和内向的商业裙房的概念被颠覆，形成可以自由穿越的街区，这与CBD的其他建筑形成鲜明的对比。并且，地下一层形成下沉的城市活动空间，在地面层走动的人们，可以望见地下的活动。商业，成为一种和上班族生活紧密相连的活动。现代主义的清规戒律：透明、正交、白色、模数、水平长窗与商业的躁动、喧嚣、张扬媚俗令人惊讶而又明确地融为一体，成为一个由互相脱节的情节组成的无懈可击的杂交剧。

3. 竞合关系

在商业领域中，竞争与合作并不是一组完全意义上的反义词。相反，有些情况下竞争反而会给双方均带来更多的机会。作为亚洲甚至整个世界的商业发展的集中地，日本和新加坡的商业区发展显示出利用“竞合关系”这一矛盾的统一体所带来的奇妙吸引力。

例如，日本东京涉谷地区的商业发展。日本东京的购物中心对于城市的意义非凡，它们不仅仅是购物的目的地，同时也是整合城市的有效手段。东京是一个多中心的城市，没有传统意义上绝对的中心。东京的交通主要依赖公共交通，有85%的人乘坐地铁或者电车往返于郊区和中心，或各个枢纽和中心之间。因此，日本的大型百货商店往往和交通枢纽相结合。交通的便利为商业带来大量的人流。广泛的

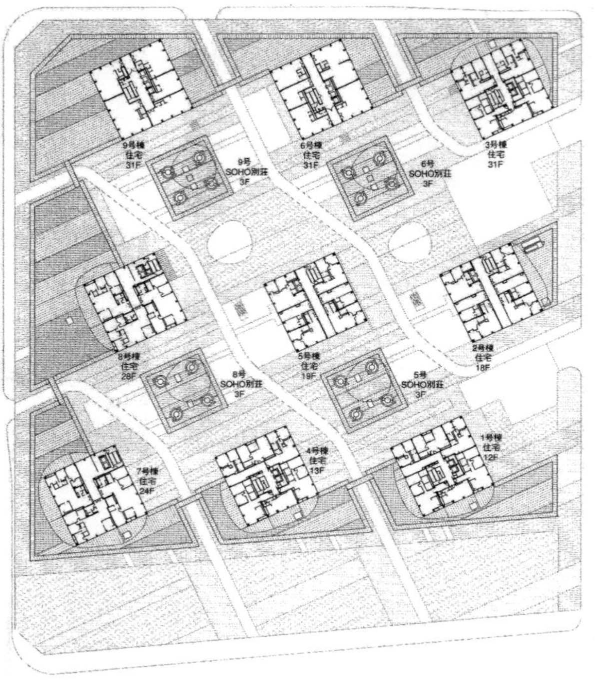

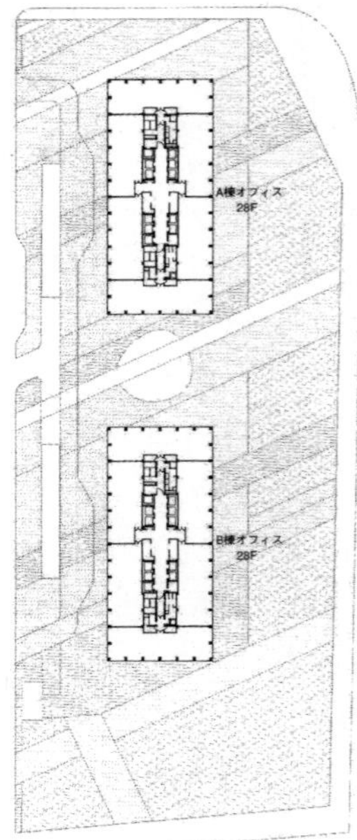

1～3，6期の4階平面　縮尺1/2,000

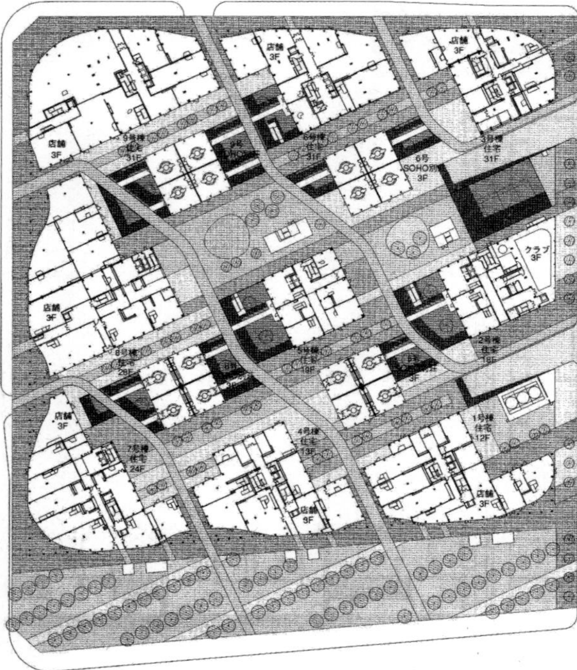

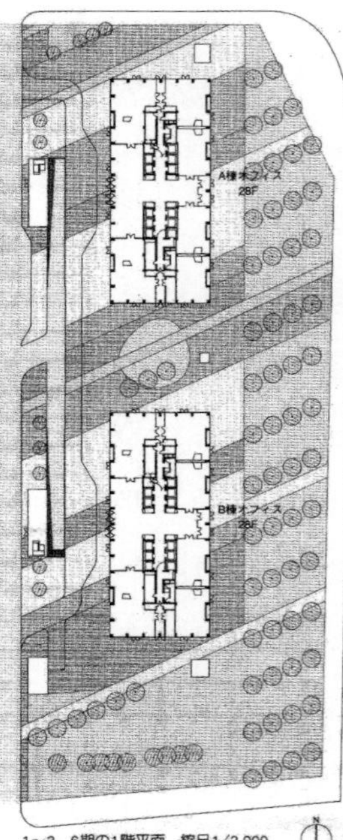

1～3，6期の1階平面　縮尺1/2,000

业态组合使各商家形成了竞争合作关系，不仅保证了东京的交通网，同时建立了多层次、动态的程式和城市系统。竞合关系体现得最明显的是西武与Tokyu的发展。Tokyu的特点是面向大众的大型百货公司，占地面积巨大，体形完整。而西武则将其业态分割成规模较小的专门店，独立经营。

分割的好处是可以与城市的各个部分保持良好的联系，同时分布有与自己的名称相适和的品牌。各个部分由廊道和地下通道相连，保持适度的整体性。经过一段时间的发展，更具有适应性的西武逐渐占了上风。

竞合关系不仅体现在步行街两侧的小店铺之间，它甚至可以产生于聚集在一起的大型购物中心之间。位于新加坡核心地区的乌节路商业街是典型的例子。长达3公里的大道，两侧云集了约70家各类大型综合购物中心。包含了购物、娱乐、餐饮、休闲、酒店、办公、公寓等多种业态形式，往往分别隶属于不同的开发商，购物的精细化发展使其各自呈竞争关系，但业态的差异又令其彼此合作，以全面满足消费者需求，例如，住酒店的客人可以很方便的在临近的商店购物。传统观念中，“类型”意味着“划定自我，排除其他”。而在此处，“类型”提供了单一模式之外的额外注解。不再有清晰的指向，而总是与另一种或几种其他类型有某种暧昧的、无定形的联系。

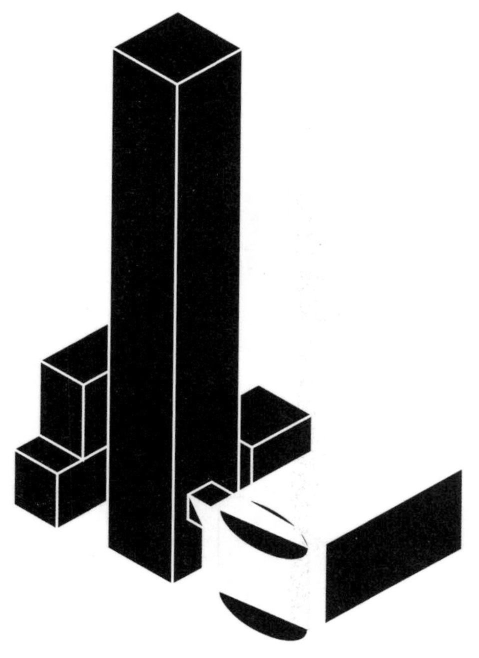

东京中城

再看看国内的“商业之都”上海的例子。南京西路名店林立，是国内租金价格高地的黄金购物地段。商业定位普遍偏向高端市场。例如久光百货、恒隆中心、中信广场等等。虽然定位均为高端，其彼此之间仍然有细分差异，这是他们能够在高端客户群体中和谐共存的前提。

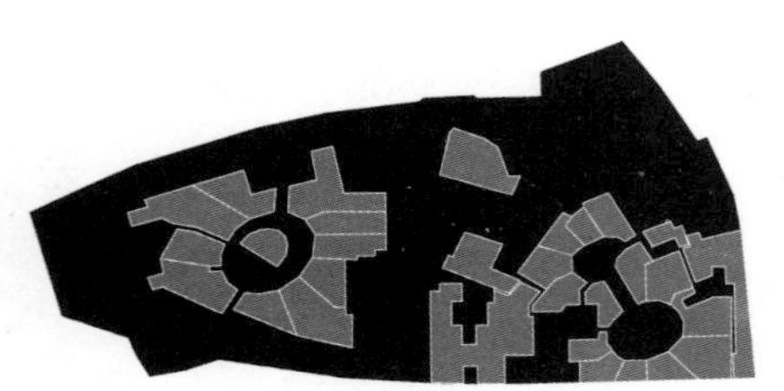

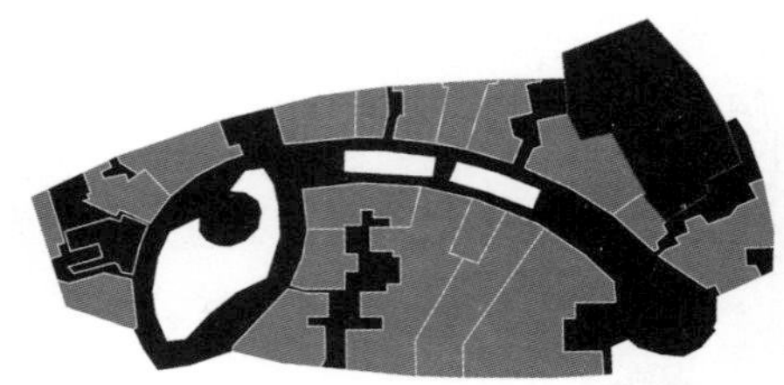

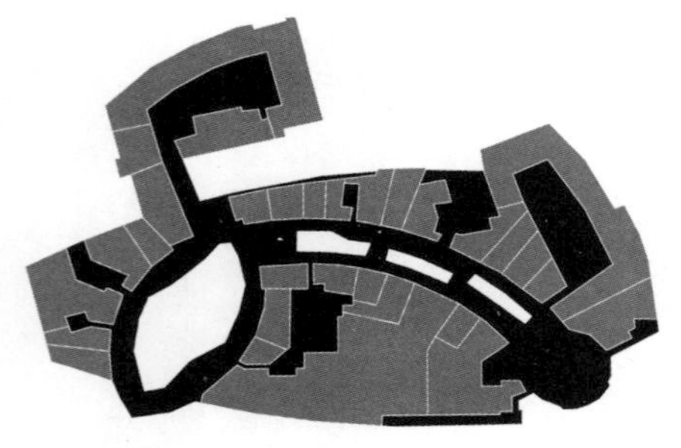

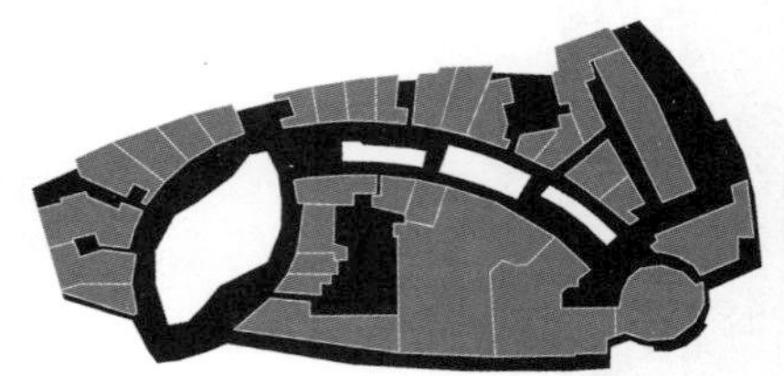

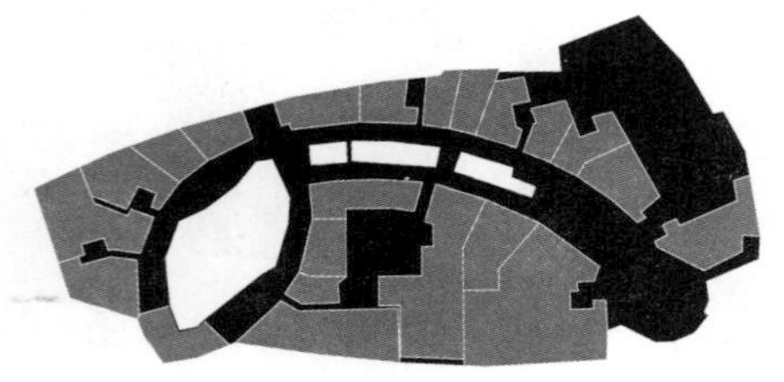

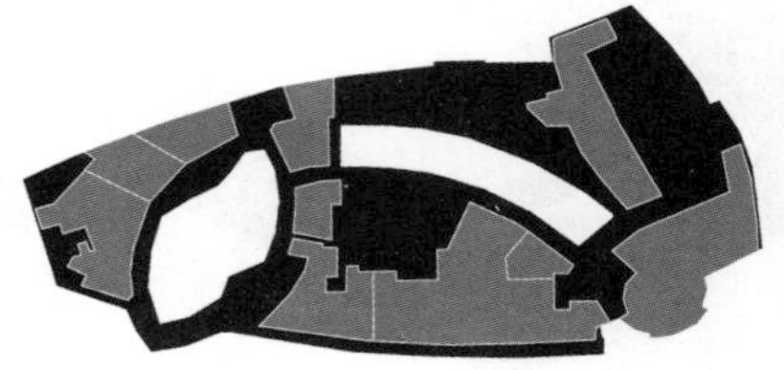

宝石的匣子——恒隆广场

上海恒隆广场是大量奢侈品牌集中在单一空间中的必然衍生物。它是一个产生所谓“身份差异”并使人自我优越感膨胀的场所。室内空间在柔和灯光的照射下，神秘、平静、雍容、典雅。与普通大众消费类商场相比，恒隆广场是淡定的，用自由而平滑的方式，将“深意”注入到不易察觉的细节中。

它接纳各种人的来访，但是感受却不尽相同。在于此消费的人眼中，它就是一个购物的场所，而在此抱着“看看就算了”的人眼中，恒隆广场只是加深了他们对于奢侈生活的向往而已。但这种羡慕感并不是无效的，羡慕感是疏离感和亲近感的二元矛盾混合体。它可以催生更多潜在的消费欲望，即使原本并不属于这个消费群体的人也适用。它巧妙地刺激了本阶层的消费行为，同时以一种“指尖触摸到钢扶梯扶手时才能体味”的精致感，以明里欢迎、暗中拒斥的方式限定了另一类人群，却也增加了他们潜在的消费预期。

4. 流动性

商业能存活的要点之一是稳定的客流和货流。

如何使人流从一个点移动到另一个，从古至今有各种方式，从最早的步行街、移动传送带到今天的自动扶梯，每一次技术的革新都引发了商业形式的变革。

最早的步行商业街出现在古罗马时代。凯撒大帝规定在日出和日落之间的时间禁止马车在城市通行，自然形成了步行街。17世纪晚期出现了带透明拱顶的步行街，流行了半个世纪之久。之后在巴黎产生了沿街步行商业系统，整个城市总计180公里。1855年在伦敦首次出现了与地铁相结合的步行街系统，长达3.8公里。

19世纪晚期，随着城市尺度的扩张，长距离成为商业发展新的问题。传统的纯粹依靠步行的商业拱廊已经无法满足要求，此时人们考虑采用移动的传送带来带动人流。最早的机械传送带出现在纽约，每小时20公里。1888年在德国出现以三种不同速率运转的传送带，其中一条还装了座椅。之后传送带与商业的结合经历了不断的发展，在1900年巴黎世博会上的运用达到了顶点：2.5英里长，连续运转了8个月，累计运送6百万人。之后，因其仅仅能在水平面上运用，以及更具灵活性的设施——自动扶梯的出现而受到抑制。自动扶梯是传送方式的无尽差异化探寻之后的终极形式，它的高效性和便利性是商人与建筑师共同梦寐以求的。

1950年代之后，随着空调的产生和电梯技术的成熟，购物活动终于全面由室外转入室内，维柯托・格鲁恩设计了最早的综合性Mall，它成为一种“室外化的室内”，安全、洁净和恒温，更重要的是，购物中心开始成为重要的城市事件的场所。

注：图片来自《哈佛购物指南》

4.1　流线设计

商业综合体往往集合了商业、酒店、办公等多种不同的人流、车流，以及货流。如何使这几种流线并行不悖，各自通畅，互不干扰则成了设计的主要议题之一。

商业的入口应当设于主要的人流来向一侧，并且侧重于人流量较为集中的路径上。入口设计应当醒目，可识别性强，并且以一种欢迎的姿态将人流引入商场内。酒店与办公的人流入口应当与商业分开，设置独立的上下客区域。

商业的流线设计需要使顾客可以最大化地经过每个店铺，并且尽量避免重复（单层内），路径的所有停留点上，至少能同时看到三个方向的店铺，不能出现视线的盲区。

流线设计常常与自动扶梯的设计结合，用以控制人流的走向和停留时间，例如，商场上下自动扶梯很多并不设置在一处，这样在人群下到下一层时，必须绕一段路径，这样增加了人流与商业接触的机会，也增大了偶发的购物的可能性。自动扶梯的设置是关键问题。

停车场出入口也需便于识别，并且流线通畅合理，尽量避免与人流交叉。商场卸货区域一般设置于后场隐蔽区域，并且有足够的回转半径和卸货平台。

4.2 非常规的流线

——新加坡乌节路ION商城

经过多年的探索，新加坡在购物中心的设计方面有许多独到之处。2009年开业的ION orchard就是近年来商业综合体设计的典范之一。它坐落于新加坡著名的乌节路核心地带。由一座56层的豪华公寓和作为裙楼的商场组成，地上地下总面积共22万平米。

最有特色的是其商场部分的楼层布局——地上四层，地下也做到了非常规的四层，并且全部是商业面积，而非停车场——停车场则被置于顶层。这与常规的购物中心布局思路完全背道而驰。但是事实上，这种布局却是针对项目自身条件经过慎重考量后度身定制的。

首先，乌节湾的地铁站出口在此直接与地下四层相连，地铁本身会带来大量人流，设计者希望人群甫一到达商场就立刻进入到商业空间中去；同时，地下层有开阔的中庭直通地面楼层，并且有跨四层的扶梯将人流直接向上部引导。通过这些因素，通常被视为“灰色地带”的地下深层也被激活。地下层主要布置面向年轻人的潮流品牌，而首层及二层则布置高端奢侈品。如此，形成高端与大众消费并存的局面，有效吸纳多层次客户。停车场一反常态的设置于顶层，也形成了“喷淋式”消费的优势。

5. 主题与体验

水游城·南京

有人认为南京水游城是平庸的商业作品，因为它“借鉴”了日本博多运河城，并且以粗糙的建造在中国实现。但是，如果对其认真审视，就会发现相对于原产地博多运河城的拘谨，它是一种中国化的重新诠释。

波普化的立面，不规则的曲线，鲜橙色的主体颜色——在南京三山街至夫子庙沿线商业区昏暗的基调中，它显得非常出众和特异。

1）非常规的Mall

水游城是一个与传统Mall决裂的代表。它并不是如过去所有的Mall一样，是一个自我封闭的城堡，而是一个向周遭开放的集合体。拥有一个与传统Mall类似的外形——集中、巨大、厚重，却掩藏了一种反向的、应激性的开放性，这种开放不仅是视觉上的透明性，而且是建立在对“游走”与“嬉戏”在商业中重要作用的理解基础之上的、真正的空间上的开放。

自从波特曼发明了现代中庭式的购物中心以来，封闭性的自足个体已经成了现代大型购物商场的基本特征——围绕着中心布置的一圈商业，内向封闭，由空调调节室内温度。数十年来的成功使其成为一种不断重复、可以言传的规则，所有的金科玉律建立在一种对于自然环境绝对的拒斥的基础之上——一个完全人工化的圈地，不见天日，可以被揉捏成任何形状，以机械的声、光、电来制造时空错觉。水游城的出现对Mall是一种颠覆。尽管其中心仍然有一部分是按照传统中庭商业布置，而其外部则完全转变为街区式的——开放的空中廊道。它是一个拥有Mall的体量的商业街，一个街区与集中商业的混合体，一个立体的商业街。顾客可以同时感受室内室外两种气候——虽然高额的空调电费让不少租户头疼。

商业中的成功，往往并不与“打破常规”相联系，在这里却是一个特例。

2）潮

水游城位于南京传统商业区三山街，与主商业中心新街口只有1.5公里的距离，并且紧邻大众消费区夫子庙，它建立之初的定位就是面向年轻一代时尚潮人的购物中心。水游城在南京首次引入国际快销品牌，对于“品牌”的敏感和认同是“潮一族”生活方式的核心，在其引领下，购买者在消费品位由“本土”转向“国际的”过程中实现了自我身份的重构。在当时看来，相对于老新街口商业中心，它要更加接近国际流行主流，虽然仍然大众化，但是已经将它与其他商场明确区分开来。水游城的成功还在于它抢占到都市商业消费空白的效率和定位的精准。这种转变并不一定要领先于其他城市，而在于此购物中心的出现完成了转变本身。

3）室内水城

每天固定时段，位于中庭的水池将开始景观音乐喷泉表演。水柱在音乐的伴奏和灯光的映衬下起舞，显示出多种不同的姿态，可以高达数十米。令人目眩的内容在观众面前瞬息万变，每天限定时间的演出让受压抑的期待更加高涨，动态的柔性物质为坚硬的空间增色，轻质、层叠、多样，依靠在整体内部的切割划分出一个全新的整体。这种精心策划的定时表演，显示了大众文化的精髓，一种容易得到的愉悦。它并非新鲜事物，也无出奇之处，只因为它容易被大众所理解和乐见。

6. 网购增长

2007年，中国网购人数仅5千万人，2012年达到2亿5千万人。

美国网购人数从1998年至2007年平稳增长，由200亿美元至1400亿美元，2008年因为金融危机零增长，2009年之后快速增长至1800亿美元。中国2008年之前几乎零增长，一直低于200亿美元，3年之内飙升至700亿美元。

有趣的是，同时间韩国网络消费基本无增长。

2011年淘宝用户平均交易笔数比2009年增长35%。

随着网购的普及，实体商业必然遭受更大的冲击和挤压，不具备价格优势的传统“购物中心”如何生存?

也许更加注重体验感、增大体验型消费的空间，是不得已也是必然的趋势。为什么年轻一代如此钟情于网购? 电子商务的天然优势在于其虚拟交易平台彻底摆脱了实体空间的依赖，租金在成本中的扣除转变为实际的价格优惠返还于消费者，而目前税收政策在网络上的空白使其成本进一步降低。相较于此，租金和税收在传统商业总体支出中需要占50%以上的比例!

其次，网络的便利性使商品展示变得更加直观和合理，对于工作繁忙而又习惯了整天泡在网上的年轻一族，这无疑是更适合他们观览和挑选的方式。再次，基于

信誉评价的商品品质认定方式，亦使消费者享受一种“民主评定”的快感。根据以上内容，网购在短时间内获得如此迅速的增长，则非常符合逻辑。

实体商业也无需过度沮丧，一件事物的优势也往往会成为其劣势——因其虚拟性，网购不可能满足现实体验功能。在此方面下功夫，将会是实体商业的突围之道。

一些数据：

中国2010年已经代替美国成为奢侈品消费大国全球第二，境内107亿美元，境外500亿美元，增长率全球第一。

2015年将占世界15%以上市场，并列全球第一。

2011年上半年3200万中国游客国外花费280亿美元，比去年多40亿美元。

个人资产超过1亿元的大陆企业主，有27%已经移民。

飞天茅台价格1788元。

GDP世界排名：1980年第11位，2011年世界第二位，人均GDP1980年世界134位，如今仍然90位。

普通居民与富豪消费指数差距越来越大。

每1400人中有一个千万富豪。

2011年9月1日起，个税起征点提高到3500元。

奢侈品消费：

中国高端人群奢侈品购买力是美国人的3倍。

郭美美风波3个月中，爱马仕销售增长10%；路易威登成都店10年内扩张24倍；雅诗兰黛成都王府井35平米专柜，2010年总销售额达到6558万元。

2011年第二季度中国奢侈品网购市场交易规模达到34.5亿元。

中国游客境外消费全球排名第一，年增长速度为91%。

2011年黄金周期间，中国内地人出境消费奢侈品集中累计约26亿欧元。

图片来源：《外滩画报 》

环 城

——新街口商圈·南京

新街口地区是南京市地理上的中心，同时也是近代以来商业的中心，于是它同时成为人们心理上的中心——这一点常常被它自己忽略。“大众”作为一个泛化的虚拟概念，其最终所指的着眼点仍然是每个个体对于“城市商业中心”具体而多样的心理预期。

新街口的核心商业区，由一系列各自独立的购物中心组合而成。用一个词汇来概括就是：各自为政。每一个都在宣扬其特异性、自主性与完备性。这些分开的意义并未形成一种更为稳定和融洽的图景。

南京的商业发展并不是一直紧跟世界潮流，目前仍然是以传统百货为主的商业形式。因此，每一个商场基本上都具有类似的业态构成，也同样遵循相似的楼层品类布置原则。未经分类的需求纷陈芜杂，以平均主义的保守策略在各个地块上等量地实现，却远未获满足，由于从未有人胆敢质疑此类强迫症式的“最安全系统”的荒缪性。围绕正洪街“莱迪广场”四周的八个商场，因其地下潮流商品城与地上综合百货商业的结合，满足各阶层市民的需求，成为新街口地区的“黄金广场”。但是，表面上的丰富却难以掩盖实质上的“无差别世界”。无论是老牌商场如新百商场、中央商场、万达广场，还是新一点的商茂百货、亚泰广场，逛完其中一家，则可以想象另外几家的垂直布局。各商家心安理得地享受中心密集人口的红利，却故意无视同质化竞争带来的潜在损耗。

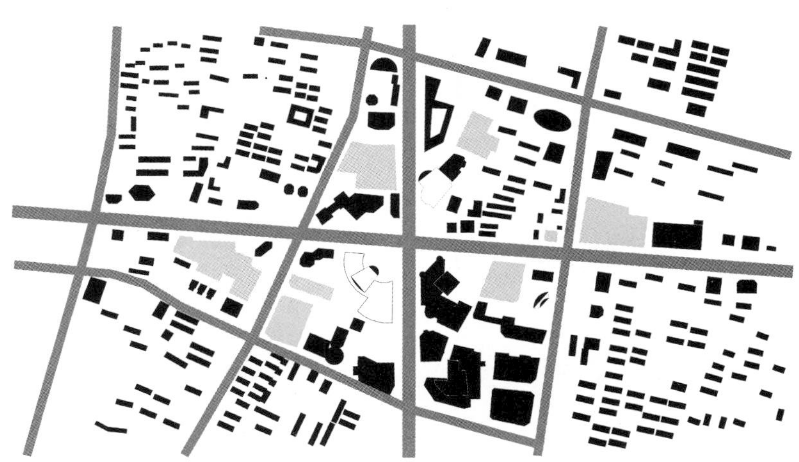

环广场商圈构成了一种“乏味的建筑群岛”，它们本质上彼此敌视，具有排他性，自身却又并未突出或者强化某种特色的发展方式，显示出“情节的苍白”。

建筑物与其内容——商业，原本是区域内民众的需求的直接映射，而其成果又将反向影响人的意识、心理和对生活方式的选择。商场经营者长期陷于一种因过度同质化带来的焦虑中，于是将陈腐的内容披上件件怪异的戏服：新古典、高技派、有机表皮、极少主义、艺术装饰……观众如置身艺术的蜡像馆中，兴奋之后是更大的迷茫，每个光鲜外表下隐藏着更深层次的空洞、乏味。

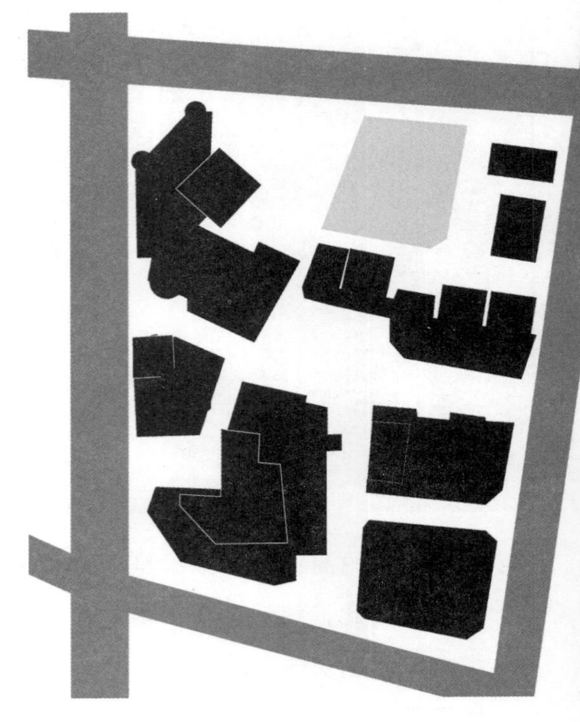

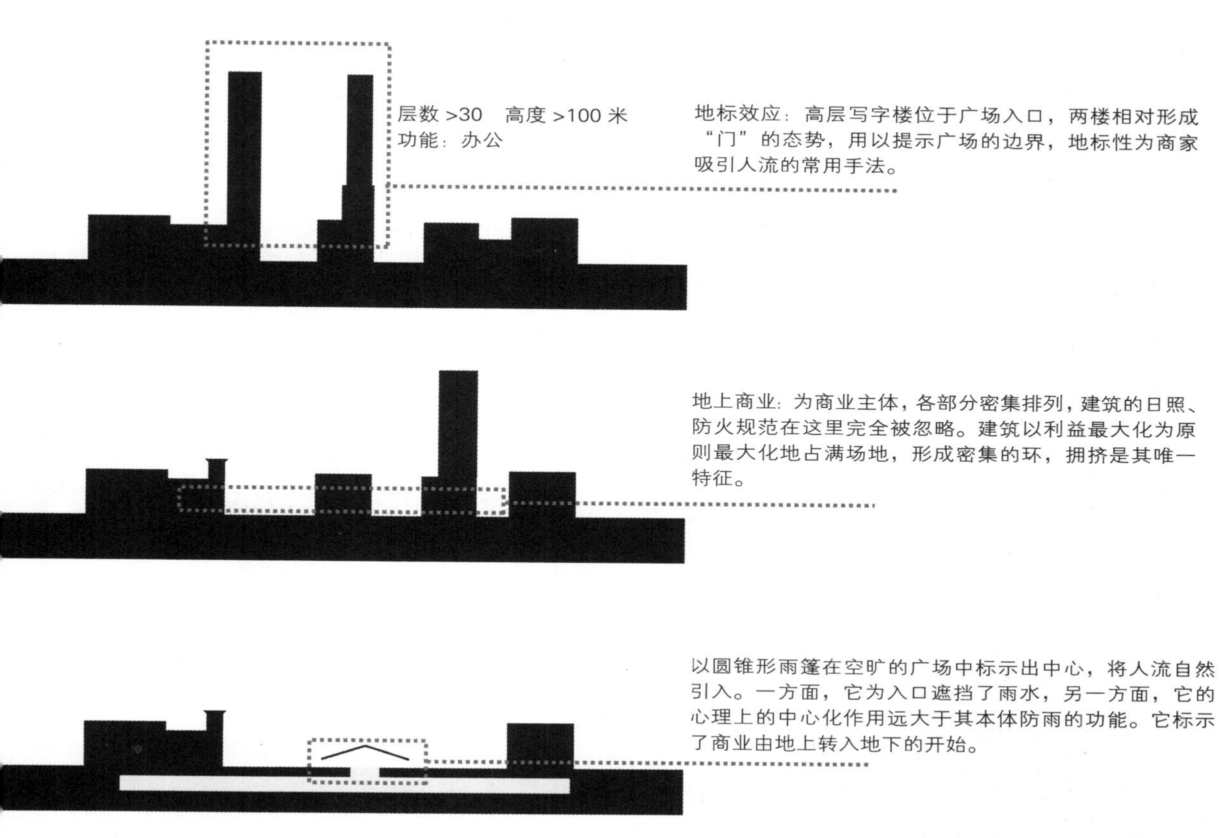

地下商业：遍及广场，为年轻“时尚”一族爱去的场所。“地下”的身份形成一种有利的“自我隔绝”，使其主动与地上较为保守的商业区分开。

场地现状分析

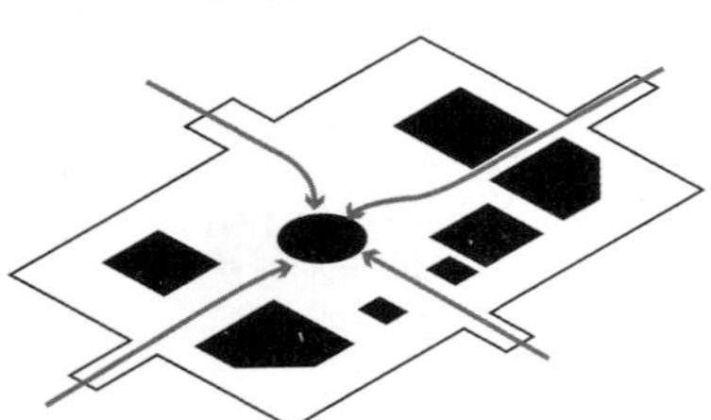

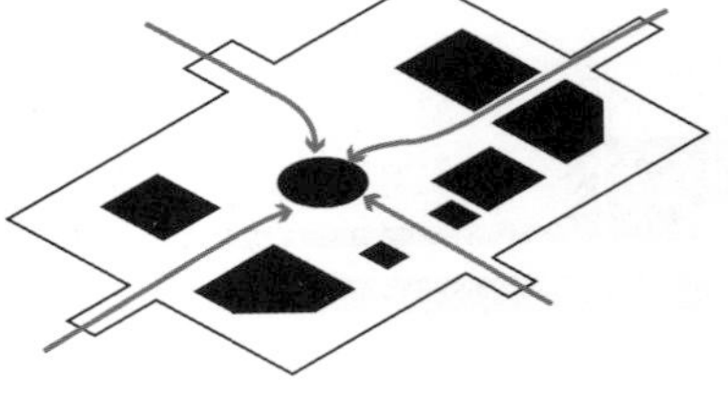

由地面向广场中心地下购物入口的人流：目标明确的年轻一族

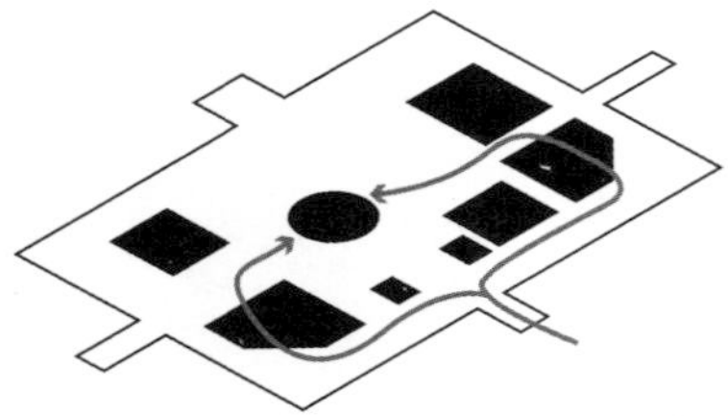

由地面广场经由大型商场再转入地下，多为目的并不明确的、或者陪同长辈一起购物的较为成熟的年轻人。一方面比较在意品牌和质量，另一方面对于时尚也有一定要求。

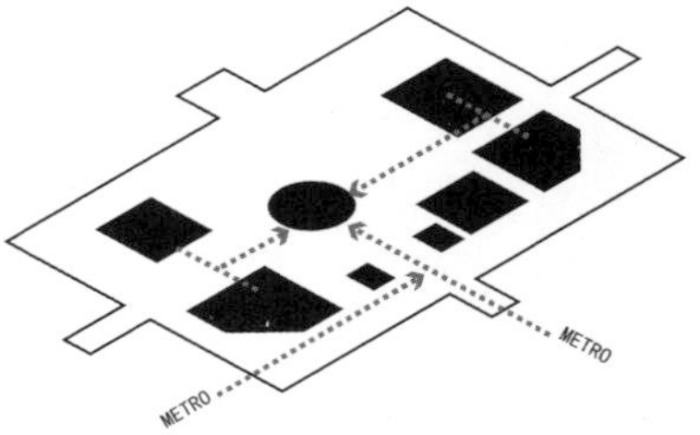

地下通道将地铁站、商场与购物广场完全连接。交通节点 = 购物节点，形成一个购物的全连接网络。行人可以经由一点到达任意另一个点，无需出地面即可完成衣食全部活动。

为了激发活力，过滤冗余，我们试图改变传统的商业思路，改变目前各个孤岛互相弧立的状态，将其加以横向联结，产生联动，延伸界面，从而达到各种类型功能的最大化强化。

由于各购物中心的楼层业态布局基本一致，为我们的操作提供了基本条件。多个横向延展的巨型圆盘，直率地将若干个商场相同业态的部分在各楼层联结成一个整体。如同一个抬升到空中的“地下广场”操作本身简单地令人惊讶，可是最简单、直接的操作往往是最有效的操作。它的重要贡献在于，在一个互不相干的、广大的巴洛克丛林中，创造一个永不穷尽的程式的嫁接。

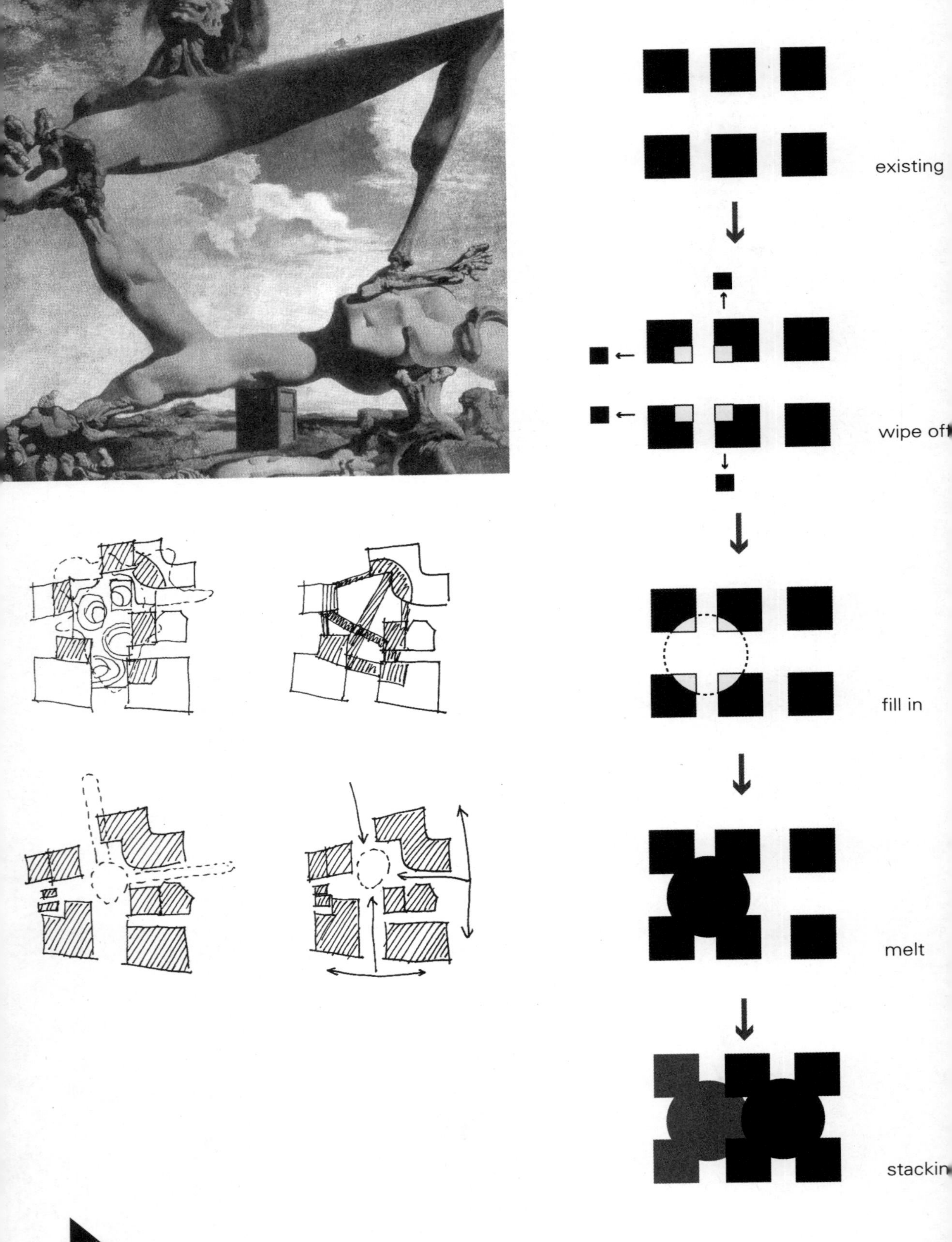
existing
wipe off
fill in
melt
stackin

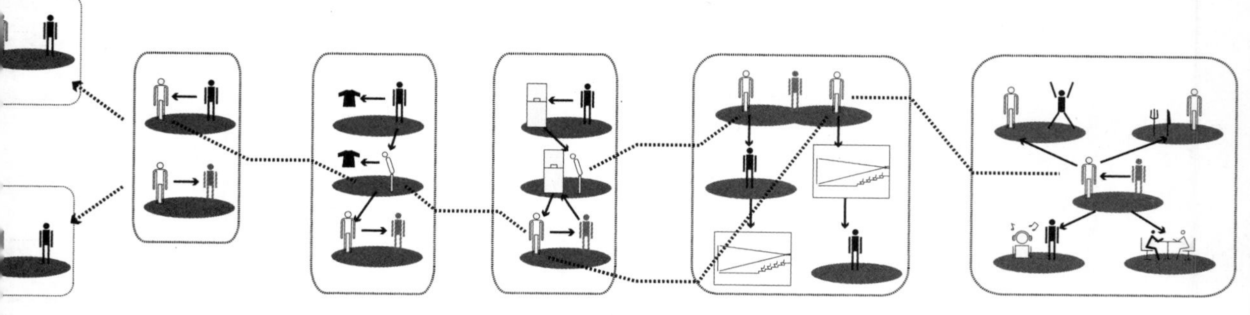

传统二元的“售买”关系向多元互动关系的转变

空间的差异性体现在我们的连接中是每层错开的，根据现存条件和需求选择最有利的连接——例如，首层连接A、C、E商场，二层则可能连接B、D、F，这种选择基于程式本身的相似性，却引发了形式的随机性。无需刻意地生产“差异”，仅仅通过对于所需功能的选择性整合，形体的异化已经自然形成，这是一次对于建筑学教条的反动：“有”来自于“无”。

而功能的差异性体现在一种内部的由刻板向流动的转化。从孤立到连接，从排斥到合作，从独占到共享，每一层都是一个主题公园，向上累加成一个“垂直城市”。这种复杂的叠置，表面上增加了各商家是否赢利的不确定性与功能定义的模糊性，但实际上，该群组已经无意识地缓慢迈向更深层次的集体进化。

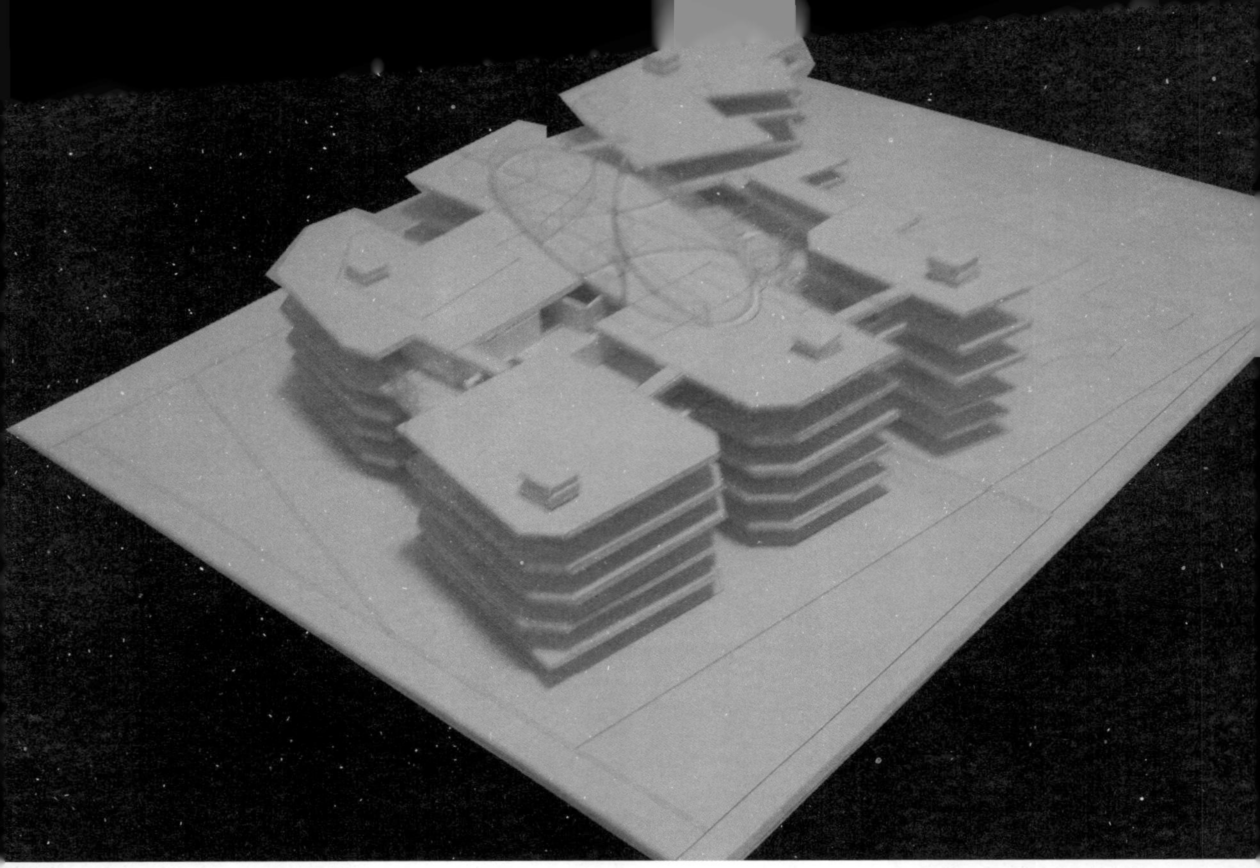

“嵌入”的方式使惯常的设计思路流产。我们采用一种类似城市规划的思路来进行建筑改造，实际上，在几个商场之间的操作，已经超越了建筑的尺度。同时，为了保持广场的通透性，底层不做连接，而各层的圆盘也做透明材质处理，尽量显得飘逸、轻盈。

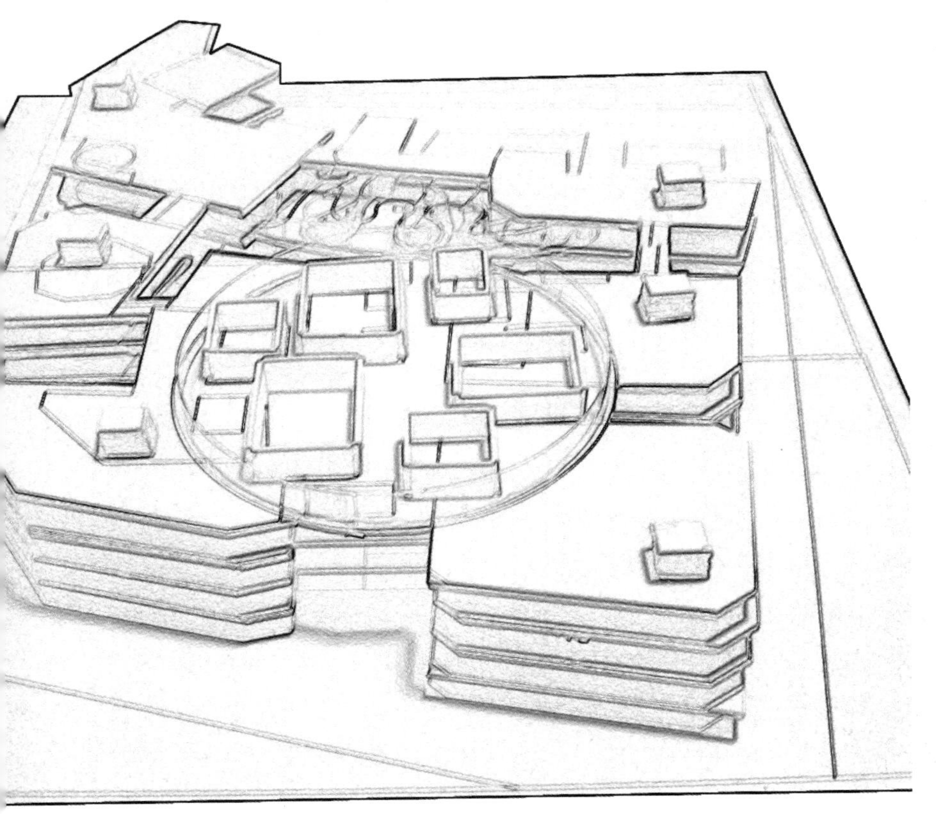

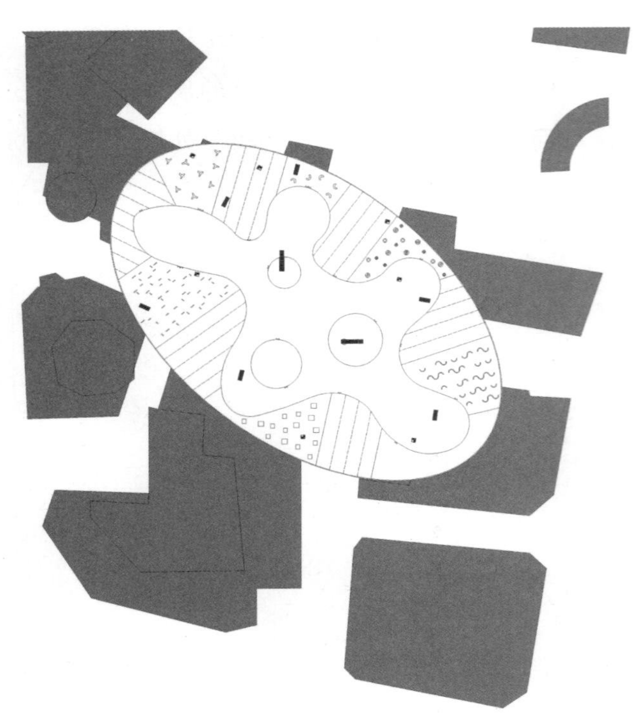

1. 时尚层

“环城”起始于二层，基于原有各商场此层基本为面向女性的潮流服饰，环城的首层引入各种一线潮流品牌及其特色产品秀，将销售与时尚发布结合。

原有的基础布局已经确定了基调：一道连续波折的玻璃面将“展示”与“销售”间断地置于空间的波峰和波谷，顾客们接受了“时尚与崇高”并存的场面，更深地陷入“品位”的流沙中。

2. 设计层

此层继续延续潮流服饰的主题，但核心理念转变为以设计师工作室与品牌结合的方式，在这里，消费者可以找到当今最知名设计师的个性品牌，并可以亲眼目睹其设计过程，连续相接的透明“泡泡”，构成同类风格的开放空间，环绕着其中更隐秘的、作为“设计解秘”场所的工作室的孤岛。未来将以轮替的方式，每周有不同设计师召开其个人设计展。从而将设计引入纯商业领域，并且令大众有机会接触到其神秘面纱背后的景象。

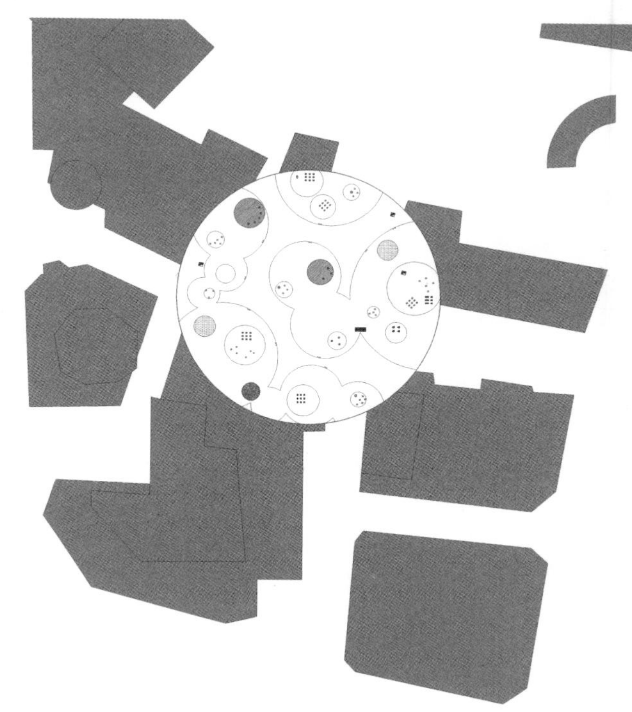

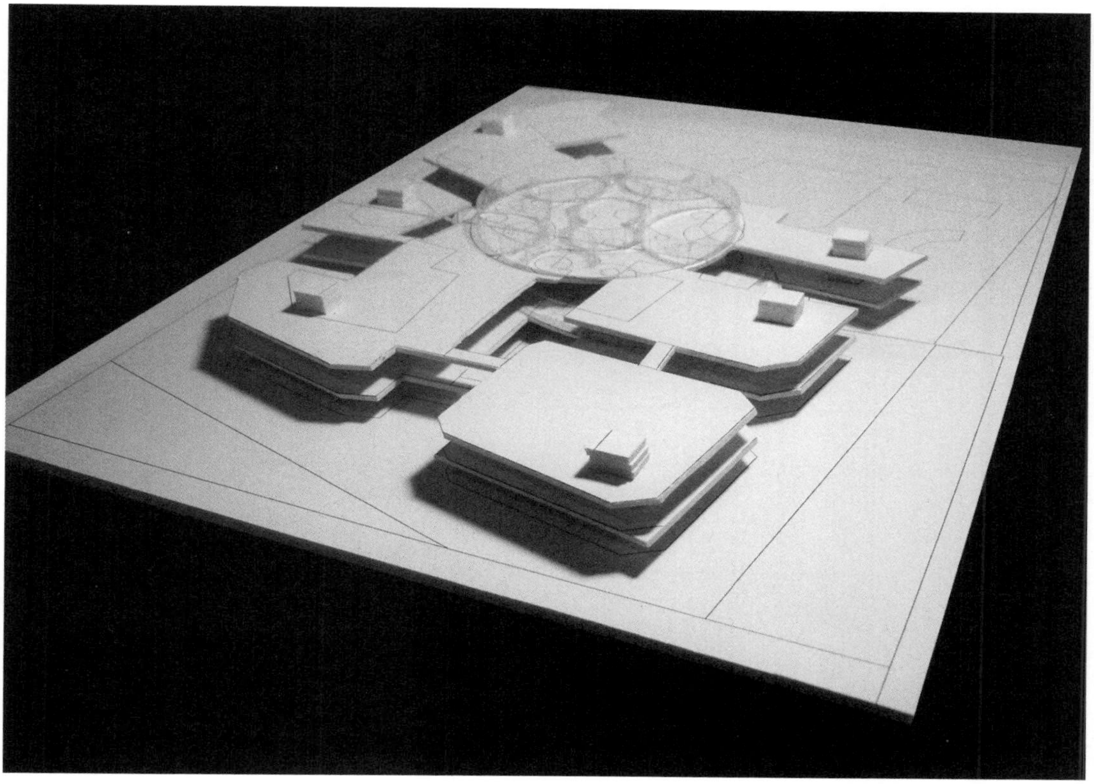

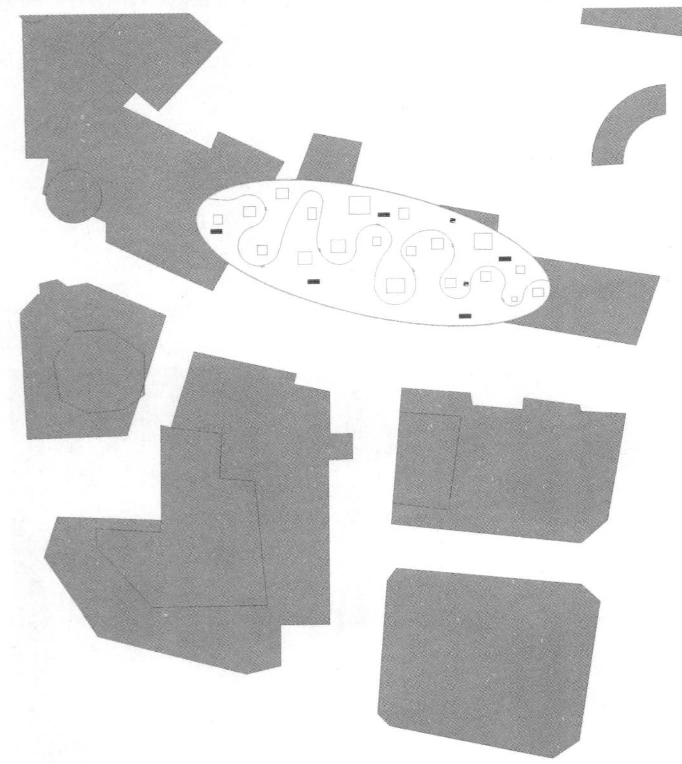

3. 展馆层

利用原有北侧几家商场将此层作为家居饰品的既有条件，此处的椭圆环将其连接为一个作为展馆的楼层（这体现出我们的连接在各层仅选择相关联商场介入的初衷，避免了某种大而化之，具有精确性）。

此处未来将作为各类艺术品展示的场所，装置、绘画、雕塑等等。艺术“入侵”了商业。商场过度讲求即刻的利益所带来的遗憾，并非由于经营者不标榜商品的艺术性，而在于其对于商品价值的赤裸裸追逐掩盖了其本应传达的文化价值。

我们的策略是：在商品的汪洋中开辟一片孤岛，作为“没有利益的特例”，在艺术家手中成为尊贵的结构——放弃一点点可见的利益，将获得更多无形的利益。

4. 影院层

此层将南侧各商家整合，利用一个大的圆环广场形成“影院层”。此处设置了大大小小十多个影厅，涵盖了从IMAX（超大）到VIP厅（超小）的各种尺度，满足各种观影需求。与其他各层一样，此处的设施不是为了加强传统的商业模式，而是指向更广的公共文化内涵。除了观影本身，此处还将设立多个透明的排练厅、休息室和展览场地，将定期举办电影节、新片发布、观影交流以及演员现场表演、影视制作流程秀等活动。这不是一个影院的大杂汇，而是一个室内的巨型“片场”，观众得以见识到影片从生产、剪辑、制作、发布的各个环节，更多的影厅及放映形式将容纳远超“商业片”之外的更多类型，进而可能产生“艺术院线”、“小众院线”等更广义的观影群体。

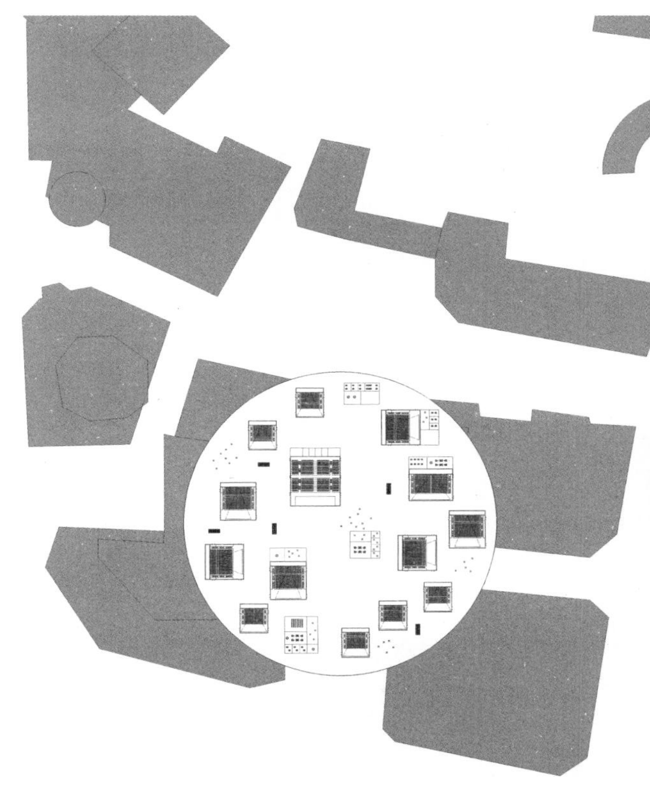

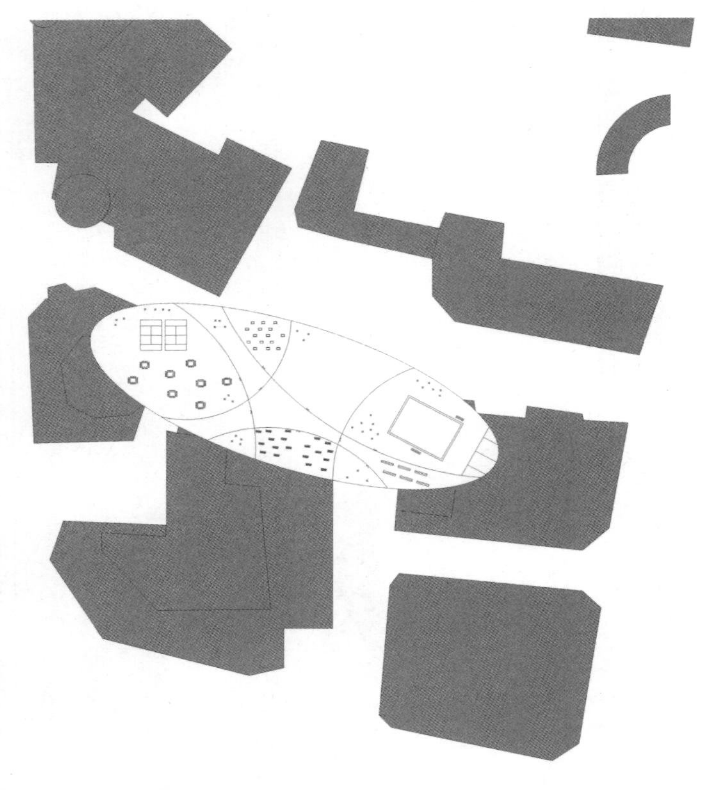

5. 休闲娱乐层

被分隔成多个区域，包括了电子游戏、健身康体、KTV唱吧和棋牌类活动等休闲场所。这个区域的最大特征是，有几块“未定义”活动区。可以留给群众租用作特殊活动场地。例如，Cosplay、美食节、户外小组、读书会等等，旨在满足各类文化活动的需求——视民众的兴趣而定。

此层也是唯一一个“没有公共走道”的层，功能与功能之间是直接的并置，从一片场地穿过一个界面则直接进入下一片场地——经历娱乐休闲的地毯式轰炸，没有停歇、没有空白。

因其集约的特征，具有强烈的辐射性，必将影响周边所连接商场的销售品类。例如，展览层将使其周边向艺术品相关商品靠拢，而影院层则会将影视艺术热潮向周边扩散——这正是我们想看到的：通过中心点的爆破引发周边连锁反应，如同水中投入石块，涟漪层层荡开。

逆袭

一个世纪以来，商业一直持续入侵公共领域，机场、博物馆、车站、学校、政府、医院无处不被商业渗透。而“购物”似乎也成为人们唯一的、终极的公共活动。建筑的公共性似乎已经绝迹了。

但是，世事的发展总是富有戏剧性和不可预见性，不曾有人设想到，网络购物的飞速发展带来的冲击，迫使商业建筑不得不重新思考其纯商业空间之外的内容：体验空间、休闲空间、艺术空间……

历经多年的颓势之后，人们如今似乎首度发现公共性可以对商业进行“反戈一击”的机会。

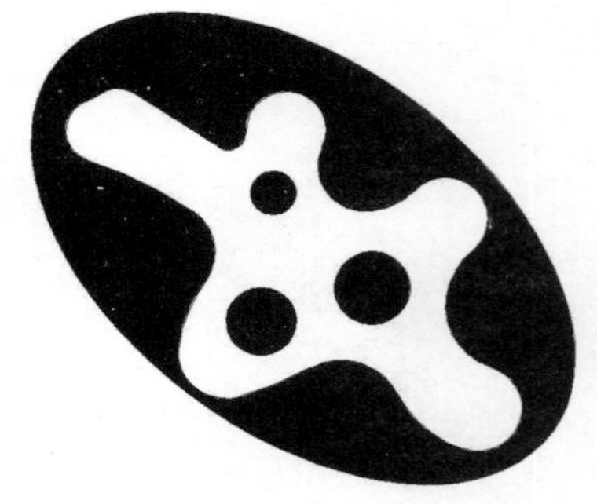

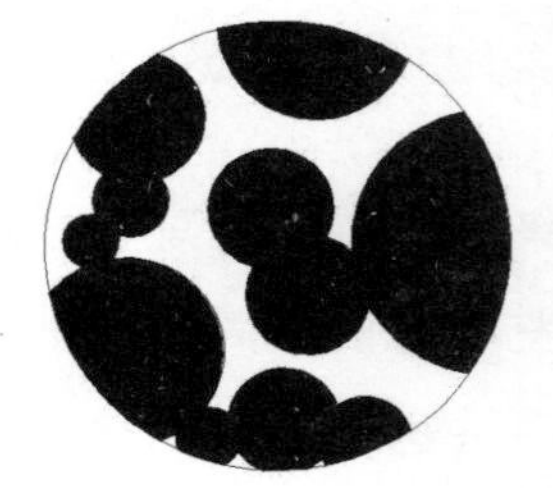

间 城

——购物中心间隙展廊·南京

奢侈的公共性

商业建筑的本质是逐利的，虽然它们往往也具有某种公共性，由于公众的参与程度较高，所以往往使人容易忽略其对于利益追逐的属性。

西方建筑学界自现代主义产生以来，建筑师们对建筑类型常常有雅俗之分，尽管外界从来没有对此明确定义，但是，很多知名建筑师自身的精神洁癖使他们对于商业项目避而远之。因此我们所熟知的大师如柯布西耶、密斯等人几乎从来不做商场或者娱乐类的建筑，却有另一些建筑事务所专门从事此类的设计。虽然承揽了大量的工程，他们的作品却很难登入建筑理论界的大雅之堂。

近年来，情况似乎有所改变，随着消费主义、全球化的浪潮席卷全世界，商业正不可抵挡地渗入生活的每个角落：机场、教堂、博物馆、学校、住宅……不论学界是否认为这是一种消极趋势，这已经是不容争辩的事实——安藤忠雄的酒店，限研吾的商业综合体……它们已经在那里。越来越多的建筑师开始参与到商业设计的实践中去。

当商业建筑在全球范围欢庆其胜利的时候，公共性是否还有生存空间？OMA为Prada所作的三个提案（两个已经建成），是这方面探索的重要实验。库哈斯重新探讨了商业与公共性融合的可能，并且，因其实验的对象为全球顶尖的奢侈品牌旗舰店而意义非凡。如果消费主义和商品化浪潮不可避免，文化和公共机构越来越转向购物和娱乐，那么，库哈斯在顶级奢侈品牌旗舰店所做的实践则是在询问：反向操作是否也是可能的？

Prada的总裁找到库哈斯来设计美国重要的三个旗舰店时，根据他一贯“偏执批判”的作风，他定会再次以“文化顽童”的姿态尝试将公共性纳入到“奢侈品店”这一向来只有少数人享有的消费领域中。以经过修正的实用主义实现纯粹的诗意。

Prada纽约旗舰店：“卷起的地面平时可以作为商品的展示，而有演讲和表演时，则可以成为公共的观众台；电子试衣镜将记录下顾客试衣服时各个角度的效果，并且具有延时回放的功能，使客户可以看到自己不同的面；每个展示柜可以分开也可以聚合成一个整体；四面墙壁上铺满了另类艺术家的绘画作品，以及历史上经典电影的片断。”库哈斯尝试让奢侈品店的老板认同他将商业和文化空间结合的想法，同样具有风险。从纽约店的案例来看，除了其位于市中心的优势外，品牌的魅力与民主化并无必然联系，而店内诸多的高科技购物设备是否能增加进入其内的顾客数量也未可知。但是业主和建筑师都认为冒这个险是值得的。

既然业主赋予了他充分的自由，那么库哈斯的团队则最大限度地发挥他们的创意能力，奢侈品店颠覆自我，以新的公共性介入，扰动了固有的奢侈品展示规律。

纯粹的感知变化，使这个建筑本身就成为展示主体的一部分，而商品是罅隙里镶嵌的宝石。建筑凭借其自身，就成为一种令人难以割舍的存在。

关于消费对于现代社会的影响，鲍德里亚曾经点破其秘密。他认为，在一战之后兴起于美国的消费文化，鼓吹女性解放和个性自由，这根本不是个人的自主选择，而是由代表商业利益的广告和传媒所包装和生产出来，制造出某种代表时尚的符号或趋势让人追捧，终极目的是推动消费，进而为资本主义发展推波助澜。法兰克福学派学者西奥多·阿多诺对此有类似的论述，不过他更关注文化被产业化之后，成为资本主义的工具从而对人的精神和生活产生的奴役作用。在大量由商人所标榜的“生活品位”的驱策下，在广告、电视等传媒铺天盖地的轰炸下，人们在文化和生活的选择上早已丧失自我。海明威在1920年代所写的小说《太阳照常升起》生动反映了当时消费文化对人们心理和行为的影响。主人公杰克为了逃避美国的商业文化来到巴黎寻找艺术救赎，却在那里遭遇了同样的充满消费色彩的生活，每天流连于酒馆、咖啡馆、餐厅、舞厅、度假胜地等等。消费能力被等同于“成功”，将名目繁多的生活用品、汽车、住房和旅游当做社会地位的等价物。这与今天中国的现实几乎如出一辙。这也是我们反对单纯以消费为目的的商业文化的初衷，否则，我们最终只能变成马尔库塞所说的“单向度的人”。

反观中国建筑师，我们似乎从未在商业项目中有过类似的抱负，早已经全身心地投入到这场商业的大潮中去，成为“时代的弄潮儿”。目前，中国民间的建设项目，除大量的商品住宅外，其余80%为商场、酒店、娱乐、度假区等商业项目。在意识形态方面，中国民众从管理者、开发商、建筑师到大众，对于商业的拥抱都如此自然、顺从而毫无疑虑。

出于最后一点理想主义的幻想，我们尝试在商业占统治地位的世界中，重新寻找其他含义的可能。此次的基地仍然选在了南京新街口——这个颇具代表性的商业中心。环新街口广场一带，数十家大大小小的商业中心、购物中心所构成的“利益的堡垒”，除了划定专属领地、提供享有特定的身份认同和激发纯粹的商业冲动之外，再一次将“城市中心”的概念简化，使其等同于“商业中心”，华丽的句法并未增加修辞之外的实质语义的改变，商家的野心也从未与引渡“公共性”一致，都会的现状正在离“城市性”越来越远。

在这片已经饱和的商业中心中如何作为？已经没有一片空白的土地供我们发挥，公共性天然无逐利的本性也使它在土地的争夺面前是乏力的——必须另辟蹊径。

我们最终在德基广场一期和二期两栋裙楼之间的"间隙"中发现了可能注入"公共程式"的场所。德基广场由港商投资，为南京市数得上的高端商场之一，拥有大量知名奢侈品品牌。新老两座商场相隔二十多米，之间有一座空中连廊相通。在寸土寸金的商业核心区，想独辟一片区域给纯公共建筑注定是痴人说梦，因此，我们选择了这片"之间"的领地。

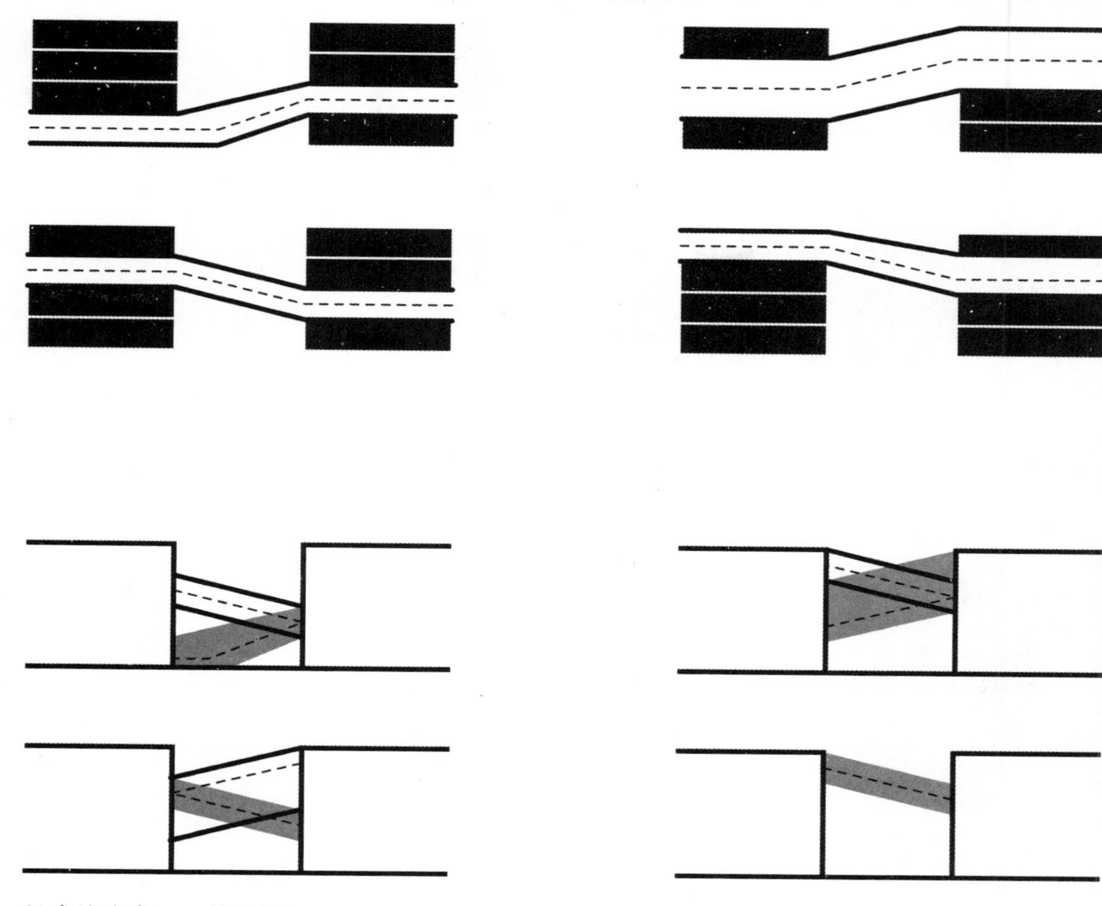

程式的连廊：一体两面

我们直觉地明白：想彻底推翻商业的自治等同于自杀。但是，我们可以依靠诱导利益外延与文化结合迂回地奔向目标。新增加的内容首先可以视为一种通道，连接了两座商场的不同楼层——其连通性所带来的利润将是项目可行的前提。

在各个通道之间，我们注入了时尚展示、艺术廊道、观演厅、设计师工作室等多个与时尚、文化、艺术等有关的内容。对于“艺术”的定义并非字面的，它们真实可信又包罗万象。每个通廊分为底、顶两层，通廊本身为封闭空间，作为展览和发布的场所，顶面为咖啡座等开放空间，人们可以自由交往、休息、洽谈，并能随时介入艺术区或者商场内部；由于这个通廊无始无终，首尾相连，以艺术之名实现了多重莫比乌斯环的隐喻。

Plan 1F

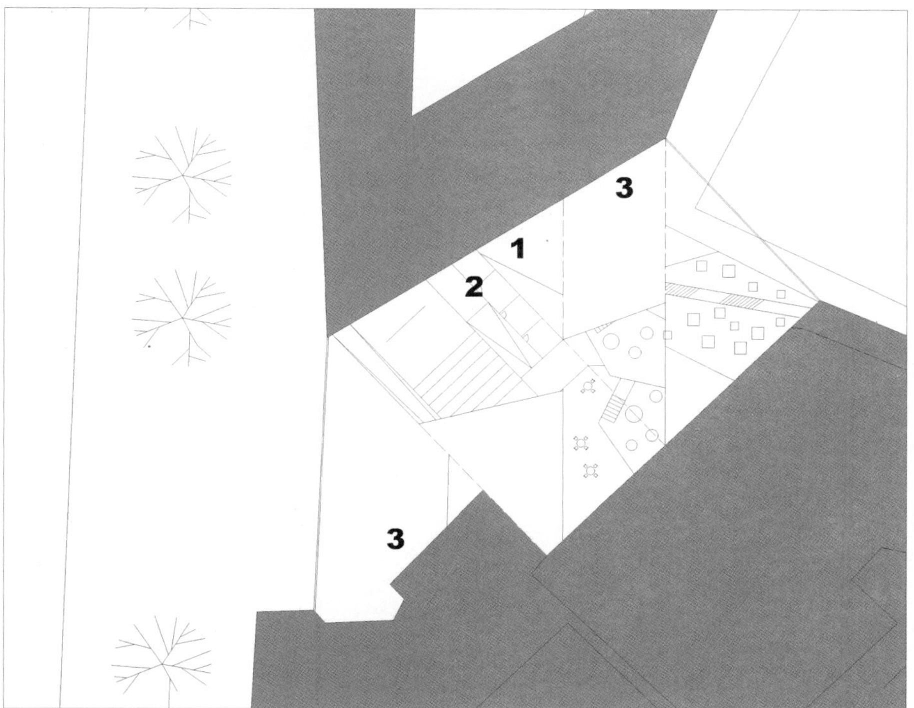

Plan 2F

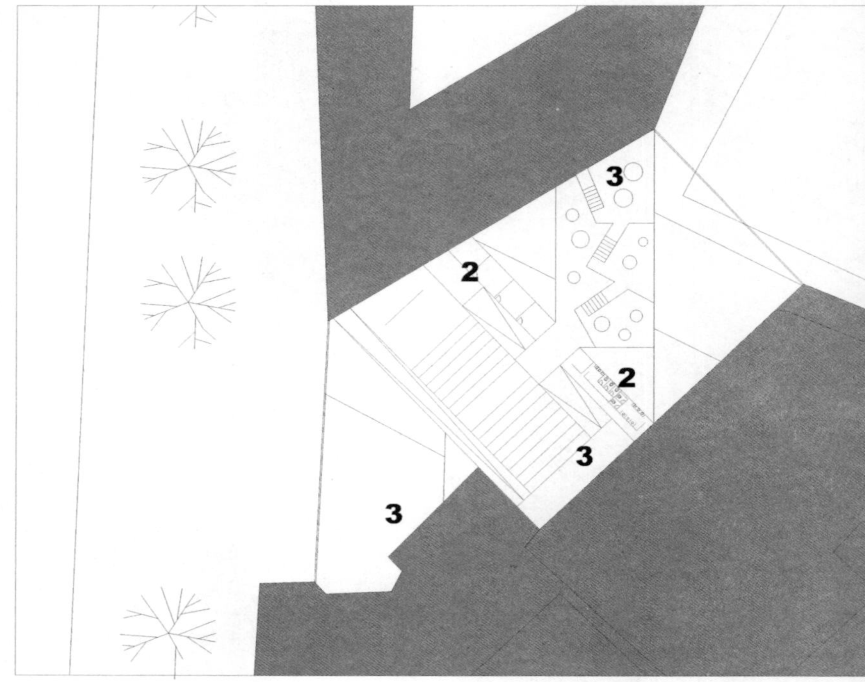

Plan 3F

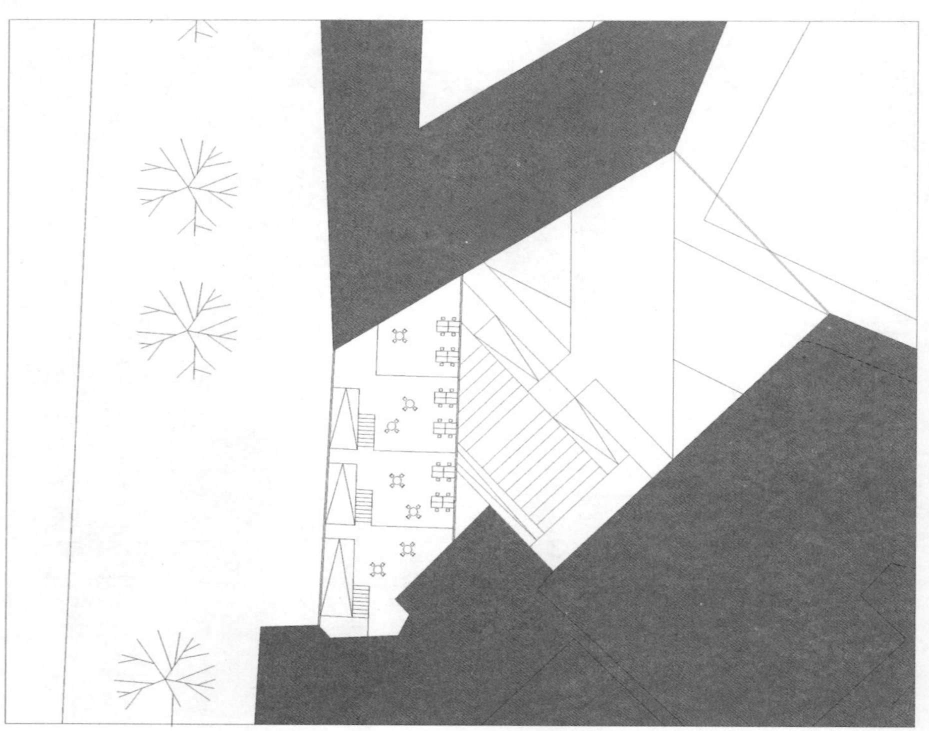

Plan 4F

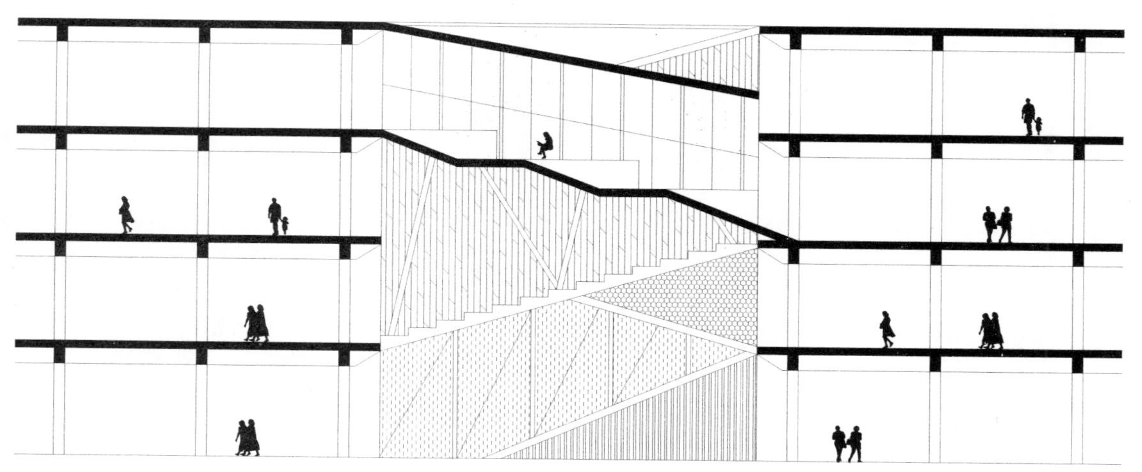

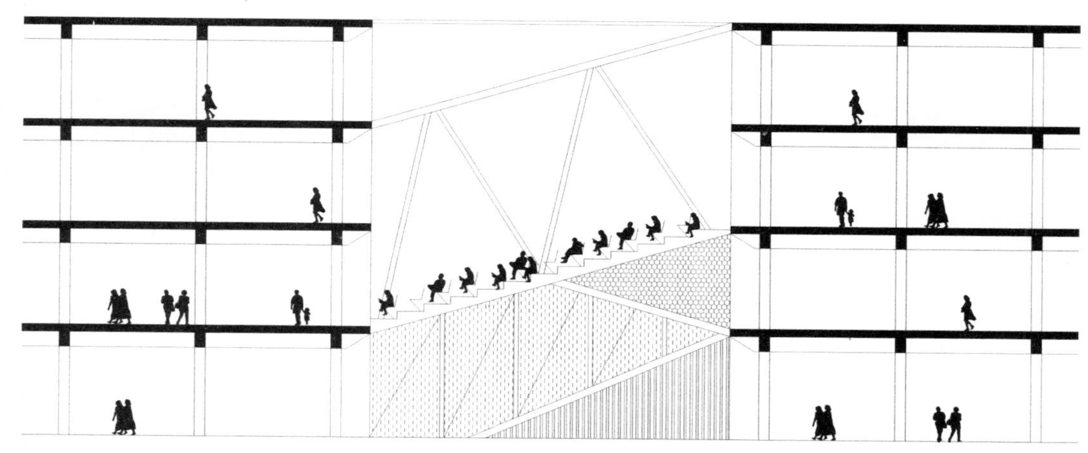

这些通廊本身为一个个独立的、巨型“梁”结构，封闭与开放，空间的互相折叠、交错形成随机而多样的组合，每道梁都代表了一种不同的生活方式。通廊在不同层之间的穿插将引发各种文化空间之间的交汇。这些双面的“梁”结构，制定了新的公共与商业共存的原则，它的探索性本质被商业的繁荣在无形中消化，城市中心本身的“拥挤”是实现这次“缝隙中的转变”的必要条件。在私有化的三维空间中确认公共性的必要性，即不伪装其普通性，通过不可预计的组合，它将重塑所有的“情境”。

编者点评

建筑中没有留白，也是不完美的！

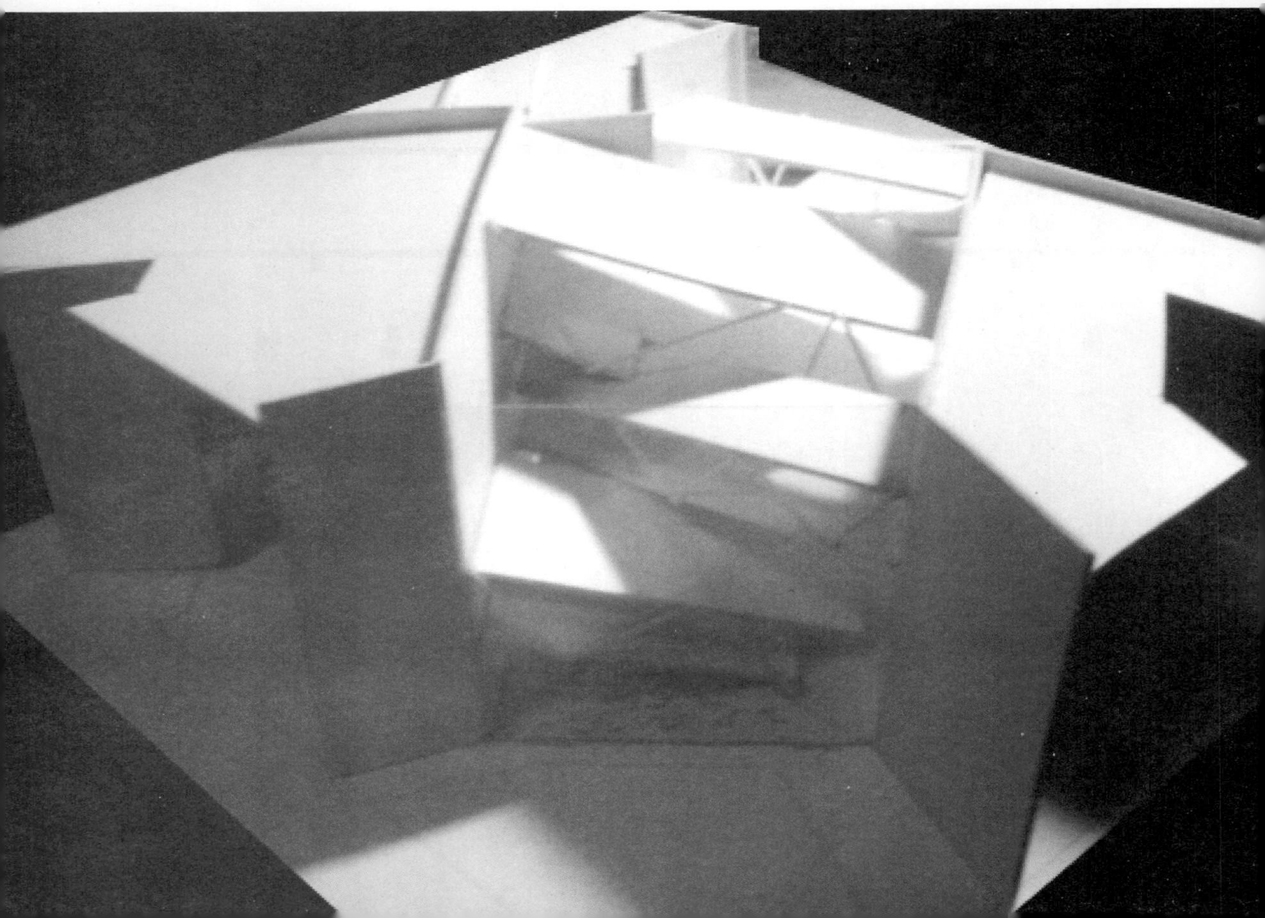

3 欧洲都市系列

通属与特异的混合体

——巴塞罗那

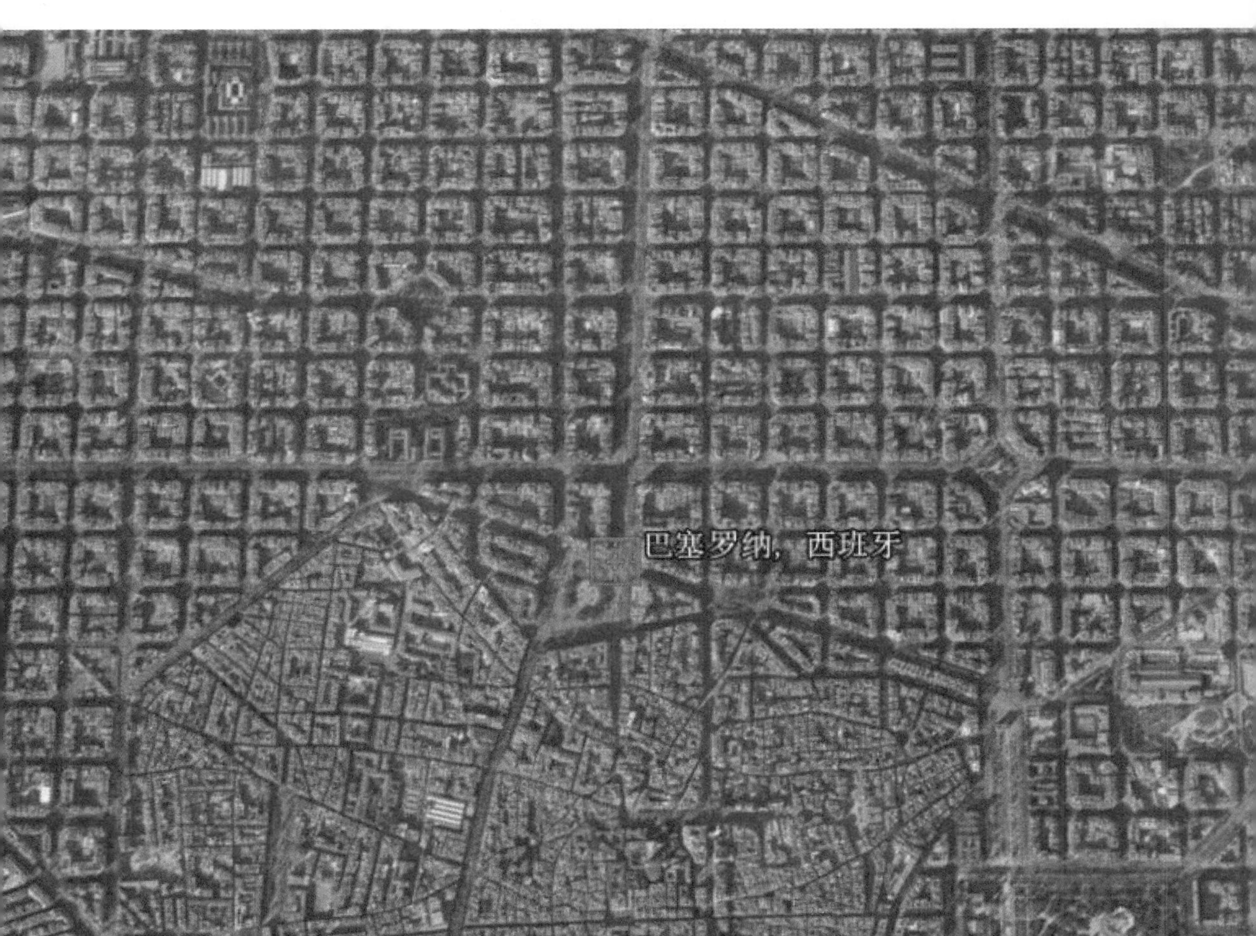

巴塞罗那在欧洲城市中，是个十足的异类，特别是在Cerda操刀对城市进行了改造之后。巴塞罗那是一种“受控”的现代规划的受益者——最早的“网格城市”的原型。

新城如机械复制般纯粹的城市网络，与老城区复杂致密的布局形成绝对的反差，老城区的边界在匀致的新城背景下轮廓更加清晰，它们是表面上画布与画作的关系，实际上，二者是平等的。新城是“零度规划”的代表作，以谦逊的态度使特异性完全消失。

欧洲的其他城市发展，都以围绕城市中心点向周围层层扩散的方式进行——如同一场核反应。在巴塞罗那，老城区的裂变在某个时间点戛然而止，不再痉挛，如同琥珀中的虫子，所有动作突然在松香滴下的瞬间凝固。

人们往往能够体察到老城区在新城的“平庸”下得以凸显，却忽略了这种近乎“极少主义”的纯粹性真正凸现的是新城自身。如果它继续延续老城的肌理，收获的只能是一场混乱。从这个角度看，巴塞罗那的新城，以一种完全放弃“可识别性”的策略，收获了最大的可识别性。这是巴塞罗那的“美好悖论”。

巴塞罗那的特异性并不仅仅局限于老城，在老城的南向延长线上有滨海的商业区，南部有著名的沙滩休闲场地，东南部沿海是老工业区改造的文化中心区。而西北角有奥林匹克公园和各具特色的大学校园区。这些区域如同盘子里散落的珍珠，由几条斜向交叉的主路相连，在中心交汇——中心是努维尔设计的那个表情丰富的仙人柱式的超高层塔楼，这个塔楼的重要性在于它是一个真正的地标——不仅是形式上的，而且是功能上的，它可以让你在城市的任何一个角落，迅速确定自己的方位。

新城的“通属肌理”全部由相等地块的、四至六层的围合式住宅楼栋组成。巴塞罗那的全局受控的网格若从空中俯瞰是明确的，可是在其中行走，却很难感受到这种控制。这个城市的结构如此清晰，如同一张图解。它是否是纽约的某种早期原型?

在城市层级上，巴塞罗那是通属性与特异性的统一体，而建筑层级上，则同样也是理性与狂野两个极端间歇出现的共存。西班牙人的疯狂是由来已久的。历史上著名的三个疯子：达利、高迪和毕加索，都是最执着的偏执者，在各自的领域内以极致的癫狂，创造了极致的美。老城区的高迪的几个遗作自不必说，我们惊叹于其如此不安和躁动的内心。

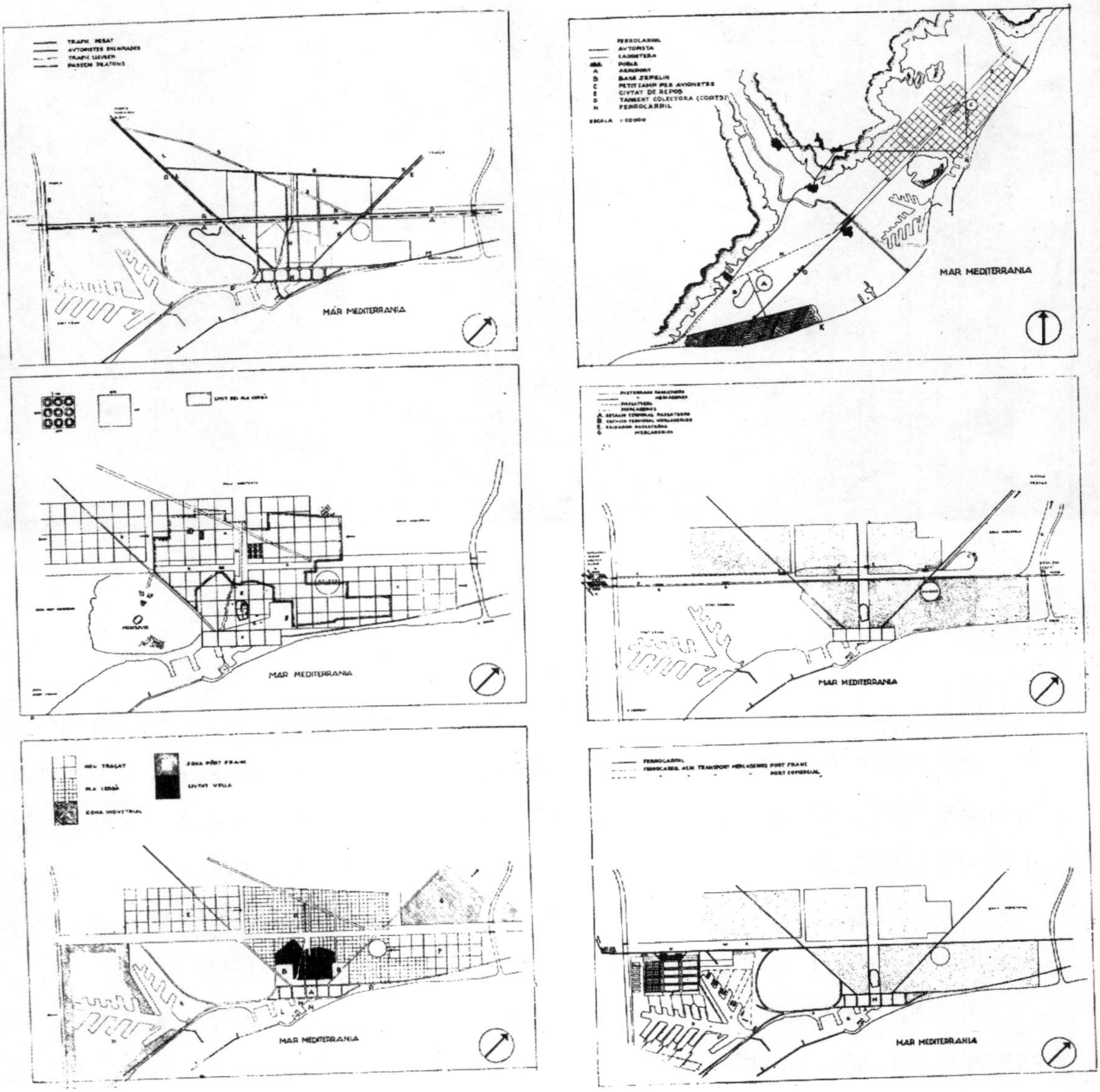

图片：《光辉城市》中柯布西耶对巴塞罗那的构想

与他们同样疯狂的还有米拉雷斯。这个前几年故去的西班牙建筑师在巴塞罗那留下了大量作品。在老城区的中心区，米拉雷斯所做的市场“大隐隐于市”。很难想象在一个类似菜市场的建筑中，可以花如此多的心思。

米拉雷斯对巴塞罗那不羁精神的理解，激发了他以动感的手段对其城市隐喻进行深度强化，波普图案化的屋面由层次丰富的曲线承载，成为一种“海浪”的替代品，电子颗粒的回流让时间减速，戏剧感倍增。

波涛一般起伏的屋顶，由木结构支撑。在一种通用的节点中，探索细微变化的可能。屋面由五彩的像素图案构成，从周边的多层楼房的屋顶上俯瞰，这个屋顶现代而又古典，仔细辨识，会发现周边的建筑的边缘竟然是沿曲线的道路布置的，我们才终于领悟到为什么这个动态的建筑在老城的中心显得如此自然。

现代主义建筑师们所抵制的做法——设计历史化的、装饰性的外表面，而将空间的丰富性隐藏于其后，如今这股风潮似乎有抬头的趋势。但是它转变了方式：强调外观，关注表皮却不再以历史主义的姿态。外形夸张却仍然采用的是现代主义的语汇。这在瑞士与西班牙的很多知名建筑师的作品中均有呈现。而西班牙建筑师对于“流动形态”的兴趣似乎更甚于其他（这与狂放不羁的民族性是否有关？）。早在高迪的时代，他的“起伏波动”的建筑就显得如此特立独行，也似乎暗示了今天的建筑的某种趋势。那个年代，还没有电脑三维软件，也没有工厂预制曲面材料，全凭手工制图和现场建造就传达出了建筑中“难以抑制的情绪”。而其后人米拉雷斯无疑是将高迪精神继承的最完整的建筑师。无论是大型建筑如苏格兰议会大楼，还是巴塞罗那市中心的市场，甚至小到公园里的钢管景观雕塑，均可以强烈感受到他的“不安分”。

正如巴塞罗那城是通属性与特异性的综合体一样，西班牙本土建筑师也呈现出极端理性和极端感性的两种倾向。

这组临海的高层住宅，则是不同于“情感派”的另外一极。近年的现代建筑随着新材料和结构的发展，常常被简化为结构框架加一层薄薄的玻璃表皮——最终的语义只能是一个透明的盒子。而这组住宅显示了建筑师的功力：立面上水平向被缩减至薄片的导轨，与嵌在其中、布满全体的铝合金百叶窗的严丝合缝的结合。

各层百叶窗均可自由滑动，利用其开启方式的差异，创造出丰富的立面效果——并且，它是动态的！我们再次看到了矛盾中的统一——住宅的设计元素是纯粹的（甚至可以说是单一的），但是其最终的结果却是永远动态的、随机的。

在仅仅相隔两个街区的老城中心广场，却让我们又再次遭遇理性主义的训诫。理查德·迈耶的美术馆——仍然是标签式的白色，静静地躺卧在一片黄墙褐瓦中。我们可以感受到柯布西耶的影子和某种早期现代主义特有的静谧，但同时也是一种对环境的拒绝——它的过分纯粹的白色。一位美国的建筑师在欧洲中心所做的现代建筑，这本身就是全球化的另一种缩影。迈耶在欧洲实现了其美国的自我，并且获得了欧洲人的认同，这是两种文化的杂交——加泰罗尼亚人并不拒绝异域文化。

从航拍图上我们可以清晰地辨认出老城的肌理——致密、优雅而富有层次感，这与Cerda规划的均质网格完全不同，它们体现了两个不同的时代，如果再将海边的现代新城市一起纳入进来比较，它们边界清晰又彼此紧密相连，如同树木的断面一样，成为暗示了历史的“城市年轮”。

同时，我们也可以看出，迈耶的新建筑虽然“白得很耀眼”，但是仍然与老城的肌理保持了相当的连贯性，基本上，建筑师在欧洲的老城做新建筑，都会比较谨慎。

在迈耶的美术馆边上还躺着另一个表情现代的博物馆。去的时候正好闭馆，无缘得见其内部详情，但是透过大面积的玻璃立面却可以见到它的大厅直接伸向地下：纯净的米色大理石地面和墙面。显然，建筑师觉得地面上的空间是不够的（因为老城中心有高度限制），他不得不选择向下发展。

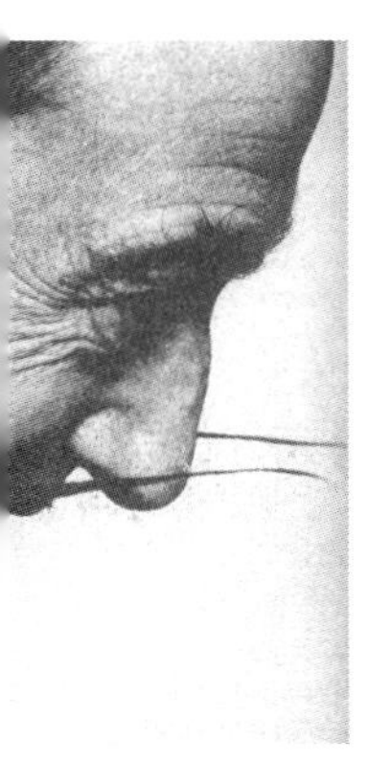

DIAGONAL
HOTEL

矗立在巴塞罗那城市中心的巨塔——阿格巴摩天楼是法国建筑师让·努维尔的作品。这是巴塞罗那市区仅有的三处高层建筑之一，而由于它地处城市的中心，重要性不言而喻。欧洲人对于高层建筑一向态度谨慎，生怕它的突兀盖过了他们信仰的中心——教堂的光芒。努维尔的设计一贯有尊重建筑所处文脉的传统（如他在巴黎的阿拉伯世界中心），在阿格巴塔楼的设计中，建筑师同样采用一系列的处理使其与加泰罗尼亚传统发生某种关系。

为了让庞然大物不显得过于“自我中心主义”，努维尔首先将建筑的形体处理为极其单纯、平滑的，如同一个竖立的弹头，没有任何冗余的装饰。并且，在建筑的混凝土外墙外面增加了两层表皮——外挂波形铝板，以及更外层的玻璃百叶。波形铝板被分解成一个个像素，覆盖整个建筑，并且自底部至顶部有20多种颜色，从红色渐变为蓝色，最终“与天空融为一体”。最外层的玻璃百叶还可以随着天气变化调节角度，反映出丰富的光影。经过这两层处理，厚重的体量变得轻盈、透明和模糊，呈现出消失的状态。建筑的顶部有一个穹隆形的冬季花园，既可以控制空气流动，也提供了俯瞰全城的视野。

西班牙似乎是一个不喜欢教条的民族，向往自由，富于变化。这与北部欧洲的理性主义传统形成强烈的反差。近年来，本土建筑师开始在国际上活跃，一直具有理性和非理性两个明确的极端，而也许正因为过于自由，西班牙建筑师对于现代性的继承并不那么顺从。

在90年代之后，巴塞罗那经济实现了大发展、高效率的转化，在普遍乐观的情绪中探索未知的未来。1992年奥运会是一个契机，以一场全民盛会作为凝聚国民动力的事件。并且将城市发展推至新的高度，在2010年欧洲的债务危机爆发以前，这种全民的信心在不断壮大。

毕加索创造了“立体派”，画面变得不再静止，仿佛在平面上实现了空间的“穿越”。奥林匹克公园也是一场穿越。如今静寂的场馆让我们眼前浮现出1992年那场盛会时人声鼎沸的场面。

西班牙年轻建筑师的探索呈现出多元化的倾向，往往追随自己的个性，有独特的设计哲学。这契合了建筑是一种复合多义的人工物、而非受制于单一普遍原理或者风格的当代建筑观念。

有的建筑师试图将复杂性和非连续性导入曾经被认为是确定的实体中，在设计过程中，他们时刻让自己和模型保持一定的距离，一种“熟悉又陌生”的距离。他们相信工作中的概念必须简单，使项目本身在专业人士和民众面前都容易被理解。他们尝试以不同的“视点”来审视建筑；有时候比较刻意追求一种纯粹性，要求构成元素和材料的运用尽量越少越好；同时，他们也追求项目的系统性，而非一个单纯的答案，这样便于建立不同项目之间的联系。

西班牙年轻建筑师注重建筑的前因后果，往往在过程中保留设计的各阶段成果，他们称其为“层次”。他们不停地审视这些成果，探讨除了这种解决方式之外，是否还有另外一种？是否还有别的布局也适合同样的功能？通过这种审视，多个概念和线索之间开始发生交互作用。

他们中的有一些人关注视觉与客体之间的关系。一方面由于科技的发展，电子制图和三维模型制作都让设计方式发生了根本性改变；另一方面，各种媒体对于人的作用，也使人的感知发生了异化。在这个信息时代，人们的感知也变得越来越虚拟——一种“钝化”，失去了对于真实生活中的视觉、嗅觉、味觉和触觉本身的敏感。这些建筑师致力于重新恢复这种感知能力。他们细致地观察生活中的场景，不同的场所，或者同一类场所在不同国度内的现象。他们用照片来进行记录，从而还原这个场所的风俗、性格以及社会组织状况。摄影是一种多重焦点模式的影像记录方法，通过人体与摄影的双重记录，他们获得了设计的依据——设计是一场关于“看”和“被看”的旅行。

在奥林匹克公园山的山脚下，正是当年世博会遗址，这里有一座约一个世纪以前现代主义的经典遗作：密斯的巴塞罗那德国馆，虽然此馆命运坎坷，几经变迁，如今最终还是落在了当年它的诞生地，却已经变成了一个“展馆+小商铺”的形式，里面出售着有密斯作品的明信片。

本应仅仅承载纪念性功能的“密斯的建筑孤儿”，以事实再次证明，商业已经无孔不入地渗透至欧洲文化中心的腹地——大师也不能幸免。

都市明星制造

——毕尔巴鄂效应

毕尔巴鄂仿佛在一夜之间的走红是美国文化在欧洲的首次凯旋。

美国式的夸张、躁动和庞大，第一次成功扰动了欧洲式的和谐、沉静和秩序化的审美标准，借助建筑师的明星效应（弗兰克·盖里）在欧洲得以实现——而标志性建筑的巨大影响力最终使西班牙这个名不见经传的小城名扬四海。

在文化上相当自负和高傲的欧洲人，对于美国的大众文化一直持不屑和抵制的态度，从麦当劳、肯德基在欧洲的不景气可见一斑，从欧洲唯一的迪斯尼在法国受到的冷遇同样可以睥见端倪。

习惯于小尺度和秩序感的谨慎的欧洲人，此次的选择显得出乎意料的带有非理性色彩。在盖里自己口中“灵感来自于一朵银色的玫瑰花”的古根海姆美术馆，实则如同狂舞的外星巨兽，庞大、狂妄、耀目、自我中心主义、无文脉……所有欧洲建筑的禁忌几乎集于一身——竟然被接受了。在“解构主义”最火红的年代里，盖里的狂野与毕尔巴鄂对于改变的渴望完美契合。仿佛干柴烈火，瞬间引爆了这个城市的崛起。人们从四面八方竞相赶来，一睹这个钛合金的巨大非规则建筑。

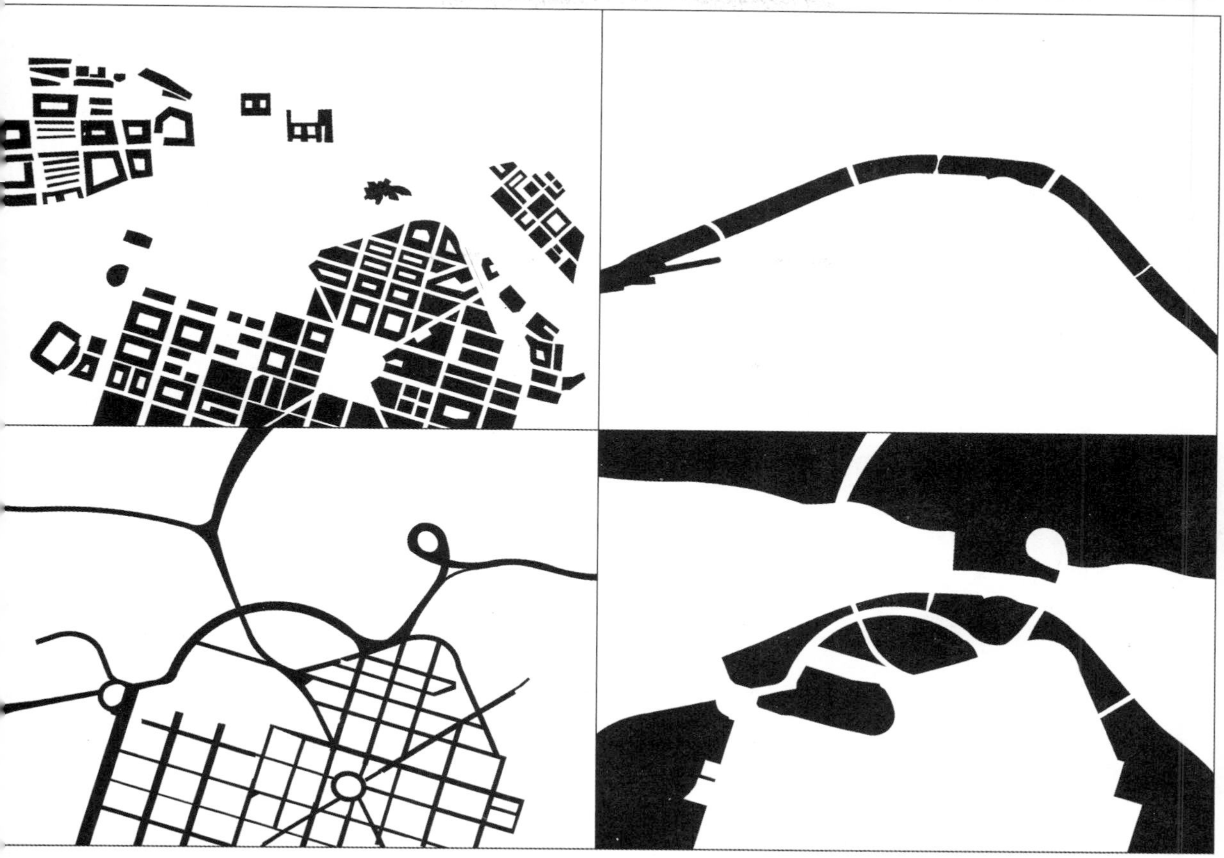

正是这种“公开昭示情绪”的建筑，使人瞬间忽略了所有的理性和矜持，它对于躁动的毫不掩饰的追求，其结果最终确实被视为一朵银色玫瑰，盛放在这个南欧小城的天幕下。常识中对于建筑物的判断需要静止的状态，而它的动感使所有基准失效：一切仅仅是新与旧的并置，钛合金的既定事实，你只能接受，不能反驳。

盖里的古根海姆所具有的诗意不是通常情况下建筑的平静的审美，它是一种沸腾的诗意——直接来自于最原始的冲动的宣泄。但是，放纵的外观仍然掩饰不了盖里本人早期对于极少主义的追求——所见即所得。

盖里的流动的形体在今天这个参数化盛行的年代，似乎已经不是那么新鲜和生猛，可是在上世纪90年代，却是一个地道的“性感尤物”。为了解决这个复杂形体的建造问题，他首次将设计飞机的3D软件引入了建筑设计领域。这个建筑揭示了不可思议的二律悖反：最非理性的设计却需要最理性的工具来将其实现，它的结果永远像是一种“未完成”的状态，仿佛遭受了一场突如其来的地震，而且余震未消，还在颤抖。盖里的激情使他更像一个艺术家而非建筑师。毕尔巴鄂的古根海姆如同一个“被缚的大旋涡”，围绕着一个中心点向外层层绕圈的波动在某一个时间点突然静止了，便出现了眼前这幅图景：虽然是静止的，却有强烈的动感。这种动感在邻近建筑主体时更加强烈——每个细节，门厅、幕墙玻璃、框架以及最终的空间都在跃动。

盖里用美国式的实用主义与解构主义的组合战术击败了现代主义、古典主义、结构主义……这是一个隐喻，如同20世纪后半叶西方艺术的中心由欧洲转向北美大陆。这一次，好莱坞的星河战舰满载着大众文化与消费主义，正式登陆他们祖先文明的发源地——被放逐的野蛮人回归了。

景观层级

当深入这个城市的内部之后才发现，毕尔巴鄂的原有肌理并不像想象中那么令人沮丧。相反，它具有北部欧洲所不具有的丰富景观层次。由于天然的丘陵地形，密植于山坡上的地方住宅形成了相当程度的色彩与空间差异——具有后印象派的质感。人们在城市中游走，从一个高差降落到另一个平台的过程中，连桥、坡道、阶梯交替出现。城市空间体验拥有在平地上不可能获得的期待感。

街区

毕尔巴鄂的确很小，小到仅仅用30分钟就可以沿城市轴线步行穿越整个城市。但是，它的街区相当精致且完整。而正是所谓的“毕尔巴鄂”效应，将人们带到这个被忽略的市镇，领略这些被忽略的美。盖里的古根海姆以一个天外来客的姿态坐落于这个小城，却并没有毁坏这个城市的原始生态，相反，使其潜力得到前所未有的重视。欧洲人厌恶的“大”和“不优雅”却赋予了“优雅的灰姑娘”一个重生的机会——这是古根海姆“无心插柳”的边际效应。

桥

一个城市的崛起离不开便捷的交通，而桥梁作为基础设施的一部分，在毕尔巴鄂具有特殊的意义。内河上有三座桥，两座为人车混行，一座为纯粹的步行桥。

毕尔巴鄂的城市造星运动所选择的建筑师是经过深思熟虑的。最具有结构挑战度的两项工程——城市机场和步行悬索桥给了“能将结构的力学与美感发挥至极致的”西班牙建筑师卡拉特拉瓦。步行桥是一个非常规的、带转折的悬索解构——属于高难度动作，而在卡拉特拉瓦设计下仍然处理得轻盈、动感而不失优雅。不愧为“结构的艺术家”。

第二座桥紧贴着古根海姆美术馆并飞跨在河面上，笔直的桥身直指对岸。此桥的最大特征是“高”——高于河面数十米，有钢结构的楼梯直接与美术馆相连。但偏偏梯段的踏步和平台采用的都是镂空的金属格栅形式，从桥上拾级而下，在高处临空行走的感觉着实让人不寒而栗。

第三座桥以一条简洁的弧线，实现了超长的跨度——60米以上的无柱结构，令人惊异之处是它并没有采用悬索结构之类大跨度桥梁通常使用的结构形式，而是仅仅凭钢结构的斜撑将其实现——桥身通体如同一个格构梁。

底部镶嵌着石质的地板，光线被桁架分割成细流轻抚着它们映在河面上的影子，这是毕尔巴鄂的另外一位天外来客——如同没有脚的巨龙，又似时光隧道。

在初到这座城市时，我们第一个接触的就是这座白色的、颇具仿生学特色的机场。它的所有曲线的结构和清晰的层级式受力体系，都透射出动物骨骼般的生动。而从曲面屋顶交接处透射入的光线在屋面的细分的木质肌理下徐徐氲开，仍然具有经典欧洲建筑师对于光线的偏爱气质。

除了美术馆、老城、多层景观、基础设施之外，毕尔巴鄂尚且拥有不少均为大师手笔的细部，例如，扎哈·哈迪德设计的沿河景观带，动感元素和曲线的运用与盖里的古根海姆相得益彰；另外还有表皮采用“做旧”效果的、铁锈斑斑的大剧院，这些文化地标和老城市原有的精华相结合，一同铸造了毕尔巴鄂的神话。

毕尔巴鄂现象的后续效应

——建筑师媒体化

自从毕尔巴鄂的神话产生以来，政治家、经济学家和开发商都充分认识到明星建筑师和明星建筑对于城市更新的意义：资本引入、媒体放大、人流聚集。他们的作品如同一场盛事，能令城市迅速成为焦点。于是纷纷向各位成名建筑师伸出橄榄枝——尤其是那些黄金地段，公众关注而又悬而未决的项目，等待他们来书写。

顺应这股潮流，建筑师媒体化的现象，在当今的消费社会中已经变得越来越普遍。如同时尚杂志的编辑们总是围绕着一些知名服装设计师或者模特一样，如今的“明星建筑师”们也成为开发商、时尚论坛和各种媒体的宠儿。市场心理比从前任何一个时代都要更加牢固地掌握着建筑。同时，标志性建筑从设计招标开始就与各种盛大的媒体、新闻发布会联系在一起。如果中标的是某位当红建筑大腕，则各大报刊杂志会竞相报导。建筑师的名字即是品牌，本身就是最好的推广广告，建筑师的高深设计哲学被加以浅显化和市场化的包装，“俏皮而煽动”地成为项目的宣传语推向大众。建筑落成的时刻，还会邀请其他相关文化名人前来造势。建筑公司的命名也变得更加简短有力，吸引人眼球。

随着建筑师本身的媒体化，其作品力求“标新立异”的动机也越来越明显。往往建筑刚刚建成，立刻就有一本与之相关的出版物问世。与此同时，建筑评论家们的评论变成要么唱颂歌，要么闪烁其词、隔靴搔痒。知名建筑师、建筑媒体和评论家基本上站在同一阵营共同编织一些美丽的神话（当然，表面上它们彼此似乎并无关联），这背后则是巨大的市场利益使然。

目前，世界上最大的两个工地是中国和阿联酋。无独有偶，不论远东还是中东，中国人还是阿拉伯人，这两个地方的建设项目都对明星建筑师采取了热情拥抱的态度。极端的例子如在阿布扎比的萨迪亚岛的规划中，业主就将安藤忠雄、努维尔、盖里、福斯特的作品全部囊括其中。

明星建筑可以激活一个城市，但是建筑师过度媒体化带来的副作用，我们也不能不警惕。

陌生的侧脸

——巴 黎

站在塞纳河边，阳光温暖而明艳。左边是米色墙壁、青色屋面的精致建筑，右边是一座平顶的拱桥连向对面的巴黎美术学院。河水静静流淌，一直伸向远方。这座历史名城就在眼前，忽然让人觉得有一丝不真实的恍惚。

巴黎，一个真正固守古典传统的城市。这个城市的大部分区域是属于古典的，这是一个热爱文艺并且深度为其历史感到自豪的民族的选择。并且每个亲临此地的人都能感受到其影响。

然而，今天我要谈论的巴黎，不是人们所熟知的部分，不是巴黎圣母院、卢浮宫、凯旋门或者埃菲尔铁塔——我们可以从任何一本关于巴黎的旅游手册上得到它们的信息，这些城市名片也早已通过电视让世人耳熟能详。我想要描述的，是这个古典城市的现代部分，甚至是不为人熟知，或很少讨论的部分——以城市观察者的视点。

在巴黎，我们感觉不到“纯净美学”的凝聚，也无法体验“机器效率”所制造的连续的城市景观。“现代性”自诞生以来，在巴黎始终是受拒斥的对象，奥斯曼在王室的授权下对巴黎的体格做了实体性的改造，而柯布希耶——作为真正的法国人，他最大的遗憾则是其一生推崇的现代主义机制在巴黎却永远只能停留在纸面阶段。

1859年奥斯曼的“城市改造”，在老城结构中开辟出笔直的林荫大道，并建成了众多新古典主义的广场和公园，并且翻新了住宅区、图书馆、医院、火车站和学校等等，彻底改变了巴黎的城市面貌。巴黎的“城市类型”变得模糊。今天的巴黎城市结构很多成型于当时。其改造的冲动直接来源于现代生活的萌芽与古典城市结构的首次冲突，也潜藏了皇室对于重塑巴黎作为首都与宫廷所在地宏伟气象的需求，简言之，这次改造是“形象工程”与“城市再生”的合体。奥斯曼制定了严格的城市控制性规划原则，连房屋的层数、高度都有明确的规定，甚至连墙面的装饰、屋顶的颜色都必须有一致性。道路两旁的建筑处于严格对称的形制之中。

奥斯曼对于巴黎的改造暗含了诸多意识形态和皇权实际统治的要求：一方面需要维护和提升巴黎恢宏的气象，另一方面还需要考虑交通便利和军队调度。围绕城市中心建立了放射性的林荫大道，古路被新型细砂岩路取代，新的交通节点和广场建立，用以舒缓部分区域的拥堵；重新建立城市的地下排水系统及供水系统，蔓延500多公里；同时还要顾及既有的城市地标、古迹和开放空间。结果巴黎被整个翻开重建。然而，这种改造无疑是必要的。虽然在当时，这一场浩荡的动作一定会给民众的正常生活带来不少冲击，也曾经遭受无数保守者和历史主义者的暗中咒骂，然而，它对于巴黎古城承载力的拓展要远远大于手术带来的短期阵痛。自此以后，除了局部的试验之外（如拉德芳斯区），巴黎再无机会以应对更新的城市需求为名，进行全局式的自我整饬了。

20世纪前半叶，随着汽车、地铁等现代交通工具的发展，巴黎人口激增，城市为了扩容，以主城为中心迅速向各个方向蔓延，然而单中心式的扩容并未减轻城市的压力。相反，由于大量人流每天向中心集聚和分散，对城市空间和基础设施都造成巨大压力。1970年代以后，城市的盲目扩张受到遏制，转为发展卫星城市。1973年建成的城市环路，明智地采用了向下挖的策略（这与我们的高架路形成鲜明的对比），而慢速道路和步行道路则漂浮于其上方。环路与城市的关系不像想象中那么粗鲁，他们柔和地共存。并且，今天的建筑师们更进一步，将在环路上盖房子，增加其与城市的联系。

而巴黎古典部分的集中体现，由塞纳河河岸的丰富性承担——以同样的主题所带来的差异。建筑设计由思维进行整合，当各种不同的思潮云集于城市的表面，普通的情绪在忧郁症的主导下从来都是怀旧的。巴黎的新城建设一直以其古典城市的格局为蓝本，即使这些部分如今是不可达的。当地人以“人性”和“历史”的名义，沉醉于过去的“崇高”之中，对品位、秩序、和谐的痴迷近乎偏执。如今的巴黎从某种程度上来说是割裂的，是几种“主义”之间博弈之后“筋疲力尽”的文本。

从城市的层面来看，“现代性”从未在巴黎真正形成气候。然而，正如蓬皮杜艺术中心能以“高技派”的姿态安然存在于巴黎老城中心的闹市一样，在其古典的大背景下，还是有少数特例可寻。我们以巴黎几个重要的现代建筑（或规划）为例，来讨论其不常被人注视的另一面。

法国巴黎

法国国家图书馆

多米尼克·佩罗战胜库哈斯，获得了最终的设计权，实现了他的“含古典意味的现代性”。四个外观上完全相同的L形高层图书馆，在300米长的基地上，呈完全对称的状态——古典主义的经典平面构图。它们彼此独立，通过地下层的平台相连。虽然古典，但是这个图书馆仍有它独到之处：将图书馆分置在四栋高层中，这种处理方式本身是另类的——或许是出于纪念性的考虑。二战之后，欧洲最大的文化宝库成就于此。外立面分为两层，外层表皮是如水晶般透明的玻璃，一尘不染的纯净，而内层表皮由布满整个立面的平开式木门所构成（东方意味？）。随着门的开启和闭合，或处于开闭的某个中间点上，立面呈现出丰富的变化。

库哈斯在这次竞赛中失败了。但是，如同其他任何竞赛的命运一样，第二名的设计不一定真的逊于拔得头筹者。实际上，欧洲此类地标性项目的设计竞标结果，常常受到各种因素的制约，有经济的、政治的，还有民意的。巴黎民众显然更愿意接受一个符合他们传统审美原则和秩序观念的建筑。库哈斯的那个巨大的以“空白”为策略的、充满奇幻意味的媒体综合体，对巴黎来说，显然太过前卫了。按照安藤忠雄的评价，库氏的方案“具有强烈的未来主义色彩。”

但是出于建筑师的职业立场，我们仍然有必要讨论一下这个落选的提案。库哈斯在上世纪80年代，已经预见了电子信息技术对于传统文化载体的影响。在这个竞赛中，他投注了一种将其整合成含有各种形式的信息系统的乌托邦的梦想——书本、电影、音乐和电脑可以在一个平台上共存。将不同形式的图书馆：圆柱、方形、椭圆等等从巨大的信息体块之中掏出，主要的公共空间被定义为建筑的“缺席”，漂浮于空中。面对25万平方米文化媒体类功能的混合，惯常的思路已经无法应对，他们采取了一种反转的逻辑进行思考：不是以“功能的堆叠”作为起始，而是专注于“从密实的存储空间中如何定义空洞”，这将建筑师从“创造”和“建立”的传统苦恼中彻底解放——形式只需被“预留”而非“塑造”。由于形状各异的巨形空间常常贯通数层，其天花、地板、墙面的界限已经被模糊。他创造了一个由规则和非规则组成的建筑。

古典主义的巴黎拒绝了库哈斯的“未来派”设计，“优雅”再一次杀死了“前卫”。这在某种意义上是一次现代主义的倒退——对称、轴线和秩序并不属于“现代”范畴。

1. 拉维莱特公园

在另一场关于巴黎重要公共项目的竞赛中，库哈斯再次败给了伯纳德・屈米。屈米最终实现了他的“向量的交织性”和“实验派解构主义”。在一片广大的绿草地上，遍布了屈米的“动量的设施”。

这些作品的身份是多重的，很难明确定义。一系列鲜红的、金属材质的小型构筑物，你可以认为它们是雕塑，或者装置，或者就是一些供人娱乐的设施。各种坡道、阶梯与实体的、空心的几何空间元素穿插嵌套在一起。在解构主义建筑兴盛的90年代，这系列作品影响深远——特别是它的概念性。屈米认为，虽然构筑物本身是静止的，但游人和孩童在这些装置间穿行，他们的运动的向量具有普通空间所不能拥有的特殊作用。这是又一种对于“偶发”和“事件”的诠释么？如他的《曼哈顿手记》一样，屈米刻意制造了戏剧性的冲突。空间成为关于感觉的事物，装置是将心理变化的运动进行联系的实践，连续变化的动量整合了内与外的拓扑关系。

围绕着这些彼此独立的、鲜红的突出物行走，也许因为我去的时间游人太少，我并未遭遇到如想象中强烈的冲突。而这些构筑物本身，则似乎更多的昭示了某种与环境格格不入的孤独。“动量的装置”使其意义超越了作为静止的雕塑本身，但是钢铁与公园却是非妥协性的：屈米的矩阵切过草地形成专断的场域，其不可见的交点形成了一个与公园永远平行的时空。

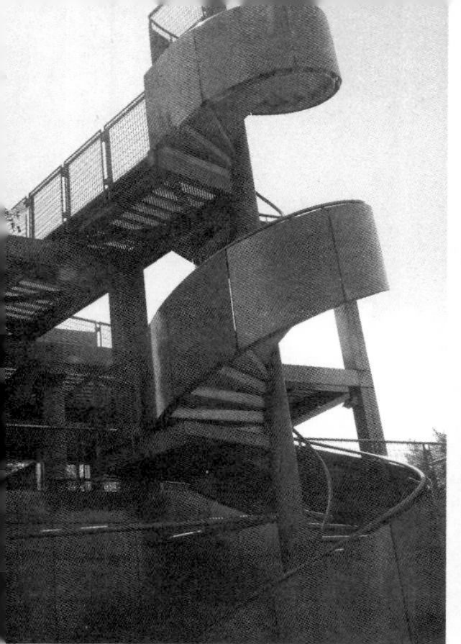

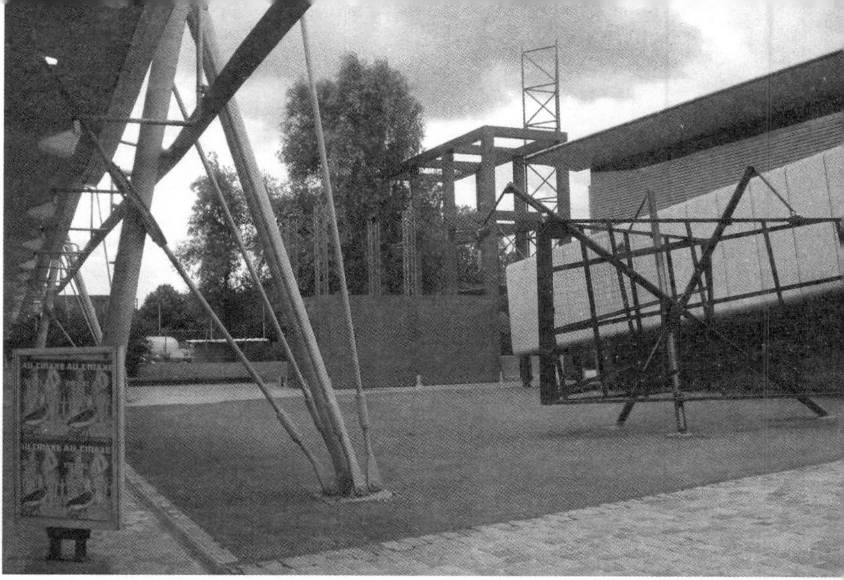

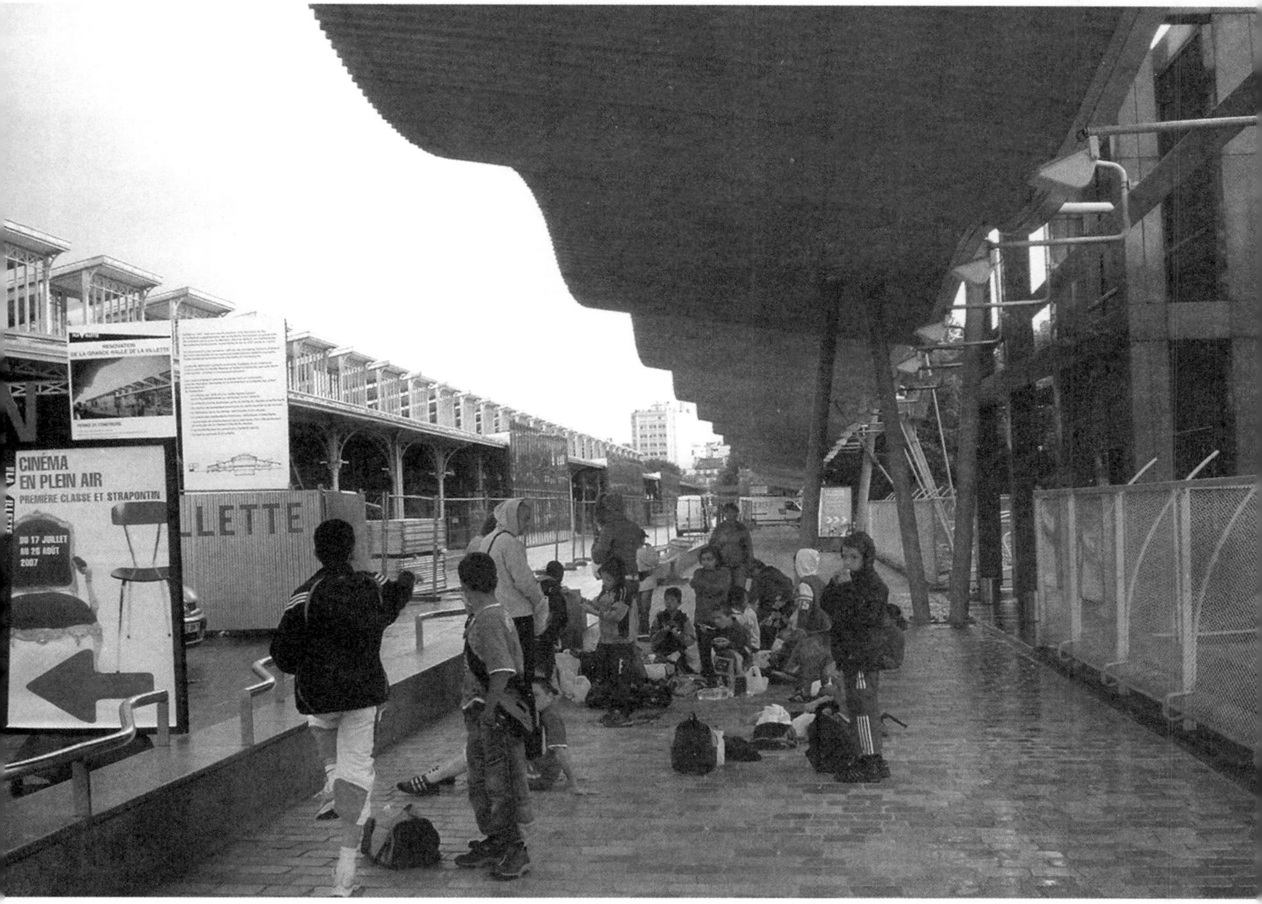
RENOVATION
DE LA GRANDE HALLE DE LA VILLETTE
CINÉMA
EN PLEIN AIR
PREMIÈRE CLASSE ET STRAPONTIN
DU 17 JUILLET
AU 26 AOUT
2007
LLETTE

无独有偶，在这个竞赛中，库哈斯的设计也是入围方案之一，但再次失败（巴黎，库氏的折翼之地？），这个“第二名”成为另一个“不中标的杰作”。在拉维莱特公园的规划中，库哈斯首次将他对于纽约的观察和研究引入欧洲。称其为“没有物质的拥挤”——库氏将其规划视作“躺下的摩天楼”。一系列水平的条带将狭长地块均匀地分割，填充以不同的内容：绿地、沙土、树林、水体、硬地。

这些基于基本的维度的条带（宽50米，可进一步细分）是一种“分层”的策略，制造了最大化的边界，避免了程式的僵化，使其具有随机性和渗透性。更细分的条带将允许变化和置换，并且为公共设施确立坐标点。

小尺度的元素，如亭子、摊点、小卖品部等等，则呈阵列状均布于整个场地，以需求的频率作为分布的依据，具有相同的辐射半径。大型公共建筑元素如科学馆和博物馆等，则被嵌入整个条带中。点阵上的细微元素与主元素互相影响。各种元素偶然的邻近形成“程式簇”，赋予每个场所不同的特征。而其余的自然部分（包含主题公园和景观），则被处理为块状，如同舞台的背景。

OMA的这个提案与摩天楼的体验本质上是一致的：叠加的“楼层”支持不同的事件，并且，将一并形成一个大于局部的整体。南北向的大道系统性地连接所有“条带”，并联系了音乐厅、科学馆、广场等主要公共节点。步行于此，可以获得室内与室外转换之间不断累积的体验，OMA将大道周边设施设定为“24小时营业”，即使公园开放部分关闭，公共生活仍然可以得以延续，这是OMA此设计最重要的目的之一：将“都会性”注入萧条的欧洲。

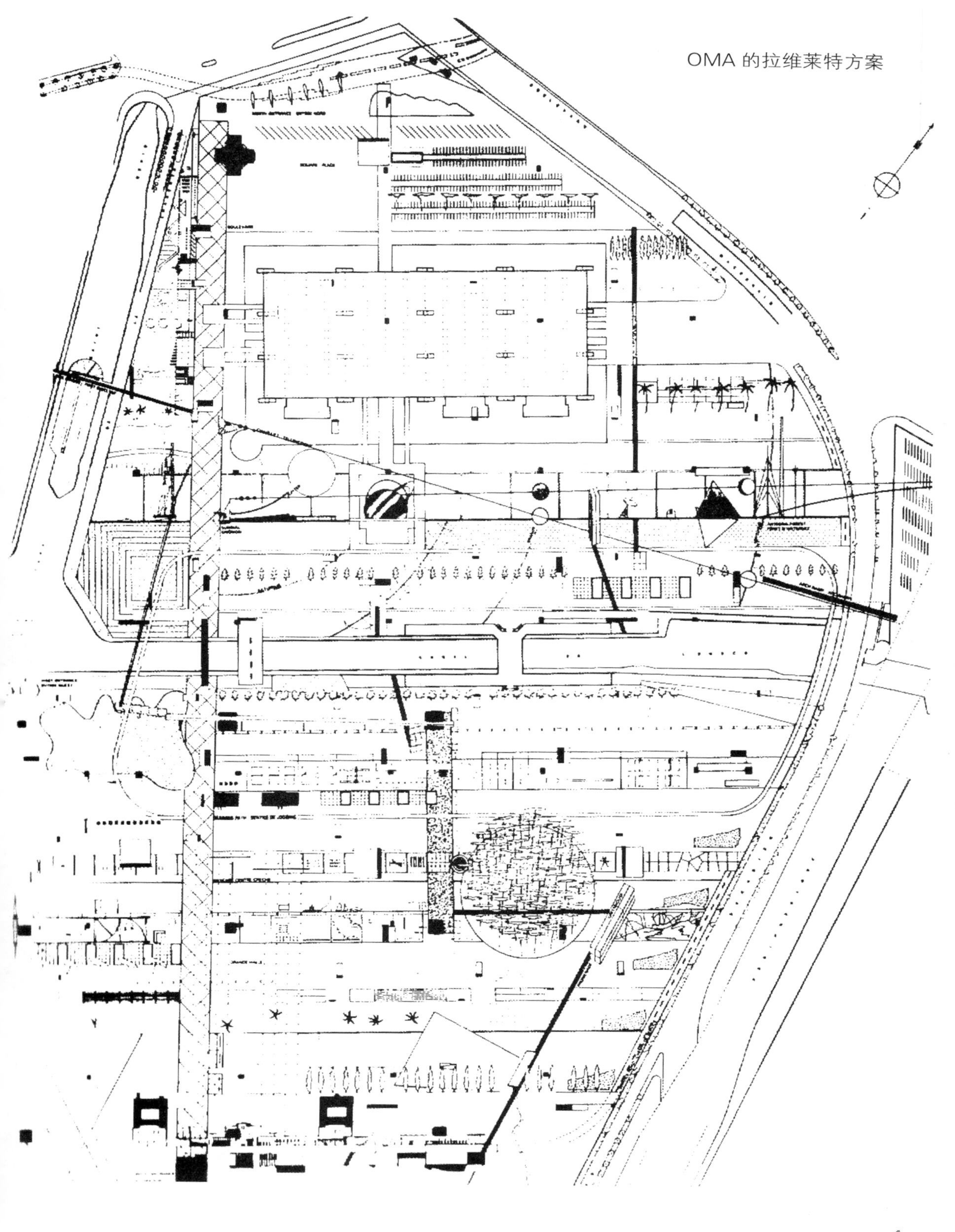

OMA 的拉维莱特方案

2. 亚非古文化博物馆

巴黎为数不多的现代建筑里面，非常值得一提的还有努维尔设计的“亚非古文化博物馆”。在巴黎平缓的天际线下，这个硬朗的庞然大物竟然并没有显得过于突兀，静静地隐藏在一片浓郁的绿树背后，连入口都消隐至仅仅是一面玻璃墙。让·努维尔设计的这个“红与黑”的钢铁混合物，将游客带入一个完全与环境隔绝的、不真实世界中去（一次穿越之旅？）作为空间的始作俑者，努维尔也要负责组织流线、引导视线、创造惊喜。这个建筑的特别之处在于，即使是建成以后，这个建筑仍然显得“未完成”——它具有多种观览的可能。

为了创造时空错觉，博物馆内部被实验性地设计为一个完全封闭的黑暗世界，游人随着坡道进入，在一个巨大的螺旋处回转、下降，并逐渐被努维尔亲手制造的情境“吞没”。里面的陈品更是闻所未闻，充满了亚非文明早期的荒蛮和原始气

息，却又在艺术上达到了如此的高度，很难想象，几千年前的人怎么能具有如此丰富的想象力和表现力，黑色的网状屋面，昏暗的灯光，幽闭的空间，共同营造出一种诡异的氛围。

3.“光辉城市”

柯布西耶在上世纪20年代，面对巴黎城市扩张和人口聚积所带来的城市发展障碍表示了深切的忧虑：“城市以前所未有的加速度生长，在过去一个世纪之内，巴黎人口从60万激增至400万。我们以为这个数字还会继续上涨的时候，事实并非如此，这些数字在缩减……居住问题成为迫切的需求。”柯布认为，巴黎的城市中心因为传统城市的肌理局限性，已经无法容纳现代性需求，最繁华地段反而如同贫民窟，旧建筑无法拆除，新建筑在其上“壁立如悬崖”；而向郊区扩建卫星城也非解决之道——城市的无限制扩张导致出现了大量配套不齐全而品质低下的睡城。他要对巴黎再进行一次大刀阔斧的变革。

借着皇权的名义，奥斯曼才可以对这个历史古城、法国首都大动手脚。柯布西耶似乎就远没有这么幸运了。他的瓦赞规划“300万人的新城”——400米尺度的笛卡尔摩天楼，底层架空还给城市公共用地，车行道路架设在空中，地面为巨大的公园，饱含了英雄主义的热情，关注公共性，试图解决城市化带来的居住问题、交通问题，却最终被视为“一个梦魇”——它如此突兀地矗立于巴黎的传统城市肌理之中，与环境格格不入。多数的巴黎官员和民众当时将这个规划视为一场灾难。

而库哈斯对于柯布的规划却有不同的解读，他认为柯布的新城真正的问题并不在于“过于巨大、坚硬和粗鲁”，由于柯布希耶是在到达纽约见到曼哈顿的摩天楼之后才做出的这样一个规划，他更倾向于相信这是柯布在美洲获得灵感之后所做的一个“变体”。库哈斯指出，将二者进行比较，所有构成曼哈顿“拥挤文化”最核心的内容，在柯布的方案中已经被刻意去除——网络被删除，取代以大面积的绿化；中央公园因“太大”而被缩小，为了从一栋楼至另一栋，公路被架立天空中，而地面完全留给步行……曼哈顿的血液被柯布“抽干”了。

注视着柯布的模型，我们的确感受到这些以严整的矩阵方式排列的、水平正交的十字摩天楼，其纪念性要远远大于舒适性。不过，埃菲尔铁塔和蓬皮杜艺术中心，曾经也都是不被接受的异类（如今仍然有不少巴黎市民认为它们是不和谐音符）。柯布的瓦赞规划虽然没有实现，但是，我们很难否定它与后来落成的拉德芳斯新城之间的联系——柯布的梦想被转换了面孔，在巴黎的中轴线的延长线上被实现了。柯布的初衷之一是将居住人口大幅增加，从老城的每公顷200～300人，提高到每公顷千人。人口密度的改变最终达成，不过不是以居住区的形式，而是商务办公区。

4. 城市圈地

——拉德芳斯

拉德芳斯是一个“几乎没有法国人真正喜爱，但却没有人可以否认它的品质”的地方。

硬朗的方形大拱门，与努维尔近乎消失的“无边际塔”相对应——这里是欧洲的迪斯尼。它是整个巴黎版图中的一个“例外”，却并不能算“不合谐的音符”，欧洲的理论主义与美国的实用主义，于此处杂交，共同实践“奇幻技术”，其结果是可以控制，却不可预估的。

拉德芳斯对于巴黎的意义，可以堪比深圳最早被定义时，对于中国的意义。他们的基本共同点是：一场国家级别的城市实验。

与深圳一样，这是一个旧版图中的“圈地运动”，与深圳对于全球化的过度热情不同，拉德芳斯仍然保持了法国人一向的文化矜持。它处在法国人最钟爱的，巴黎中轴线的延长线上，与旧有城市轴线的对接与延伸是整个圈地与老城市肌理呼应的线索。

欧洲第二大经济体和传统强国的地位，使法国在它的周围邻居纷纷进行现代城市的尝试之时，也迫切地感觉到了现代都会商务区的需求。对巴黎的保守主义者来说，这个高楼林立的现代区域在想象中都是一场“入侵”，两股势力的拉锯之中，拉德芳斯在有限范围内的实验亦步亦趋。

远离城市的中心，却仍然接壤老城的边缘，以发达的地下交通网络构建起一个快速可达的都市商务飞地。它明显暗示了某种功能主义的策略，柯布西耶未曾实现的、对巴黎的改造思想，在这里以变异的形式出现。它的建成解决了一场长久以来的、关于巴黎城市改造的纠纷。城市不断增长的、对更高效的工作与生活方式的需求与传统的欧洲中世纪老城结构的矛盾，一种内容与容器的矛盾。在保守的90年代实现了60年代的激进，它是一个城市的“非预期结果”。但是，拉德芳斯的建成，在于其本质是以商业为基础的“消费主义”的广场，而非现代主义的大尺度城市实验，这与柯布的设想有本质的区别。

1960年代法国导演雅克·塔蒂的电影《我的舅舅》以夸张的手法表达了现代新城建设对老城入侵所造成的冲突：不仅是城市实体，更深层次的是现代性与传统文化的冲突。其中的布景明显指涉了柯布的巴黎规划和现代派住宅。这可以看作是对拉德芳斯等新城建设的反思。到了后期的电影《游戏时间》，对于现代性的讨论则更加深入，他的洞见在于敏锐地意识到现代主义已经由最初的先锋运动转变成了资本主义的时尚符号，被商业利用而成为其共谋。

如同欧洲其他国家一样，法国对于老城的肌理、形态、类型的保守已经达到一种偏执的、不容置疑的程度。而在巴黎，这种意识更加根深蒂固，成为一种公认的“建筑伦理”。尽管所有的现实证据都指向了变革的迫切性，但是，这种本土式的偏执一直让任何大规模的现代都市尝试成为空想。这种意识形态在普通民众的思想层面更加牢固，其民主的传统使任何现代化的政治或者建筑企图都成为违反民意的妄想。

但是，时代发展对于一个现代商务中心的迫切需求，终于使这个高密度的办公区走上议事日程。政府也采取了实验的态度——在城市的近郊选择一片飞地，让变革在有限的范围内进行。尽管表面上拉德芳斯的面貌与其他全球化城市并无本质区

别：现代摩天楼的群落、光滑简洁的幕墙，四通八达的地下交通系统、上部办公+底层购物餐饮的基本模式，这些似乎是所有现代“CBD”所通用的模式，但是，其在巴黎的建立则是一个奇迹。

它更像是一个空降在巴黎土地上的美国城市，地块本身由技术性装备配置，建立其私有制度，对现存条件进行“再定义”从而超越了“地域性”的问题，它与巴黎的关系是微妙的：既提供了侵犯性的改变，又是一种强力的刺激——亦敌亦友。

近年来，法国政府在巴黎的城市问题上，变得更有野心。萨科奇执掌法国政权时，曾经设想了大规模的城市改造计划，并且要打破惯例，在巴黎兴建摩天楼。2012年大选之后，代表中下层民众利益的奥朗德上台。萨科奇的减缩福利支出的预案明显是不受慵懒惯了的法国民众的支持。伴随着欧洲全面的债务危机，奥朗德上台，预示着左派势力重新抬头，并将拿法国的富裕阶层开刀。法国素来有变革的传统，是否将引发欧洲更大的风云，我们不得而知。但是有一点是可以肯定的：巴黎的“现代性”过程永远不会以一种失控的尺度或者速度进行，单一地块内的“变异”并不能牵动全局。或许，这对于维系人们想象中的“文艺之都”、“浪漫之都”未尝不是一件好事。

TOTAL

城市·电影·人系列 7

20世纪60年代，以巴黎为中心，法国的年轻导演们掀起了轰轰烈烈的新浪潮电影运动。实际上，在新浪潮运动之前，法国就是实验电影的前沿阵地，伴随着艺术界的印象派和达达派，以及超现实主义等运动，也诞生了以同样理念为导向的电影。但是，新浪潮运动无疑是其中影响最为深远的。

对于建筑师来说，电影最有趣之处在于它的结构、叙事方式、表现手法等等，在新浪潮运动中，除了上述几点，我们还可以观察到各位新浪潮先驱们如何以其独特的视角观察和描述巴黎。戈达尔在《筋疲力尽》中运用大量起伏不定的跟拍镜头，甚至将路人的围观与指手画脚都囊括在内，消解了观众和电影之间的界限；夏布罗尔的《美女们》让镜头在巴士底圆广场循环转动，隐喻了当代都市生活的单调乏味，用夜晚的香榭丽舍大道传达出一种惶惑的、不安的空间感；而在特吕弗《四百击》中，小安托万透过警车的铁栅栏观看巴黎，将其与影片开头的巴黎夜景作为对比，以反映外部现实世界和人物内心世界的巨大差异。

在他们眼中，巴黎本身就是一个多彩的舞台，上演着一幕幕无需编排、自然生动的悲喜剧，他们采用即兴的镜头和手法来捕捉这些瞬间，叙事风格简省、粗糙，呈现的生活是真实与虚幻、熟悉与陌生、偶然与必然的混合体。

《筋疲力尽》

影片主人公米歇尔似乎是一个离经叛道的社会不安定分子，虽然导演没有正式交待过，但从其生活状态判断，他显然没有正当职业，偷窃、抢劫、游手好闲，却能够得心应手，每一次都能潇洒自如地逃离，他没有什么生活目标，整日流浪，偶尔看看报纸、喝喝咖啡，有时搂着心上人在巴黎街头漫步。戈达尔用动荡的手持摄影和大量无关镜头的插入来表现人物状态的不安定感。影片中的主人公与其他相关人物普遍处在一种彼此不信任和误解的心理中，互相探寻彼此的符码。

当米歇尔发现被他所爱的帕特丽夏出卖后，精神似乎在瞬间崩溃，被警察一击就中，就此死去——但是离去的仍然很优雅。这个人物形象显然与过去电影中英雄、智者甚至普通人的形象都大相径庭，导演为何要塑造一个从道德上来看明显是反派的角色？可是戈达尔本身对他的主人公似乎并不持批判态度。表面上看，这个形象只是一个纯粹的“浪荡儿”，如同波德莱尔笔下的“漫游者”一样在城市内游荡。而实际上他的玩世不恭正是作者戈达尔对于正统资本主义的抵抗的隐喻。而米歇尔的境遇似乎是戈达尔本人以一种强烈的、有悖传统电影原则进行创作的初期，所遭遇到各方阻力的翻版。他以其前卫、自由的作风与政府、官方和老派电影观念进行抗衡。此时的戈达尔似乎深受存在主义的影响，米歇尔的无所事事和叛逆隐含了“虚无”的态度。这类过于自我、不服从既有社会或者法律规范的人，最终将受到国家机器的镇压和惩戒，米歇尔的反抗是无力的，在“顺从”还是“灭亡”二选一的情况下，他只能选择灭亡。——特别是在遭到自己爱人的出卖之后，米歇尔如同《局外人》中的默尔索一样，是一个漠视社会虚伪规范，却并非没有真实感情的人。

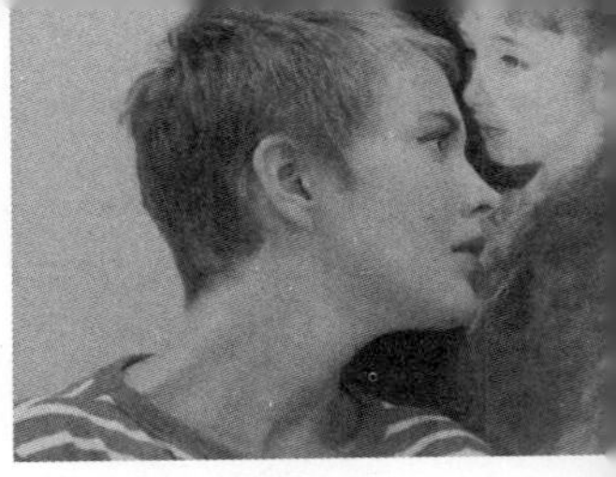

拼贴

戈达尔电影中的拼贴，比传统的蒙太奇的概念走得更远。不仅仅是对于场景、镜头或者情节，甚至连表述方式都完全不同于传统电影，包含了海报、漫画、广告、现代艺术、政治标语等等一众文艺形式，旁征博引，并将它们与电影本身直接拼接，在某个场景加以放大或者特写强调。这与戈达尔的行文风格高度一致——在为《电影手册》某一期写的专栏里，戈达尔就尝试将评论、诗歌、剧本，甚至曾经发表过的文章的影印版本全部糅合在一起，形成完整的专题。《筋疲力尽》也是一场表现手法的“大杂烩”，是一连串互不相干的意义、文字、声音、画面的混杂。这种跳跃的、无逻辑的、打乱了正常时空概念的剪辑，以及不完整、断续的叙事方式，影响了后来许多导演（如王家卫）。

这些多义的素材与跳接、负片、染色等新潮手法结合，使人眼花缭乱，这契合了法国当时对于符号学的关注。再加上将高雅文化与俗文化并置，戈达尔的电影彻底消解了传统电影的“正统性”，使其走向现代。

戈达尔在其他的无数次访谈中也表明过类似观点：“我也想拍一部正常的电影，可我就是不会。”戈达尔以“反电影”著称，无论剧情、叙事、剪辑还是音乐，他的影片实验性更强。这种实验性也使其电影品质呈现两极化的特征：一方面是对社会制度和陋习大胆、突破性的批判；另一方面又显得过于草率和肆意妄为。

《筋疲力尽》中，有许多打破常规的处理。比如，米歇尔常常在某个时间点转过头对镜头独白，这种手法有意提示了观众与影片场景距离的存在。使情节变得在真实和虚幻之间模糊不清。

另外，戈达尔式长镜头既有好莱坞电影的叙事紧凑又有自己特有的风格，人物、镜头长时间调度，不断有新的信息量出现，情节安排极为巧妙。复杂多义的文本，旁征博引各种参考架构，范围自文学、漫画、广告到政治、艺术都有可能。二维空间的文字及图片出现，提醒观众电影不过是制造了三维空间幻觉的二维空间媒介。

在戈达尔的其他电影中，色彩使用更加具有现代主义风格，一方面以自然写实风格处理外景， 但是一到室内，他立刻采取典型的片厂处理方式， 大块原色的运用， 使颜色本身在自然和人工碰撞中不时生出辩证趣味。

戈达尔认为自己“以小说的形式写评论，或者以评论的形式写小说，只不过不是通过文字，而是通过电影。”这句话启示很大，它提示了一种叙事方式的转化，写有情

节的评论和论述式的小说。创新是否往往来自于“误用”？我们可以用小说的形式写评论么？戈达尔在美学上有若干倾向，比如跳接、手持摄影、快速的镜头移动，以及对古典叙事“的连戏”观念漠不关心的态度。戈达尔这种疏离的效果，运用了美学和技术上的新观念，使观众在观影时不断被干扰，保持了一种观影上的“美学距离”，不会沉溺于剧情中认同角色。这使其角色带有一种强烈的宿命性的孤独感。

戈达尔镜头下的巴黎动荡不安，随着镜头晃动的铁塔、即将倾覆的墙壁和浮动的街景。在某种程度上，建筑和电影具有某种共通性。都是关于空间的叙事，而观者的体验则通过时间来推进。戈达尔在他的电影中尝试了多种突破性手法，是否可以以建筑的方式来运用?

建筑组织空间、功能与感知，并且需按照一定的时序展开，这与电影的结构组织在本质上是一致的，从古典建筑向现代建筑的转变，也正如古典电影对于完整性、连续性、秩序感的强调，转向新浪潮自由、多变、即兴、拼贴的新取向，这些特征在观览性建筑的空间叙事中体现得极为明显：两个差异极大空间的直接碰撞可以类比于跳接，而多条路径的暂时性迷失可类比于手持镜头的摇曳。坡度、阶梯对于行进速度和上下移动的控制，完全是镜头移动效果的翻转……如果说，“一切形式只为表达”，那么，新浪潮电影或许可以催生出“新浪潮”建筑，也未可知。

与戈达尔同时代的其他的新浪潮导演也对空间、影像和感知的关系进行了实验性的探索，例如阿伦·雷乃的《去年在马里昂巴德》，将现实、记忆和虚幻的空间拼接在一起，使观众难以获得一种统一的线索或者答案。本片中的时间如同意识流的叙事，时空交错下，物理现实被心理现实所取代。雷乃认为影像的构图以及话语，都不需要被“习惯”所主宰。需要观众摆脱观影的习惯性心理，可以在影片中随遇而安。影片变得“无情节”，故事和结局也变得无关紧要。有评论家认为此片传达的现象符合新媒体影响下人们感知的变化，将其视作“第一部立体主义电影。”

同样地，如果观影的思维可以“不按常理出牌”，那么，建筑呢?

废墟的艺术

——德国西部工业遗址改造

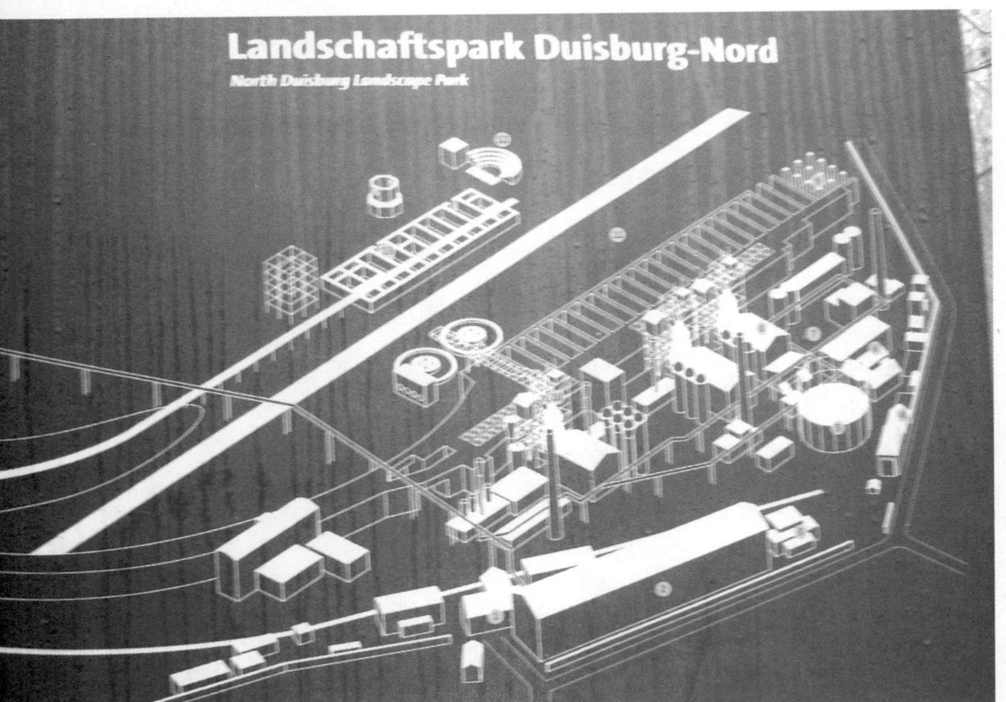
Landschaftspark Duisburg-Nord
North Duisburg Landscape Park

“城市是人体器官的总体延伸，是我们声色追求的放大器。”

——波德莱尔

1. 杜伊斯堡北部工业景观公园

杜伊斯堡景观公园是城市“变废为宝”的典范，是一个工业城市奇迹般的以另一种方式死而复生——在棺木即将入土之时，一只手突然从棺木中伸出，阻止了下葬的过程，随后被认定已经消逝的生命体忽然面带微笑的坐了起来。诡异？恐怖？惊愕？不错，这里就是曾经辉煌的鲁尔工业区的一部分。

一个随着产业形势升级、重工业的没落而衰退的城市，一个已经陷入全面萧条的城市，仿佛在一夜之间成为了极富活力的旅游休闲乐园。它的吊诡之处在于：工业遗址的废墟感越强，它的坚硬钢铁设备所传达出的怀旧气质就越纯正、感伤和恢宏，它所带来的愉悦也更富有冒险性与原创意味。

在工业区的严整而冷酷的结构之间，当昔日的储矿坑底生长出一片绿色时，它如此奇妙地显露出某种纪念性的美。它并非某种恒定不变的实体，而是接近一种叙事，一种情绪的逐渐演进。有些地方有清晰的、重整过的痕迹，有些地方是即兴而作，有些地方甚至是有意的忽略。

钢铁的廊道漂浮着，似乎是巧合地成为游览的空中路径。在各种工业巨型构筑之间穿行，时而巍峨，时而平静（平静却难掩其昔日的火热与躁动），组件如此精细、完整、流畅，甚至使人胆寒。当地人也许未曾料想，这片工业的荒原可以制造出一个让人瞬间变得渺小的梦境。这种梦幻般的气质来源于它全部都是由冰冷生硬的产物组成——高炉、矿坑、提炼炉、机器、厂房、传送带、铁轨、巨型管道……这些通常毫无生命力、无隐喻性的材料与构件，忽然具备了某种诗意——因其被荒废，因其历经岁月洗礼，因其曾经作为一个时代的象征。

转型

在转型之后，工业时代的记忆永久地保留在了其机体内——只要其钢铁的实质依然存在，这种历史的神韵就不会消逝。它奇异地转入了娱乐时代——与当今的消费文化联姻。与许多不成功的老区改造不同，它的轻松化和平面化过程，并没有以丧失其尊严为代价——它依然冷峻而严肃。

欧洲人也一直在寻找符合自己地域气质的“现代乐园”，但是美国的迪斯尼在欧洲不可能兴旺，完全无深度的消费文化与娱乐是欧洲人不能接受的。但是从杜伊斯堡景观公园开始，欧洲人似乎突然发现了一种属于欧洲的“乐园”的可能。

这个公园的原型经历了一种概念性的洗礼，由一种实验性的抱负进行检验。最终创立了欧洲式的主题公园——休闲，而又不失适当的深度、文化与历史感。这个工业区本身具有某种独特的复杂性、沧桑感与戏剧性，将这些要素暴露需要精心的策划和恰如其分的系统性介入。

Image © 2009 AeroWest

蜿蜒的管道自崖壁上穿过，从项部呼啸而下，拥有时空穿越的错觉。

曾经的储水罐在干涸多年之后又重新充满水——这次是作为一个室内潜水俱乐部而存在。

巨型厂房的框架仍在，加以一个阶梯的平台和可开启的屋面骨架，这里就成为公众剧场。

2. Zollverein煤矿工厂

镜像的深渊

在夜足够黑的时候——似乎是一种误闯——我们进入了Zollverein煤矿工厂的深处。突然间，一个深渊出现在我们脚下。就在一座灯光诡异的厂房边。这个厂房似乎向地底延伸了无限远，黑洞洞的看不见尽头。

当我们仔细注视了许久，终于发现这是一个利用视错觉、与我们的眼睛玩的游戏。

这个错觉的道具仅仅是工厂旁紧邻的一片平静的水池，加上浓黑夜色的背景和厂房底部一排灯光配合即完成了。厂房的倒影投射于水中，便形成了向下延伸的幻觉。

在这组镜像关系中，镜面本身是不引人注目的，它处于消失的状态。但是它的力量却不曾减少——它使空间的延展得以存在。这是另一种“空”的力量，对于自身的“擦除”却宣告了客体的存在，以“不在场”制造视觉的“在场”。

这是否是新媒体时代建筑的某种特质？

最初，疑虑仍然在民众心中蔓延。

“旧的”成为新的贫乏的内容。

人们担心：这里仅仅有钢铁，没有质量么?

一个没有按照公园规划的公园，

一个缺乏逻辑的实证。

“不作为”就是最好的作为——原封不动。

3. Essen港口工业区改造

工业区复活的四种方式：

3.1 剔除

曾经的港口厂房与船坞具有工业建筑的骨架。如今，建筑的肉——砖墙、包覆、屋面全部被剔除，仅仅留下建筑的骨架——结构，作为景观保留，它是建筑的X光片么？

单个构件的遗存缺乏意义，但是，在历史语境中一系列去除伪装的构件的重叠与组合，则具备了“影射记忆”的意义。

3.2 嫁接

建筑的其他部分都被清除，仅仅剩余一个楼梯间——也许仅仅因为它仍然可以“登临”。屋顶上被安上了两棵孤零零的树。这是否与达利的超现实有某种联系？两种毫不相干元素的叠加形成一种完全陌生的萧索感。

3.3 剖切

老建筑被从某个截面完整的剖开，建筑的机体断面完全暴露出来，旧有的截面被变为立面，它成为建筑剖面的“标本”，并且模糊了“内”与“外”的界限。如今，这里是一个咖啡吧。这一充满智慧化的“剖面化”手法，使“拆除”不再仅仅造成“伤口”，内部作为商业，而外部是纯粹的象征意义。当沐浴在夜晚温暖的灯光或者早晨朦胧的晨雾中，它能激发参观者的深层次情感共鸣。

3.4 弃置

当遗迹的残骸以一种随意弃置的状态出现，“残余”的意象无疑更加直观，何况，它的上面还布满了充满荒废感的杂草。

“废虚”与“遗迹”的纪念特征在于：他们并不展示某种夸耀式的宣言，而是一种可感知的破坏和衰败的瞬间，它象征了“虚无”本身，通过其建筑生命被摧毁的最后时刻的凝固，完成了对建筑“纪念性”与“永恒性”的解构。

4. 霍姆布洛西博物馆

德国西部盛产“露天博物馆”，仿佛天地就是一个宏大的展场，而各种装置、雕塑和建筑的片段则成为展品。与前面两个工业遗迹的改造略有不同，霍姆布洛西博物馆的很多展品仍然是新建的，除了散点布局于公园各处的小场馆之外，另外还有安藤忠雄所做的集中展馆。雕塑、装置、展馆间次出现，互相渗透，以各自独特的方式“舞动”着。

安藤忠雄的展览馆

《红色沙漠》

——工业文明的荒漠

据说安东尼奥尼在拍摄电影之前曾经学习过建筑，也许正是这段经历使他相对于其他导演对建筑和空间更加敏感，尤其在现代化对于人的精神世界的冲击方面。

《红色沙漠》表面上看是写女主角朱丽安娜的精神问题，实际上是表达人在现代工业文明的环境下的焦虑、恐慌和迷茫。因为一场车祸，朱丽安娜患上了忧郁症，与丈夫、儿子无法沟通，精神世界无处寄托。她尝试像医生对她所说的，试着去爱某人或者某件东西，但是这并不能引发根本性改变，情感出轨成为她试图解脱的方式，但爱情也没能成功慰藉她的心灵，相反加重了她的精神负担。最终，朱丽安娜的世界成为一片荒漠。安东尼奥尼是一个空间与情绪的诗人，人物在边缘和中心之间徘徊、游离，人物与环境既互相联系又疏离。

虽然安东尼奥尼在从影之前曾经学习建筑，并且《红色沙漠》中也出现了大量现代工业文明的场景，但这并非他的终极讨论目标，作为一部心理现实主义电影，建筑是作为人类心理在整个社会变迁面前异化的隐喻载体而存在的。

安东尼奥尼有意强调了空间对于人物内心的作用——或者说，空间是内心的投射和隐喻。朱丽安娜自我心灵寻路过程处于一个封闭的世界中。画面清冷，没有杂质，暗黑的厂房、无生气的天空、地面细腻的黑沙……营造出一种说不出来的幽闭恐惧感——过度的纯净，却令人浑身不适。厂房内无处不在的生产的噪音令人烦躁，而突然喷射出的白色烟雾将画面笼罩，更加剧了人物内心的紧张感。甚至连欧洲古城的街道都在摄影机下显得如此清冷——环境是人物心灵的映射。她想逃离，却发现无处可去。 安东尼奥尼严格控制着叙事结构与画面效果，女主人公身上反映的身份危机使传统的伦理、逻辑、家庭关系等纷纷失效。

有趣的是，《红色沙漠》其实被称作电影史上第一部真正意义上的彩色电影，它的色彩抽象而浓烈，而这种浓烈的色彩却创造了如此冷漠、令人窒息的意向。这正是导演的高明之处。安东尼奥尼在训练观看者的眼睛，直至心灵，他所呈现的并不是真实的景象，而是一个被高度“主观化”的、情绪的视觉意象。大量使用长镜头造成的扁平化空间和虚化的客体，加剧了人物孤独无助的感觉。朱丽安娜在多种尝试之后终于绝望，她的寄托最终只能是一个虚无缥缈的幻像。这些纯净到恐怖的景观不仅是对人物精神世界的表达，也同时吞噬了人物的身体。

安东尼奥尼也是一个琢磨情绪的高手，时间的流逝成为人的内在的一部分，等待是痛并快乐的。导演对这种悲剧的悖论具有空前的揭露能力：朱丽安娜既想拥有自己的独立空间和世界，同时又需要别人关爱和抚慰，她的孤单感，并非来自她的丈夫或者儿子，而是来自她本身。这点正是现代工业文明之下，人类所共同的悲剧和悖论。她失去了获得快乐的能力，在极度延长的片段里追寻自我。

安东尼奥尼的故事没有跌宕的情节，一直在镜头前缓慢而安静的呈现，连神经质的朱丽安娜也只是默默地挣扎，没有歇斯底里或者大哭大叫。但是一种凄惨的氛围还是从各个场景溢出，影响着影片的观看者——画内画外形成一种精神的互动。我们能够强烈感觉到一种发自内心的共鸣，并被人物的情绪所撕扯。这正如安东尼奥尼对现代文明所秉持的一种矛盾的心态：现代建筑既是一种因过分孤高、冷酷而可能使生命陷入癫狂状态的危险客体，同时它又是必要的、崇高的和不可阻挡的。

他的影片解码了“不可知”本身，最终，仅仅是一个躯壳。女主人公在现代世界中迷失，充满了对身边世界和身边人的疑虑。这是一种当时人们的普遍焦虑，但时至今日，这种状态似乎仍然没有丝毫改变。

该片是安东尼奥尼对于现代性的反思之作，他不是作为一个建筑师或者社会学家，而是一个导演的视角来描述和批判。《红色沙漠》的拍摄地为欧洲的历史古城，可是安东尼奥尼的镜头并没有对准那些古典建筑，而是将场景设置在老城边上一片废旧的工业基地。短暂与分裂、流动与变化是否就是现代生活的本质？原本精神受到打击的女主角在这样的气息中崩溃。她梦见自己睡在沙漠中不断下陷，在梦中如此绝望而无助，这是对于现代主义席卷整个世界的恐惧所致——如同流沙，缓慢吞噬一切，你却什么都无力改变。《红色沙漠》正是安东尼奥尼对于现实绝境的隐喻，导演并未直接批判现代建筑，而是以影像暗示了现代化进程对人的精神世界的影响。

如今的中国大城市，比如北京，在城市化迅速席卷而来的状态下，其图景正如同安东尼奥尼镜头下的那片工业区——一个关于沙漠的比喻。每种可识别性，都在关于清除历史文化的高效而空心的容器中丧失。它轻易地达到了“标准层”建筑的要求——一些“零度”的建筑，没有特点的均质世界。建筑的“纪念性”在此表露得最为明显，这是北京的现代性的特征。它是一个当代的“红色沙漠”。它的众多均质元素，给予这个有着多年历史的古都城市一种潜在的危机。飞涨的人口，拥堵的交通，过于拥挤而狭小的居住空间，经济的飞速发展，却未见得生活质量的提升。大量的“去历史化”，兴建现代城市中心商务区、经济开发区。《红色沙漠》中所描述的世界，仿佛就在身边重现，同样的冷漠、孤绝而令人窒息。

而德国工业遗址景观公园的案例，却是完全相反的意象——曾经对历史世界造成冲击的工业文明，随着时代的发展也有陨落和废弃的一天，但当它废弃之后，却作为一个休闲和观览的场所重新获得了新生，反而成为当代文化生活的一部分，同时参与了消费与教化两方面的作用。这种结果无疑是讽刺的，也是出人意料的。

斜线之都

——布鲁塞尔

布鲁塞尔是一个天然的，为“差异”而生的城市。在所有比利时的城市无一例外的选择了平原作为城市的基地的状况下，布鲁塞尔占据了国内唯一的高地。

或许是出于“君临天下”的考虑，都城居高临下的控制欲望超越了地理上的不便带来的麻烦。布鲁塞尔的建筑，全部是建在斜坡上的。

建筑的使用对于水平面的需求，与基本的地形的差异，构成了整个城市的基本特质。每个建筑都以不同的方式回应“高差”。所以即使每个建筑都是遵从最古典的形制，与生俱来的不同起点，已经提供了足够多的“可能性”。

更何况，布鲁塞尔人给自己找的麻烦还不仅如此。它的城市是中心发散性的，却又在历史的裂变中使发散扭曲，所以在布鲁塞尔，找不到两条完全垂直的道路。

于是，布鲁塞尔的建筑，无时无刻不处理各种“非常规角度”。按照经典建筑学的常识，锐角在建筑中是很消极的空间——不好用。

但是在布鲁塞尔，城市的缔造者用1000种不同的方式使这些锐角和谐而奇特地存在着。布鲁塞尔形成了一种独特的，处理“角”的艺术和技术。而且它是两个向度的叠加：水平和垂直。为了使斜面上的建筑可居，当地人发展了“细分”的战略，它是一种“自我中心论者”，为了达到最终的合谐，对于过程的艰辛选择视而不见。

INDIAN
TRAITEUR

印象布鲁塞尔

雨微寒，
火车被两根晶亮的铁慢慢的传递，
在这个深暮色穹顶的景框中，
渐行渐远，终于消失在透视的顶点。
然后我们，就被热浪慢慢的压到出口

原来除了十一月的雨，城市也可以这样的冷
它把青色的屋面，白色的墙，灰色的街路，
幻化在空气的微粒里，
用雨水调匀，缓缓地透入身体。
让人沉静迷失，

冬衣毛领的暖，雨滴入颈窝的寒
和脚底感知到的青砖地面的纹理
都很清晰，
却感觉不到视线迷蒙的隔绝。

街道一直在绵延，没有尽头的略弯和缓坡，
拢着同样绵延的建筑，时而驻足，不断诉说着悬念。
褐色的眼，厚绒的风衣，在黑色的雨伞下，寂寞而清雅，
天使的欢乐，使徒的肃穆，从教堂的立面里挣脱，
与广场上的鸽子一起盘旋在模糊的意识里。

天空中少了七彩的颜色，
岁月在苍凉静寂中化成素描。
尘埃在这里，从来不曾出现过吧?
即使有，只一阵秋雨便不着痕迹了。

历史的实验室

——柏 林

柏林因其特殊的历史，具有数不尽的丰富内涵。

我们至少可以联想到如下关键词：意识形态的分野、新古典主义与现代主义的双重实验室、纳粹的首都、冷战的前线、破坏与重建、早期的大都会、富人穷人的并存……曾经，所有这些历史要素都在此处留下清晰的印迹，而如今，这些要素与伤口一起，正在渐渐愈合、褪去。1989年两德统一之前，长达50年因意识形态分裂而造成的长期东西分治局面，使柏林东西两部分的政治、经济、文化发展均呈现出极大的差异。东柏林为行政、科技及工业中心，而西部则偏重购物、休闲和教育功能。客观上，这种两极化的趋势却避免了城市功能过度集中的现代城市的“通病”，而统一之后重新联系的、原本即很完善的城市交通网络，也将东西两部分的功能再次有效地联系在一起。

菩提树大街，笔直地将城市在此处劈开两半。两侧的建筑是淡米色的新古典主义建筑。它们并非是一些彼此雷同的单纯的实体，而是一种永恒的、缓慢的、情感的推进。规划清晰，没有断裂，虽然个别是即兴而作，却传达出整体的威严感。体现了当年纳粹对于“建筑服务于政治的需求”。如今，威仪的建筑底部橱窗大开，展示的很多是豪车和奢侈品（德国版的香榭丽舍？），消费主义与极权建筑的古怪组合，在这里显示出超现实的意味。

Google
Google

2

德国虽然是二战的发起国，战争早期在欧洲攻城略地，但是后期也曾遭到严重破坏，之后被分裂，成为一个多中心和空白的集合。曾经作为历史的中心，在战后重建时，建立了独特的现代性，乐观而缺乏反思，成为一种“地方语言”。当亲临这个城市，面对它所有多义的实体宣言，似乎历史同时展现在这个一度变为荒漠的城市中。

这些不同主题的轮廓，明确的现实主义的遗存，如今显得如此自然，并不以连续的、程式化的方式强加于城市，在所有可能的地方彰显其特征——有些具有意识形态的象征性，有些具有伪装的持久活力，有些具有随意的、休闲的特征：合起来看，是对于“冲突”的完美诠释文本。由于过度的随机性，使它又显得与任何已知的“可识别性”都缺乏联系。这个城市在永恒的怀疑性中呼吸，以现象呈现了差异的含义——一系列界面、奇观、现实，很难想象其他城市具有相同的潜力。

让我们回到具体的建筑层面，来审视这个城市的性格。

柏林美术馆也在菩提树大街的一侧，由贝聿明老先生操刀设计。它的弧线型的外形，成为这个“仪仗建筑”队列中的一个孤岛。螺旋形的体量，在政治氛围笼罩的海面中，卷起了一个“艺术的漩涡”。圆形的门洞、米色的大理石墙面、迂回的路径——典型的贝氏手法，似乎在卢浮宫的金字塔下，也曾相识。

而隐藏在一片住宅区中的李卜斯金的“犹太人纪念馆”，则出现的有些意外。转过一个街区，突然那道灰色的、布满“伤口”的墙就横亘在眼前。几条路经的斜向交叉、刻意的锐角、突兀的空间、墙面错乱的透光孔传入的迷离光线，都使人的身体感受到强烈的不适。推开一个玻璃门，是一片灰色混凝土柱林立的院落，仅仅使人想到墓碑。走到另一个角落，三层高的天井，地面上堆满了人脸形的黑色铁片。前行必须穿过此院落，这一段强加的体验，使人的情绪因恐怖、痛苦而到达近乎崩溃的边缘。

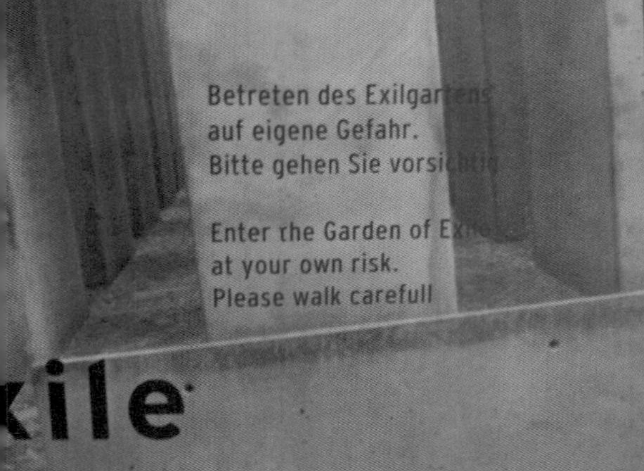
Betreten des Exilgar
auf eigene Gefahr.
Bitte gehen Sie vorsi

Enter the Garden of E
at your own risk.
Please walk carefull
xile

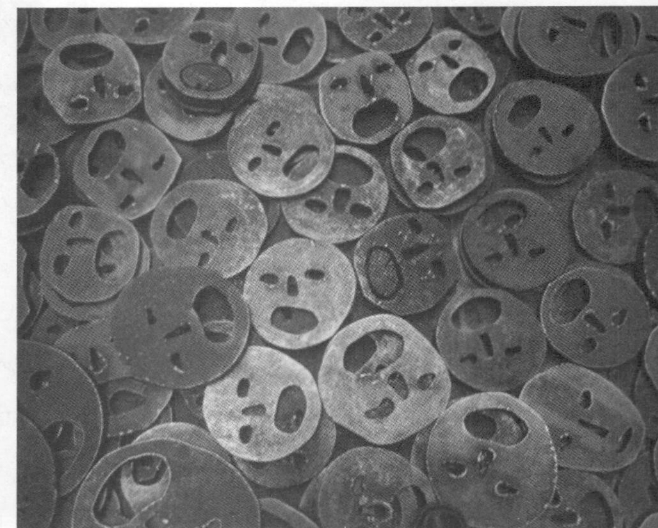

国会区域

由明显的现代主义主题构成的博览会。每个建筑都尽可能彰显其个性特征。但是又仿佛有一个不可见的统一系统，使它们彼此妥协和解，容纳既有都市的偶然性。在莱茵河的蜿蜒下，被串成线性的整体。每个政府建筑的周边都是开放的。在东西柏林统一之后，德国政府也曾经为议会区选址费过一翻脑筋，最终还是选择了1945年以前东德遗存的议会建筑。出于节省开支的考虑，唯一的新建筑是联邦总理府。

最能体现德国人的民主性的，是国会大楼顶上由诺曼·福斯特所设计的大玻璃穹顶。游客可以顺着螺旋形的坡道一路上行，向内观看议会的工作活动，向外俯瞰整个柏林。如此透明的政府，简直是一个奇迹。不少游人宁愿在寒风中排队半个小时，也要亲历这个过程。

随着1989年柏林墙的倒掉，一个历史时期结束，标志着意识形态的对立的消除。但是，实际上直至今日，东西柏林仍然体现出明显的独立特征——在其被隔离的几十年发展过程中，已经确立的差异，虽经弥合，仍然不可避免。建筑的风格、功能，城市的氛围甚至是人的精神状态，都隐隐透出意识形态的影响。这道绵延165公里的墙，以惊人的极少主义的手段，制造了辐射性的城市差异。很难想象在其后的城市人造物，还能具有相同的潜力。虽然本身没有功能，但是它在短暂的生命中，已经激发了一系列事件、行为及影响。

统一之后，为了尽快推进城市一体化建设并弥合东西的差异，政府制定了严格的城市规划指导法规，包括1993年的《城市设计导则》及1994年的《土地利用规划》，进一步强化了多中心特征，尽可能利用旧有的空置用地，而满足居住与工作功能的均衡分布。

中 心

——欧洲中心

为什么所有的城市都有一个中心?

“中心”是一个城市空间区位、物流资源和民众心理的三重交点，只有当以上三个要素重合时，“中心”才可以成为真正意义上的中心。

“中心”的概念在欧洲具有多义的特征，而中国目前的中心，则呈现出单一的商业化特征。

我们可以离得开“中心”么?

我们可以“去中心化么? 如果不能，我们对于中心可以有更多的期待么?

所有的城市，无论是古老还是现代，贫瘠还是富庶，生机勃发还是衰败凋零，它们都有一个共同点：城市中心。

中心是古今中外城市共同的自发选择，不因文化或地域的差异或有或无。无论城市的形态或者建筑的类型差异多么巨大，中心只是进化和自我修复，但是从未消失过。

中心的核心任务是为城市的人类聚集活动创造平台，它只能是开放的，而不可能是封闭的，是对于交流的理想的容纳形式。但是，什么是最适合聚集的空间形式？中心实际上是无定形的。它可以是宗教的、商业的、文化的、政治的、社交的，或者以上几种关系的总合。可能服务于永恒或者临时的使用需求。中心的核心作用是使某种聚集状态存在。

中心本身是中立的，它对于城市的意义，在于它记录了事件、表演、演说、人流、聚散、拥挤、昼夜、变动，和最重要的，属于某个时代的潮流。中心暗示了空间的向心性以及对外的辐射性：它是精神和意识的强大磁场，并不一定呈现为物理的向心性。

为了容纳变化，它必须是“未定义的”，为了达到持久的吸引力，它又必须具有某些确定的公共号召力，它是一个知名和未知的悖论的共同体。

现代都会的中心的概念起始于美国，它被称作“下城”。在中国的城市化进程中，无论是旧城中心改造还是新建新城，“中心”都呈现出极度单一的“唯商业化”的面貌。

如果中心（下城）仅仅是商家逐利的一个竞技场，那么，它便仅仅能够承载金钱与交易。

柏林　波茨坦广场

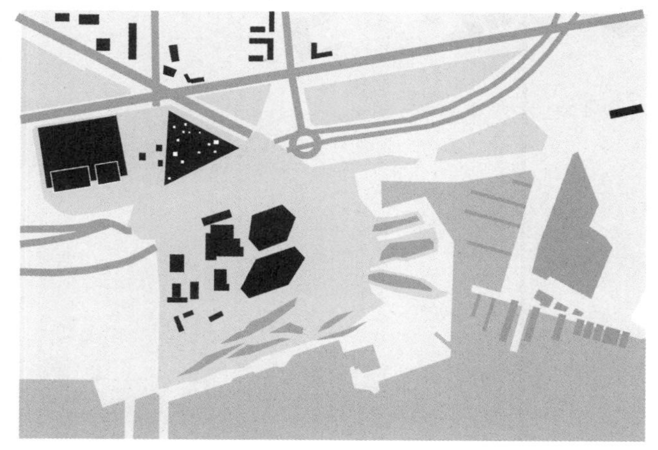

巴塞罗那　德马斯新区

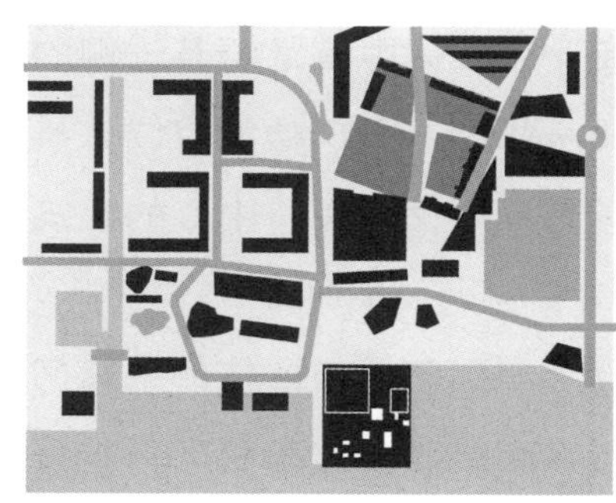

荷兰　奥梅尔新城中心

在欧洲，中心的概念与含义是多元的，决非中国意义上的“商业中心”。除了富有历史底蕴的老城作为根本之外，即使是其新近扩张的部分，也将包含文化、政治、艺术、商业等多方面内容。接下来，我们便以几个不同类型的欧洲城市中心为例，剖析一下“多义”城市中心的构成。

我们有意选择了三种完全不同类型的欧洲中心作为讨论的对象：

1）国际大都会中与传统老城中心结合的综合性城市中心：柏林波茨坦广场中心；

2）小型城市中心的扩容与更新：荷兰奥梅尔新城中心；

3）大型城市新建都市中心：西班牙巴塞罗那德马斯新区中心。

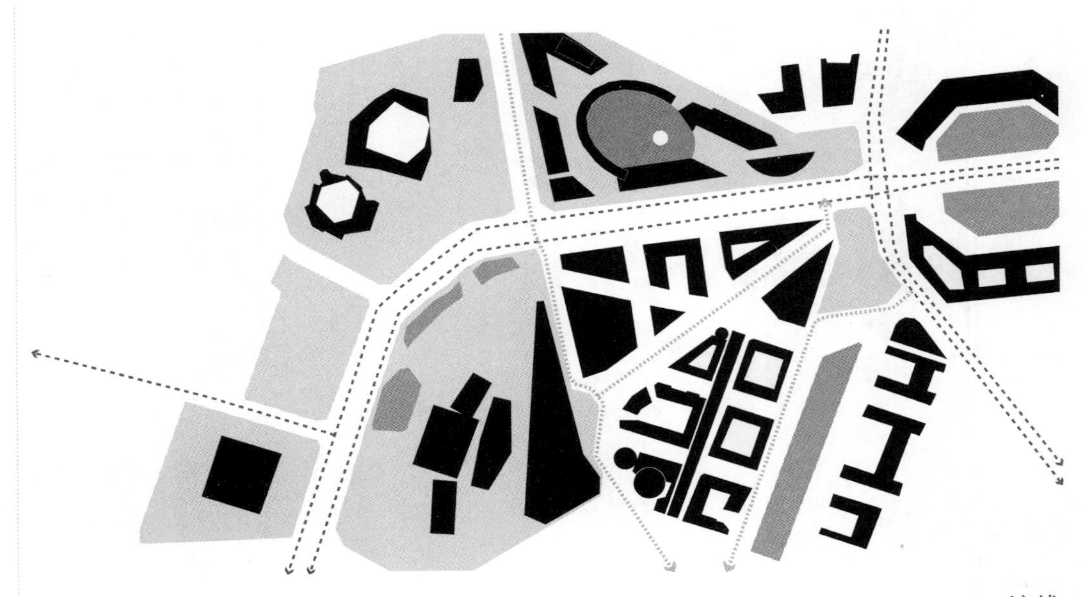

流线

1. 柏林波茨坦广场中心

柏林波茨坦广场中心有以索尼中心为主的商业圈，其中有紧邻其一侧的柏林音乐厅，有伦佐·皮亚诺的“高技派”办公及商业一体楼。不仅功能定位上具有公共性与文化意义，其建筑设计本身即在建筑史中具有标志性意义。中心的建筑具有文化上的“浸染”作用。

另外，由于政府在城市重建阶段就已经充分考虑到商业与居住的平衡问题，在1990年代初时制定的《城市设计导则》中规定所有商业建筑中20～30%的建筑面积必须被用作住宅功能，这充分保证了“中心”的复合程度，也为“商业”提供了必要的消费群体，这与中国“商业用地内禁止建住宅”的规划指导思想完全不同。

商业

文化

办公

绿地

除了少数几栋高层办公楼外，中心的基本格局仍然延续了柏林老城的原有肌理。“适宜步行”的街道尺度是欧洲各国新旧中心普遍秉持的基本原则。审视波茨坦中心广场整体的“程式”的构成，我们可以发现文化类（爱乐音乐厅），办公类（伦佐·皮亚诺的代表作），商业类（索尼中心及其附属购物中心）。还有各种适应不同季节而搭建的户外空间和开放市场。以上种种，共同构建了一个丰富而适合各类人群、各种目的的市民聚集场所。而公园、绿地、街道、广场总是以市民熟悉的方式进行组织，也更加能够唤起他们对于场地的认同感，基于西方建筑学人文主义的传统，在“新”与“旧”之间必须始终保持一种“对位”的伦理关系。

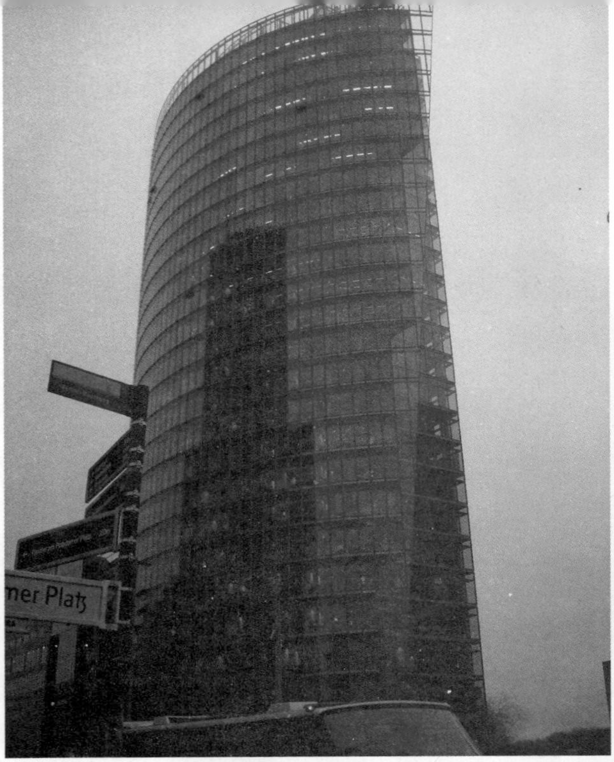
mer Platz

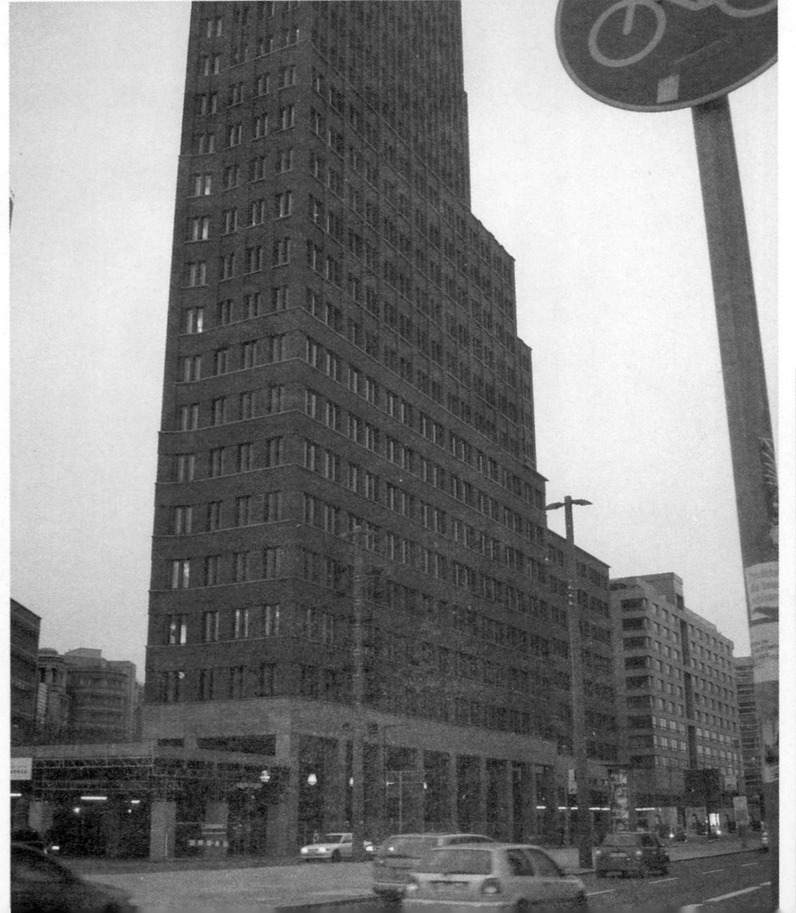

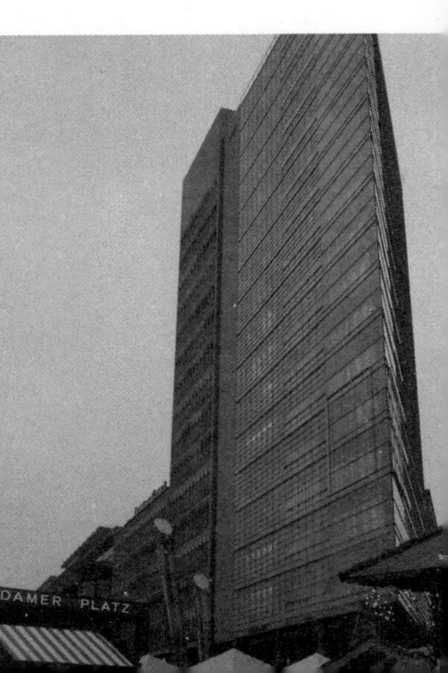

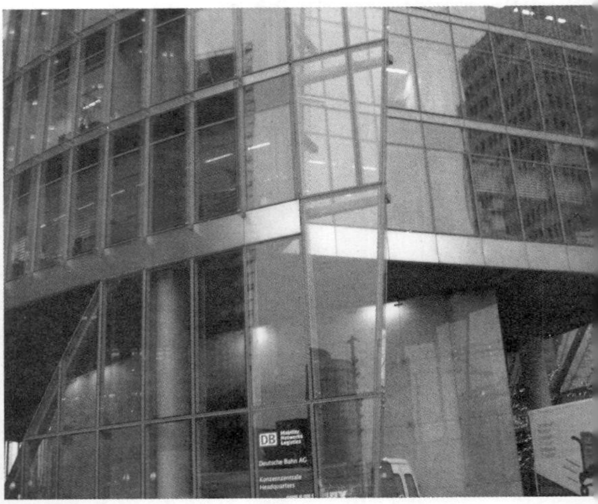
DB
Deutsche Bahn AG

SDAMER PLATZ

虽然曾经风靡一时的“高技派”在今天被证明不过是一种作为技术装饰的伪高技，但是仍不能泯灭伦佐·皮亚诺探索其在建筑文化层面的意义。建筑师利用连续的镜面玻璃与高反射度的钢构件使空间的确切感知成为一个谜。没有人可以辩认楼栋的实体从哪里开始，或反射终止于何处。外观上是圆柱与方体组成的现代柱廊，而内部则是数个连续的开放庭院的组合。白天，幕墙反射着掠过天空的云朵，而

夜间，天花则被满布的灯光照耀，一切皆以最先进的技术方式实现。

索尼中心虽然为大型的集中式购物中心，在其巨型天篷下却是一个市民活动的场所。在重大节日和假日期间，有各种活动。例如，冬季有溜冰、美食节等等。这使商业中心呈现出亲民的形象，并非以单一的“巨型正式建筑”排挤其他非正式建筑，而是允许多种形式的并存。这种手段成为一种大型商业“微观”化的模型，虽然天篷下方仅仅罩着一片“空白”，它却是万能的“目的地”，收纳了各种“非正式”的入侵：喷水池、户外座椅、杂货摊、手推车、圣诞树、溜冰场、儿童游戏园……对人流的强大聚集作用以一种隐匿的方式进行。

购物空间采用室内步行街的形式，一共只有两层，却具有丰富的空间体验，在节庆日如圣诞等期间，张灯结彩，辅助以各种小型游乐设施，增加节日氛围。

拱廊的形式是对记忆的借用和操作，拥有精致的三维壁饰和高密度的转化的客体，以及各种“风情”的冲动。这种组合模糊了时间与空间，你可以找到古希腊、古波斯、印度、埃及……的各种元素，不同时空被定格在三维的皮拉内西空间中。

午夜12点，在波茨坦广场中心的街头，还可以看到灯火通明的“性文化用品”商店。橱窗内展示了各种充满情色意味的展品。“被冷藏的欲望”装在华丽的、猩红色背景的橱窗中，严整的建筑为大都会提供庄重的纪念性，而室内的程式则给人以另类的“惊喜”，这是当代都会的独有特征：中性的结构作为舞台背景，其情节无论多么离奇，总不会超出允许的“私人圈地”之外。对于此类亚文化的宽容，使波茨坦中心成为真正意义上的复合中心。

Filmhaus

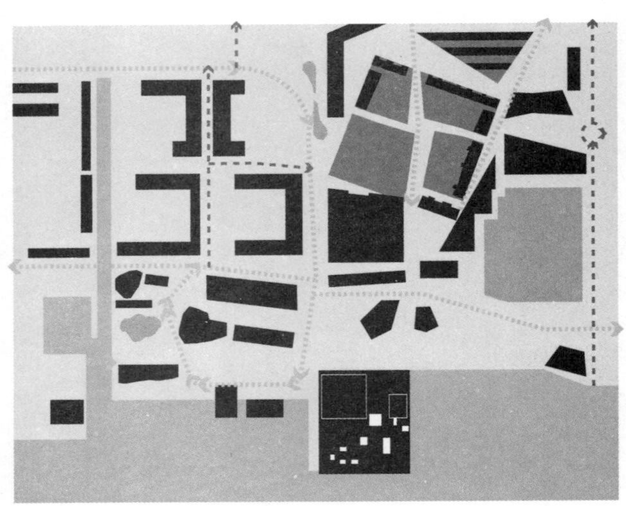

流线

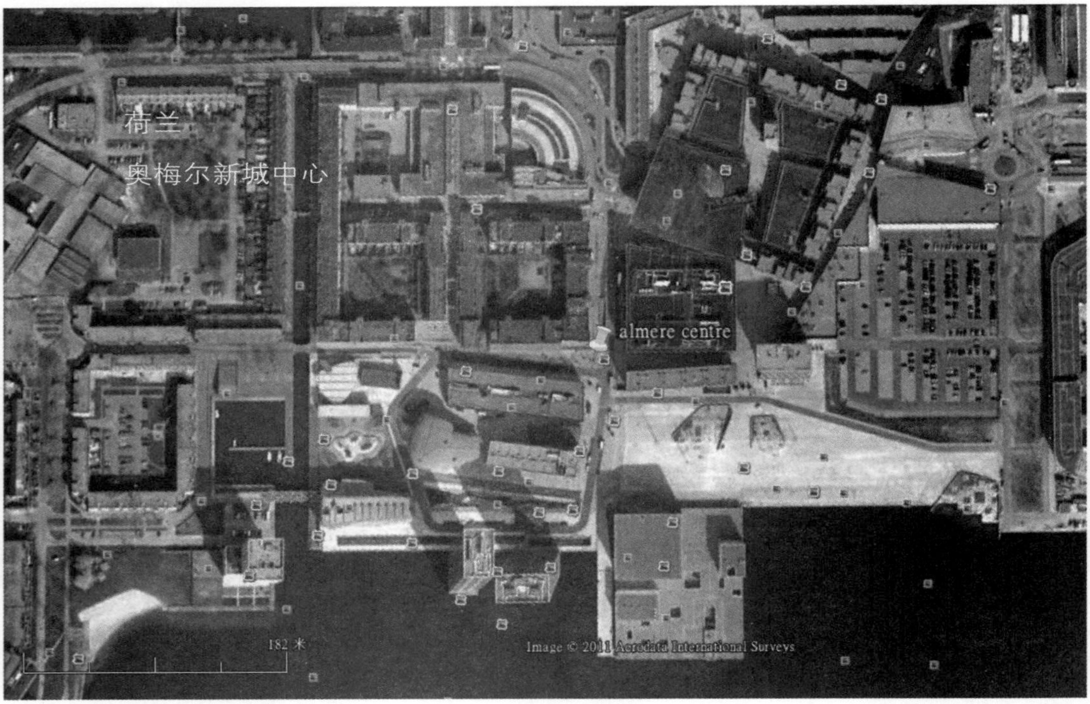

荷兰

奥梅尔新城中心

almere centre

182 米

Image © 2011 Aerodata International Surveys

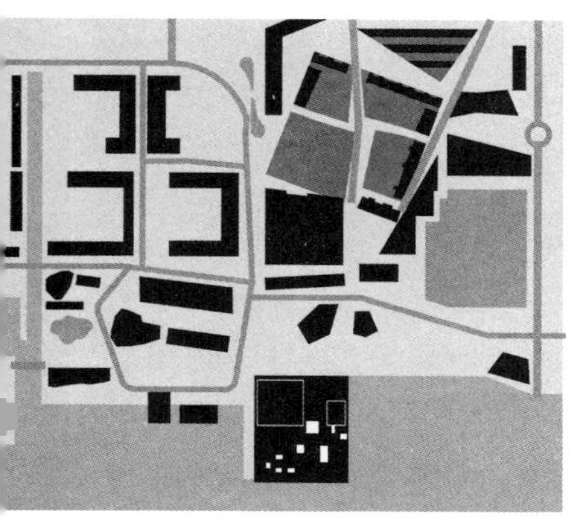

绿地

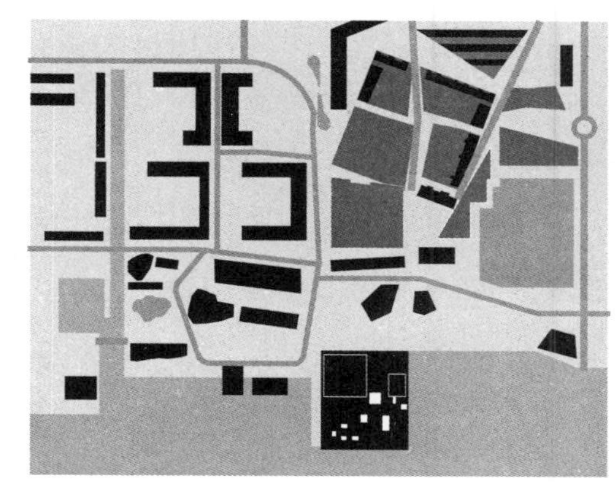

商业

文化艺术

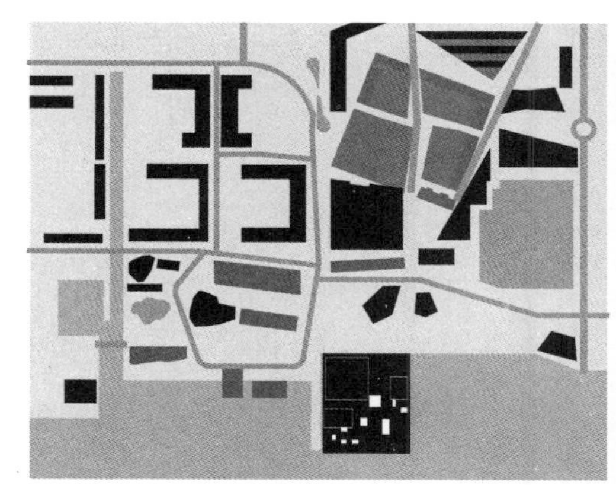

住宅

2. 荷兰奥梅尔新城中心

奥梅尔原来在荷兰版图上并不存在，是一个纯粹的填海造田产生的城市。1945年之后，阿姆斯特丹和乌德勒支等老城因为城市的快速发展，出现用地紧张的状况，紧邻它们的奥梅尔则获得了优先发展的机会，以缓解大城市的人口和资源压力。

1990年代至今的荷兰“环形都市圈”的发展，激发了一种连锁式的城市革新，通过部分保留旧有城市的景观与肌理，并逐步增加新的理想城市元素，从而抵抗现实的衰败。

目前，奥梅尔城有18万人口，分布在以奥梅尔城为中心的三个已建成区域中。奥梅尔旧中心是按照20世纪60年代流行的、以网格划分的多点式系统，呈现一种传统的欧洲城市中心的格局。新中心改造之前，它给人的印象一直是由分散的小家庭构成的低密度、郊区化的城镇，缺乏公共活动或者文化娱乐场所，但绿化尚可。如不改变发展模式，到2010年奥梅尔的建设规模将达到容量的极限，因此，政府探讨了一种基于地区现状的发展方式，增建一体化的铁路和公路连接它与周边城市，并且有火车直达斯基弗机场。便捷的交通使一个围绕城市环路的新型办公园区得以建立，并且带动了商业和贸易的发展。同时，OMA被邀请负责这个城市新城中心的总体规划。

OMA预计，10年之内，奥梅尔的人口将增长至40万人，这促使其必须由过去分散、无中心的状态向集中的、层级分明的、可识别的集聚状态转化。城市发展也对中心提出了新的要求，必要的文化设施（博物馆、图书馆、剧场）和大型的商业中心，将成为主要建设项目。OMA的规划，旨在建立一个“复合中心”，以回应社会各阶层的要求。奥梅尔由四个不同时代发展起来的区域构成，并且有其各自的特点。

OMA将新城中心功能集中在市政广场和水岸之间，以及曼德拉公园前的两块基地上。目前城市发展主要矛盾来自于南北向的城市布局及人流与东西向的快速交通之间交叉产生的互相制约。OMA的解决方式是将人流与建筑叠加在快速路之上，下部作为汽车通路和停车场，除了城市主干线之外，一个公交的环线提供了城市各部分之间的连接。

新城中心拥有4万平米的商业设施、1.2万平米的文化娱乐设施、925户新建住宅和2000个车位。西部沿河的大道被整合成娱乐休闲主题广场，丰富的夜生活和文化设施造就了活跃的水岸。这些措施如同给城市打了强心针，居民比过去更加乐于外出、聚集和交往，而城市的可识别性得到加强。

单体建筑设计以分组的方式组织，不同的街区和功能选择适合的建筑师担纲。除了知名建筑事务所之外，还给很多年轻的新锐建筑师提供了施展的机会。从1998年开始设计建造，全部新城中心2007年完工。

商业中心

商业中心由包赞巴克设计，与传统商业中心以单一超大体量包裹所有购物行为的方式不同，建筑师利用交通组织作为设计条件，在巨型的体块中切出两条交错的斜向捷径，延伸向各个方向的自动扶梯将人流从底层停车场和巴士站引向首层的商业广场，四个被切分的体量以各种连廊、天桥和平台相连，各种元素以近乎随机的方式布置，打破了惯常的单调感。

在垂直方向上，各种迥异的功能——停车场、商业、景观和住宅层层叠加，商场屋面被处理成起伏的景观，覆盖以草皮，而边缘则被联排住宅“紧箍”。景观成为住宅区的活动平台，而此景象在商业层则完全无法预知。建筑师有意增加了不同界面的差异，使感知过程中不断获得新鲜体验。居民在平台上的咖啡座可以俯瞰商业中心熙攘的人流，观看者同时也是被观看者，楼上楼下的人流借助建筑的罅隙和连接形成视线的互动。

MEXX
SCAPINO

SPORT
2000

湖岸剧院

SANNA设计的新城湖岸剧院，外形单纯简洁，内在却容纳了超越传统表演与观众关系的复杂内涵。通过组织边界、区分隔膜、定义透明与非透明，使传统的观众与演员的关系变为互相渗透。在游走的过程中，人们有机会与各种有趣的场景“偶遇”。当年，在这个项目进行评标时，SANNA提出了一个全部由“盒子”组成的空间。初看之下，这个由一系列矩形围合的透明模型，让人觉得单调而迷茫。妹岛开始用图解和漫画式的透视图对其进行解释，阐述了一个获取全新观演与互动模式的剧场方案。

两栋高层塔楼（Architecten Cie设计）体量同样单纯，由于其透明的表皮元素与百叶之间的错动而形成一种细腻、从容的效果。这种立面的处理方式在住宅中并不常见，如同两束石笋，与功能混合后形成两个竖向的立方体，继而成为两栋塔楼，它们被置于新城湖岸最前端的孤岛上，形成纯净的、极少主义的地标。

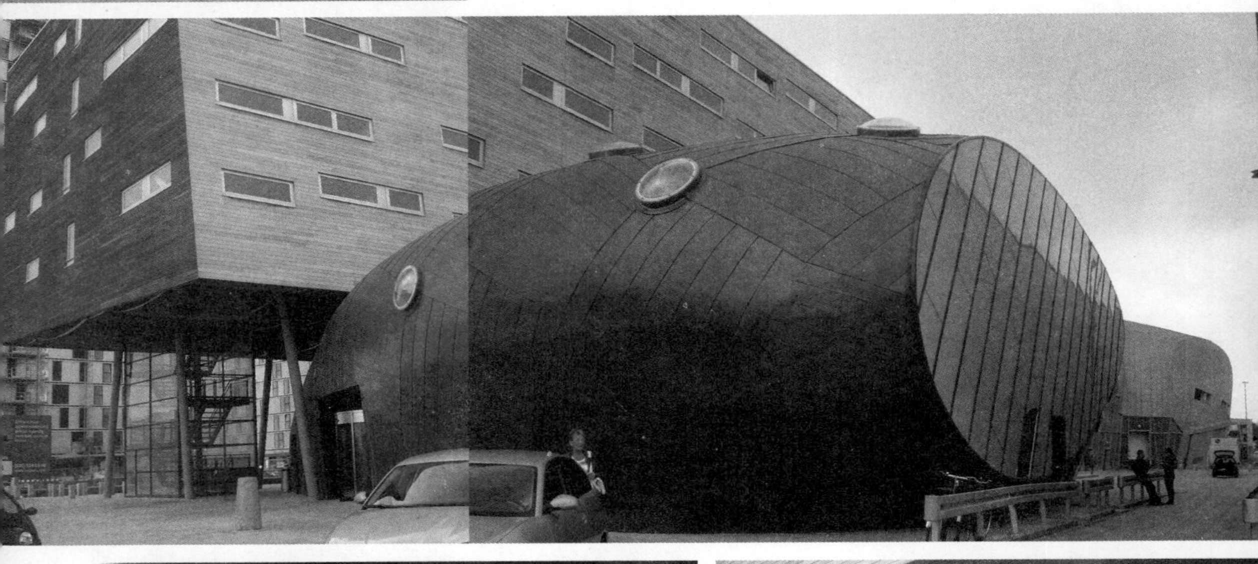

范・祖克的住宅拥有像波涛一般起伏的表皮

而另一栋底层架空的多层木制表皮的住宅如同“多足”的生命体，匍匐在地面上，它的身体下方还横卧了一个多孔的椭圆体的社区活动中心，如同外星太空舱。其组合具有强烈的未来主义倾向。

这一组合建筑的组织是对程式的实用主义诠释：在空间的结构中，低层区提供大众化的活动空间，无需日光；而高层区则用以安置个体家居生活，上下形成最便捷的互动。

阿尔索普设计的文化会所，采用半透明的U形玻璃包裹长直的体量。在末端以一个类似半球形的影院作为收尾，开洞的方式也随之变化。以剖面平滑转化的方式实现了饶有趣味的空间。

它们共同组成了一种功能体块之间象征主义的渗出物，程式主题的分裂式设计暗示了一种成熟的建筑策略：将单栋建筑依据其功能专横地分开，否定了两者之间的依赖关系，证明了在当代都市中，确定结构内程式的不稳定性。

OMA设计的大型娱乐休闲中心，这一系列的文化娱乐建筑构成了奥梅尔规划的可识别性。它成为一个开阔的新市镇，并且同时具有舒适性、娱乐性和前卫感。不仅来源于其硬件的升级——各种新建的剧场、博物馆等，更基于其与流行文化的接轨而带来的事件性。

奥梅尔新城中心的更新是全球化时代商业狂热中的一个温和的特例，最大程度地在一个“城镇”级别的城市中心提供了都会中心的品质，并立刻转化为现实，如果说新城中心是整个城市更新的开端，如今它成为更多可能性的激发器，并且将新城的格局一次性地完整勾勒出。

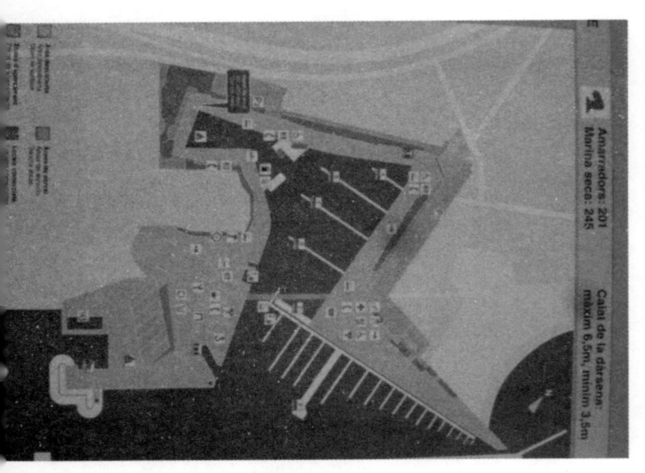

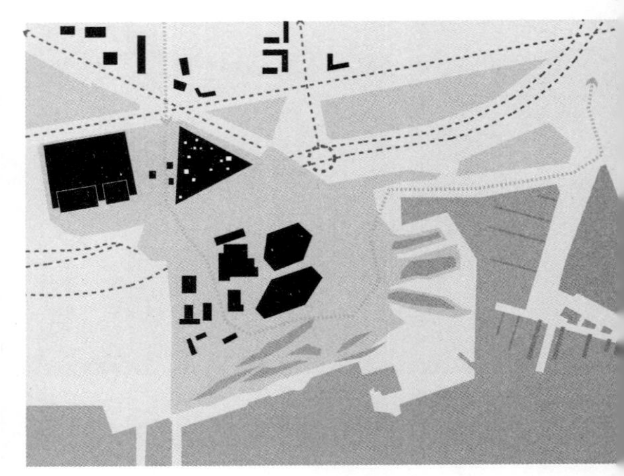

3. 巴塞罗那德马斯新区中心

单从区位上看，位于巴塞罗那城东南角沿海地区的德马斯新区并不能算传统意义上的中心，但是，无论是其功能组合、区位影响还是建筑水准，都可以和任何一个老城中心相媲美。此区域可以看作是“新建中心”的代表。在我们的视点中，“中心”的概念远不仅限于地理或空间的指涉，它的决定因素更在于其实际的经济、社会、心理方面对于周边的辐射能力，如果以此标准判断，即使偏居一隅，它仍然具有中心的效力。

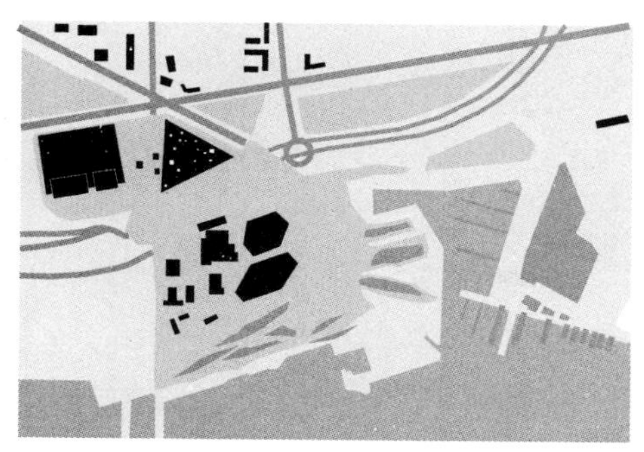
景观

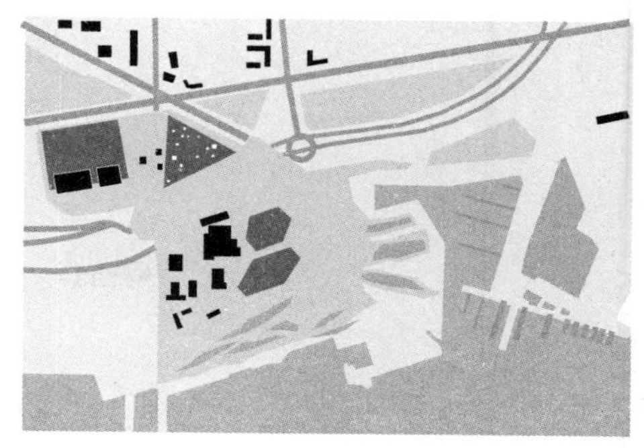
文化

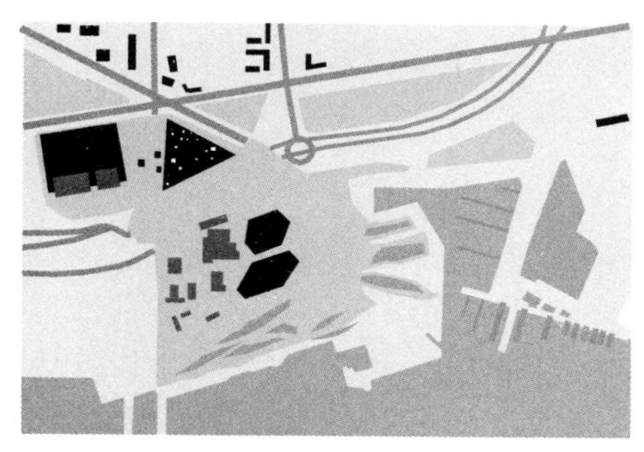
办公

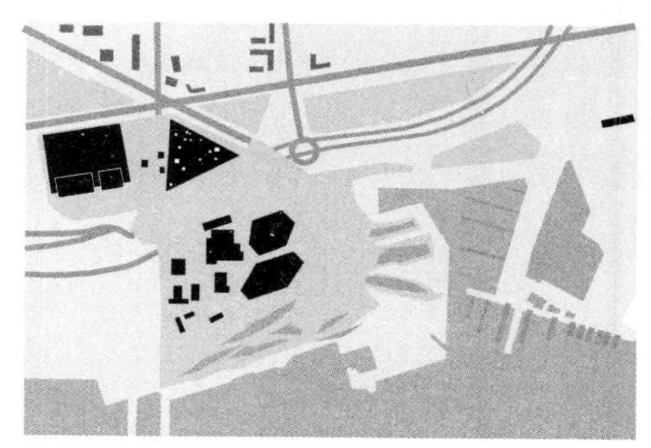
住宅

德马斯海滩新区的“程式”构成是完整的中心所必备的：

1）文化与演艺、展览中心（赫尔佐格&德穆龙）；

2）会展中心+商务办公（路易斯·马泰奥）；

3）丰富多变的海滩景观（FOA)；

4）便利的交通：地铁、快速路及电车直达，连通老城；

5）自然因素：优美的海景和宽阔的海滩（休闲娱乐）；

6）一街之隔，紧邻高密度城市住宅。

以上因素使该海滩可定期举办大型公共文化活动，丰厚的自然资源和周边人群保证了此处长年的人流量，又不像老城中心那般拥挤。

文化与演艺中心

Herzog & de Meuron设计的El Forum，建筑的形式依然是极简省的，越单纯抽象则越近乎纯粹的极致，人工的、突兀的，与现实相对立而又与场地贴切的锚固在一起。在逐渐向海面升起的坡面上，三楼的厚重体量近乎不真实的漂浮在半空，与地面隐约的有些许触点，却是几近消失的。上部实体粗糙浑厚的外抹灰面对光线的吸收，下部印花银色金属板的拼接对于光线的反射，与玻璃界面的调节，光线在几种材质之间不断游移，材料原有的性能在叠加和交错中各自得到了升华。

有人认为H&dM的建筑偏重于表皮的传达而有意的忽略空间，的确他们多数作品的形体都是简洁的，甚至给人刻意而为的错觉。其实，接近并且进入建筑之后，才能发觉他们如何利用材质与场地本身，通过极其微妙的处理，来促成空间的形成。并且这种空间没有一刻是确定的，随着时间和日照而不断迁移。只能说，以一种举重若轻的方式实现了极少与丰富的相悖统一。

会展中心+商务办公（路易斯·马泰奥）

能容纳近千人的会展中心，可举办大型公共展览、发布会、演出等，成为人流聚集的焦点之一，其表皮由多块穿孔金属板构成，如自然山体一般起伏不定。

021

PORT
FORVM

FOA为德马斯海滩所做的景观，具有类似横滨港码头一样多变的效果。（据说横滨港那么多变化的细节，所用的设计程序语句竟然只有一个，是以参数化方法实现变化与统一的经典案例，不知在这个景观设计中，他们是否尝试了同样的方法。）这个海滩同样起伏、同样辗转、同样不停地变换视点。在卵石、褐色金属和植物刻意形成的几何之间穿行，我们体会到各种“距离感”。景观的尽端是过去的海港码头边缘，如同海崖般矗立的、突兀的终止。一个巨大的金属桁架构筑物夸张地悬挑在崖壁上，海风强劲，似乎要把人和桁架一同卷走。

4. 欧洲中心

欧洲曾经是“现代都会”的发源地，但现在新型的城市模型由亚洲和非洲的发展中国家决定。根据最近联合国的报道，欧洲人口在未来50年内将持续减少，亚洲人口增长将达到40%，而欧洲人口将减少13%，欧洲的下降与亚洲的增长同步。而在城市发展方面，欧洲城市也是与亚洲背道而驰。中国的珠三角的摩天楼周围可能是大片农田，而德国的老工业区鲁尔的工业遗迹正在被城市肌理包围。两种情况都是城市集中化或者分散化的互相较量。当发展中国家试图向更大的、荒芜的领域开拓城市空间时，欧洲城市正在向内部加强密度。欧洲的现代性同样厌恶真空，于是对内的填补形成一种复合的新型城市性，取代了被历史淘汰的部分。

比利时的布鲁塞尔、荷兰的阿姆斯特丹和德国的鲁尔区，这几个城市形成的都市圈被称作欧洲的“核心区”。有3200万人口，占欧洲总人口的9%，这是一个城市集群，由一系列城市和其周边城市组成，没有一个单一城市超过一百万人。它的特别之处是：拥有最高的人口密度，却仅仅有最低的城市密度。

核心区从来没有所谓的“中心”，它的增长均布于广大的城镇，数百个城市有数百个中心，每个都有自己的边界、基础设施网络、博物馆以及医院。有2/3的人口住在不知名的城市里，这些城市规模都不超过20万人。

这个核心区在公元1300年左右就已经形成，那时欧洲已经实现了城市化。中世纪之后，这里曾经产生过欧洲最高密度的城市，尽管工业革命时期曾经伴随城市的爆炸性增长，核心区的城市模式却并未改变——它分散成一系列次中心，每个中心宣扬其自身的特征、历史及中心性。大量的环路为新文化的展示提供了空间。过去几十年中，此区域整体人口以每年0.2%的速率下降。更多的城镇产生了类似于村

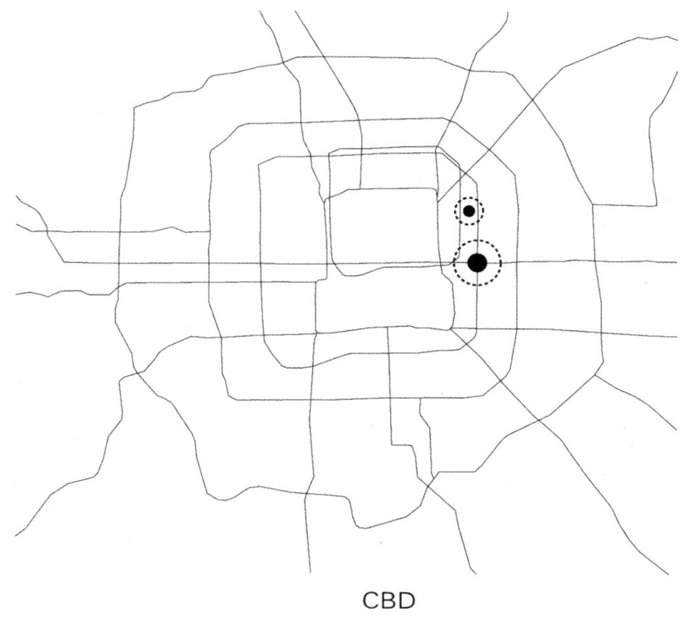

CBD

metro

北京的单中心城市格局

庄的景象，而市中心则缩减为商业步行街。同时，城市边缘却被一系列混合功能填满，例如商业、娱乐、工业、物流、办公等等。这些被库哈斯称为“通属城市的元素”，在绿地之间间或出现，而中心区则逐渐空心化。城市成为它自己扩张之后留下的“空白”。空心区在三个中心城市周边延伸，形成一种多孔文化。

同时，这三个区域的特征也出现了同质化的趋势，三个中心宣誓要成为“联合的都会网络”。自由主义正在受到挑战。

1982年，后现代主义建筑师们齐聚布鲁塞尔，签署了《布鲁塞尔宣言》，宗旨是反对欧洲的现代化，重建“古典欧洲”。欧洲城市将被重构成“乡村广场”。同时，布鲁塞尔市长发起了“削去塔楼”运动，在经历了100年的现代化努力之后，欧洲要找回中世纪的天际线。此时的欧洲中心，明显是保守主义开始抬头。

核心区的三种主流文化——现实主义、超级写实主义和超现实主义已经变得很接近。从丢勒的现实主义到维米尔的超级写实主义，再到达利的超现实主义。

欧洲的核心区正在受到“同质化”的困扰，而除去了这一点，其本身发展模式却是特别的。当欧洲面临大城市空心化的同时，欧亚大陆另一端的我们，却正在面临相反的困扰——超大型城市的过度向中心集中化的现象。北京则是一个最鲜明的例子。城市一直以“摊大饼”的形式由中心向四周扩张，而主要的行政中心、商务中心、购物中心等全部集聚在东西三环之内。城市人口已逾两千万，居住空间已经蔓延到六环之外。每天有数百万人口在早晚高峰向城市中心作聚集和离散运动。看看北京的地铁线路，在2012年之前，东西向大动脉仅仅有一号线一条线路，而所有南北向的线路和环线全部交汇在一号线上（也是目前所有城市中心所在的沿线）。如此，一号线乘车则苦不堪言。这仅仅是城市交通的一个方面，其他诸如资源、消费场所、工作机会等各方面的压力也全部集聚于中心。

如果说，欧洲中心的分散现象正在遭遇“同质化”的困境，剔除了这个缺点，这种中心空白的趋势岂不是正好可以成为中国超大型城市的良药？当然，我们的超高密度中心是不可能“空白化”，但是至少可以有效舒缓。北京的整体规划中有“一轴两带多中心”的构想，这“多中心”的步伐似乎还是慢了点。至于欧洲城市的各城市“同质化”现象，则无需太过担忧，这完全可以靠各次中心之间不同定位来解决——如柏林已经采用的策略那样。

4 中国式居住系列

中国式居住批判

当居住成为一种奢侈品

中国最大的问题，就是所有人都不觉得有问题的事情有问题。对于目前中国居住建筑设计品质的低劣以及与其相关联的单调而简陋的生活方式，从建筑师到大众，全部陷于一种集体的漠视状态。或许是广告及媒体的力量太过强大，似乎人们真心相信由地产开发所主导的现状已经是一种完美的状态。

中国式居住: 公有—私有

自从1990年代末期中国开始全面推行住宅商品化政策以来， 国人的居住方式发生了“翻天覆地”的变化——也许居住方式本身并没有太大的改变，改变的是住宅获取的方式、“住房”地位的变化以及这种变化对于中国人生活所造成的冲击。其后短短十年间，这种转变的剧烈和迅猛，是大多数国人都始料不及的。

自此以后，中国人的住房由过去国家或者单位主导建设，并带有福利性质的统筹分配方式，转变为国家出让土地，由国有或私营开发商完成楼盘的开发建设，并最终出售给独立个人使用的形式。在新中国成立以前，国人的房屋本是私有的，如北京四合院、上海石库门、广州西关大屋等等，均为私有。新中国成立后，土地和房屋都成为公有制所主导和控制的事物。彼时，是不以金钱而是以身份划分住宅的时代，所有房屋先收归公有，再由公家按照个人身份进行配给，那时的房子只有居住价值，并没有投资和流通价值。住房产权并不属于个人，尚且无人意识到要将其私有化。进入商品住宅时代，房地产商为了促销，普遍宣扬这样的观念：买房不仅可以居住，还可以保值。房子的投资价值从此以后首度大于了居住价值。同时，由于中国人普遍缺乏安全感，“租房”的形式无法满足他们对于居住的终极需求，再加上所谓“丈母娘经济”等人为因素的刺激，国人一窝蜂的扎堆买房，面对高于个人收入数十倍的房价，很多家庭需要倾注几代人的积蓄才仅仅够付首付，但是，人们买房的热情仍然从未减退。要知道，即使在发达国家，拥有住宅产权的人也仅仅有40%左右。大部分人还是以租房的形式居住。而在中国，即使刚刚走上社会的年轻人也普遍受这股潮流驱使，相当比例的人沦为“房奴”。国人如此热衷买房，还因为他们心中一直潜藏了一种普遍意识：在中国，房子，只会涨，不会跌。任何一

收入／房价比：
德国：11.5，美国：2.93，日本：3.5，中国：1.32，俄罗斯：0.69，印度：0.13，伊朗：0.6（比值越高，说明该地民众越容易买房）.

个发达资本主义国家的发展史都证明，房价不可能永远只涨不跌。可是，有多少国人能具有这样的长远眼光？

以上是从经济学角度简单阐述一下中国商品房市场的现状——“一场疯狂的盛宴”。虽然高企的房价成为国人的痛楚，但是这却并不是我们关注的重点。房价再高，它也并不是建筑师职业范畴内的问题。高房价的问题应当由政府、经济学家、社会学家来讨论和解决。作为建筑师，我们首先关注的是住宅作为“建筑”本身的问题，大众可能往往只注意到房屋天价，但是，其实就居住品质而言，中国住宅的问题实际上更严重。大众被开发商和广告媒体共同制造的价值泡沫所蒙蔽，逐渐堕入一张精心编织的网中难以自拔。毫不夸张的说，中国没有真正意义上的高品质住宅，所谓的“豪宅”多数是各种昂贵材料堆砌而成的俗物而已。

经过十余年“如火如荼”的发展，中国住宅的现状如何呢？艺术家及建筑师艾未未这样描述北京的住宅：

“北京是非常折磨人的，有无数巨大的小区，你要是围着小区走就死定了。没有地方让你停留，很不友好；没有对外的设施，跟城市没有合适的关系，在一个特殊的时期，每个人都搬了家，邻里间互相不认识……北京的住宅设计，基本上没有什么想象力，大多都在贩卖最无知的价值观，吸引一些惶惶不可终日的人；多数社区是简陋的，多数消费者是无知的。他们对生活进行独立判断的可能性和判断的基础，在很早以前就被剥夺或者丧失了……设计市场是强权面对无知的市场。”

艾所描绘的北京住宅的问题，其实在全国各地普遍存在。中国式商品房在建筑层面上，对于国人生活的“负作用”，主要体现在以下几点：

1）单调、苍白、缺乏创意的设计所导致的简陋而重复的生活模式。

2）以市场为名的恶俗的审美取向对于大众审美的误导。

3）严重偏离现实的过度包装和过度修辞所刻意营造的阶级差异感。

4）封闭社区的孤岛效应。对于本已严重疏离的当代人际关系进一步的分化。

1. 模式单调，生活简陋

中国房地产的原罪首先在于：表面上提供了光怪陆离的诸多选择、诸多噱头，其实真正的居住组织模式却苍白单调的可怜。

“中国式地产”打着“以人为本”的旗号，考量的重点却始终不是人而是利益。尽管有所谓众多的“创新户型”，可如果对其空间组织稍加类比就可发现，往往简单到可以用几个字来概括——房门内房间的标准是“X房X厅X卫”，房门外单元的组织是“X梯X户”。房门内房间排布的通用标准是：“南卧南厅，明厨明卫，户型方正，通透大气”，房门外空间的利用原则是：“核心筒置于背面，公摊紧凑”。有了以上几点“守则”，几乎中国所有的多层及高层商品房都是一个模子里刻出来的了，可是只要套上一件件或“法式”或“英式”、或“地中海式”或“南加州式”的华丽外衣，他们就堂而皇之的成为了所谓代表“前卫小资”生活的标杆，并且“一次次地引领了居住的时尚潮流”。

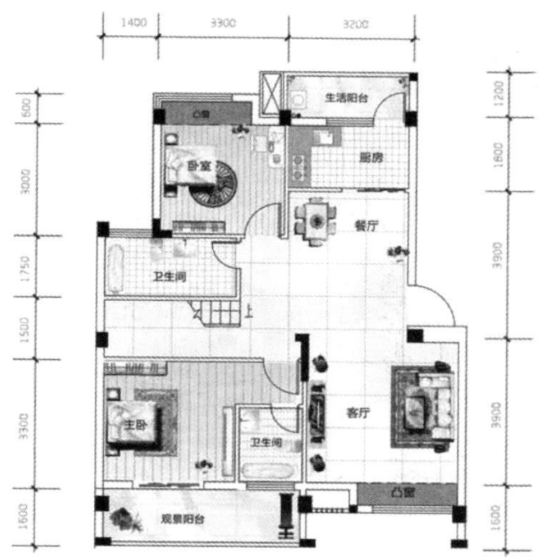
1400
3300
3200
600
3000
1750
1500
3300
1600
1200
1800
3900
3900
1600
凸窗
生活阳台
卧室
厨房
餐厅
卫生间
上
主卧
卫生间
客厅
凸窗
观景阳台

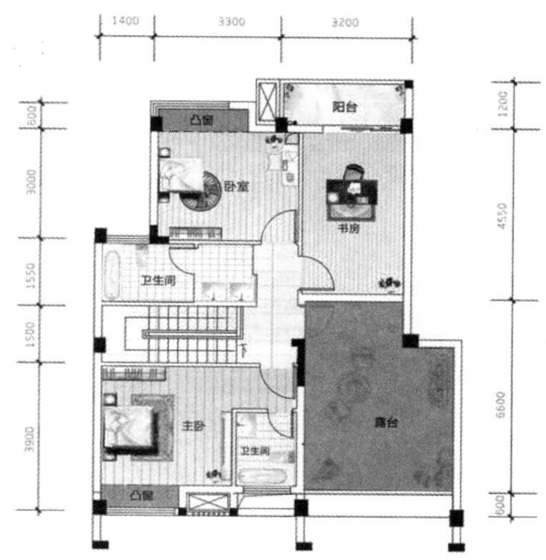
1400
3300
3200
600
3000
1550
1500
3900
1200
4550
6600
600
凸窗
阳台
卧室
书房
卫生间
下
主卧
卫生间
露台
凸窗

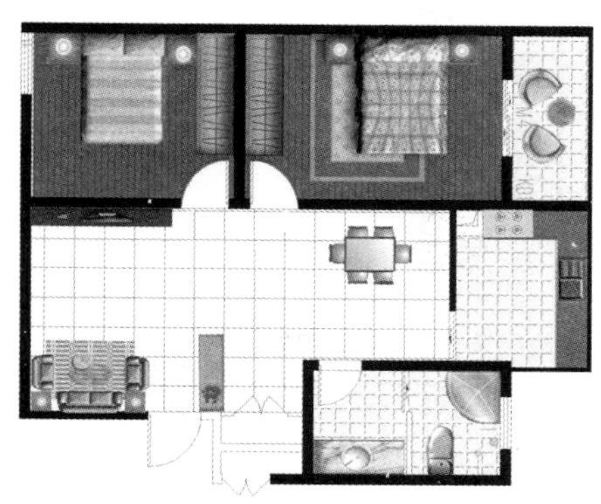

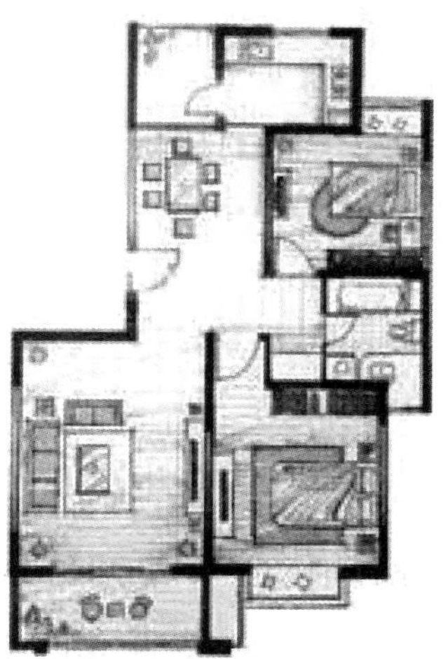

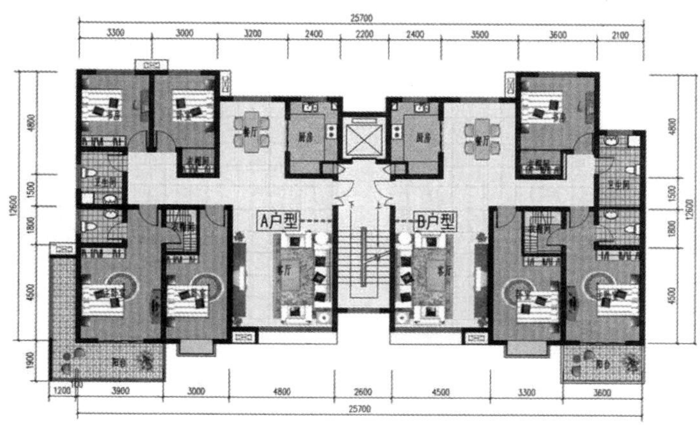
25700
3300
3000
3200
2400
2200
2400
3500
3600
2100
4800
1500
1800
4500
1900
12600
4800
1500
1800
4500
12600
餐厅
厨房
厨房
餐厅
A户型
B户型
客厅
客厅
1200
3900
3000
4800
2600
4500
3300
3600
25700

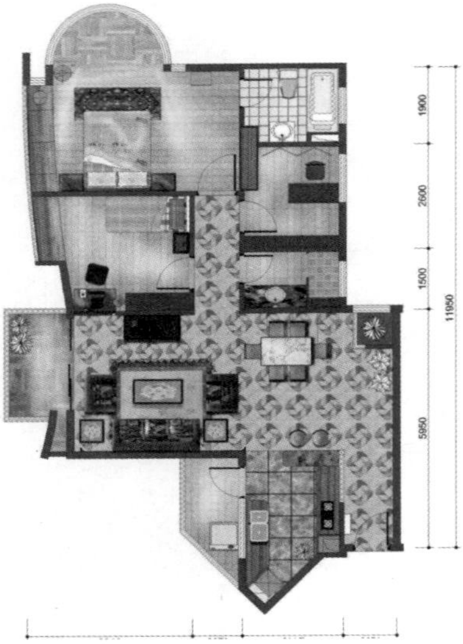

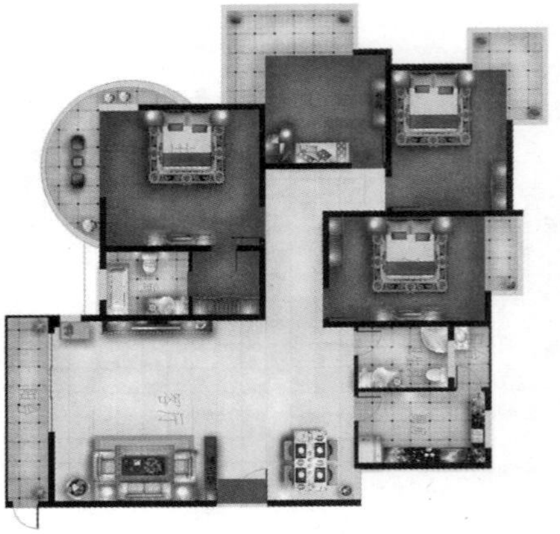

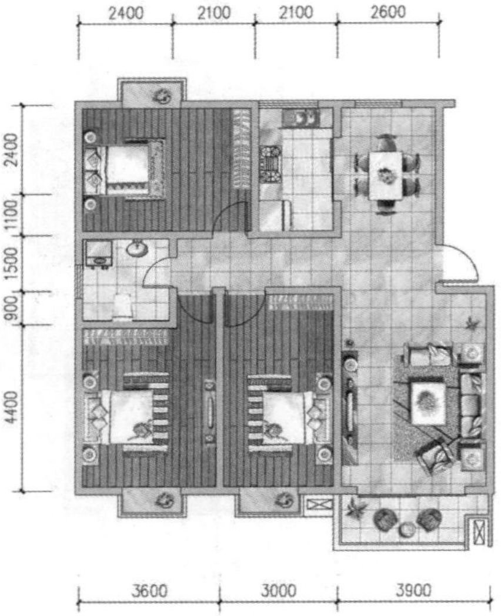

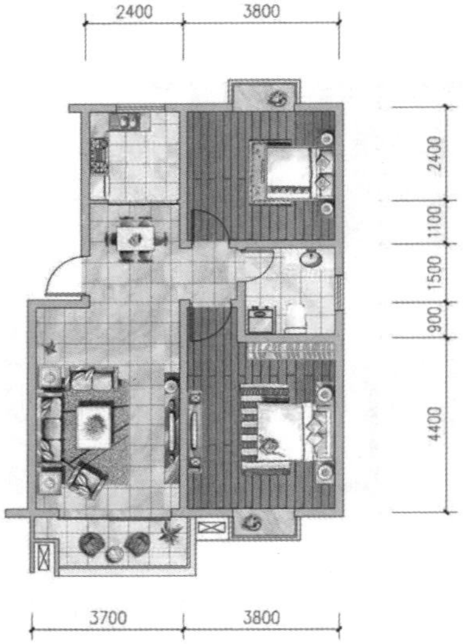

表面纷繁的户型选择，
却难掩其背后逻辑的
单调和自我复制。

就连在国外被当作体现业主个性的别墅类住宅，在中国，其实也就是“X房X厅X卫”中“X”的数值变大了的版本而已。业主自身的个性是不重要的，别墅的意义更多地在于显示其所有者是那一类“极少数人”。

中国式商品房在各个城市、区域所面对的环境、文脉和需求可能是90%都不相同的，却产生了90%都相同的结果。建筑师作为专业人士，在整个设计及开发过程中长期处于失语的状态——如同被绑架的人质，一边被枪指着脑袋，一边还要向家人报告“一切安好”。他们仅仅是将开发商和销售的想法落实到图纸上的工具而已。在这背后，有更霸权的力量主导其生产过程。

中国目前每年消耗掉世界三分之一的钢材和混凝土，建设量等于世界其他国家的总和，这么浩大的造城运动中，有70%是商品房和商业项目。而构成以上内容的主体，则是我们上文所提及的那套简陋逻辑所孕育的一大堆“忽悠”产品。但是，13亿中国人竟然就认这个。

2. 审美误导

中国的土地是神奇的容器，能够负载多重含义，顺应各种形式，并且联结差异化事物。

开发商热衷于对“异域风情”不加理解的“拿来主义”，并且往往还要加上自己的“独特品位”，对其进行富含“中国特色”的转换和变形。中国地产界流行的“异域风”不可谓不丰富，除了“法式”、“英式”、“日式”、“意式”、“泰式”，还有“加州风格”、“地中海风格”，从全球各地异域建筑风格中抽取某些最简单的符号，并将其迅速放大至某种风格的代名词。中国的商品房热闹程度足够可以开一个万国博览会，但是如果让真正的欧洲人或者美国人、日本人来看看这些打着他们国度建筑风格旗号的产品，其感受会像看“达芬奇家具”一样——陌生而荒诞。穷尽了海外的意象，近年来又有回归本土的“新中式”，无论是哪一式，都仅仅是对于风格的简单而功利的套用。一方面，风格原产地的居民早已不再使用这些几个世纪以前的古典风格来建造新住宅；另一方面，每种风格都有其特定的文化土壤，缺乏上下文语境的生搬硬套永远只是一种主题公园式的怪异的拼贴而已。

商品房已经采取狡黠而独断的手法，迫使大众放弃对于真正审美的追求，而高唱关于“庸俗美学”的颂歌，其审美水准在楼盘与广告的轰炸下被反复贬抑。我们

可以清晰解读其意图，却对此无能为力。

中国的商品房是真正的“极少主义”建筑——以最大化追逐符号价值的努力，最终实现了对于“意义”的全面消解。

3. 过度修辞与阶级营造

罗兰巴特的《符号帝国》指出，我们消费的不是消费物本身，而是它所具有的符号意义。因此，开发商着意将楼盘内容定义为具有特定意指的社会符号，这些符号因为其交换功能承载起过度的所指与能指，内涵与外延。

为了增加地产的附属精神价值，销售及策划人员穷尽想象，用所有相关或不相关、沾边或者完全不沾边的美好词汇，来“包装”这堆混凝土产品，最大限度地制造买房者身份的幻象。在平庸的建筑背后，是华丽词藻的盛宴，使购房者和潜在购房者在一遍遍的对自我身份的意淫中达到高潮，从而最终陷入开发商与银行精心设置的陷阱中，安心沦为房奴。

优尚生活，榜样人生

房地产开发商常用修辞分为以下几类：

（1）使用建筑类语汇提升场所价值：

邸、府、苑、馆、堂、庭、台、院、庐、轩、居、阁、城邦、山庄、领域……

（2）使用景观类语汇增加浪漫情调：

花园、海岸、银滩、半岛、湾、畔、广场……

（3）异域风情类定义制造“生活在别处”的体验：

拉德方斯、香榭丽舍、凯旋门……

（4）夸张定语类：

高尚、尊享、顶级、帝王、订制、时尚、优越、国际、极少数人……

过度的修辞，根本上是一种对于阶级分化的公然鼓励，这与我们一直以来所追求的“平等”的价值观背道而驰。它明确地告诉你：中国商品房就是给少数人准备的菜肴。我们曾经反对的，如今被公然正当化。

根据“符号营销”的策略，这些定义在设定伊始，就已经成为它们要激发的内容的答案。对于精神的控制已经超出了可预计的范围。地产修辞制造了“身份幻象”，而幻象又催生出更大的真实阶级差异。

4. 封闭社区

西方将中国住宅区称为“Gated Community（门禁社区）”，非常传神地描述了这类社区的特点。由开发商们所制造的大小不等的楼盘， 是被各种形式的围墙围合的独立圈地，门口设置保安和门禁，由此完成对内的集聚和对外的限制。

中国民居建筑有运用“墙”的传统，合院如今被放大到社区的尺度。这与计划经济时代以单位作为群体划分的“大院体制”有某种共通之处。

为城市创造更多可能
FOR URBAN CREATION MORE POSSIBLITIES
以世界的眼光规划未来
By world judgment plan future

门禁社区的普遍采用，表面上是打着“安保”的旗号，实际上其暗含的将某一族群孤立的精神作用，远大于其功能意义。门禁社区，是一种刻意而为的孤岛。居民，是这些孤岛里面“自愿的囚徒”。越所谓“高端”的社区，这种孤绝感越明显。从而使其居民陷入一种“自我崇高化”的幻象中。

与这些城市孤岛同时建立起来的，是人们的居住心理，其意象经过精心的策划与提炼，保证了此营销的策略更加有效。社区的孤岛将城市切分成更细碎的小块，隔绝了不同阶层的交往可能。通过隔绝来制造身份感的方式，暗示了围墙就是“阶级”的隐喻。

高产阶级已经不用贷款就住进了这些“豪宅”中，悠然自得地享受着其他人艳羡的目光；

中产阶级（伪中产）已经付了首付，正在一边为自己终于拥有了一套这样的“物业”而感觉“平安喜乐”，一边在外面咬紧牙打拼，以还上那每月不菲的贷款；

低产阶级（蚁族）们眼巴巴地看着城市中不断升起地平的住宅楼，每天盘算着自己干瘪的腰包什么时候可以凑够首付，拥有一套这样的房子也许是他们一生的梦想。

如何才算真正的栖居？

我们不能奢求普通大众都能达到海德格尔提出的“诗意的栖居”的境界，但是，出于职业的良知，至少应当让那些倾其一生积蓄买房的业主，了解到理想的居住标准应当是怎样的，是否还有更好、更有意思的选择——因为居住决定了生活方式。

西方人（别墅、洋房和高层住宅的发明者）并不在意房子是不是豪宅，即使它们需要豪宅，其基本品质也最起码是一个为业主度身订做的特别的设计作品。大部分人懂得欣赏设计师的创意，以能够享受特别、新奇的居住环境为乐。有了这样的土壤，才可能有MVRDV在阿姆斯特丹河岸边的一栋方盒子老人集合住宅里面放下了十几种不同的“户型”；有了这样的氛围，才可能有BIG在挪威设计的如山坡一样层层堆起来，户户有开放花园的房子；而这样的作品，在中国，必定是要被业主以“容积率没到最大”或者“不能在已有住宅类型中找到依据”等因素而被舍弃的。而他们VM住宅中那些“希望住户能体会到泰坦尼克船头上的浪漫感觉而设计的”楔形的、尖锐的阳台，则一定会被以“风水上不吉利”的理由而不得实现。

再看看我们的近邻日本，如果业主没有对于设计和艺术相当的鉴赏能力和尊重，谁能够乐意居住在SANAA近乎透明的房子里，或者藤本壮介“挑战身体”的洞穴中?

另一方面，当居住成为商品，那么住宅的命运则掌握在商品的生产者开发商手中，建筑师马清运曾经在贝尔拉格学院的一次讲座时提到：中国建筑师的首要任务，并不在于引导民众，而在于教育业主——这和中国古代孔子为传播思想，游历诸国向诸侯布道的道理一样。此话结合中国的现实看来，不无道理。

那么，中国的“实验建筑师”在房地产方面的努力，结果如何呢?2012年普利兹克建筑奖得主王澍在他“唯一的商业建筑项目”——杭州的“钱江时代”高层住宅中，尝试将“院落”这种中国传统住宅的元素，引入到当代高层商品房项目中。更准确地说，他想引入的是一种传统的“邻里”式的生活方式。他自己对这个项目的定义是“垂直的院子”。

而实际的使用效果是，住户对于这个设计师苦心孤诣的为他们设计的空间似乎并不买账——很多院子都空置了，而未被充分利用。王澍自己对此的理解是：现代人已经习惯了那种不相往来的都市生活状态，要想将他们拉回过去，是一件非常难的事情。（理想主义建筑师的永恒悖论——前卫的设计不被大众理解？）我却认为，这种现象的深层次原因在于，中国民众的审美与价值取向已经在长期的商品价值的引导下被严重抑制和扭曲，当“高尚”“尊享”成为民众追寻的主导方向，谁还真正关心住宅的个性和生活的情趣?

另外，在中国政府目前推行的，为改善低收入人群居住状况的廉租房和经济适用房市场中，实验建筑师们普遍缺席。王澍表示，他曾经多次主动争取，甚至愿意免费做此类项目，但是竟然一直没有获得机会。这究竟是何故?需要相关主管部门思考。

中国式居住以“利益”之足前行，鄙俗的伦理被转化为虚假的“创意”，实际上早已放弃了人性、诚实以及对于设计的整合，各种怪诞、品位、时尚及虚荣被置于核心地位，建筑师如果继续沉默，我们的城市将越发“不可避免地走向庸俗”。

编者点评

现在，“中国式买房”如同中国式过马路一样，成为非理性、集体冒进的行为，而中国式居住恰恰在各种浮夸的外衣下，包裹着极度营养不良的价值取向。

想的传奇
建筑一道贵族色彩 品鉴一方美学空间
品位一份怡然自得 荡漾一股生命活力
坐拥一处旺地静宅 体会一种尊崇感受
I FIRST RECEIVED THE INVIT
以城市心脏的名义

六角住宅

——河西新城·南京

河西地区是南京市重点发展的城市副中心，因其紧邻主城西侧，西邻长江。相对于其他几个新区，江宁、仙林、浦口等，具有先天的优势。因此，政府对此地的规划，采用了以办公+住宅+商务休闲为主的模式，其目标是将其发展为当下中国各城市流行的“中央商务区——CBD”。

河西新区是对于在一块空地上空降不同的“程式”的探索式诠释，它不可避免地遵循了中国“官造”城市的传统，依赖轴线、天际线、物质网络、纪念性景观与格局等等。

借助2005年“十运会”在南京举办的东风，河西新区利用这次城市事件，不仅建起了南京满足标准比赛需求的大型综合奥体中心，同时启动其周边的商业及住宅建设。其后，随着中国的房地产的“火热发展”，在短短5年时间内，河西房价从4千元/平米，成功提升到了2万元 / 平米左右。

当发展10年之后，河西地区颇具规模——这里有南京主城区最宽阔的城市道路，层级分明，交通顺畅，且绿化完好；这里有南京最大的综合性展览馆，可以承接多项会展事宜；有南京最齐备的体育场馆，可以举办大型体育赛事或者文艺演出。

严整规划的网格暗示了对整体的控制、对孤立的符号性的建筑的意义的排除，以及公众权属的神圣性，在整个片区范围内，建筑都在网格的超大尺度与人居的亲人尺度的转接之间周旋。

但是，有两个关于居住的问题始终未得到解决：

（1）与其他所有“中央商务区”的住宅一样，它具有了“中国特色商务区”的通病——基本的生活配套匮乏。住宅颇多，而相关的商业、服务及休闲设施落后。

整个“泛河西”地区仅有万达广场一家综合商场，虽然可算“一站式消费”，但是每个住宅区附近的社区商业严重缺失。河西的住宅仅具有“睡觉”一项功能。

（2）每个住区规模巨大，被铁栏杆围住，邻里之间互相不认识，不往来。居住方式进一步加剧了人与人之间的隔阂，是更多无法选择的生活模式急剧膨胀的结果。

（3）单调的行列式。从航拍图上可以看出，河西地区如此大面积的住宅都遵循着传统的“南北朝向”，成了千篇一律的行列式住宅，这是中国建筑的一大特色。不仅是河西，也不仅是南京，打开google earth，看看任何一个中国城市的航拍图，你会发现90%的城市住宅都是南北行列式的。单调如一的景象遍布中国大地，其肌理用令人惊骇来形容也不为过，如此单调却如此堂皇，从来没有人提出异议。房产开发商的理由是“风水”、“避免西晒”、“南面阳光充足”等等。

任何不遵从此项原则的平面布置均被抛弃，建筑师们轻松地复制相等间距的各类板楼，加强了相抵触的表演的同时性，将住户囚禁于一个单一的“母体城市”中，且可以轻易忽略他们之间所传达的、完全相悖的信息。

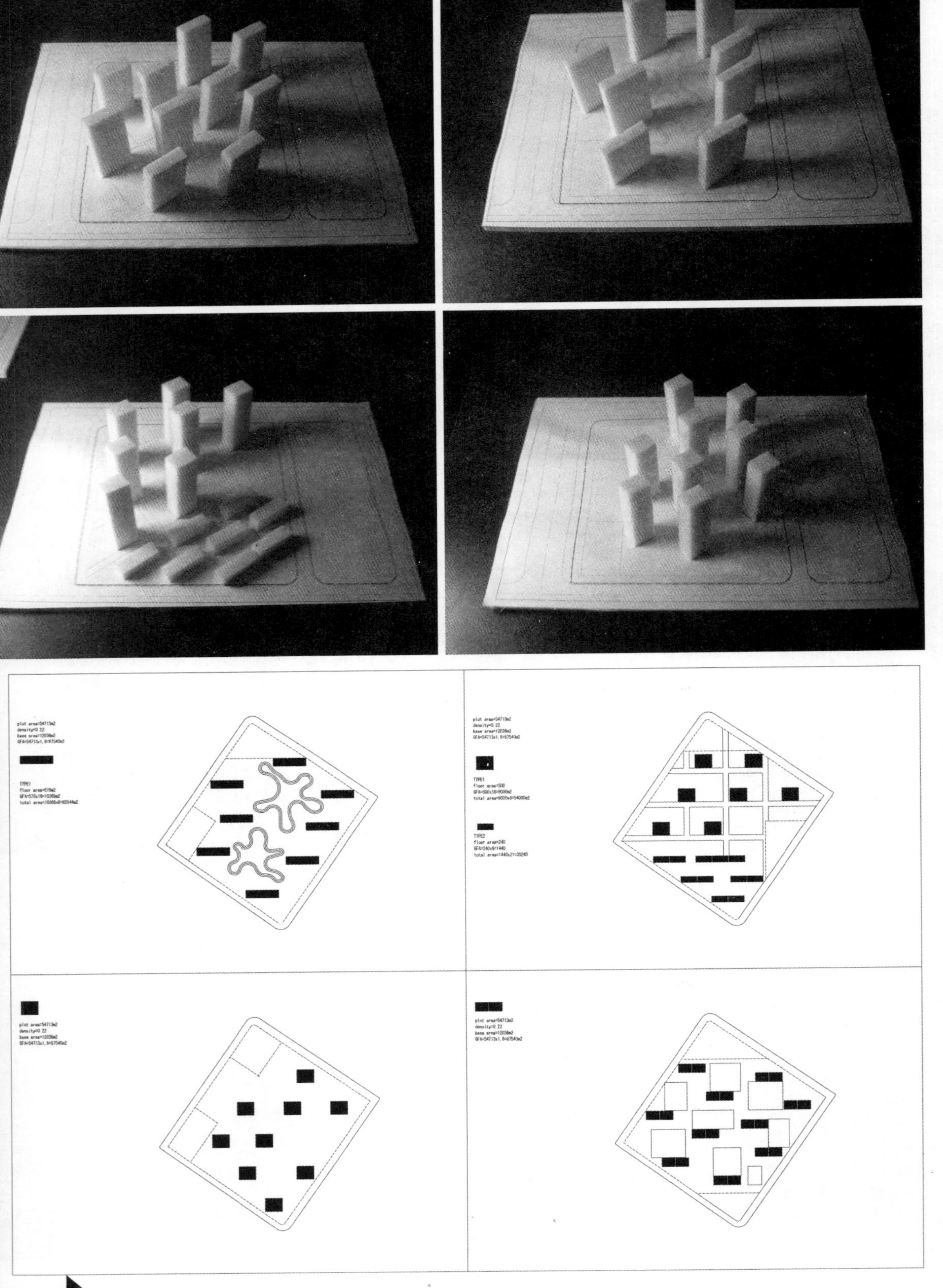
plot area=54713m2
density=0.22
base area=12036m2
GFA=54713x1.6=87540m2
TYPE1
floor area=576m2
GFA=576x18=10368m2
total area=10368x8=82944m2
plot area=54713m2
density=0.22
base area=12036m2
GFA=54713x1.6=87540m2
TYPE1
floor area=500
GFA=500x18=9000m2
total area=9000x6=54000m2
TYPE2
floor area=240
GFA=240x6=1440
total area=1440x21=30240
plot area=54713m2
density=0.22
base area=12036m2
GFA=54713x1.6=87540m2
plot area=54713m2
density=0.22
base area=12036m2
GFA=54713x1.6=87540m2

事实果真如此？我们观察欧洲的城市，即可以发现，欧洲的住宅朝向是相当灵活的——他们东西南北各个方向均可布置，西边冬天可以更温暖，而北侧也许夏天更凉爽。因为不拘泥于某个朝向，所以欧洲的建筑是丰富多彩的，秩序通过整体的规划来控制，达到某种几何秩序的美。

中国人的现代住宅一定需要是行列式的么？它是某种必然，还是仅仅因为观念或者积习，而造成的某种偏执？如果说，避免东西朝向是为了避免西晒，那么，在全面采用地缘热泵、置换式新风系统的住宅区中，我们利用技术做到每一个角落都“恒温恒湿恒氧”，因为西晒所做的“南北朝向最佳”的假设则不成立。（实际上，国内很多号称已经做到恒温恒湿恒氧的住宅，还是一样南北行列式，可见，行列式是一种习惯，与科学或人居感受均无必然联系。）

我们在河西的一次住宅实践中，试图彻底放弃经典现代主义的矩形平面的原形，以及左右了中国现代住宅的主要桎梏——行列式，探寻另类的居住可能。

我们引入六角形的平面，因为它具有单元的均质性和无限扩展性。

以开放对抗封闭，以连续对抗断裂，以灵活对抗僵化。

表面上最单纯的元素，因其可自由组合的开放性，获得了整体复杂性的最大化。

单元的高度从低层、多层到高层不等，创造了一种自由生长的迹象。每个“簇”都是可以自由延展的，从而使各个簇增加了联系的可能，此居住区的形态将是动态的——随着时间和需求进行调整和改变。

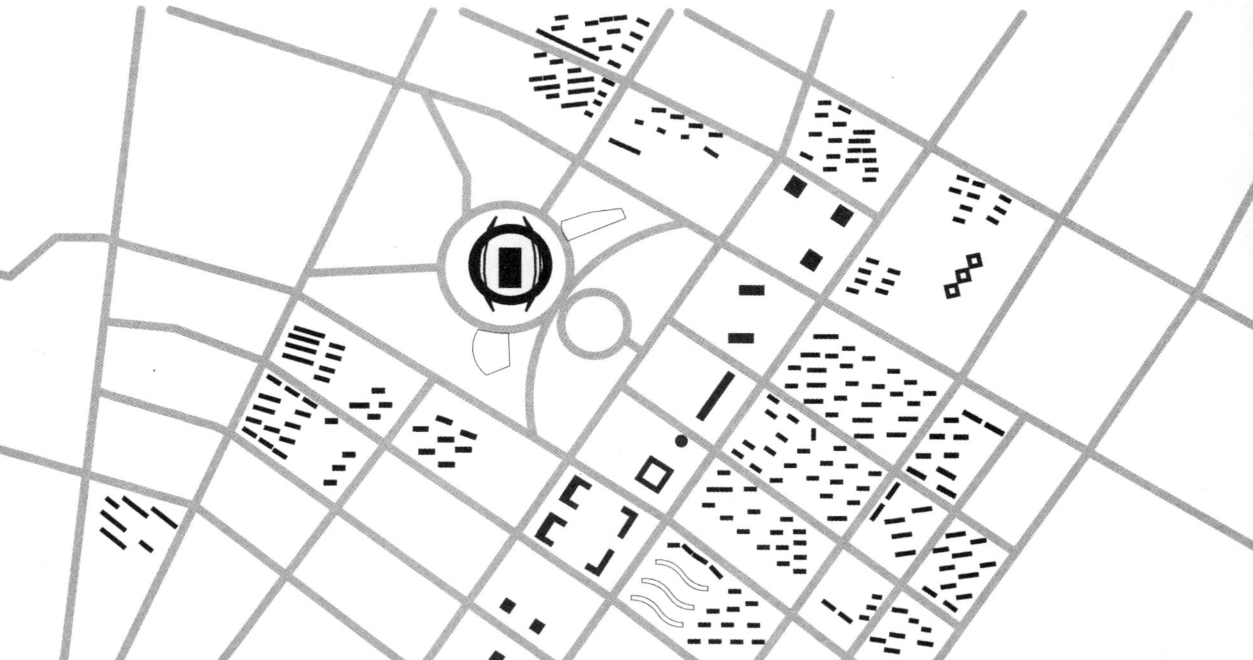

凡·代克的“孤儿院”成为现代建筑史上最经典的“可拓展结构”，我们的尝试更进一步。六角单元边长10米，除了核心筒作为结构固定外，单元平面可作灵活分割，产生了小中大不等的户型，两个原型相连接处，还可能产生组合户型。

六角住宅因其均质性，为居住中“平等”的建立创造了机会。它属于新一代。不是如同传统“封闭小区”那般通过自我封闭和伪装崇高来获得身份感，而是追求人与人之间最大化的融合与交流。因公共设施的共用和大量共享空间的存在，可能产生真正意义上的“社区”概念。在规则的“同时性”节拍中，居民们可以轻易地由一栋移向另外一栋，虽然终极层次为六角元素的集合，但是相对的规则性与中立性，阻止这些元素成为过于专断和占统治地位的场地要素——它们的组合构成了一种“无情节的戏剧性”。

我们在河西的地块中，发展一种均质朝向的六角形住宅。将多层及高层住宅从过去千篇一律的矩形行列式中解放，它的最大特点是“朝向的无差别性”，并且因其六面均等，具有无限延展的可能性。荷兰Bijmermere曾经有过六边形的巨大楼栋，但结果是比较失败的现代主义的案例。

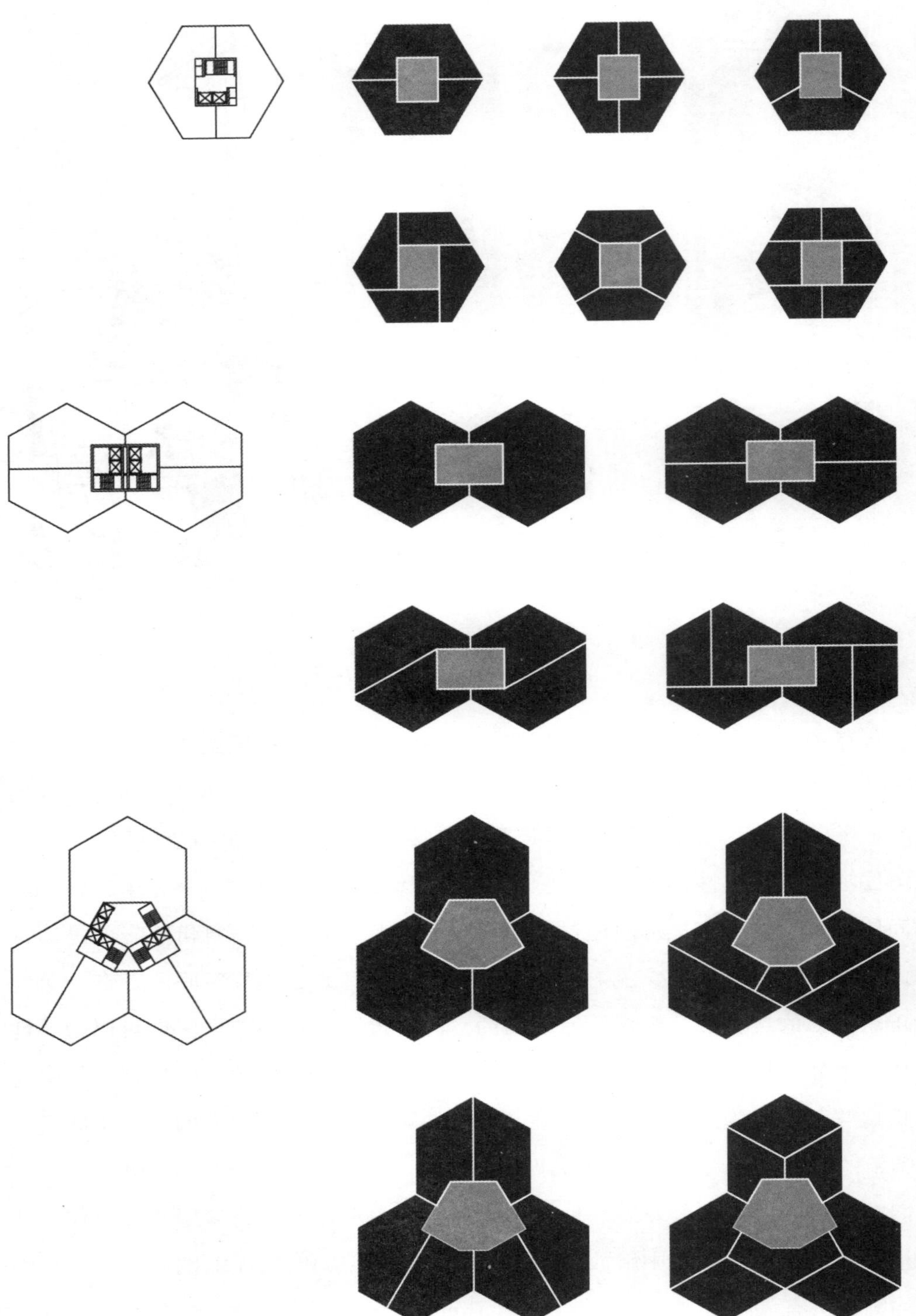

户型及组合

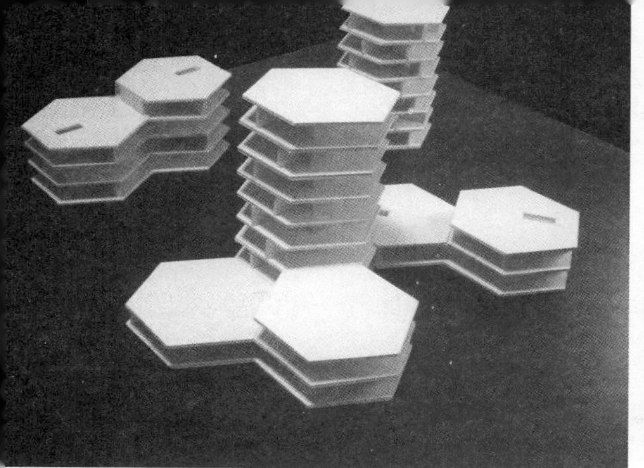

场地如一个舞台，充满了连绵的六边体组成的山峦，一系列横向的公共空间的联系，组成了其独特的语法，每个群组装载着其自足的系统驶向深层次的“社区主义”。这种类型激发并接受了一种全新的居住文化。

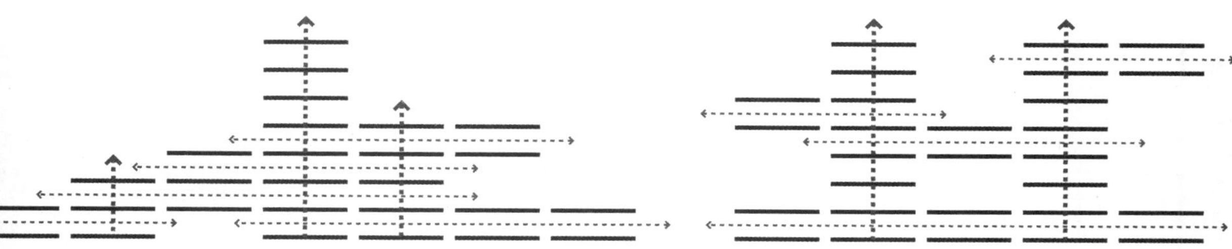

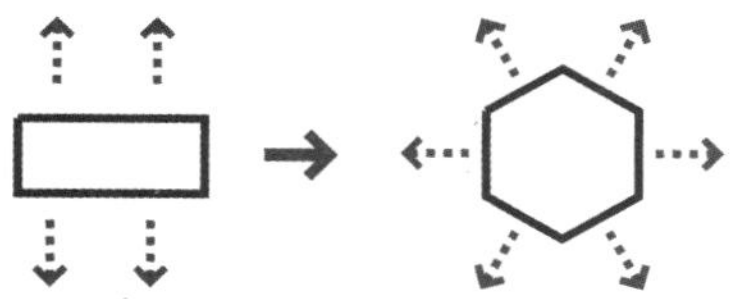

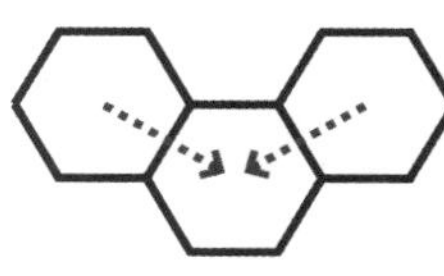

结局对应于一种从研究向展示的转化——从“人为”到“自然生长”，住宅的私有化属性开始与公共性有了交集，并慢慢融合而难辨彼此。结构主义的延展方式，低层近似于机器，而高层则更加建筑化。

因其无尽的蔓延，这个建筑群落很难定义传统的中心和边缘，只是阐明了某种关系。纯粹的抽象性偶然地与现实的可识别性相结合，抛却了既有的中国式居住观念，并且说服人们自身的解放。

1
5

身份危机——《好奇害死猫》

“阶级性”曾经是我们这个国家非常敏感的一个词。在如今这个阶级性的概念被淡忘、忽略的年代，阶级性却无处不在。

《好奇害死猫》是年轻导演在当代都市背景下，探讨现代中国人的情感、信任、身份的深度危机的作品。

这是一部悬疑片，也是一部爱情片，更是一个现代城市人性复杂纠葛的缩影。

影片里的视点设置显示了一种对于现实世界的敏锐洞察。它用从天台上俯视

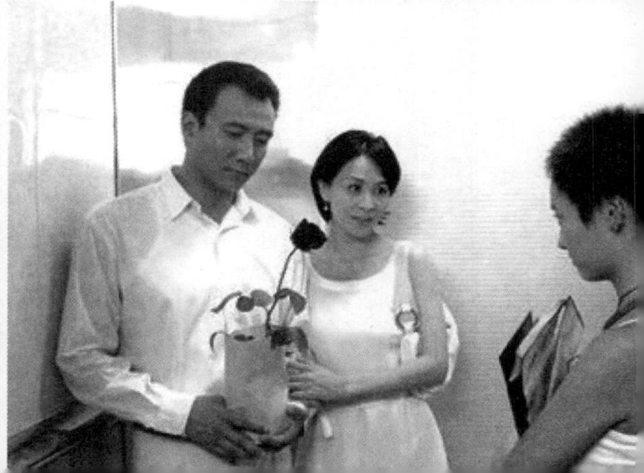

（富人家女主人刘嘉玲）、从地下室向上仰视（保安廖凡）两种视角来暗示人物身份的悬殊。在社会金字塔顶端的人物，与经济社会里地位卑微的人物，看似遥远，实际上在多种无法预计的情况下，会有偶然交叠的可能，并且在生活的细流中总是互相牵制、碰撞。欲望与失落，是各种关系破裂与被越界的动因与起源。

现在很多导演为了投合物质时代的大众喜好，喜欢将视点投向富裕阶层的喜好、品位，渲染他们的生活方式——奢靡、华贵、堕落。他们深知，对于不可得的物质的期许最能钓起群众的胃口。比如《非诚勿扰2》、《我愿意》等等。影片里主人公必须是身家过亿的，动辄就是上市公司的总裁。这个族群每日的生活即是在各个黄金海岸度假，谈论整个楼宇的买卖，口中动辄是上千万的生意。大众也喜欢被这种充斥了豪车、豪宅、华服的华丽景象所迷幻。这种极力鼓吹极富裕阶层生活方式，对于现实社会中大多数人的真实困境并未有所涉及，同时也极力回避贫富差距加剧后各阶层的矛盾与心理落差。当一个身家过亿的人在得了绝症时，对着平头百姓说“财富如浮云，唯有生命及亲情重要”说教半个多小时时，我们收获的只有矫情和做作。

当一个社会的精神导向完全是由物质左右时，我们不再期待能有伟大的电影作品。而《好奇害死猫》能将视点投向隐藏在都市虚浮外表下不同阶层的深度纠葛与冲突才显得更加难能可贵。

《好奇害死猫》里面虽然也有富人，却并不是以向银幕前的观众炫耀其生活方式从而获得艳羡的目光为目的。它揭示了富裕阶层生活浮华外衣下的种种潜在的情感、信任危机，它将两种阶级的对立与互相利用，上流社会人士表面奢华下的空虚与互相戒备，下层阶级贫穷朴实外表下压抑的嫉妒与欲望，表现得比一般同类电影要深刻。廖凡在女主人家的大胆、放肆以及最后以欲望为目的的要挟与某种程度的满足，更多的不仅是出自生理冲动，他要她冲咖啡的细节，更是一种对只可以遥望的身份的满足感。这种满足感，远大于对于女主人的身体的占有本身。

故事集中在一栋城市中心的高档公寓内，人物所处的楼层，是对于身份和阶层的某种暗示——富裕阶层高高在上，可以俯瞰这个城市最动人的风景，而社会底层人士却居住于大楼的最底部：阴暗的地下室。包括大楼的保安，还有发廊年轻女老板。金字塔顶端的人和下层民众，又不能完全脱开关系——服务与被服务，就是这种关系最常见的形式。一旦有不断接触的机会，则可能出现意想不到的情节。

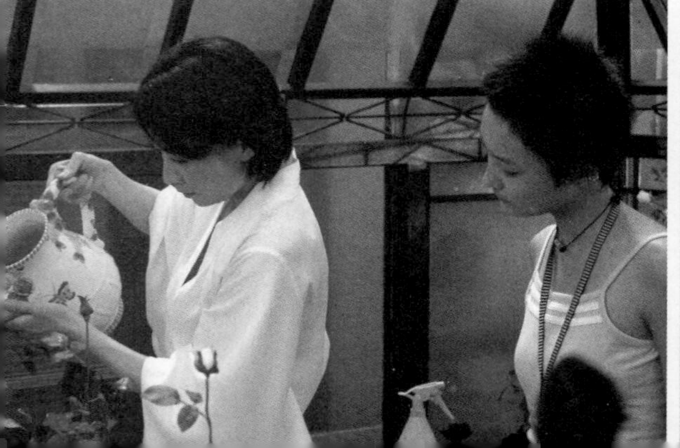

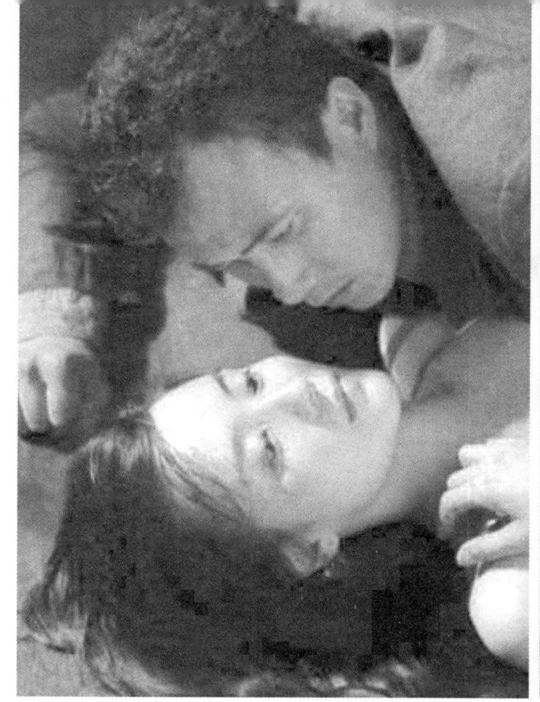

这个故事里的几个主要人物，各自怀揣着不可告人的秘密，富豪夫妇平静富足的生活状态下，隐藏了背叛，同时这种背叛是不彻底的——胡军饰演的男主人因为其自身的地位是靠女方家长得来的，所以他只能与发廊的年轻女老板偷情，却不可能为了她而放弃现在的家庭。两种欲望：地位和婚外情，他都想得到。而年轻女老板也是不情愿一直当“小三”的，她以“将此事向女主人摊牌”为由要挟男主人。这对男人来说是不可容忍的，身份地位才是他最在意的，于是他选择了杀死偷情对象。

然而，整个故事情节中的真正主角是女主人，从头至尾，观众所直接感受到的是她都被各种莫名的恐惧与威胁所折磨，车顶上大片的血红，最后升级至她家阳光房的玻璃上被喷了触目惊心、喷溅状的大片红漆，仿佛她已经到了崩溃的边缘。所有的证据似乎都将犯罪嫌疑人指向发廊女老板，可是，最终真相揭开的一刻，观众才终于看清楚，这一切都是女主人自导自演的，她早已知道了丈夫的奸情，于是靠扮演一个受害者来使情敌陷入困境。她的同谋，就是那个楼下的保安。这层层关系的嵌套、叠加，使真相越来越扑朔迷离，同时，它所裹挟的人性的各种阴暗面，也变得分外深刻。

最终，女主人以为事情已经解决，可她万万没想到，保安也是有企图的。她在利用别人的同时，也将自己阴谋的证据落在了他人那里——在这个谜局里，任何秘

密都是具有杀伤力的。保安用这个秘密，向她索要钱财，甚至她的身体。最后的结局，每个人都是输家，在天台上真相大白的一刻，是整个影片的高潮，现代都市错综复杂的人际关系和种种阴冷的欲望在阳光下显得如此无奈、不堪。《好奇害死猫》以一个“类悬疑”的情感故事，深刻地揭开了笼罩在当代中国阶层关系上的那层薄纱，其呈现的真实令我们自己也不寒而栗。

曾经有专业统计报告表明，中国涵盖了如下阶层：

1. 国家与社会管理阶层
2. 经理人员以及国企高管
3. 私营企业主阶层
4. 专业技术人员阶层
5. 办事人员
6. 个体工商户
7. 产业服务业员工
8. 产业工人阶层
9. 农业劳动者阶层
10. 无业或失业人员

以上分类未必绝对准确，部分阶层的行业领先者可能社会地位和财富远高于其上一阶层的普通人（例如，大型私营企业的法人其阶层恐怕决不会低于第一集团）。但这个分类至少指出，清晰的阶级性实际上一直存在。

飘移

——周末独立住宅设计·南京

为了获得更加多维的生活方式，中国独立住宅也必须开发一种新的组织方式，从其一贯“借鉴异国古典符号”的返祖思路中解放，别墅设计将被重新定义成为只为回应业主具体需求的“唯一性”设计。打破四维的桎梏，突破既有限制，有时候甚至需要对客体和主体作一些偏执的假设。

一次朋友间的聚会让我们偶然获得了发现例外的机会。一位画家朋友希望可以在南京的近郊，乡下私人拥有的一小块土地上建立自己的周末住宅和工作室。其人善丹青，尤擅花鸟，希望周末可以与家人共度，并可在山林间的静谧所在潜心作画。业主对住宅的要求是：用地面积100平米，总体不超过250平米，高度控制在三层。而一家六口人（画家夫妇、其父母和两个孩子）可以在里面共度时光，并且互相无干扰——但同时彼此之间又需要有互动和沟通的机会。还需容纳可能的朋友造访。

检视过业主所需的程式，和所给定的面积条件，我们发现可以发挥的空间并不宽裕——单层仅可以做到80平米，而每层需要包含不同的活动，而互不干扰。惯常的思路无法全部满足以上要求，我们再次走向非常规。

“漂移”成为我们最终解决问题的方式，这种动作发生在水平和垂直两种向度上。我们采用9mX9m的网格，各层均遵守此基本网格，不同的是，二、三层均在下一层的基准上水平做了一定的平移，一方面以建筑回应了周边的环境（树木、溪流、远山），令一方面在平面上形成参差的效果，而错动的位置自然形成了大露台。

建筑的单层高度我们采用了高于常规的尺度——4米，这是出于兼容不同尺度的考量。我们将局部区域独立出来，并且在垂直方向做了漂移，此操作形成了跨越两个楼层之间的楼层，并且上下各两米的尺度，完全可以容纳孩子的活动，和部分成人的生活(比如：躺、卧，席地而坐等等）。“在之间”的楼层，在上下两层之间造就了视线与行为的双重的“既结合又分离”的关系。

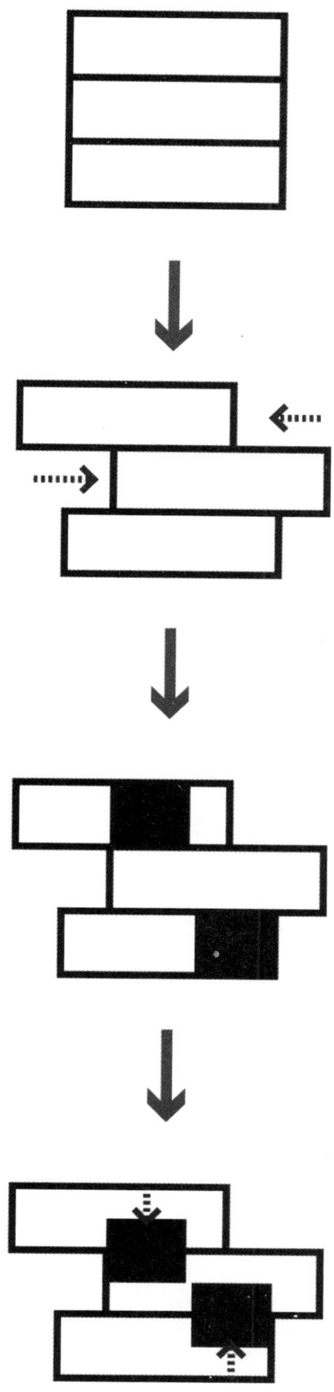

Plan 0.00m

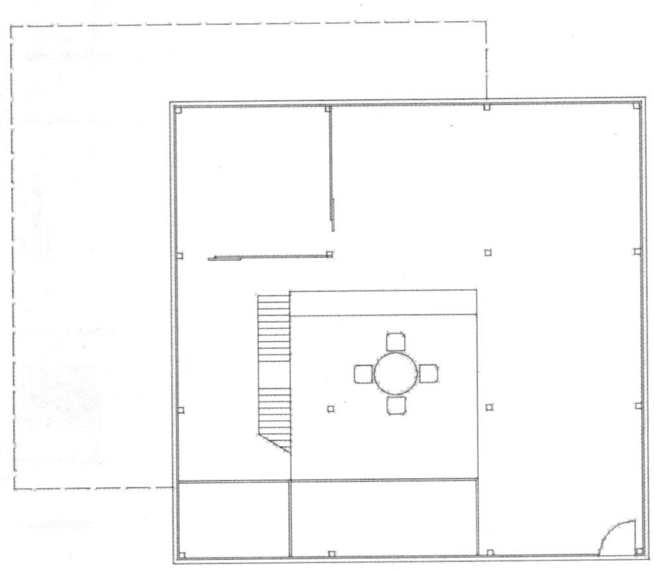

Plan 2.00m

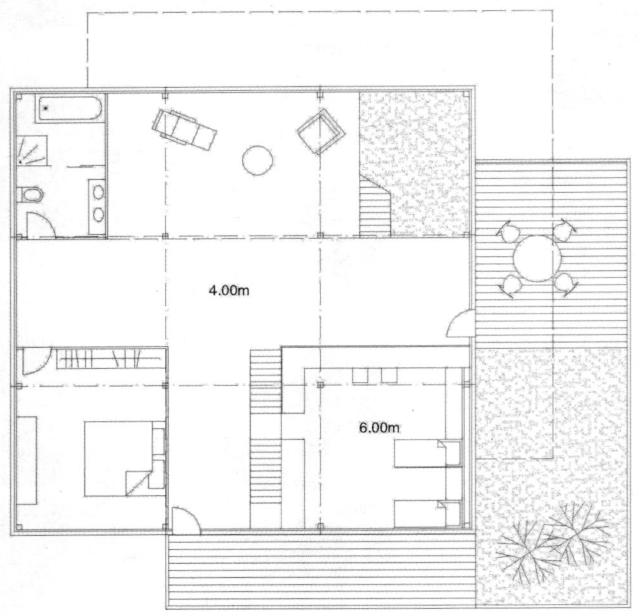

Plan 4.00m

Plan 6.00m

此独立住宅的四周均为透明，仅有楼板与柱子构成的景框效果。在此，我们也试图探讨景框与景的对位关系。根据贡布里希的理论，由于窗本身可以代表多个空间截面，因此，通过窗口看到的空间具有多义性。从“之间”层向外行进过程中，人眼将遭遇“景框”尺度的转换，由一个景框向另一个的过渡，从而引发观察者对于空间的重新判定。而两层玻璃的折射和反射，进一步加深了景物的空间深度错觉。

在当代都市中，个体很容易因为过量的工作而缺乏生活和思考，城市没有给意识预留时间，我们在这个私人住宅中的实践，旨在重新发现当代“居住”与“精神生活”之间的联系并为其服务，为定义一种新的“度假生活”的可能的努力被转化为空间上的非常规操作。

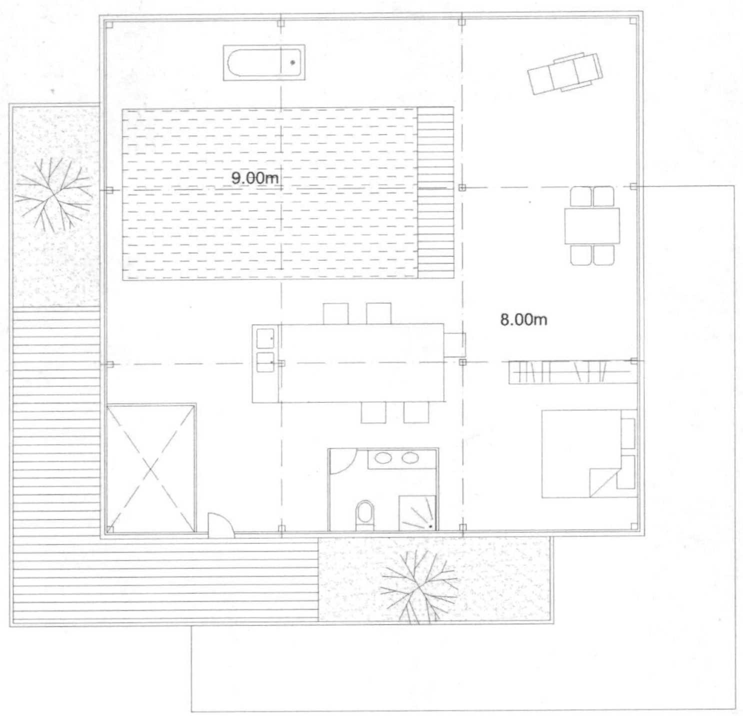

Plan 8.00m

黑白颠倒

——内外翻转住宅

集合住宅专题——内外翻转

面对目前多层及高层集合住宅类型的千篇一律的局面，我们试图探索更多的可能。

在设计开始前，我们询问自己如下的问题：

在同一个层中，可以容纳更多的单元么？

什么是“集合住宅？”

中国传统的院落，是否在今天有新的诠释方式？

不同的户型和尺度的住居往往暗示了身份的差异，不同的阶级可以并存么？

室内与室外的反转是可行的么？灵活性的极限在哪里？

奇数层

偶数层

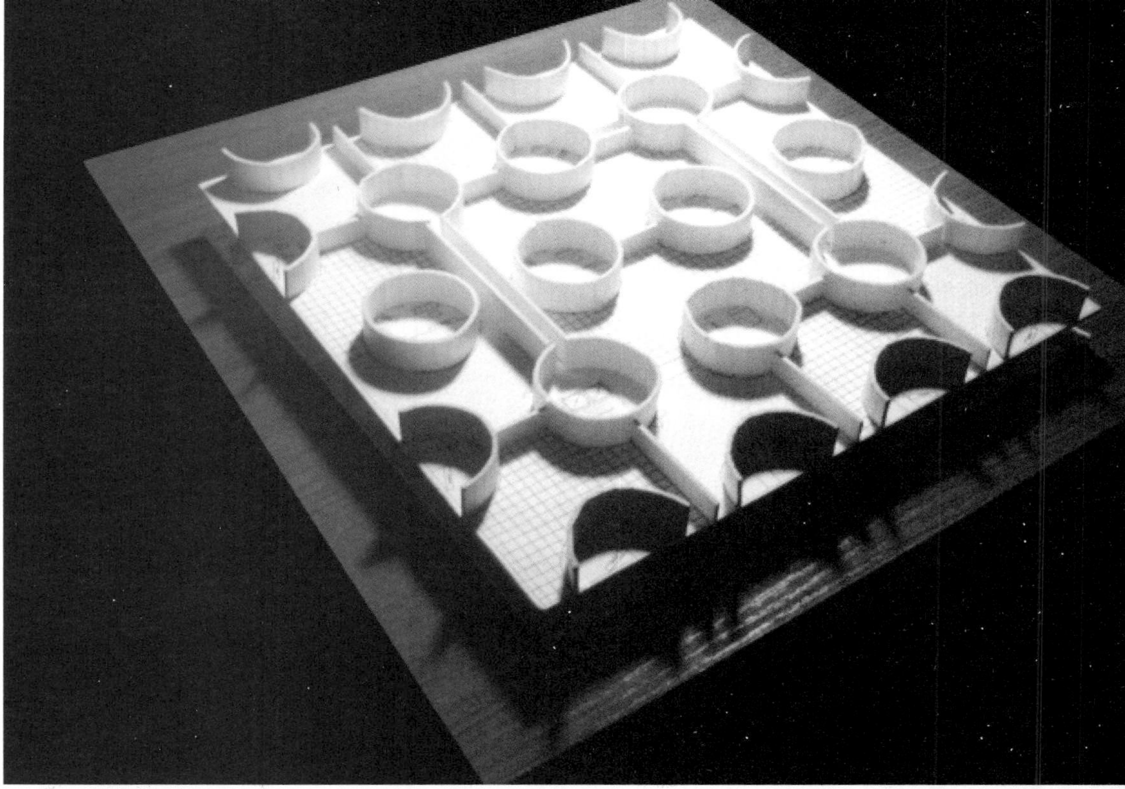

我们以最简单的方和圆作为住宅分割的基本要素（当然与“天圆地方”无关），一个60m×60m的正方形平面（与行列式无关）。与通常的“楼板”相较，这些尺度非常规的楼层间隔更应被看作是“平台”，每层平台被16个直径12m的圆均布切分，在边缘则是圆形在中线被直线的界面切割为半圆，在1、3、5的奇数层，圆作为室内空间出现，容纳小户型及大面积户外空间，而在2、4、6的偶数层，圆外的空间是室内，而圆内则反转为小庭院，奇数层适合对于户外空间要求较多的业主，而偶数层更适合需要大面积居家空间的住户。

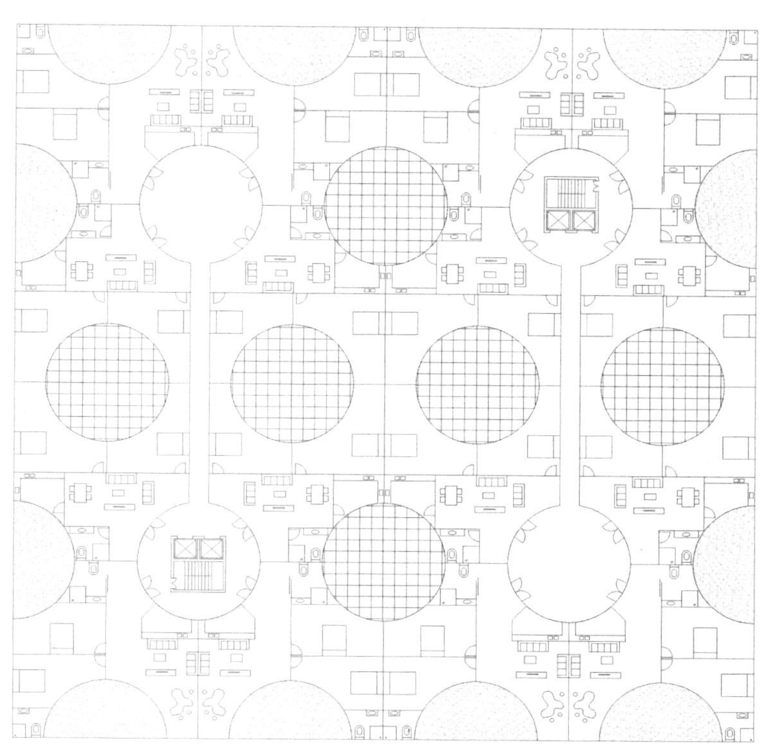

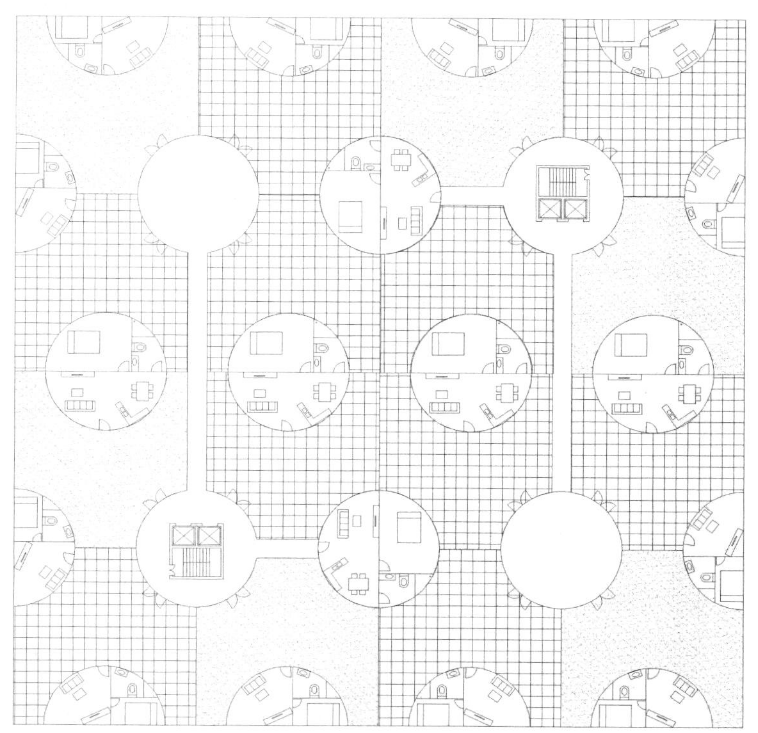

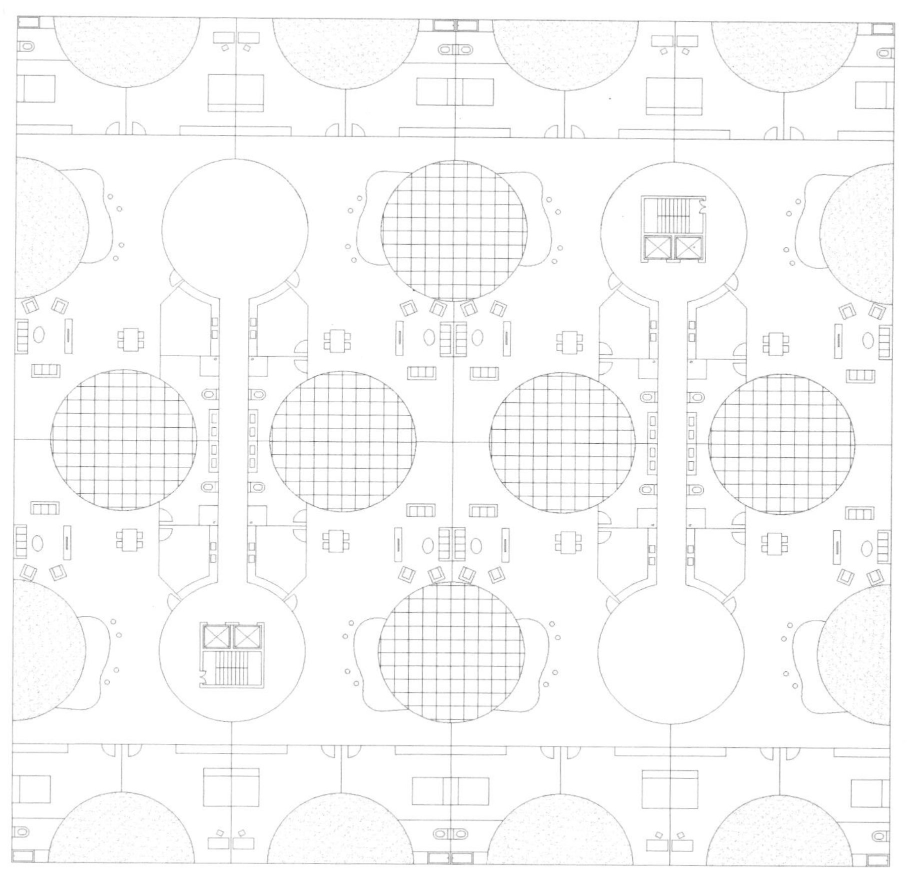

这是一个在最大进深的平面上建立的最多庭院的集合住宅——有顶盖的“庭院”，由于有对于“日照”的限制要求，住宅之间原本只能通过拉开相当的距离来提供相应的阳光，在此处，我们进行了反转的操作：住户被压缩在密实的盒子里，每户有临近外侧的阳光充足的庭院，以及内侧空间更大的私家庭院，它将过去仅靠高度带来的密度以全新的“集合”方式获取。

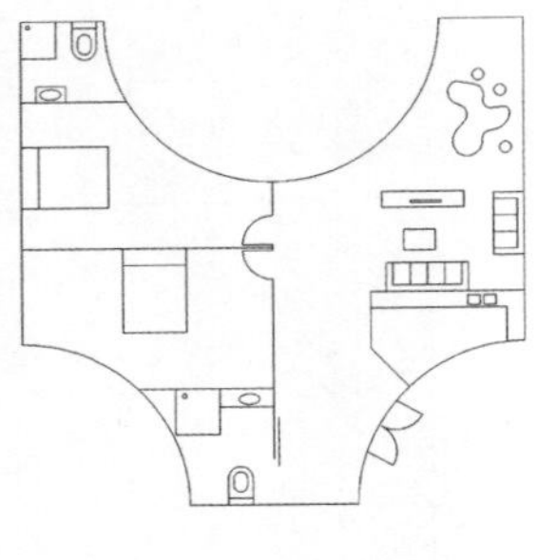

Unit 1

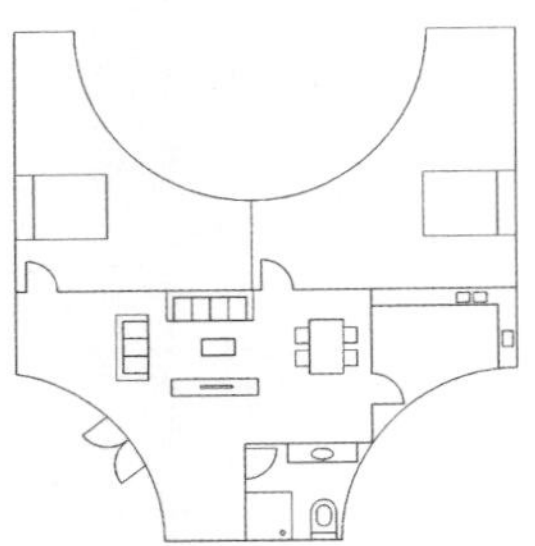

Unit 2

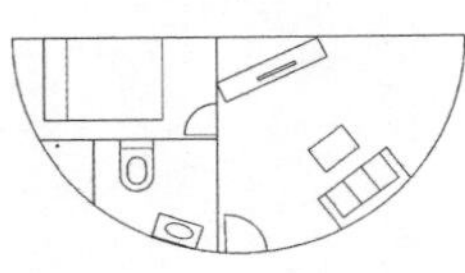

Unit 3

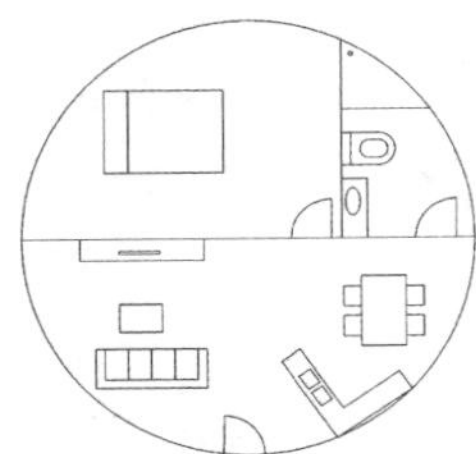

Unit 4

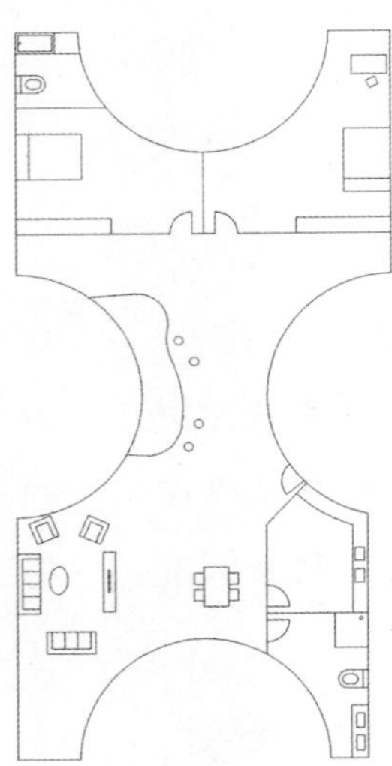

Unit 5

未来城市

建筑师对未来城市虽然有各种各样的设想和企划，但是，由于他们深知即使是少许工程学上的突破其所需耗费的巨额成本和技术难度，导致他们对未来的设想一般比较务实而谨慎，相比之下，电影导演和科幻作家们对于未来城市的描绘，则更加无拘无束，天马行空，也许反而真正能够触碰到未来的某些神经，指向我们今天所不熟悉的某些领域。

我们可以看看一些众人皆知的、描绘未来的影片：

（1）《第五元素》　在这个世界里，车子都是飘浮于空中的。（既然是飞，那么它还是车么？）交通的精度和安全性基本上是可以靠电脑控制的。人类的居住高度可以无限扩展，而布鲁斯・威利的金属舱住宅则让人想起70年代日本新陈代谢派前辈黑川纪章的“舱体城市”，半个世纪前就已经提出并有建成案例的设想，今天的导演认为它可以在未来进一步释放潜力么？

能在天上飞的车子实现起来是比较困难的，并且克服重力所需要的多余燃料，也不符合可持续发展的精神。但是通过电脑实现车辆的无人驾驶却并不是痴人说梦。由电脑制导和控制的车辆，将会对路况更加迅速地反应，并且不会出现因人为的不守交通规则而导致的拥堵，它是否可以缓解大都市日益增长的交通压力？我们拭目以待。

影片里猩红的头发、无眉的人脸，和混合了朋克与古典元素的怪诞服装，都呈现一种荒诞化的愉悦，导演描绘了“明日都市”中人们的审美——戏剧化更甚于科学性。

（2）《生化危机》系列　人类末世的隐喻。对于生化制剂无限制的开发和滥用，必然导致对自己族群的戕害。它同时也暗示了一种对于过度开发自身潜能的隐忧——生老病死，本是自然的客观规律，在一个生命体走向衰竭时，却一定要用某种药物催生它本不应具有的能量，令其死而复生，其结果必然是适得其反。

这个系列第二集命名为《启示录》，用意深远。它最常拷问的一个伦理命题是：人类变成一具具行尸走肉之后，我们如何看待它？如果自己曾经的亲人朋友呢？你如何面对？这是一场关于人类原始本性的角斗。

影片中吸引人之处还有种种半真半幻空间：荧光闪烁而灵敏异常的各种设备，如同人造子宫般培养生命体的巨大玻璃器皿、在隧道中飞驰的高速机车、充满致命射线能瞬间无声地将人大卸八块的激光通道……《生化危机》将游戏中的空间美学引入了真实空间，仿佛是“真人在游戏里打斗”。这种“新未来派”美学，或许将成为未来建筑审美的某个分支方向。实际上，我们的一些展示空间设计已经在这方面走在了前头。日本建筑师妹岛和世的作品，虽无甚夸张，但也具备了某种“类虚拟”空间的神髓。

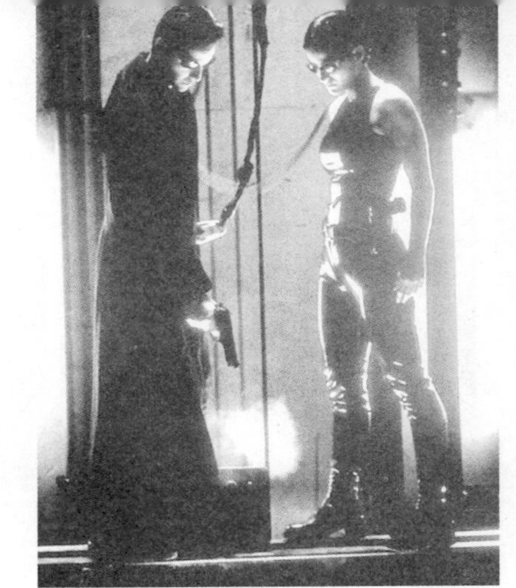

（3）《2012世界末日》　另一个关于人类末世的隐喻。与其他电影预言人类丧生于各种奇形怪状的外星入侵者不同，它对于人类的末日的定义具有某种宗教宿命的返祖性。如同当年人类祖先来自于史前大洪水的幸存者一样，今天的人们仍然难逃的是一场世纪大海啸。最吊诡的是结局——拯救世界的竟然是中国人造的“现代诺亚方舟”——尽管它看起来如此笨拙，使人怀疑它拯救世界的能力，正如大多数中国制造的产品一样。

美国导演如此处理，显示了在当今世界格局变迁中西方世界对于中国崛起的某种复杂心理：既依赖，又恐慌。

（4）《黑客帝国》　这是部不得不提的片子。它的想象力走得更远，至少在建筑学意义上，它的突破是空前的。观影结束获得一个终极理念：人类未来已经不需要实体空间了，只要插上一根管子和芯片，对接入虚拟

世界中，一切实体世界都是虚无。实体空间也将由虚拟世界来掌控。

在剧中最发人深省的话其实来自于大反派“戴墨镜的史密斯”，他指出，人类当今对于地球的开发模式是不可持续的。世界上只有一种东西的繁衍方式与人类对资源的开发类似，那就是“病毒”。它们不停地消耗和毒化寄主，直到寄主的死亡，最终也导致了自我的灭绝。从今天人们的生活状态被信息技术改变的速度来看，《黑客帝国》中的世界似乎并非危言耸听，而当代建筑师也到了应该认真考虑如何在虚拟空间中大展拳脚的时候了。

纵观多部影片，我们发现，它们的一个共同特质是：未来城市是高密度的，甚至是更加复合化的高密度，具有多个层次，多个体系，却从未出现那种一味向外扩散的“田园城市”。这传达出一个重要信息：是否高密度仍然是人类对于未来的一个共识。

至此，我们可以给出电影中描绘的未来城市的一些关键词：平滑、多义、简洁、信息化、智能、便捷、虚拟……

理想城市

建筑史上，前辈大师们对于未来城市的探索从来没有停止过。来看看曾经的现代主义先驱们对“理想城市”的设想，能够给我们今天对未来的预测带来怎样的启示。也许在那个年代，一些激进的想法或因为技术上的局限性，或因为过于极端而搁浅，多数仅仅停留在纸面上；但是今天若重新审视，却发现某些观念的前卫性，对当今沉闷而停滞的规划理念有强烈的的警醒作用。

苏联建筑师米留金在1930年提出了一条由六条平行带组成的连续城市，六个区的排列顺序为：1、铁路区；2、工业区（含教学和科研）；3、绿化区，内设公路；4、居住区（分公社机构、住宅和儿童区）；5、含体育设施的公园；6、农业区。“不能偏离这六个区的次序，否则会打乱整个规划，还将使每个单元的发展和扩大变得不再可能，并产生不卫生的生活条件，从而取消了线性系统在生产方面所具有的重要优越性。”这种严格而富有逻辑的分区方式，与我们今天城市的布局并不相同。仔细留意则可发现，柯布西耶从米留金的方案中获得灵感，结合了他在纽约看到的摩天楼原型，总结出了他的“光辉城市”提案。同样将城市分为若干的平行带。所有结构物都升起在地面之上，地表形成一个连续的公园，行人可以自由散步。虽然我们今天已经体会到现代主义过度规划带来的阵痛，开始反对严格的功能分区和过于冷酷、绝对的规划方式，但不可否认的是，柯布的很多理念实际上已经潜移默化地在当代很多城市中实现了；即使未完成的部分，也在参照他的标准，逐渐向其接近，看看北京的规划和高架路系统，就明白了。

赖特在1929年公开反对传统城市，基于当时小汽车的大量普及，19世纪的城市的集中性被重新分布在一个地区性农业的方格网络上。1932年设计的瓦尔特戴维森示范农庄，是体现该思想的实践案例，在那里，每个人出生时就为他保留了一块地，到他成年时划给他使用，而他的食物也要靠这亩地来供应。（这与中国的“宅基地”似乎有异曲同工之妙。我们是否可以实践“广亩城市”的概念，以应对日前日益高涨的开发商房屋体系？）

我们惊人地发现，原来现代主义大师们，都是真正的共产主义者。

此外，自现代建筑产生以来，对于未来城市的著名探索案例还有：

1924年，李茨斯基与马特·斯达姆设计的、充满构成主义色彩的“水平抬升摩天楼”方案。三个钢结构的垂直主体抬升并不太高，顶部的平台在水平方向伸展，形成夸张的悬挑，此处理给底部留出充足的公共空间。

1927年车尔尼科夫的“未来城市”方案，描绘了一个由多层空中街道连接的城市，当时其图解性明显大于实用性，但仍然为未来无数立体街道的探讨提供了启示。

1951年，史密森夫妇在金街竞赛中提交了一个低层、蜿蜒的住宅方案，由连续的空中街道相连。他们的初衷是反对简单的功能主义分区，试图建立多义的空间联系，以容纳复杂的人类关系。

1958年，约拿·弗里德曼提出著名的“空中城市”，在巴黎上空绵延数公里的钢结构网架，升起地面40米高，由少量的支撑点支撑，其“飘浮”结构可以容纳各种类型的功能，此大胆的提案保证了巴黎的老城不受新建设的干扰。

1960年代，日本兴起轰动一时的“新陈代谢”运动。著名的提案有丹下健三的东京湾规划、矶琦新的空中城市、黑川纪章的墙城和舱体城市、菊竹清训的海上城市等等。

其后，欧洲的建筑电讯派、日本的新陈代谢运动等等，均对理想城市的定义提出鲜明的主张。结合以上种种，我们大胆预测，未来城市至少具有如下五点特征：

1. 集约　2、智能　3、订制　4、瞬时　5、移动

1. 未来城市

1.1 集约

人类的历史无数次证明，不管是什么年代，人类最终还是倾向于群居的动物。对于资源和机遇的渴望，使集约化成为城市的不变选择（虽然网络的发达会导致一部分传统集约城市的瓦解，但是毕竟还有很多社会活动是需要在现实中解决的）。

垂直街道是解决高密度与传统生活矛盾的出路。尽管每个层级都是一种谦逊的状态，它仍然将丰富的事件压缩在一个垂直“综合体”中。垂直街道的本质是一种可以被空降到任何地方的微型城市，本身自给自足。如果加上一个Archigram的会行走的足，那么，它几乎能够实现城市的整体迁移。随着技术的进一步增长，我们也许可以预见像飞碟那样巨大的独立生存空间，即使不是降落在火星，它至少可以在地球上人迹罕至的沙漠寻得其场所——在极端的气候和物质匮乏地区，它能够通过有效利用各类能源来创造生活的原动力，并且寻得各种可持续的条件，如同MVRDV的“猪城”或者“立方公里”这样的巨型综合项目将成为现实。建筑本身成为一个自足的“系统”，通过将生产、加工、消费、生活、再生产的过程联合在一起，形成一个无限循环的轮回。自然资源及生命体在彼此的依存中达到某种平衡。具备了自我生存的能力，这个城市可以放置在任何“没有城市的地方”。

1.2 智能

未来城市在定义上，是与智能化联系在一起的。通过各种可再生能源获得环境的健康舒适已经是一种基本的需求了。例如具有视网膜比对功能的电脑、声音控制的室内环境氛围等等。甚至到某一天，人的心情将直接控制整个内环境的变化。

不会再有无聊的建筑，因为智能技术将所有无聊变为有趣。看上去普通的一所房子，将产生千万种变化，可以折叠、翻转、拉伸的墙壁和天花，与屏幕和电器结合。可以在家中自由地搭建一个舞台或者一个剧场。思想指向的所在，即是空间潜力可以达到的方向。

设想一个银色的、极简主义的空间，你想去潜水时，四壁则神奇般地涌出深海般的幽蓝，全息影像的五色斑斓的鱼儿在身边环绕，仿佛伸出手就可以摸到；光线从上至下的渐变，你甚至可以感受到深水处的压力，和一串串的气泡，以及只属于海底的，鲸的歌声。智能建筑所创造的体验标准，必须是能照顾多样的需求，和个体的独特感受的。

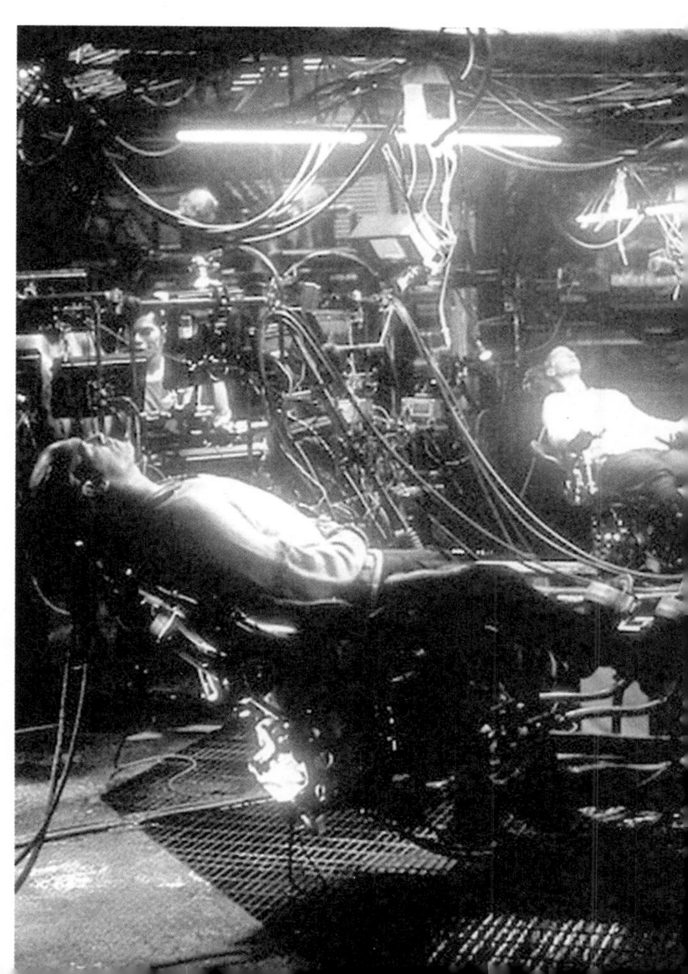

1.3　订制

未来城市必定有些区域是满足“订制”需求的。如同MVRDV的《空间争夺者》中所预言的，如果城市的各地块发展都将由不同的开发者以竞争的方式决定其开发条件，那么，更多的自由度必将属于地块的实际居民。地块的发展由大众的需求所驱使，整体的结构框架确定，但精确的单元基本消失。它以一种只有居民自我可以感知的方式，实现差异化。

“订制”在过去是表面化的不现实，在可预见的未来，即将转变为普遍的真实。在确定的前提下，居民可以自由发挥，或者某些单元和构件可以作为备选项，供居民自由选择。在被解放的工地上，各种居住单元被不定期重整。“自主性”和“非正式”被合法化，成为未来个体空间的关键词。建筑业将独立于其“目的”。

1.4 瞬时

城市如同一场事件。与传统城市的永恒、坚固、历史、累积、厚重、确定的特征相比，未来城市的关键词可能是：瞬间、临时、空白、聚散、轻盈、虚拟、游离、非确定性。一类对立于传统城市的"非正式"城市将会产生。它们因为某个大众集体的临时目标而产生（例如节庆或者集会），形成一场集体的盛宴。各种城市的机能在短时间内迅速完备，也可以在这个目标完成之后迅速分解。"不朽"将从这类城市的观念中抹去，它追求的是如"樱花盛开般的那一瞬间的绚烂"。便捷的交通设施、发达的资讯系统、城市事件本身所具有的强大的附加价值和吸引力，使这种城市反而可能超越传统城市——没有永恒的实体，却成为记忆中的永恒。

这是否接近于伯纳德·屈米所说的"事件都市"？也许将它定义为"偶然城市"更加贴切。现在中国城市里借助各种大型体育盛会或者会展所形成的造城浪潮，颇有点这种趋势的源头的意思，但是，它离"瞬间城市"还很远，它们之间最大的区别是：前者在事件结束之后，将遗留下大量的城市实体往往难以为继，而瞬间城市，在事件结束时，城市本身也随之消失，但其影响力仍在延续。

1.5 移动

随着土地价值在全球范围内不断飙升，高昂的房价本身将成为世界各地人民难以承受之重负。日本新陈代谢派曾经提到的“确定的巨型结构+可自由移动的个体单元”模式也许会成为人们居住意识解放之后的全新思路。“飘一族”的生活方式将被普遍认可。人在旅途变成一种常态，土地虽然无法转移，你的家却可以随着你漂泊到世界任何一个角落，“家居”将成为一种动态的概念。

2. 未来城市的可能性模型

2.1 摩天街

如果高密度是无可避免的，那么，现有的城市中心必然将过度饱和，而基础设施也将不堪重负，看看今天的北京每天地铁中汹涌如潮的人流和如同龟步的汽车就知道危机有多深重了。当实际需求总是在短时间内迅速超出预先的规划目标，我们需要为交通和城市寻找新的出路。

借助当今的技术，“摩天街”和“摩天路”都不再将仅仅是遥不可及的梦想，简单说来，就是将地面与高层作为一个整体，垂直向上复制。城市持续向垂直方向延伸——以24米为尺度（高层建筑的尺度），城市的街道将在多个层级展开，而城市生活将在空中延展，而非仅仅集中在地面和低空。

单中心也许不再需要向水平方向铺陈——如果没有足够的空间允许你这么做，那么就尽可能向上争取空间吧。

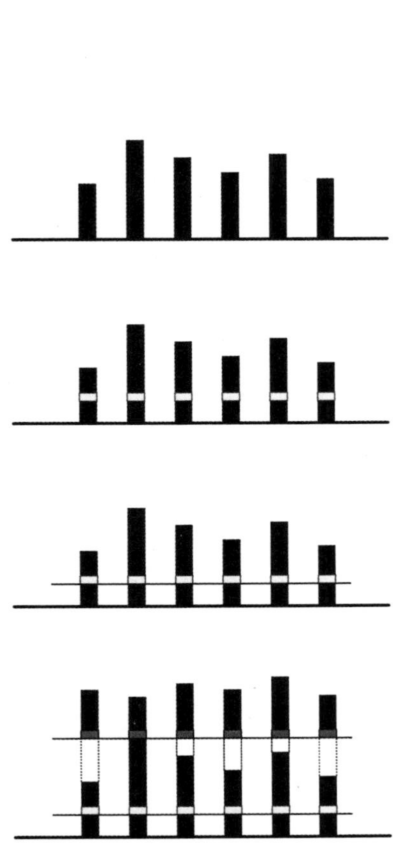

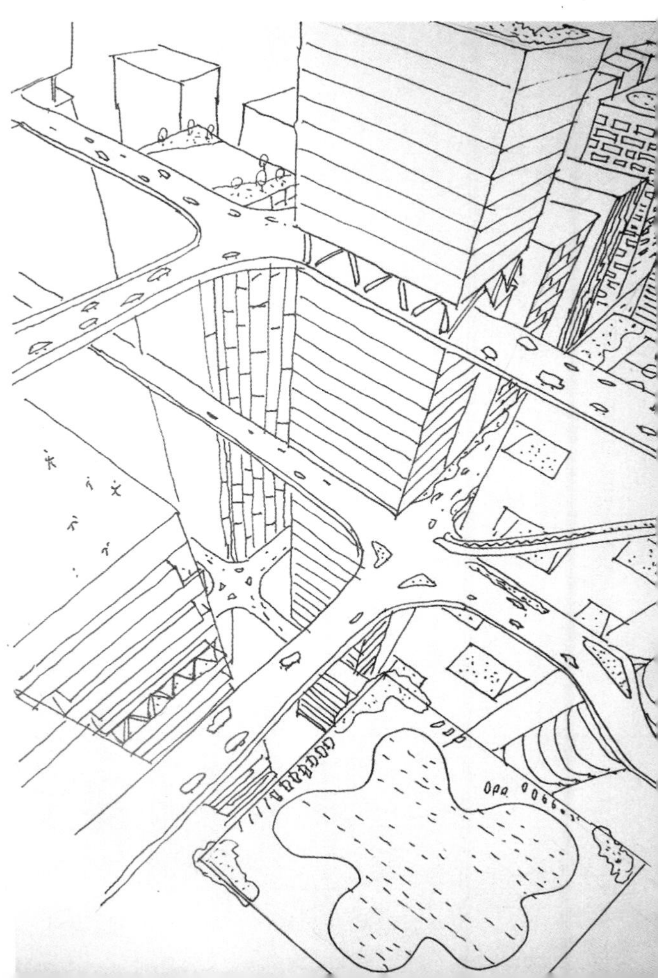

2.2　机场下的城市

一种有效节约城市用地的策略——将机场抬升至城市之上。通常，为了避免飞机起落的噪音对城市的影响，机场都位于城市偏远的郊区，需长时间穿越高速路才能到达，机场成为隔绝于城市之外的孤岛，而机场与城市之间的大片土地也无法得到利用；同时，由于在到达机场的过程中耗费了大量的时间，飞机相对于高铁正在失去优势。

如何能在保持飞机传统竞争力的前提下，排除其不便利性？答案是：与城市结合！实际上，将其提升至一定的高度，将极大减弱其对于地面的影响。机场可以移至城市近郊，在最初就将其整体以钢结构架在100米之上，下部的空间则可以发展以商务和办公为主体的高层建筑群体，而底部则可以为公寓。结合天街的技术，居住和商业也可以上下颠倒。

城市上空的机场将缩短登机的出行时间，创造新的城市建筑类型，并且，让我们重新思考工作、生活与基础设施连接的方式。

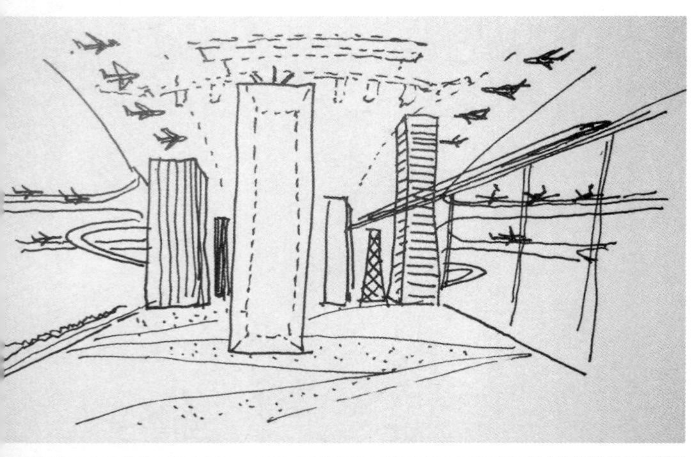

2.3 立体城市

关于什么是立体城市，我们不妨举一个形象的例子。

如果问，在中国，人人都住别墅，是可能的么？大家一定认为是不可能的。按照目前的土地利用方式，当然是不可能的。但是在立体城市里，却是可能的。这其实来自于1930年代纽约摩天楼的一个早期原型：曾有人设想搭起巨大的平台，将别墅置于平台之上，使其成为真正的“空中别墅”。（这和我们今天房地产商鼓吹的“平墅”或者“大平层”完全是两码事）。

这个想法一直没有实现，甚至从来没有人尝试实践过。最终却产生了曼哈顿摩天楼的集约形式。今天我们仍然认为它是有潜力可以再发掘的。——关键是解决其可操作性的问题。

难点之一是层层叠加的楼板，将使每个别墅看不见真正的天空，这个问题可以通过退台或者中空来实现，这反而将可能获得立体城市的空间丰富化。

巨型的结构如同纪念物般诚实地承受荷载，形成一座被赋予了功能的人造山体，一个垂直向上伸展的、“以确定的结构容纳可变的程式”的城市结构。

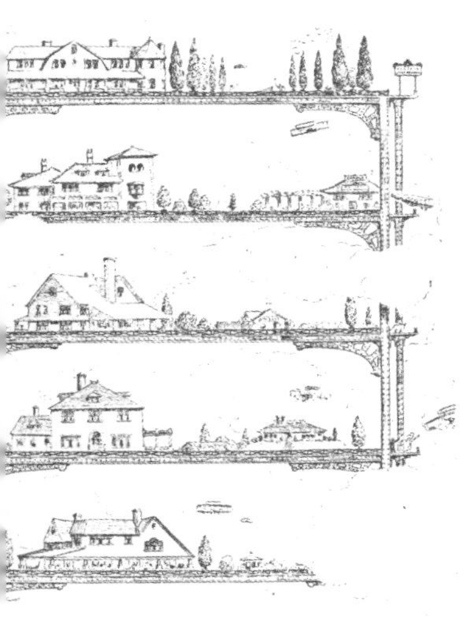

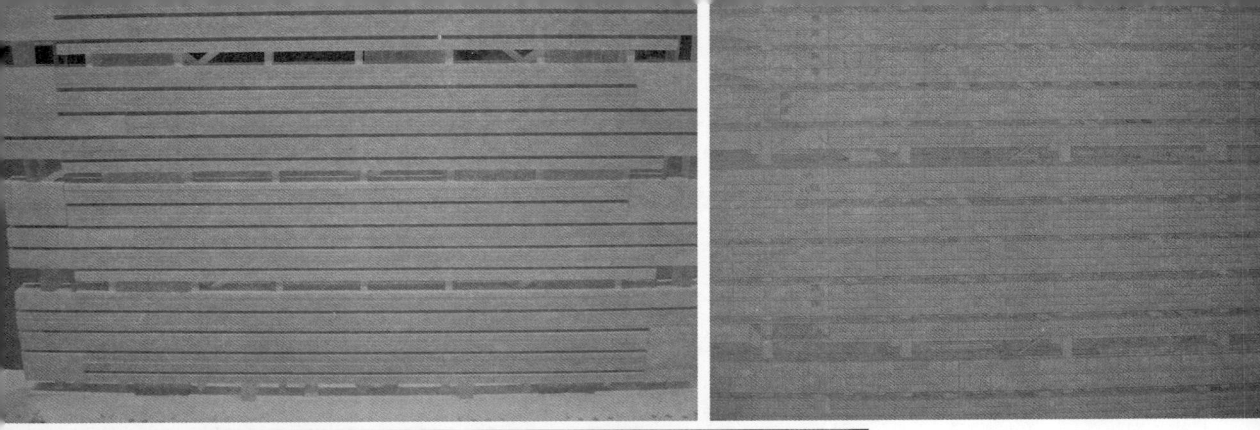

荷兰建筑师对于“立体城市”的探索

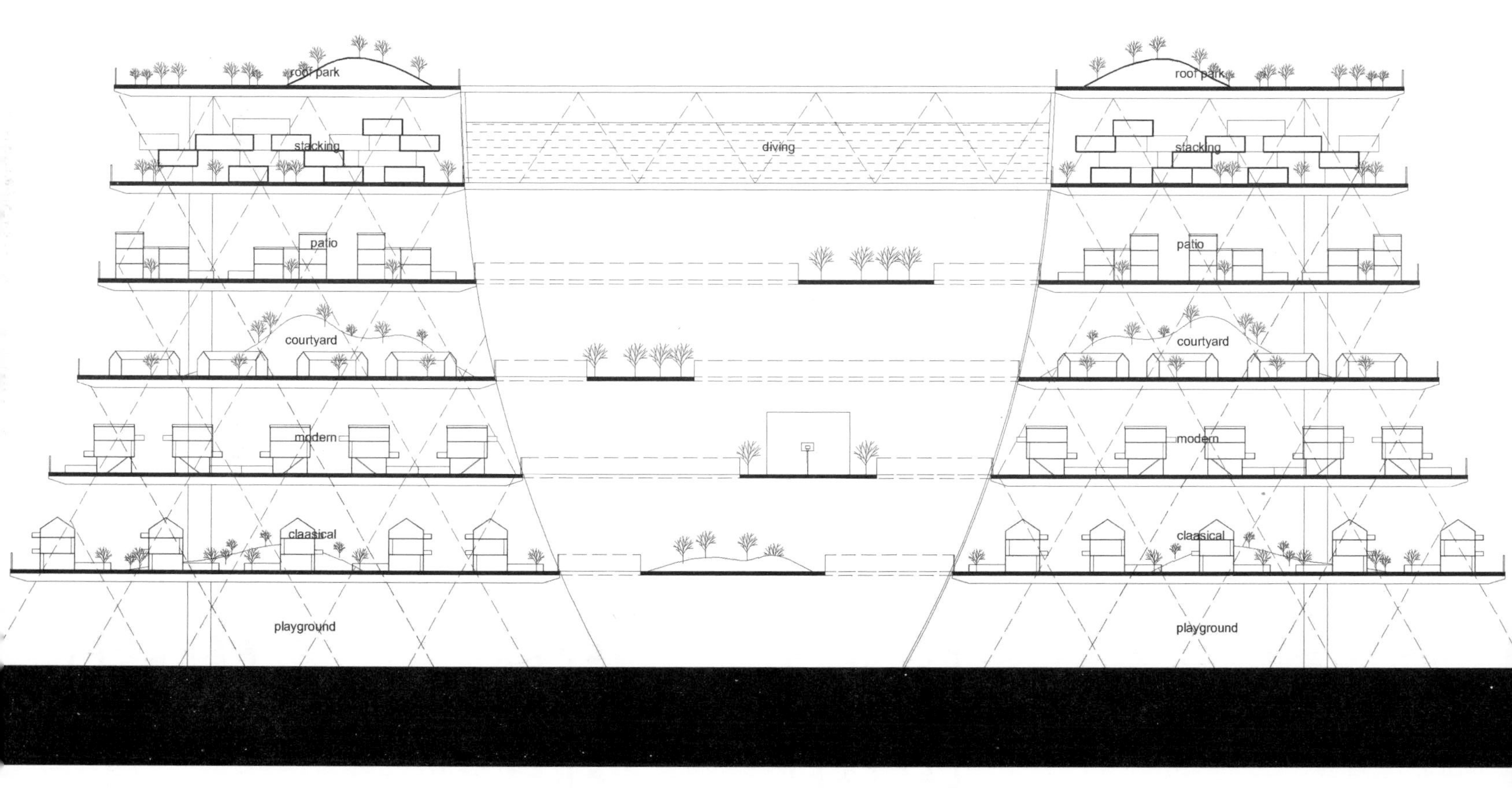

roof park
roof park
stacking
diving
stacking
patio
patio
courtyard
courtyard
modern
modern
claasical
claasical
playground
playground

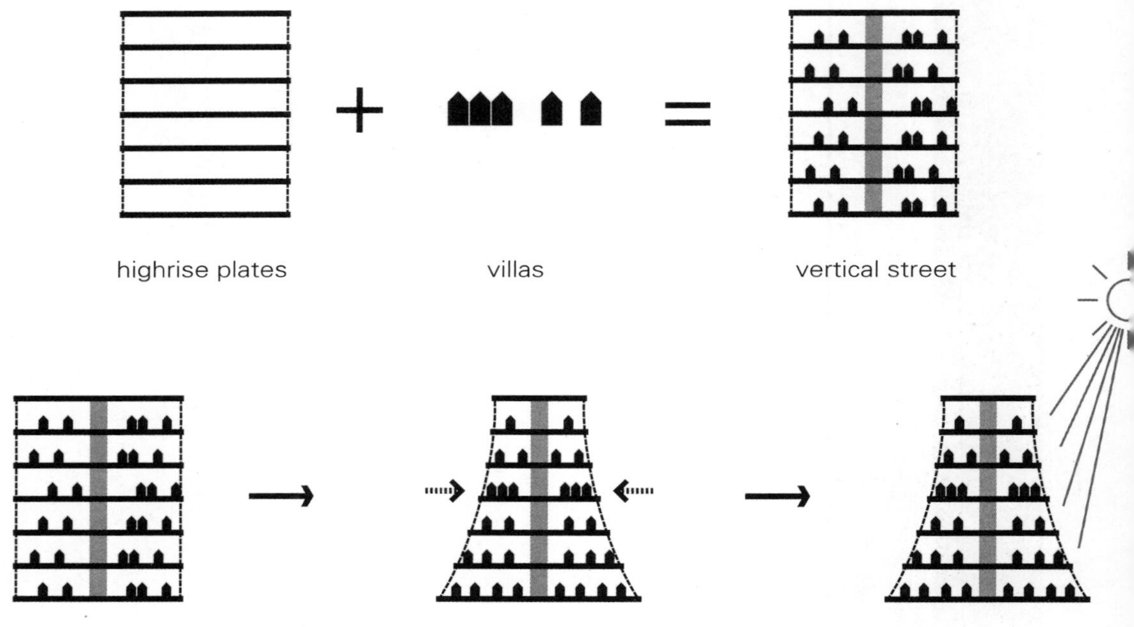

landscape in–between

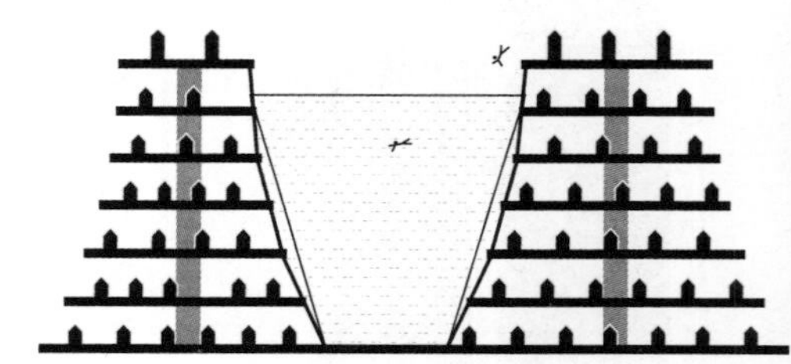
diving space in–between

难点之二是景观的均好性，我们可以通过加大层高来实现，在其上加入人造的山（中空），湖泊（浅层）来实现，中空的楼板可引入阳光，植物和动物，将形成一个类似地面的生态系统。如同将地面的内容在天空中复制了几次。

别墅的土地利用率只有0.3，而十层立体城市的别墅城，则可以轻松达到3.0以上的容积率，这比中国目前普遍的小高层住宅区的容积率还高。这种空中别墅还具有一个与以往别墅完全不具备的特点：传统别墅只能是在地面上，而在这里，你竟然可以在别墅中“俯瞰”整个城市了！

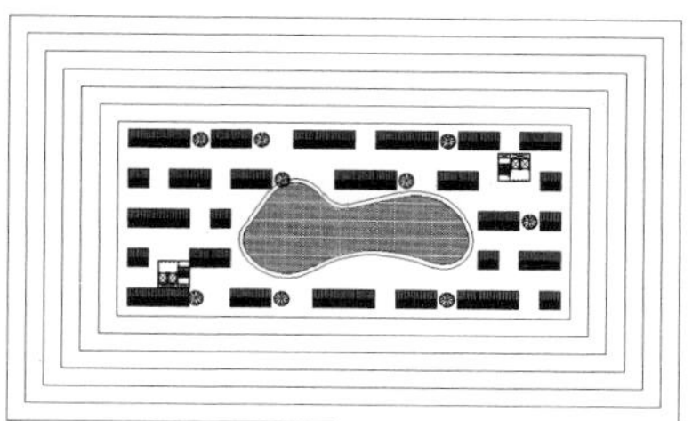
Plan 7F

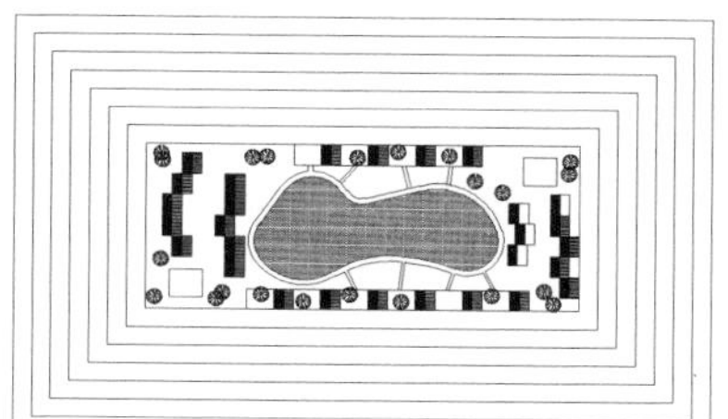
Plan 8F

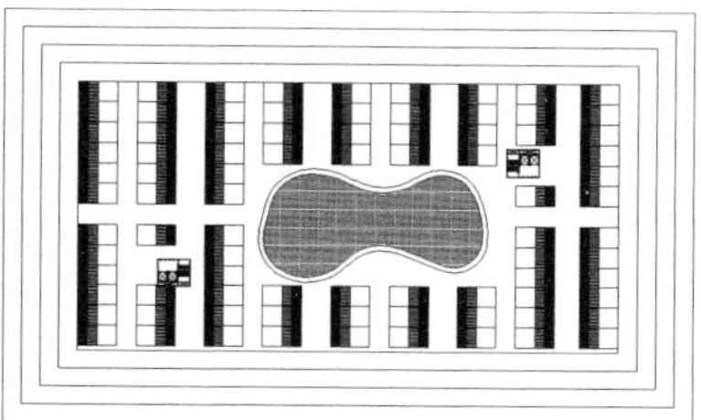
Plan 5F

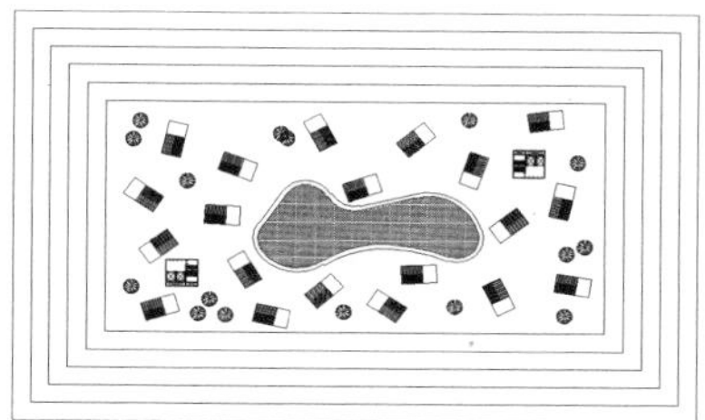
Plan 6F

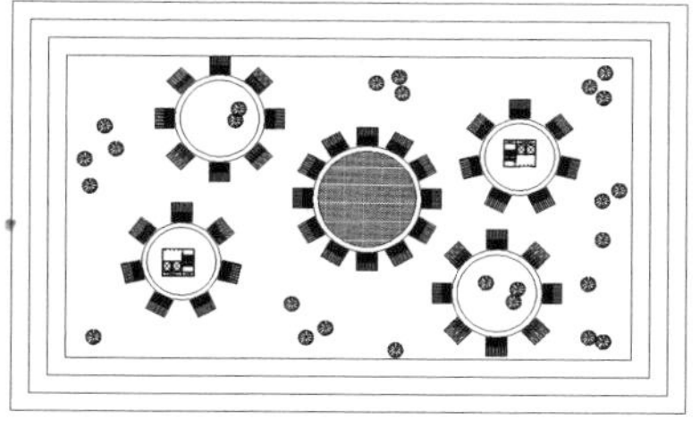
Plan 4F

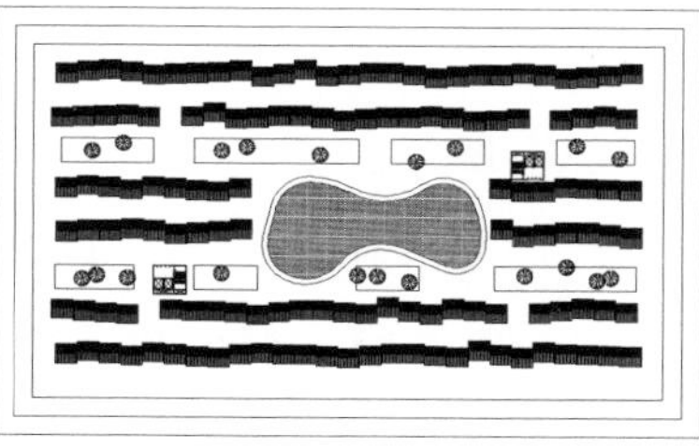
Plan 3F

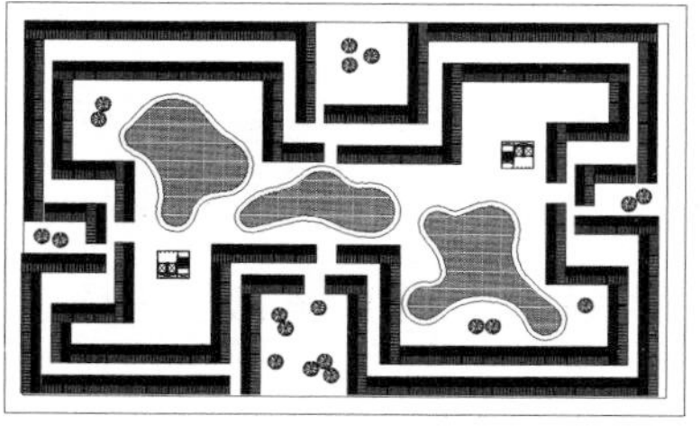
Plan 2F

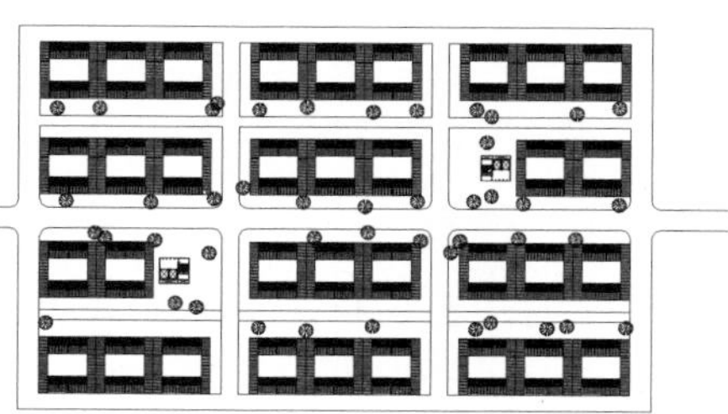
Plan 1F

2.4 飘一代的住居模式

中国房地产从住宅商品化开始，就存在着一个永恒的悖论：中国土地公有制和住宅私有制之间本来就是一对永远不可调和的矛盾体，所谓70年的“产权”仅仅表明你可以使用70年，你买了房子，脚下的土地却不是你的。

这与“商品房“的个人财产属性根本是对立的。因此，中国的住宅产权是个伪命题。就是这个伪命题，却让当代年轻人背上了沉重的负担，前扑后继地沦为“房奴”，也绑架了中国的经济。

中国的这种特殊国情，让历史上曾经有过的建筑发展模式都失语了：从来没有一个建筑师可以解决土地公有、而住宅产权私有的问题。要么土地住宅均私有，要么均属于公有。那么，这个命题是彻底无解的么？按照目前的逻辑，显然是肯定的。我们有必要重新检视建筑史，为这种模式找出一个特别的解决之道。借助1970年代“新陈代谢”派的“舱体”住宅理念，我们同样可以发展出**确定的柜架结构+可自由拆卸的舱体**的“可移动住宅”单元模型。住户拥有的永远都是一间住宅，而非土地，当你厌倦了一个地方，你可以自由选择下一站的居所 ，这种方式即是为中国人居度身定做的！

翻遍整个建筑史，我们发现，有一处曾经异常闪光并充满前卫意识的时代，对我们的困境可能有所指引。在邻国日本，有那么一批理想主义建筑师，成立了“新陈代谢派”，他们的理论饱含改造社会的宏大的愿景，却因为当时日本的现实条件限制而使其实践仅仅停留在很小的现实范围就匆匆遗憾收场。

新陈代谢派的假设是：土地共有，而住宅私有。但是土地公有在日本一直没有实现。在那个时候，日本的土地私有制度被设计师认为是造成城市无序发展，缺乏控制和限制增长的罪魁。

而建立共有土地一直是日本新陈代谢派建筑师孜孜以求的目标。他们主张以确定的城市巨型结构，容纳可变的个人单元。在个体与集体，共有与私有，确定与不确定之间寻找一种完美的平衡。这在日本的土地私有制度下，是无法实现的。而历史总是在与人类开着这样或者那样的玩笑，这么一种被认为过度理想化的理念，却在中国的今天找到了其现实的土壤——它仿佛是为中国人度身订造的。

半个世纪以前的巨型城市结构可以重新焕发光彩，虚假而矛盾的土地所有制度将不复存在：

既然无论如何个人也不可能实际拥有土地，那么，你就拥有一套可以灵活移动的住房“单元”吧。这个单元是预制的，成套的，轻便的，易拆卸和安装的，它不必是舱体或者胶囊，可以是任何一种你喜爱的形式。你到了一个新的城市，只需要缴纳租用一个结构框架的租金，就可以将你的住宅安置于新的地点；哪天你厌倦了该城市生活，你可以打电话找来快递公司，将你的住宅发送到下一个目的城市：如同我们今天淘宝的效率一样。

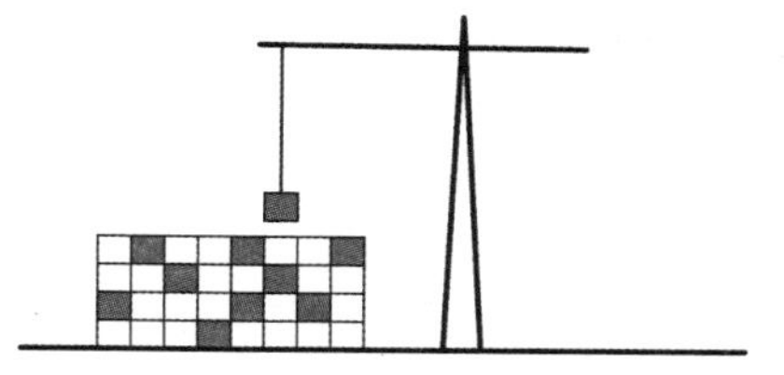

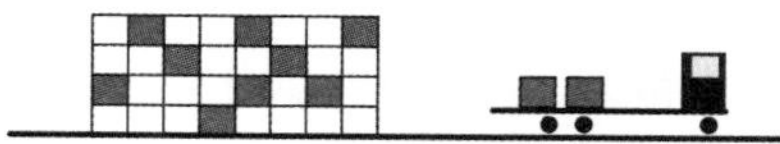

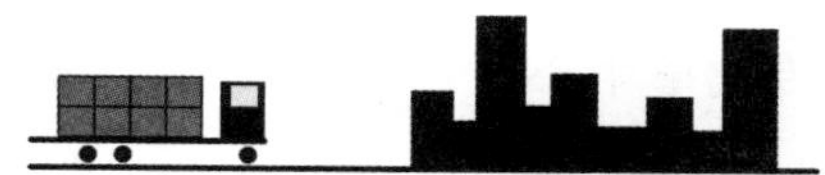

未来房地产将失去炒作的意义，因为你所付出的仅仅是购买一个活动单位的成本。而框架则是城市的结构和容器，它必定指向一种集合的、密集的、高效的、但同时又是灵活的、形态多样的都市生活。

我羡慕西方建筑学界，和整个艺术界那么多次的“运动”，产生了如此多的“主义”，每一次都是一场思想的洗礼——对于全民的思想洗礼和升华，那些才华横溢又充满激情的前辈大师们，一次次颠覆了既有的陈旧观念。1920年代的现代主义运动，1960年代的后现代、建筑电讯派、新陈代谢派，直至后来的多元化思潮出现。我们有部电视剧叫《激情燃烧的岁月》，我们这不是激情燃烧的岁月，他们才是激情燃烧的岁月。

编者点评

其实，站在国家利益和经济体有效运作的前提下，由全民参与的造房及买房运动，正是在践行文中所述“可移动住宅”的理念，不是住宅实体飘移，而是人作为经济体可据能力大小自由移动。

2.5 六角网格城

中国的众多大城市，如北京的城市发展仍然是遵循传统的单中心模式向外层层拓展，规划的目的是对城市的不规则扩展进行控制，这个过程不可避免地需要对功能进行等级化评估，并且按照此等级进行空间铺陈，其结果反而是空间的同质化和资源过度集中所造成的交通拥堵。

而我们提倡的“六边网格”城市模式，具有均等性、可延展性和程式的可调节性。在基本的城市结构框架下，可以根据当地的实际需求，配建相应的功能区，每种功能的比重可以根据实际发展效果进行变更。而六面均质使其向任何一个方向均可做新的拓展。这种模式更加适合附属新城和卫星城的建设。

与传统单中心城市的“程式层级”不同，六角形结构的优势在于其程式的“非等级化”，一切皆是以实际状况为配置基础，当其原型初露时，我们同样有可能首度尝试以一种“非自上而下控制”的“自发性规划”方式。

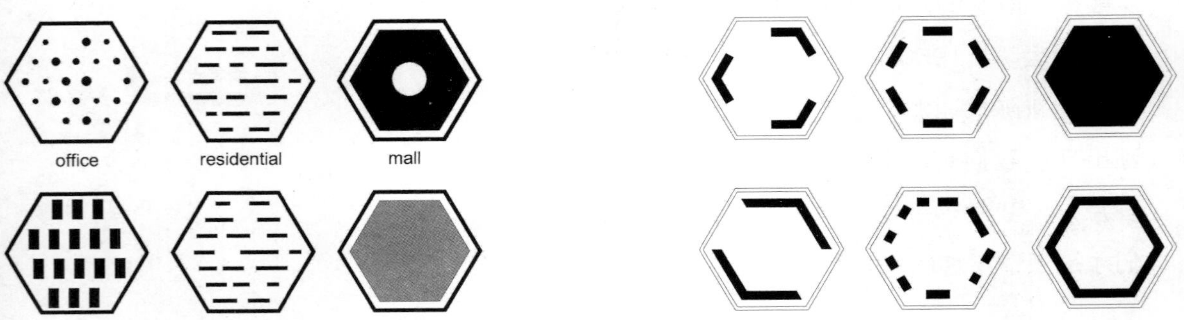

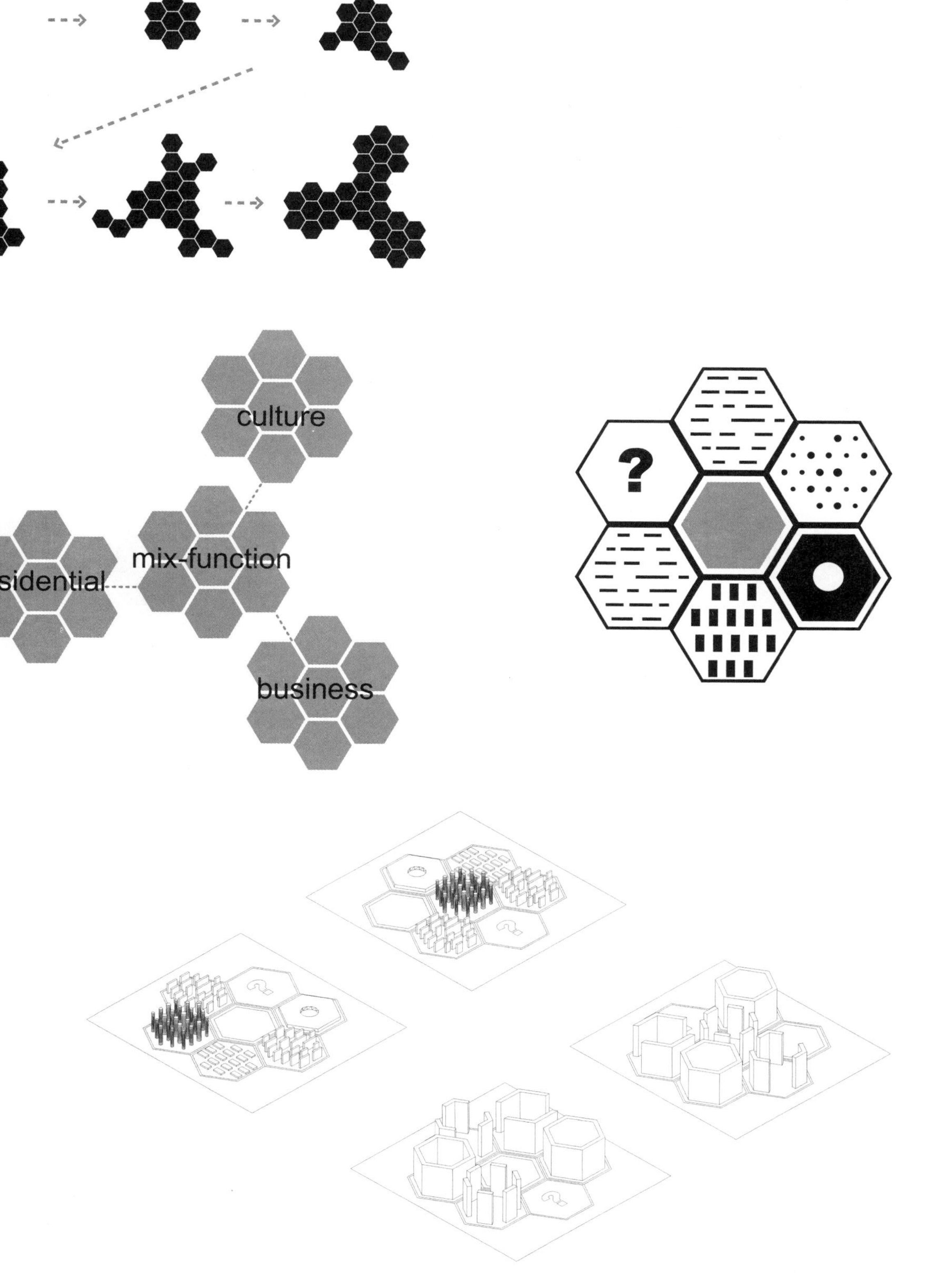
culture
mix-function
esidential
business

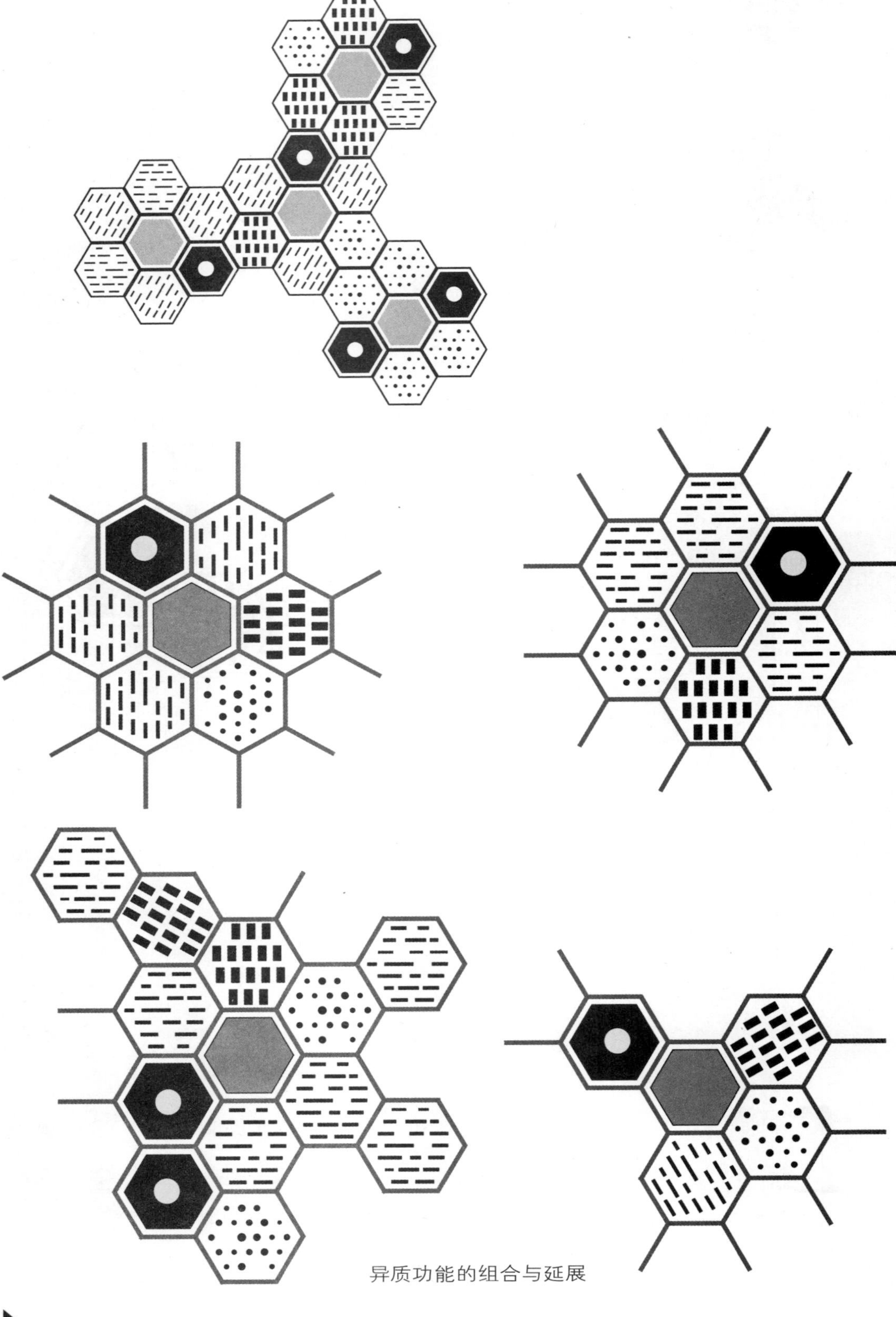

异质功能的组合与延展

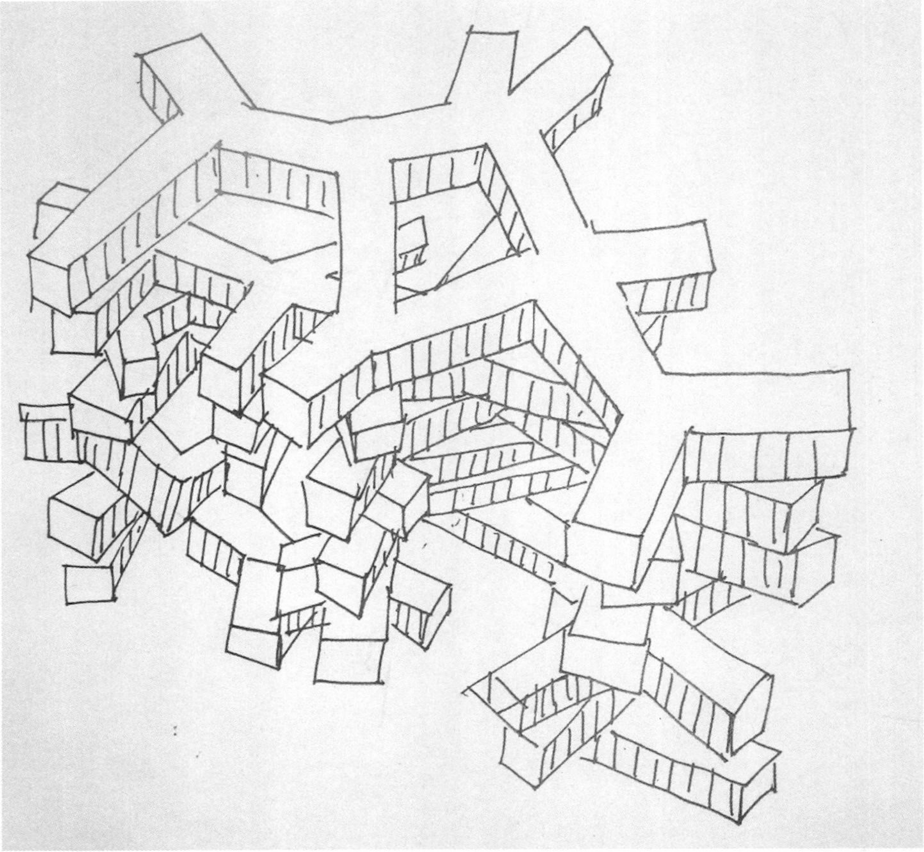

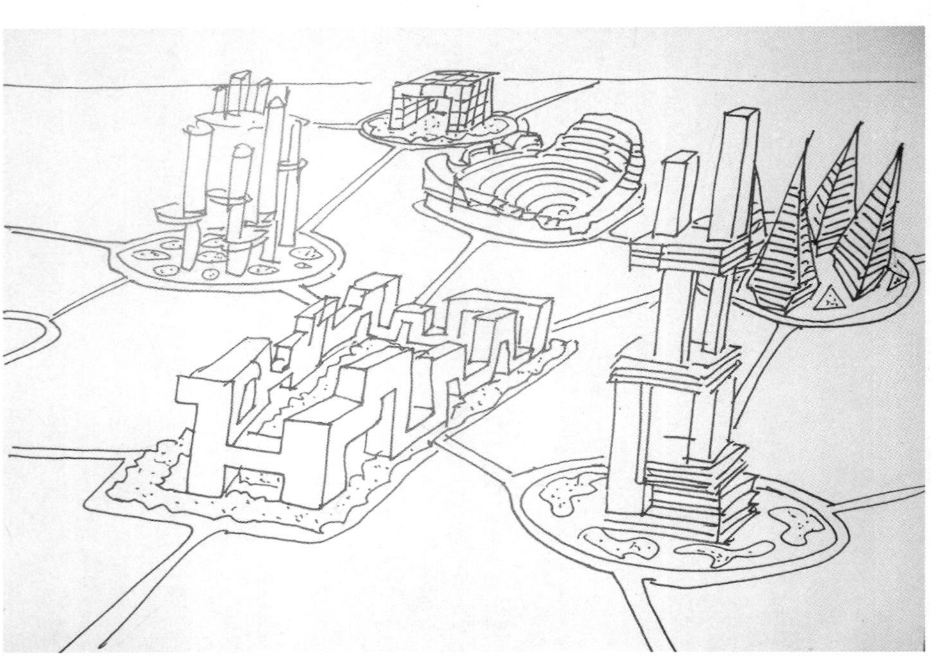

虚拟城市

自从建筑师的职业产生以来，我们就坚信实体城市是人类城市生活的基础，是建筑学科的核心基石。这种观念，在历史上作为确定答案的地位，今天正受到一股“看不见的力量”的侵袭：它无形无相，却无处不在，无孔不入；它势力庞大，已经覆盖了城市生活的方方面面，所有人都意识到，它对于实体城市所造成的空前挑战，却无能为力，因为无人明确知晓对手来自哪里，身在何方。这个“看不见的幽灵”正是“虚拟世界”。信息时代带来的“无言的不速之客”正在每一个隐匿的渠道中默默“占领”城市。

实际上，现代实体城市并非理想城市，并且早已“劣迹斑斑”，有的甚至“病入膏肓”。人口高密度聚集、交通拥堵、资源短缺、公共空间和私人空间同时缺失……一直深为人们所诟病。随着全球化的盛行，“城市通属化”实际上已经成了既定事实。

虚拟城市是从实体的禁锢中解放出来的城市，它与局限性的实体条件决裂，是对现实需求和技术发展的双向回应。虚拟城市是没有确定性的城市，对每个个体而言，其拓展空间无限。它可以轻易地建造，也可以轻易地去除。如果它死了，虚拟城市的居民们还可以重新组织。城市的弊病可以轻易地得到修正。

虽然是无意识的，但大多数人已经被虚拟城市所鼓舞，并且乐在其中。仍有少数人（比如建筑师），无法正视其带来的变化——因为它在日渐削弱实体城市的重要性。建筑师的焦虑在于:虚拟城市与他们传统的操作对象——城市和建筑似乎毫无关联，他们所熟悉的要素——空间、文脉、比例、尺度、现象、类型、材料……忽然全部失效。

虚拟城市是大量城市生活转入虚拟网络空间后的结果。与传统城市相比，虚拟城市是同时更加虚弱和更加坚固的。在虚拟城市中，个体之间互相远离，感受到如同游离的粒子般的体验。虚拟城市中，个体特征有机会得到空前的加强和放大，与传统城市“中心”作为城市的主角不同，虚拟城市中，个体才是真正的主角。

对于虚拟城市的主要感知，是一种无热感的平静，无限接近纯粹的状态。虚拟城市将城市的顽固症结归结于传统城市。虚拟城市的目的是精神世界的丰富性和转换的高效性，缺失的公共性在此找到了复活的可能。这种公共空间无法用传统的维度观念来衡量，仅仅通过轻敲几下键盘，就可以实现异质空间的转化，这种转化可以无限次地实现，可以体验1分钟，1个小时或者1个月，可以独享也可以与人分享。虚拟城市的易得性承诺了绝对的愉悦。仅凭一台电脑就可实现它的重构。

场景

虚拟城市的载体是中立的，是集结了差异性场景的全能工具。为所有想体验不同城市或者生活的人提供了选择。远方的、异域风情的、奢华的、舒适的、自然的、刺激的，甚至是从未被人发现的。感官的需求得到空前的满足。场景可以不与任何实体城市发生联系，它是一个包罗万象的自足体。一个微小的容器可以容纳最大化的体验的可能性。这种悖谬的统一是虚拟城市的无可比拟的优势。需求可以通过个体自我添加的形式实现，它的内涵将变得越来越大。

社区

虚拟城市的居民为“世界居民”。不同种族、肤色、年龄、身份的人，可以根据自己的喜好组成不同的虚拟社区，遵从一定的共同原则。由于身份的虚拟，且与现实的距离，个体享有比现实社区更大的自由度，这是虚拟社区的快感来源。你可以既加入一个严肃的时政社区，同时加入一个纯粹娱乐的八卦社区。你可以在论坛上充分地宣泄不满，也可以在游戏里扮演一个英雄，甚至还可以举行一场网络婚礼。凡是现实世界不能做的，在虚拟世界都可以实现。虚拟城市最大限度地放纵了人类的潜意识。

交往

虚拟城市同时加强并且削弱了人类的交往能力。虚拟城市使原本羞于现实交往的人更加自闭，使业已脆弱的传统邻里关系更加脆弱，由于以一种虚拟的身份启动交往的便利性和安全感，人们更加倾向于坐在电脑前与人沟通。现实的搭讪变得稀有，现代都市各自独立的生活空间所养成的“交往退化症”，由于虚拟城市的出现，被变本加厉。

虚拟城市同时也加强了人类的交往能力——至少是表达能力。躲在一块安全的屏幕后面，消除了现实中可能存在的紧张心理，仅仅通过文字或者声音，语言的释放变得更加顺畅，往往是直通内心深处。即使是编织一段故事，虚拟城市中人的沟通潜力也能得到最大限度的发挥。也许现实中口舌木讷的人可能突然变得舌灿莲花，现实中没有勇气说出的话可能在虚拟空间中终于有胆量表达。

虚拟城市对于交往能力的作用，究竟是原罪还是催化，目前显得扑朔迷离，但是，它至少将“交往”这个词的含义提升到一种空前的、全新的境界。

虚拟规划

虚拟城市必将宣告实体“规划”概念的灭亡。传统规划的基础是少数建筑师和政府官员的主观意志。建筑师拿着规划的权杖，官员怀着所谓城市宏图的雄心，几个人就决定了整个百万人口城市的格局和命运，这种传统规划方式，在如今急剧变化的都市条件和人口迅速聚集或变迁的状态下，早已难已适应真正的需求。

MVRDV事务所曾经在贝尔拉格学院主导过主题为《空间争夺者》的设计，设计的成果并非传统的城市规划，而是一个游戏，或者说，一个软件。它模拟了现实中的场地，来自于世界各地的，可能的开发者，对于场地的开发提出其自身的需求和建议，选择最合理的、最新意和有助于当地发展的方案，作为中标者。城市的结果将不再取决于少数人，而是变成一个真正开放的平台，城市的结论将由各个地块的开发者、管理者和未来使用者共同决定，城市的形态也将成为一个动态的过程。

实体城市的结构、形态和功能分布，将来也许将由对城市的虚拟化描述来进行论证。而城市的构成，也将相较于过去单一的规划模式而变得更加复杂、包容。建筑界兴起的“参数化设计”方法，因其理性的探讨方式，将对此潮流起到推波助澜的作用，而不再停留在建筑形式生成层面。

从虚拟走向实体，这是未来规划师和建筑师职业身份的转变之路，也将是虚体与实体连接的方式。

生活

最终的结局可能是：人类的大部分精神需求依靠虚拟城市解决，而实体城市则解决现实的物质需求，例如，农产品生产、水电资源供给。少数必须身体参与的活动得以保留，例如：娱乐、休闲和文化观演活动。我们发现，此类活动有很大一部分是跟“人类短时间聚集”的行为有关。办公空间也许依然存在，但是将不断减少。

虚拟城市中，历史是缺席的。但是它同样是不重要的，虚拟城市可以模拟任何一段时间的历史、情境，它甚至可以模拟未来。历史是虚拟情境的前提。人们不再有共同的记忆，而是少部分人共享一部分记忆，并且每个人对此有不同的解读。每个个体同时储存了多重“微记忆”，多重亚文化的需求在此处得以伸张：同性恋、虐待狂、异装癖、暴力狂、赌徒……依据信息高速公路，各种内容得以直接送达他们的卧室。

虚拟城市暗示了“囚禁”，是一种自愿被房间和电脑俘虏的生活。它暗示了一种所有人都居住于他们自己房间中的城市，网络是本世纪最大的革命，虚拟空间从开始的纯粹精神世界的需求，终于进化到开始影响现实实体空间。

这个虚拟包围现实的趋势，从商业空间开始。

网络购物至少有三个优势：

（1）没有税费的负担，没有场地的租金，网购具有相对低廉的价格优势。

（2）足不出户，就可以浏览多种商品。精细的分类和快捷的检索是现实购物场所无可比拟的。

（3）享受快捷的送货上门服务，消费者长期保持一种收获的、期待的快感。

已经有很多年轻人反映，他们现在逛商场的目的只是为了试衣服，看款式，记下品牌和尺码，回去上网购买。如果这种趋势持续发展，最极端的现象是，商场变得越来越像一个纯粹的体验中心，而非购买行为发生的场所。

实际上，很多商场已经感受到虚拟世界消费给他们的压力——逛的人多，买的人少，营业额持续下滑。也许终于有一天我们会质疑：实体店还有存在的必要么？如果有，那么它的职能将是怎样的？人们常说的“体验式消费”如何保证体验之后还能消费？这是一种退化还是一种进步？或者是商业的退步，公共性的进化？是否网络的兴起，在无意间冲击了商业建筑的商业属性，促成了公共性的变异？将来的商场是否将只剩下餐饮、影院、儿童乐园、KTV、溜冰场，甚至是室内主题公园这些曾经的副业，将成为主角？而曾经的主体——购物，将成为一种类似商品展示馆的产物？

商场=展览馆，这是继展览馆衰退之后，一个戏剧性的重生么？

今后建筑师思考的，是一种两者结合的产物。如同物种的变异一样，随着环境改变，某个物种的某些部位退化，而其余部位变得发达，最终，形成一个新的物种。

与此同时，商场的规模会缩小，而作为网络购物的实体支持平台的物流中心，作为仓储、配送的中心，则会持续增长。而个人商户的发展，也将促进SOHO等工作+居住的混合模式的发展。继商业之后，虚拟空间将持续影响居住、物流、仓储等各种实体空间。

《黑客帝国》的无实体的城市，即使不会绝对，也至少会部分实现。

虚拟城市的潮流指向城市中隐匿而庞大的社区，人们不再需要穿越拥堵的街道，在城市高昂租金的实体牢笼里寻一方谋生的天地，不再需要混凝土和钢铁来收集补给与秩序，信息技术革命的终极结果是一场都市革命，它的目标是身体与精神的最大化的“自由”。

慢城市

对于慢城市的美学定义是“度假风格”。可以将其想象为一种非层级化的城市——这在中国的城市中是比较特殊的。

慢城市的尺度在中国城市中通常不算大，但是与欧洲城市比，又不显得小。

它由三种主要元素构成：清洁而较窄的道路、强调内部的建筑（外表普通，而内饰丰富）以及精心配置的景观组成。道路、建筑、景观以同时适合步行和车行的尺度出现，在某些主干道上，道路仍然通达、宽敞，而大部分的次干道则与各种活动场地无边界。例如，篮球场可以与人车混行道无缝对接。

慢城市的产业一定不是以金融和制造业为主，其核心产业一般为服务业及休闲产业，但是却可以和一个以金融和工业为主的“快城市”紧邻，并且现实中，“慢城市”与“快城市”往往是悖论地互相依存在一起的。

如苏州的老城必然有苏州的工业园区，中山市的石岐必然有小榄、坦洲、三乡这些制造业的市镇。这种快与慢的结合，才使“慢”变得可能。但是其成立的前提是：两者只能紧邻，不能有丝毫的融合，但凡将这两种功能（或者节奏）混在一起的时候，这个城市必然会越来越加速地发展。

通常很难用一种产业来定义一个城市，而慢城市就可以，并且可以用某种功能定义所有的慢城市。慢城市的主要功能一定是休闲娱乐产业和服务业。在中国，娱乐休闲是指餐饮、洗浴桑拿、KTV、酒吧、康乐、运动场馆、健身房、体验吧，和各类旅游景点、主题乐园等等。另外，一个集中的商业中心（或多个小型的商业步行街）是必须的，往往混合了影院等传媒功能。比较大型的慢城市，还有一个成规模的文化中心。一系列“慢功能”聚集于城市的整体结构中，期待互动。但“慢城市”仍然保持他们之间的相对独立，如同带有磁力的魔杖，不断干扰其可能的加速，或多或少地保持平衡，人为性的“慢”将复杂的程式重新装入某种防御性的盔

甲中，成为被封存的液态物质。

慢城市宣告了城市经济学的灭亡，因为仅仅靠单一的休闲娱乐功能，慢城市就可以独立运转。

慢城市往往不具备极端准时、流畅、四通八达的地下交通（地铁）——因为实际无此需求。但是道路状况通常良好，保证私家车的行使仍然可以享受“驾乘的乐趣”而不至于堵在路上几个小时的时间里抓狂。

慢城市不像“大城市”或者“快城市”那般疯狂滋长和扩张，侵蚀周边的郊区领地，它往往在有限的范围内，缓慢地向垂直方向增长，并做自我修复。其中心往往是购物或者文化中心，却很少存在一个占统治地位的单一中心，中心可以是线性或者簇状的。

苏州是传统型慢城市。

中山是现代型慢城市。

三亚是远在天边型慢城市。

苏州的慢存在于古城，中山的慢存在于没有工厂的中心，而三亚的慢来自于远离特大城市，并且功能单一。

慢城市不关心城市的纪念性、轴线等，城市的结构是松散的。它与快城市的最大区别在于：它是与世无争的。在慢城市，很难产生压力，因为压力被很多因素所稀释。慢城市具有无尽的、隐藏的城市空白，松散的结构组织，却不失有机的自我调节机制。慢城市具有高度自发性，很多投资来自于私人业主，它接近于最原初的城市民主。慢城市如同一个实验室，一个温床，到处都是培养皿，它培养了一种安逸，培养了慢的心态，终极结果是——慢生活。某种情况下，它是一种都市白板，各种各样新奇的休闲想法都可以在此得到证明。它是一个养生之城，疗愈之城、放松之城——根据每个人的需求，可以找到合适的解释。

慢城市的人口，由大部分固定的本地人口和小部分流动人口组成，这部分流动人口的停留是短暂的，他们所做的流动是“快速流动”。他们是慢城市中纯粹的消费者。店面可以是正式的，也可以是非正式的，小贩在街头贩卖的不是商品，而是“城市风情”。各种城市规划理论和假设在慢城市中失效，慢城市在实践的层面提供全新的城市理论。慢城市并不是一个建筑风格过分混杂的城市，却可以为特定的需要制造某种特定的“情境”。时而有带中式大屋顶的现代建筑，时而有“地中海风格”的温泉度假区，时而有清真装饰风格的餐厅。城市的历史在这里往往被保留，并且以一种更新的、杂交的新面目出现，而不像快城市中那样被全面抹去。建筑立面是普遍的浅色调，而标识并不夸张，仅在夜晚时显现出它们无处不在的夺目力量。

有趣的是，每个慢城市都有一道水岸，苏州的小桥流水，中山的歧江，三亚的海。它是两种城市条件的边缘。而水岸的景观是休闲不可或缺的元素。

城市中仍然有一部分办公空间，与快城市的区别是：它具有朝九晚五的精确，绝没有什么超时加班。酒店是一个与外界不断沟通的场所，更多时候，酒店本身就是一个娱乐城。你来这里，然后住下，然后享受。你变成另一个自己——这难道不是“生活在别处”的最佳注解么？

对于原住民，慢城市是一种常态；对于外来者，慢城市是一种世外桃源。

对于“慢”的需求，来自于对于“快”的焦虑。有一种说法是，中国人似乎被人按了“快进”按钮，一刻不停地向前迈进。对于物质、财富、地位、“成功”等等空前地渴望。古代的中国人虽然“勤劳勇敢”，但是华夏文明始终保持了农耕文化的影响，显出某种不紧不慢的姿态。近代开始意识到与“外面的世界”之间的差距，开始了全民族的提速运动。而到了共产主义“大跃进”时期，这种提速达到了第一次高潮。而第二次高潮则是在改革开放之后，政治热情减退，经济建设成为全民的指挥棒。慢城市的悠然消解了城市难以抑制的扩张与独裁的需求，它是未来居民个体意识觉醒后的主流选择。

直觉都市系列四

瞬间城市

——山东日照

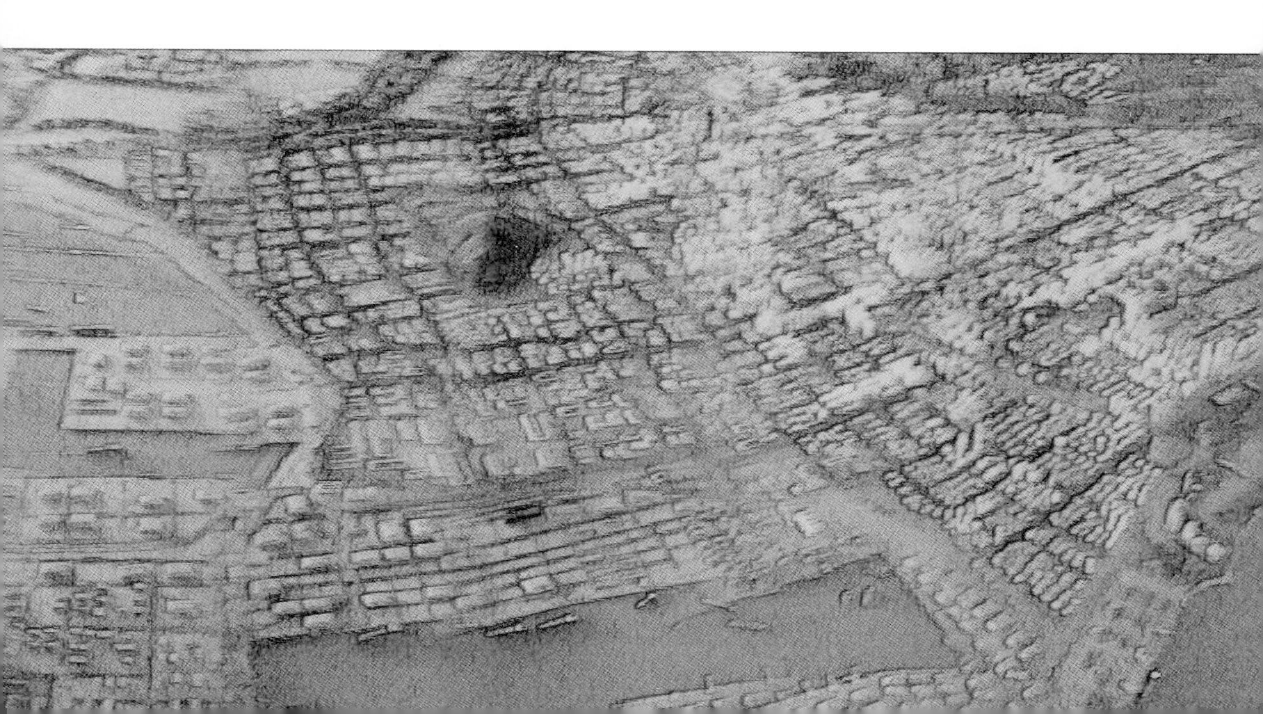

这个邻近海边，靠旅游为生的城市，每年有一半的时间，是睡的（不是死的，因为它总会活过来）。

在每年5月到8月间的暑期，人们从各地蜂拥而来，体会“海滨文化”，而此时正值寒冬，冷风如刀，从车窗外望去， 那些在海滨浴场边的民族风情建筑，楼还在，人已空。只有一块块巨大的牌子，还在毫不知情地大声呼喊着它旺季的疯狂。

城市如同事件，由节庆带动。这是一个季节性城市，一个临时城市；城市这个概念，只在某一段时间内存在。

本地人在狂欢之后，是否也有巨大的失落感？或者是仅仅留下物欲，在耗尽了上一年的盈余之后，惟有期待下一个夏天带来的又一次丰收？

物欲丰盈的人不容易感伤。落寞也许只是自寻烦恼的人的专利。

有太多的需求是非集中的、脆弱的、不可控的。由于其对于季节的敏感性，和对于文脉的无依赖，它可以迅速由一块“城市白板”转变为“一座城”。

这个城市是富有戏剧性的。因为他的市民每年都在经历着情绪的涨落，如同海水的潮汐。

因而，他们的情绪也具有了“季节性”，尽管它年复一年的重复。

半夜，被酒店后方的火车声惊醒。

这个年代，动车飞驰，早该退役的绿皮火车头拉着一大列黝黑的货车车皮，艰难而无奈地缓缓驶过。

如同任何技术革新淘汰之后的过时工业产品一样，它的运行本身就像一个博物馆的陈品。

打开半扇酒店的气窗，冷风一下子灌进来，让人惊醒，睡意全无。

从22层的落地窗向外望去，路网平直，灯火点点。

大海在远处一片漆黑，但是仍然能感觉到它的存在。

“瞬间城市”是城市发展灵活性与可适应性的极端现象，而其荣枯却永远是不可变、不灵活、确定无误的，如果能为其“枯”的时段找寻一种新的生存模式，“瞬间城市”也可能成为新型城市的启示录。

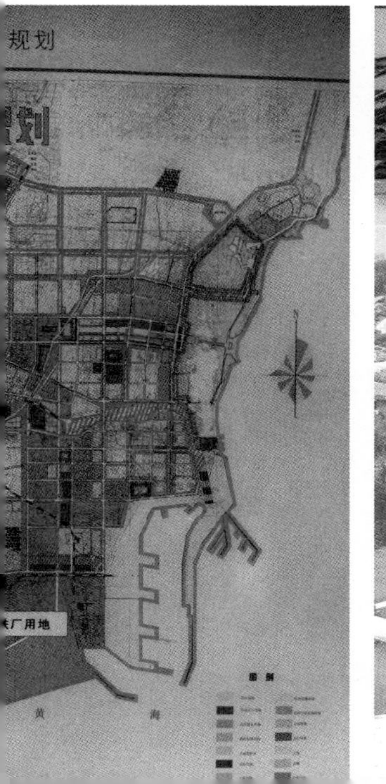

“大”与“小”

——日本自派建筑师纪录

1970年代的日本，曾经兴起了一场轰轰烈烈的“新陈代谢”运动，在世界范围内产生广泛影响。与丹下健三、菊竹清训、黑川纪章等前辈对于建筑在城市尺度上创造新模式的恢宏理想的热情不同，在今天日本建筑界风头正劲的西泽立卫、藤本壮介、石上纯也等年轻一代建筑师似乎更关注个体经验和感受，并往往以此作为设计的出发点。如果说新陈代谢派着眼于建筑在社会学意义上的“宏大叙事”，关注建筑的“大”，那么，“白派”建筑师们则专注于建筑的“小”。

这种差别，从外部环境来看，与经济发展不无关系。六、七十年代是日本经济飞速成长的阶段，日本全国上下信心高涨，建筑随着地产一片红火，大兴土木，年轻建筑师甚至在执业不久，即有机会接触大型项目。在这种背景下，建筑师改造世界的抱负得到了空前的鼓舞——没有什么是不可能的。“新陈代谢派”应运而生，出现了多个颇具实验性的前卫的城市构想。而90年代之后，日本泡沫经济破灭，开始了“停滞的20年”，房地产的迅速萎靡导致了大型项目的急剧缩减。此后，建筑师所能获得的委托大部分为来自私人业主的中小型项目。此转变对于日本建筑师近年来操作对象和关注点的转移影响深远。

任何被归为某种流派的建筑师群体，均具有某些风格或者理念上的共同点。那么，“白派”建筑师有何共同特征？虽然由于经济原因，白派建筑师的作品都偏向小尺度，但这更多的是一种被动的选择，而非出于必然的审美立场。最初的“白派”提法可能来自藤森照信的观点。他在定义这些建筑师为“白派”时，认为他们具有的普遍特征是“努力消除建筑的物质感”。

白派建筑师爱用白色，这与现代主义的传统有一定的联系。但是，他们对于抽象性有不同的表述。与现代主义者们追求一个共同的“抽象目标”不同的是，“白派”建筑师们更倾向于抽象的“多种方向”，将“确定的”抽象向“朦胧的”抽象进行转变，这是白派建筑师们对于抽象所作的进化——他们无意于架构“固定的几何学”，而是更开放的解答，这也许是他们的特征之一。

白派建筑师是新生代建筑师的代表，并且在当今建坛具有世界性的影响力，我们将详细论述其各自的设计哲学。

1. 伊东丰雄

虽然白派建筑师目前呈现出异彩纷呈的局面，很多年轻建筑师如西泽和藤本等已然开创了自己的天地，但有一位比他们更早期成名的人物是不得不提的，那就是伊东丰雄。一方面，他是其中多数人的师长，另一方面，他以独特的设计哲学首次将自己同前辈建筑师区分开来，可以说是“白派”的领路人。

伊东丰雄的建筑的变化首先来自于他观察、认知城市和人的方式的特异性，来自于他对这个时代的敏感。伊东认为，最近20多年以来，对人类生活影响最大的两个要素是消费和电子信息技术。由此他提出“作为现象的都市”的概念。

都市概念的转变——浮世化

从电子信息技术产生以来，它在本世纪得到空前发展，我们生活的城市实际上分为实体和现象两部分。作为实体的都市是物理的存在，烙印着对应于从个人到社会的空间组织层级。这种关系以个体为中心，是如同一个个同心圆向外扩张的网络系统，社会则是这种关系的叠加与交织。现代规划理论正是以此类实体为原型而产生。

每个个体拥有自我的“场域”，同时将尺度与地点解释为城市的症候，在个体与社会之间，形成一种现代性的“冷眼旁观”。

而作为现象的城市是从消费主义盛行以来与媒体、广告和商业一起兴盛的都市。是作为咨讯和偶发事件的都市，并无如实体空间般稳定的时间与空间秩序，自产生以来建筑则向一种浅表的拓扑学发展。作为现象的都市持续膨胀，都市的建筑物几乎被消费符号所淹没，表层被数量惊人的装饰物所覆盖。这并不仅仅指商业建筑的霓虹和招牌，而是指急于表达出一种奢华感的立面整体——建筑的浮世现象。白天与夜晚呈现巨大的差异。作为实体的城市厚重感变得稀薄，人类身体沉醉于“作为现象的都市”并溶解于其中。

与都市的双重性相对应，伊东认为处在现代文明中的人，身体也带有双重性格，一方面是具有从古至今既有的本真身体，从外界吸收水、空气、食物再排出，以这种方式与自然紧密结合；另一方面，是微粒之流的身体，就是从各种媒体吸收了大量资讯情报，然后不断对外界发出信息的意识的身体。透过电脑等，我们又与虚拟世界结合。对于身体性的认知方面，伊东的理论也已经明显超越了“物体性”本身，类似于东方哲学中“道”和“气”的观念，将不可见因素纳入实体考量。

伊东的建筑需要回应这些新兴的“现象都市”。一方面是对建筑的传统厚重感和永恒性的剔除，而倾向于更加轻盈、灵活、临时的建筑。他的早期作品，“风之塔”是这方面的代表。风之塔是将噪音视觉化的装置，而不断反复的光的闪耀可以说是来自环境的音乐。它所刻画的几乎都是在我们无意识之中改变了身体感觉的都市韵律。建筑不再是那种永远的纪念碑了，而是在充满了噪音的都市空气里，戴上一个滤层让它视觉化并加以固化的行为。伊东认为这个新时代所需要的，可能是如同大众化轻音乐般的建筑。建筑如同电影、音乐、文学、图像一样，都是消费品，无关“永恒”。

风之塔也是一种“模糊建筑”，“模糊”并不是把问题放在建筑的形态上来讨论的，而是对那种太过独立和自我，将内部与外部世界做出明确间隔的传统建筑方式的质疑，是指“境界暧昧”。如同出现在波纹水面中的物体那种摇晃着轮廓的建筑。其后的“仙台媒体中心”中更将这种理念进一步扩大。

另一方面，他的作品刻意强调消费社会中趋于表面化的都市现象。他在表参道为两家奢侈品牌店所做的旗舰店设计中，凸显了这种意图。为Tod's所做的品牌店表面采用一种抽象的“树的剪影”的模式作为表皮的元素，包裹整个立面。建筑的实体性被消解，呈现出某种浅表化、娱乐化的意象，同时，其非规则的立面图案也与时尚本身产生了某种联系。虽然建筑的主体仍然为混凝土，但是奇妙之处在于它显得如此轻盈而无重量感。

对于日本的都市现状，伊东显示出了担忧和不满。他用“被封入保鲜的膜食品”来比喻现代都市中的建筑——建筑如同超市货架上的商品，用无差别的保鲜膜加以封装，丧失了本身的物质感。这与日本建筑师所推崇的现代主义的美学：均质性、透明性、流动性、相对性和片断性是一致的，其结果是城市也变成了类似保鲜膜食品一样的东西。这的确是日本建筑的普遍特征——虽然具有高质量的空间，但往往表现出一种无时间、无场所、无等级的感觉。即使个体建筑其本身很特异，一旦置入都市整体中，立刻变得无差别。

伊东丰雄认为现象的都市的特征是擦除了人类感知的中性空间，是排除了物体的厚度与重量的轻薄、透明的空间，与传统的城市空间相比，在时空上不带有完整性，并且可以大量复制。因此，他将其建筑的意义比喻为“保鲜膜的实体化”，意指赋予那个透明的覆膜某种构造，并做出现象发生装置，如同条码那样，本身不表征任何意义，仅在作为极度单纯的实体的同时，通过组合产生具有多重意义的系统。

东方哲学认为，人体和自然是连为一体的，人体虽小，却同样包含了宇宙中共通的基本奥义——“道”。因此，古代人类存在的方式，与建筑存在的方式，总是试图与自然相融合。伊东观察到曼谷的民居，每个都向河道中伸展、浸没，人在河中洗浴，人、建筑与自然是没有界限的。到了今天，建筑却呈现出完全人工、抽象的自我孤立状态，将自己与自然完全对立和隔绝开来。无独有偶，在高度信息化的今天，电子流却使人在不知不觉中，体验到了那个曾经淡忘的“自然世界”。

仙台媒体中心的设计初衷之一，就是让人们体验这种“自然”与“人工”的极端对立。如树枝般自由生长的竖向管状结构，被绝对水平的楼板层层分隔，而各楼层束缚在一个立方体中，完全通透的立面就是这两个冲突系统的直接反映，是对当代生活的人工–自然的两面性的一种隐喻。 伊东在仙台媒体中心中曾尝试过否定自现代主义产生以来一贯延续的建筑的“抽象性”传统，但是在此过程中发现，这种努力越强烈，反而偏离目标越远。最后还是承认抽象性对于建筑呈现的必要性。由此他得出“肉体之美与现代主义的纯粹性并不矛盾”的结论。

适应当代生活的媒体中心必须具有最大化的水平向的开放性，并且与垂直方向上的自然浪漫相结合，其结构在数量、形式与组合上都非同寻常。在这里，没有一种单纯的、传统的“创造性思维”可以决定其最终形式，它是一个概念、技术、现实被整合在一起的产物，曾经的建筑评价体系与价值观在此处完成了一次煞费苦心的和解。

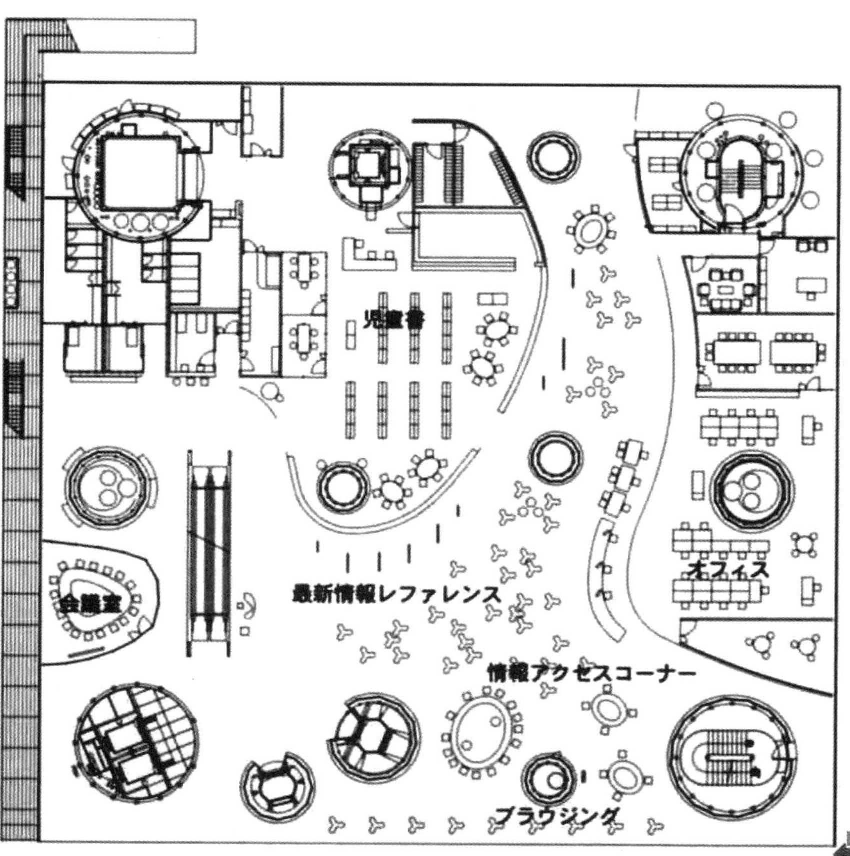

会議室
最新情報レファレンス
オフィス
情報アクセスコーナー
ブラウジング

日本的城市与欧洲的不同，并不由轴线或者秩序来统筹，也不同于传统的放射状城市或者网格城市，而是呈现“碎片拼接式”的发展。如果说欧洲城市是由厚重的秩序构成的和谐都市，那么日本城市则是将所有过去的记号等价地排列在一起的“浮游都市”。因此，伊东的建筑并不希望在新建筑中再现传统的实体，而只是将其意义转化而填充到新建筑中，从而达到“触碰记忆”的目的。

伊东最近落成的作品——多摩大学图书馆则是将传统进行再抽象的例子。虽然采用了“拱券”这一基本元素（这也是整个建筑唯一的元素)，但却是经过提纯之后的，作为结构支撑和美学要素的双重身份出现。建筑的网格也非正交，而是出现了弧形的变化，这与垂直方向的拱形成呼应。而分隔也发生在弧形的网格上，在完整的图书馆空间中形成了多样的空间，有时候呈现为走廊，有时候是一系列小型阅览室。书架和桌椅等也是空间组成的一部分。拱的构造是用薄壁的混凝土构成，同样达到了厚重元素轻盈化的效果。当两种元素微妙地陷入某种连续的关系中时，另一种对位关系随即产生，在此处无边际的建筑空间中，“拱”的理想形式徘徊于一个物质网格中，寻找其合适的位置。一个点阵系统与混凝土的空白，如同一个蜂巢，座落于基地之上。点阵定义了“虚空”的孤岛，不同尺度的储存、阅览与查询空间在其中形成“空白的反面”。

伊东丰雄在某些项目上体现出封闭性的特征。他设计像洞穴一般的建筑，高技、内向、原始、防御性的，保护室内的人，并且与外界没有多大联系。最近日本有潮流提倡建筑对外界封闭，这始于伊东。伊东创造的这种观念，住宅如同洞穴，没有窗子看向城市。他对原始、洞穴感兴趣，但对于未来、技术、电脑同样有兴趣。

2. SANAA

“妹岛的图解建筑，是将建筑里所预测发生的行为加以抽象化的空间。我们称之为平面的这类形成建筑的手段，在她的角度都是以空间图解作为表达的。我们的身体在其中丧失了温度和味道，成为一种‘人造人’”。

——伊东评价妹岛和世

SANAA由妹岛和世和西泽立卫共同创办，其实包含了三个独立的事务所。有时候以各自的名义独力承接项目，有时候也一同合作项目。SANAA的设计从形式的呈现到其背后的理念都非常独特，可以说开启了建筑学的某种新的方向。

SANAA的设计出发点来自观察周遭和思考现实的方式，他们质疑传统建筑样板对人的行为的限定效应，设计从来不按照既定的套路进行，而是耐心地解读未来使用者的需求和欲望。感受社会现实和人类心理的变化，使建筑的目的变得更加多重和暧昧，他们以其建筑“放任这种复杂性和暧昧性”。SANAA的作品形式单纯、空间均质、体量简单，却具有如同虚拟世界中的空间般的非真实感，看似恬淡，却在空间的感知上让人有非同寻常的体验。SANAA往往将建筑形式简化到极致，这种简化是刻意而为的，剔除了建筑本身的附加意义或者建筑师的主观意愿，使用者就可

以根据其自身的需求去塑造空间，个体的多样性得以呈现。从而达到释放其潜在的欲望的目的。 SANAA是将建筑二维平面的潜力最大化的建筑师：仅仅凭借对于平面的拉伸，就可以生成一个极具丰富内涵的空间。而这种方式的极致，令人惊讶地，以一两根曲线就可以达到。呈现出极简主义的特征。

在妹岛和西泽的设计哲学形成过程中，都不同程度地受到两位前辈的影响:伊东丰雄和库哈斯。妹岛和西泽都曾经在伊东的事务所工作。他们不仅继承了伊东那种轻盈、飘逸的建筑风格，更被他立足于“现在”的设计姿态所吸引。如我们前文所论述，伊东是对信息和消费时代异常敏感的建筑师，并且比较早地以其建筑实践来回应这种“当代性”。这使他明显有别于前辈的日本现代主义建筑师。另外，库哈斯以不带偏见的调查研究和基于多样性的观点的设计方法，以及不断地以其设计质疑现实合理性的态度，对妹岛和西泽都产生了巨大的冲击，由此，他们也拓展了建筑思考的维度，并且确立了”program（程式）”在设计中的重要性。

妹岛和西泽有共性也有不同，总体来说，西泽更加理性、逻辑而妹岛则更加感性。 妹岛更关注现实，而西泽更有想象力。他们描述自己合作的方式如同一支爵士乐乐队，每个合伙人有不同的乐器，演奏不同的曲子，但是合在一起创造了新的乐曲。他们认为合作是必要的。虽然通常与同一家结构公司合作，但是对于建筑的节点没有固定的做法，因此都会根据项目有新的尝试使其建筑在细节上总是具有新意。

SANAA之所以需要三个公司共同实践的原因是：他们都是独立工作的，他们各自画草图，独立思考，之后会一起讨论方案的优劣再做决定。在设计过程中，很多东西被放弃了。通常，几个事务所同时发展很多想法，直至他们明确这种想法是否可行。有时候，经过讨论，各种想法开始彼此契合；有的情况，他们会重新开始全新的方案。设计方法会因项目的差异有很大不同。他们彼此之间互为批评者。而独立负责的项目更多的是由其中一个负责人的主观意愿主导。SANAA的作品是一种混合物，关乎他们欣赏事物的态度。妹岛非常感兴趣于制造某种关系， 制造某种存在于被她称为“动作”的事物和其他领域之间的关系。西泽喜欢在清晰给定的专业范围内思考问题。妹岛非常关注行为之间的关系，同时考虑多种边界，不仅是物质的，更有精神的、行为的等不可见的界面。然后根据这些行为设计建筑，建造出的空间将会成为这些生活行为真正发生的空间。

SANAA的设计有如下几个特征：

1）白色暧昧性

（1）金泽21世纪美术馆

最能体现SANAA“暧昧性”的例子是“金泽21世纪美术馆”项目。该美术馆位于金泽市内的中心部，SANAA在这个建筑中的理想是打破美术馆高雅封闭的固有形象，使它成为一个完全向市民大众开放的场所，真正的“公共建筑”，既拥有美术馆的展示功能又是市民交流的场所。

从平面上看，为了实现这种开放性，美术馆外观呈圆形，各个方向设有四个入口，均可以均等地进入，并且自由穿越。消除了美术馆建筑通常的秩序感。同时，圆形的向心性使得人们可以围绕其外围做各种活动，从而形成一个交流场。为了让人们更多的感受艺术和城市的关系。美术馆的外壁是连续的玻璃幕墙，完全透明开敞，室外风景自然融入室内。为了强调超级扁平和超薄的视觉效果，妹岛和西泽用极细的柱子作为结构，柱子因多而成为如树林般的效果，也成为空间构成元素的一部分。展厅本身为19个立方体的方盒子，组成聚落状，所以参观者在美术馆中移动时，仍然感觉如同身在方形展厅中。

美术馆中央庭院还精心设计了一个下沉的水池，底面为透明玻璃，地面层的人向下看时，借由水的折射，地下层的人仿佛在水池中一般。这是妹岛和你玩的现象学游戏，而这个小景却成为建筑的点睛之笔。

这个美术馆集中体现了妹岛的“暧昧的白色”，实际上是一种含有东方禅宗美学意味的朦胧之美。根据场地与程式的关系，它们组成了一种关于“共生”的交集。

（2）歧阜北方住宅

此项目为妹岛早期的实践作品，日本的大规模集合住宅设计受大量现实因素如规范、模数、造价、文脉等等的限制，以至于建筑师的独特设计理念很难发挥，其结果就是千篇一律的板楼模式。而妹岛则希望打破这种惯例，她曾经在一块假想的用地上，按照目前日本集合住宅的密度标准，进行了类型实验和对比，发现各种设计方式的优缺点。而其成果，最终在歧阜北方住宅中得以实现。

项目由矶崎新召集，专门邀请四位女设计师共同完成歧阜北方的大规模的公共住宅改建项目，妹岛也是受邀建筑师之一。在总平面布局上，妹岛与三位女建筑师商定的结果是：将住宅布置在外围，中心区域预留给景观和社区中心，同时在建筑语汇上各楼栋也应当具有一定的联系性。

妹岛的设计沿场地红线最大化展开，建筑为10层，首层为停车场，楼上全部为公寓，所有住户都沿接受阳光较多的一边线性排列。此项设计通过将公寓“减薄”，试图创造一种新的住宅形态。虽然体型简洁，但是妹岛在其中加入了多种户型，其中大约l/3的住户单元是小套型。不同户型在剖面上自由组合，而非常规的重复排列。

多数住宅单元拥有两层通高的共享空间。公寓给住户提供了个人独立居住和几人共享房间的灵活选择。通常家庭公寓与单身公寓的差别在此也得以消弭。每个住宅单元都由阳台、厨房（含餐厅）和卧室组成，阳台并非凸出，而是非常规的与住宅并置处理，这在立面上形成一系列的孔洞，减弱了大面积板式住宅通常的“屏风效应”。外廊连通数层的外挂楼梯，也进一步加强了立面的丰富度和韵律感。因为整个住宅形体“超薄”，表面还覆盖以玻璃维护，此建筑如同一张半透明的X光片，城市生活在其中历历在目。

2）内与外

（1）森山公寓

西泽立卫的森山公寓，位于东京市郊密集的公寓之中，在一块矩形的场地中由多个尺度非常规的住宅单元组成。这种非常规的布局产生的原因，除了建筑师本身的设计理念， 其背后的故事是业主森山要借重建住宅的机会把土地重新分配，从而避免交付遗产税，这客观上需要一种细分的设计。西泽可以说以一种机智并略带反讽的方式回应了这个需求。

西泽将每栋住宅细分为不同的次单元，将住房与空地以交错的方式分布于院落之间。而其“之间”的空间则成为花园、绿地以及各栋公寓之间的过道。差异化是青山公寓的特点，每个居住单元的内部设计都不一样，水平面也存在高差。某些单元甚至降至地下。因为彼此间距很小，设计中尽量避免各户的窗户彼此正对。公寓中特殊的大面积方窗，模糊了建筑的内外界限，建筑的内在景致渗入庭院，而屋外的风景也自然流入居室中，在保证私密的前提下达到了内外的交融。

这些相互掩映的房间，再加上它们之间空隙的相互作用，构成了随机而又和谐的韵律感。采用钢板作为结构的公寓中的组成部分，从墙壁、天花板到地面，均为均质的白色，光滑的表面，管线和结构全部隐藏在8.5厘米厚的墙面里（构造完全隐藏，一种“反建构”？），这种无差别的处理剔除了建筑的通常属性和象征意义——程式的丰富度的最大化和建筑本身语汇的极少化的并存，是SANAA作品的一大特点。

由于公寓作为出租使用，因此住户身份混杂——除房主本人外，还有单身人士、夫妇、艺术家等。如此排布房间的公寓，使不同的生活故事得以上演。白色的薄壁外墙的透明度和脆弱性，让这些身份各异的住客之间带有某种奇异的张力。在这里西泽以打散和暴露的方式增加了住宅的叙事性，这是对于东京其他单调刻板的集合住宅的突破，也是对具体的社会共处形式提出新的解决方式。回应现实——这似乎是日本白派建筑师的普遍追求。在现代东京，大量人群居住在彼此独立的的小公寓中，内部空间完全没有特色，整个城市被阻隔在外。森山公寓将从属房间的空间减至最小的设计，创造了一种兼容情感的开放性的独特居住模式。

（2）Okurayama住宅

内与外的交流，在新近落成的住宅项目——Okurayama公寓达到极致。它的目的只有一个：景观贴面最大化，从而得到相应的、最狭长、最扁的住宅。在有限的空间里与环境最大化接触的方式，就是使体量延展。它形成了住宅的最小尺度，如此狭小的空间中有九户人家并存。九个单元，每个50平米。房间和花园嵌套在一起，卧室、起居室、浴室、平台以及天台在所有的方位都与环境相融。住户的活动被“偶然”地分布在整个基地上。

这个项目基于某种相悖的可能性之上：极有限的地块面积和极大的交互界面。你不知道下次看似封锁、实际的接纳将发生于何处。与场地交融的建筑，作为缓冲的景观中介物，超越了惯常的外延处理方式，创造了新的邻里相处之道。

（3）十和田市政博物馆

另一个能体现内与外关系的例子是十和田市政博物馆，有当代艺术观和大众活动的空间，基地在政府建筑旁边，该建筑面临激活街道的任务，其功能包含演讲厅、工作室、咖啡馆、图书馆、社区活动中心和展厅。

这个展览中心展示空间被分类，大部分艺术作品已经被委托给这个项目，并且将在此永久展示。体现在平面上，则是不同的艺术家和功能被赋予独立的展厅，由透明廊道相连，差异化的空间系统使建筑与艺术保持了严密的契合关系。散点布置的盒子和廊道，同时创造了半私密的户外空间，可以被用作展示以及其他活动。在此处，建筑应当被当作一个“小镇”来体验，当观者在彼此独立的空间之间穿行，可以同时体验不同片断之间的城市环境。

虽然展示空间各自孤立，但他们同样聚在一起，作为一个整体，形成一种连续的景观，建筑也可以向户外发展，一个大的体量被景观切分成小块，这个分散的建筑将与城市形成一种新的关系，将其功能扩展至街道上。

此建筑的特别之处，恰恰在于打破了展示建筑的“内向”传统。通常所见的展览建筑，因出于对藏品保护、隐蔽的需求，往往将其容器处理成封闭、自足和隐密的场所，建筑与外界的联系是不在考虑范畴之内的。当每个展览馆都假定其外部为不稳定的文脉和无确定构成的环境，切断与外界的联系成了安全的做法。而西泽在此处有意将各展厅分开布置，各自占据独立的景观、并与外界对话的做法，无疑是对展厅“公共性”的重新定义，并且“自然”也被视作加强展览效果的组成部分，而被纳入其中。

将SANAA的森山公寓与十和田美术馆两个作品进行比较，可以看出他们处理“室内”与“环境”关系的不同方法。森山公寓的出发点是由内而外的，将通常作为整体的房间进行分栋处理，从而将环境纳入整个“群组”的每个角落，但是，它整体上仍然给租户一种紧张感和封闭感；而十和田美术馆的出发点则从一开始就将外部与内部作为同等重要的因素进行考量，通过一条透明的通廊将作为展厅的盒子进行“串联”，并且将各个盒子在适当的地方向室外开敞，从而将环境本身作为观览对象的一部分。在这条路径上，参观者将间次经历艺术品和环境，获得双重体验。这种由封闭向开放的转化，是SANAA针对特定的使用需求和环境所作出的不同的回应。伊东丰雄曾经质疑过这条非几何形的走廊，打破了盒子的纯粹性，而西泽立卫认为它是必要的，因为它使整个观览行为得到控制，并且获得了某种超越了四方形的“新抽象性”。

3）公园式的建筑——Rolex学生中心

伊东曾经评价妹岛为“平面图设计师”，但SANAA最近的作品，似乎开始将“图解建筑”的维度由二维向三维方向拓展。瑞士联邦高工Rolex学生中心是SANAA第一个真正意义上的三维曲面作品，且其规模在SANAA所有作品中也属罕见。

在这个学生中心国际竞赛中他们击败了让·努维尔、赫尔佐格和德穆隆、库哈斯、扎哈·哈迪德等获胜，他们最大的优势是将周围的环境与建筑作为一个整体进行设计，并将其纳入建筑中。从平面上看，所有的空间仍然是如同散布在桌面上的卵石一样以“平铺”的方式布置，但是不同以往，这次“桌面”本身开始变得柔性而起伏，如同一张魔毯，Rolex学习中心包含了不同元素：图书馆、多功能厅、办公、咖啡以及餐厅。为了创造面向校园的可达性，SANAA将其设计为一个连续的、单层的容器，将其置于地块中央，所有的功能包含于连续空间内。它的尺度是166.5mx121.5m，在平面上，地板上下浮动，创造了一种“整体景观”，学生可以从不同方向进入大厅。小尺度的山丘和低谷以及不同的采光井，带给大空间一种独特和差异性的特征。它的平面如同一个天象图，它如庇护神一般可以影响其中星系的运行，为其“临时运动”提供各种轨迹。

升起的部分享受了很好的视野，可被用作学习或者餐饮空间，而有采光井的低谷，提供了一种安静的、亲人尺度的办公空间。每个区域都被隔开，以容纳不同的活动。但内部仍然是一个连续的空间，使建筑在环境中实现连续转换，目的是创造一个具有完全的开放性的建筑。

起伏的“坡”和“谷”遍布了整个学习中心，并成为建筑的最重要特征，这种处理有两个核心目的，一是形成丰富的空间效果和各空间之间的平滑过度，二是利用起伏所造成的变化回应室外的景观。这两点都是与妹岛“将建筑做出公园的效果”的初衷相一致的。

通常的学校教学楼设计的宗旨都是提供更多的功能空间，更齐备的设施，而这个学习中心则不同。SANAA的设计具有连续性，空间流动，没有始终。大面积使用坡道，而功能空间则巧妙地分布于其中。其中还有很多“空白”的、未明确功能的区域，这并不是一种空间的浪费，而是一种室内的景观，作为户外景观的延续。建筑建成后吸引了大量的人流，除了学生，还有游客和纯休闲的人。每个人可以做自己的事情或者随意游走，可以站、坐、卧、躺。一个建筑成为各种人愿意聚集的地

方、相遇的地方、可以放松的地方，这正是SANAA的“公园式建筑”的本意。

学生中心的起伏并非随机，而是精确地回应了场地，为了满足局部室内外呼应的需求，方案还专门做过调整。学生中心与周围绿地、与学生宿舍和学校设施的关系都经过精心考量，方便人们从各个方位进入建筑，但是要找到一条非常适合的路径，也需要一定时间的摸索，这是它接近于“迷宫”的另一面。这是一个自由的空间，一种水平方向流动的自由。使用者与环境随时存在互动。

SANAA为建筑上升和下降之举所做的辩词，为真实与虚拟化、在场与空白之间的任何联系服务。

4）建筑景观化——蛇形画廊馆

日本建筑师似乎不需要与专门的景观设计师合作。虽然日本有园林的传统，但是很少有人介入现代景观学。现代景观是欧洲舶来的概念，建筑师职业也是如此。历史上日本并无专门的建筑师，其角色由工匠担当。既然对于什么是建筑没有明确的定义，他们更愿意将建筑当作家具、景观或者城市来考虑。

传统木结构房屋建得很快，不仅仅是结构，楼板、门、桌子也一样。所以，固定的结构和可移动的结构被同等对待。很多年轻建筑师现在开发这种“轻”和“透明”。对于这些人来说，做建筑如同做家具，但不仅仅是表象，体验同样重要。如同家具，如同自然或城市。SANAA在大尺度项目上与内部几个事务所合作的原因是想引入不同事物，以不同方法达成这种体验。

他们观察到，本身非常古典的威尼斯如今被以现代的方式使用着。当威尼斯举行双年展时，所有的教堂和公共建筑都打开，人们可以涌入。城市变成一个个房间。而在东京，建筑什么也不是。如今，经济泡沫破灭了，东京的“无序”状态似乎反而呈现出“有序”的特征。

日本气候湿热，所以人们钟情于可以打开门窗的建筑，让风穿过。东京的建筑互相独立，相互之间没有联系，这些对SANAA的设计思想影响很大。他们希望做到建筑的内与外以一种暧昧的方式交流。将空间视作交流的手段，当今社会存在许多交流的方式，如电话、网络等等，但空间是建筑师所特有的。

例如，伦敦蛇形画廊馆的设计，其平面就是一根数度凹凸的曲线。顶盖为26mm厚度的铝板，由50mm直径随机分布的细柱子支撑，分散于各个方位，卷曲的轮廓形成了透明的场馆。而这片极薄的顶盖和柱子所收纳的空间，“如同烟一般漂浮在树林中”。反射性铝板材料的顶棚在基地中穿过，同时映照并拓展了公园和天空。它的模样随天气改变，并且与环境相融。

这个空间是一种刻意而为的无墙的活动领域（甚至没有玻璃的分隔），为人们提供了无阻断的视野，并且鼓励人们从各个方向进入。极简的设计考验的是平面设置的能力，曲线的凹凸方位是经过精心考量的，有机的形状向几个方向延伸，如同过滤器，创造了差异化的领域。屋顶轮廓围绕一个事件空间，一个咖啡座，一个音乐区域以及一个休息区。人们可以阅读、休闲以及享受夏日的午后。这个透明场馆为夜间活动提供了舒适的环境。

这种看似“无为”的介入，轻轻触碰了原有环境，以不着痕迹的手段，改变了公园的景观视线。类似的处理还有“鬼石町社区中心设计”。

SANAA的设计，鼓励公共性、暧昧性和“类虚拟”的状态，成为其建筑中的纯粹趣味并被普遍接受。了解他们工作状态细节的人，常常被他们看似简单的设计背后所做的超量探讨所震惊，他们对于当代人生活与心理的精准回应与把握，与他们在设计中反复钻研和推敲的精神是密不可分的。

3. 藤本壮介

1）原始与诗意

虽然同样钟爱白色，但是日本新生代建筑师所追求的与早期现代主义对于白色的使用并不相同。按照藤本壮介的类比：柯布西耶的白是构成式的白、抽象的白、是纯粹的几何学被可视化的结果。而日本白派建筑师的白，是一种“作为关系的抽象”——对于人类之外的存在的抽象，与人类生活相关联的抽象。这是“白派”建筑师将自己同现代主义的“机器建筑”相决裂的立场。对于“白”藤本也有自己独特的见解。藤本说：“抽象形式的采用，绝对不是无视生活的有机性，而是企图实现生活样式的飞跃”。

因此，藤本的建筑，往往能体现出某种“内化的诗意”。他的灵感来自于对自然事物和当代人心理的细微体察和感悟。例如，在观察茶道时，他体会到茶道是由一系列“奇妙而满含精神性的动作”组成的过程，这种动作残留了与现代不同的感觉，古代茶道的时空，通过这些动作被传承至今——能悟到这种境界，需要一颗敏感的心。

这种内化的诗意，使他的建筑往往在小尺度中蕴含了某种“大”的哲学。例如“宅前宅”的散落堆积与树丛结合的方式，来源于对“将山上的事物作为一个整体”的生活方式的感悟，并由此发展出他“总体建筑”的哲学。房间具有不同的大

小，堆叠的方式和彼此联系的方式也不同，甚至开口也不一样，室内和室外彼此渗透，借助楼梯，使用者总是在不停地探寻从所在地如何到达某个区域，或者下一步要去哪里。这个组合体在整体上产生了无限的复杂体验。

藤本的建筑似乎更多地将人恢复到一种原始的状态。“原始”这个词，不仅是要回到建筑历史的开端，更是因为藤本想重新从源头及根本上追踪人类与空间的交互作用与共存关系。他将其比喻为洞穴，这与其建筑在两个层面上是有相似性的：首先洞穴是由均质的材质构成，藤本的建筑往往也是。其次洞穴是没有严格的功能性指向的，它仅仅有凹凸和上下之分，原始人利用这些凹凸或躺或卧或就餐，以形成生活，藤本的建筑也一样。

藤本在表述他的“原始未来住宅”时提到：“这个房子若以通常的居住观来看，是不方便的，但是，‘不方便’在此没有消极意义。”他甚至认为，不便利可以作为发掘多义的人类活动的契机。尽管藤本的建筑表面上看似不曾创造功能性空间和对用户亲和的形式，但是他其实早已预计了人们将怎样与他那些原型空间“交往”。他对功能的定义等同于从场所中产生或发现功能的可能性，而不仅仅是一个为容纳人类活动而造的地方。这是与传统现代主义功能观完全不同的理念。

在有限的空间中，可以创造出某种属于这个场地的“内在世界”，建筑的错落的堆叠如同有自然的山，而在山的缝隙中生长着茂密的树木，并与居住构成集落。这体现了内与外、自然与人工、家和城市混杂的辩证统一。在这个住宅中，人超越了单纯的步行，在这个立体的空间之中缓慢移动……这也许是具有原始与未来双重特征的身体行为的预兆。

藤本的建筑一直含有某种未言明的抱负：超越自经典现代主义以来，那种“精密的、确定的，如制造机械一般设计建筑的哲学。”他的多个作品实践都证明了这一点，N宅中多个不封闭的界面的嵌套模糊了住宅与城市的边界，而“宅前宅”的系统，是模仿生态系统的尝试，就像森林中的植物和动物具有某种杂乱的秩序一样，生物进化决不是线性的，而是以偶然的多样性为特征。而在“原始的未来住宅”中，藤本尝试针对柯布西耶的“明确的多米诺”体系，提出新的“模糊的多米诺”。他的建筑超越了传统，甚至回归到人类早期更加原始的时期，这个时候，没有建筑理论的束缚，建筑的需求出自人类生活的本真和身体的直觉。

2） 尺度的模糊

藤本常常使用各种手法，使常规的尺度概念被打破，使建筑呈现出陌生的状态。

位于北海道的“工作室住宅”，是为当地一位艺术家度身定做的，包含工作室、起居室、卧室、仓库和浴室。这个建筑有五层，却不能称之为一个“五层的建筑”。这听起来似乎很令人费解。我们研究后发现，这里的“层”的高度仅仅介于1.05m至1.75m之间，尺度是通常的层的一半。这个建筑的有趣之处是，上下层之间的贯通产生的多种关系，是对于传统严格限定的“层”的概念的突破。比如，第二个半层和第三个合并，可以创造一个客厅，而第三个半层和其上的第四个半层合并，又可以组成一个工作室。身体总是从属于几个不同的层，呈现一种在空间中“漂浮”的状态。自从柯布西耶的多米诺体系开始，西方建筑师就开始思考层与层之间的关系，库哈斯作品中经常通过层的扭动来达到水平层的模糊性，而藤本似乎发现了对这一问题新的解答。

“工作室住宅”层与层之间关系的突破，还在于另一个关键性因素：楼板上的镂空部分。每层楼板都有适度尺寸的透空部分，并且这种透空从不紧贴墙体发生。就是说，藤本刻意预留出了一圈功能性的空间，大面积的可以作为通常的居家空间，而狭长的则可以成为过道，而楼板的中空边缘甚至可以作为储藏柜使用。如果从底层看上去，这是一个五层（还是三层？）高的中庭，它使得人在这个中庭之中可以自由流动。

同样尺度模糊的还有“原初的未来住宅“对于承重结构的重新定义。此项目全部由350mm厚的带斜撑的板堆叠而成，这在构造上是一种突破，同时是对建筑观念的突破——楼板同时承担了梁和柱子的功能，或者说，单一的建筑构件可以构成一个完整的建筑。

3） 刻意的随机性

达利有一天找到自己的精神偶像弗洛伊德，请他赏析自己的超现实主义作品，弗洛伊德说：“我感兴趣的不是你作品中的无意识，而恰恰是你有意识而为的无意识”。

藤本的所有作品都有一种看似不经意的随机性。在我看来，这种随机性是刻意而为的，往往看似随机，实则有明确的目的。它的随机性一部分解构了传统建筑意义上的确定性，另一方面又具有严密的逻辑性。等同于达利“有意识的无意识”。

随机性的达成需要两个条件：

一、构成建筑的语汇基本上是均质的，只有均质，才能平等。

二、没有通常建筑的主要、次要的空间等级秩序。

“原始未来住宅”是一系列350mm厚的结构板的“随意”堆砌；“东京公寓”是一系列住宅原型的垂直叠加，房子朝各个方向扭转以构成随机性；“儿童心理重塑中心”是一堆方盒子如同散落在基地上一般的偶然。在“NA宅”中，房子的体量也是由一系列大小不一的盒子向垂直方向延展而成。随机性的表现形式根据基地和需求不同得到不同的注解。

藤本往往以一种严格、逻辑清晰的设计过程，导向了一种看似无意识的结果。它所形成的场所是一种“无意识的暧昧性、多样性”，与形式一样，空间的使用也是不确定的，它产生了更多的可能。

“智障人士之家”的设计起点是城市的空间组织，各个房间连接的方式可以类比于建筑在城市中的关系，建筑的不同排布方式产生了“之间”的许多角落，每个角落都有广场，这些位于“之间”的空间可以让居家生活达到一种类似城市的多样性。这种从内而外产生建筑的方式，暗含了某种微妙的秩序。

“宅前宅”的例子中，藤本试图创造一种双重性的东西：既是新的，但又具有某种原始特征，因此这栋住宅的“盒子”的堆叠方式也具有随机性。当这些随意叠加的盒子和围绕其间的树一起出现时，它们共同形成一种类似自然形成的山丘或者小村庄的状态。这栋建筑除了包含个人居住空间之外，还包含了其他特别的空间，比如如同洞穴的、单面开敞的盒子；或者是树底空间。一部分盒子虽然分离，但是可以从花园穿过。从过去强调标准化的立场向可探索的随机性转变是很困难的一步，而藤本似乎用一种举重若轻的方式就将其实现了——尽管其尺度尚小。

4）身体、直觉与建筑

藤本在建筑中试图探索建筑与身体体验的关系。因此他的理论很大程度上基于身体的敏感性。在他的建筑中，物质的、身体的维度和逻辑的维度同处共生。

在宅前宅和东京公寓项目里，藤本偏离常规地设计了难以攀登的楼梯。人们在爬上去的过程中背部要受几次撞击。这里传达出的信息是：空间可以是令人不快的。它使得空间体验成为一种暗示性力量，使用者可以明显感觉到身体的存在。在这个意义上，藤本的建筑与艾森曼的“抵抗建筑”理论有共通之处，似乎是想通过刻意制造某种不舒服感，让使用者体验建筑师的建筑理念。从这个角度判断，他的建筑，似乎实验性大于实用性，是对人们久已习惯的生活方式的质疑，是对人与房屋、场所互动关系的探索。

在“终极木屋”项目中，藤本同样将身体与建筑的关系作为核心概念来贯穿设计。人们可以或坐、或躺或站立于木屋的不同地点，这为身体与建筑的关系提供了多种解答，这是一个不限定具体使用方式的建筑，因此建筑的每一部分变得无定性，建筑的功能取决于人如何使用它，以及身体的直觉反应。

5）界面——住宅与城市的过渡

日本建筑师是细腻的，他们能够体察城市、私人场所和人之间的微妙关系。对于界面的关注这一点可能始自伊东丰雄，集中体现在他所探讨的“现象都市”、“瞬时性”等议题。而对于室内和室外，城市与居所的关系，藤本善于以自身对于城市的体验作为设计的出发点。例如，N宅的灵感来自于藤本在北海道和东京的“出门”这一简单行为的生活体验对比：在北海道，打开门的同时就离开了房子；而在东京，则必须经过从楼梯到走廊，再到不同层级街道的过程。这种渐进的过程使得室内和室外，建筑与城市，在一个杂乱的城市里，是同质的连续体。将其作为东京内在的居住的潜在可能性之一。

基于这种理念，藤本从通常建筑和城市之间“一道墙的间隔”的复杂化入手设计了N宅，以建立新的、人从室内到室外的渐进关系。N宅是为一对夫妇设计的私人住宅，由三个布满了镂空开口的白色立方体层层嵌套而成。通过这种嵌套，室内与街道的关系变得丰富。与建筑师对东京生活的感受一致。

藤本通过层层嵌套的盒子来包容住宅和庭园，一个传统的住宅就被直接地转型。选择嵌套的形式而不是分散布局或螺旋形，是因为嵌套方式可以独立地向外围扩散。

建筑有三层壳，第二层壳和第三层壳之间，是庭院，有木平台、树木和卵石的地面。而第二层壳的孔洞是带玻璃的，是封闭的。它是室内和室外的真正界限，但是由于这三层壳的孔洞的开孔方式是无差别的，所以内与外的界限因此而被模糊。住在这里的人，会产生一种室内外的错觉。人与街道的关系可以时而接近，时而远离，变得充满潜在可能性。在这里，藤本的最终目标是创造一个同时具有住宅和城市的双重品质的场所。

我们常常以形式上的简单相似性来判断建筑的归属和创造方式，常常将手法上的相似性误判为建筑本质的相关性。如果单纯从外形来看，藤本的N宅的手法非常类似妹岛和西泽的建筑，仿佛就是把几个森山邸的盒子内外套在一起。这种判断未免过于武断。其实藤本和SANAA的建筑基本上是完全相异的两种方向，或者说出发点完全不同。SANAA更关注程式，而藤本更关注场所。如果说SANAA受库哈斯影响更多，那么藤本的直接精神导师应当是海德格尔这一系列哲学家。

6） 双重经验

藤本的建筑试图以一种方法容纳多重内容，他认为只有从内部和外部两种维度体验，人们才能意识到空间和物质的双重性：武藏野艺术大学图书馆系统里书的极其系统的放置方式，以及在里面迷失的感觉，当你漫步其间却不知道将去向何方，体现了功能性与空间意趣的统一。

图书馆的功能组织要求具有严格的精确性和便利性，能快速定位并找到所需要的书。藤本希望他的图书馆在满足功能的前提下，产生能在其中游走的品质，就像在林中漫步而迷失，却不经意间邂逅一本好书。这两样表面上是相反的经验：迅速找到一本书，迷失。 藤本认为这是在书与人之间的互动的两种原初形式，他试图以一个特殊的空间形式表达这种双重性，同时叠置绝对系统化的运动和发散的螺旋状空间。

人们在图书馆里走动通常体验不到螺旋形，但螺旋形却是形成整体经验的关键。武藏野图书馆内的体验非常复杂。首先，图书馆包涵了固有功能，破与立兼有，而寻找和迷失并存。部分区域天花板非常高，人们可以在天桥上漫步。部分区域有通层高的书架和通道。读者不仅是被书架包围，光影明暗也随时间在持续变化。螺旋形的平面导向了复杂的环境。另外，用螺旋形而非分散布局的原因还在于藤本对“延长的书架”和“分离但仍能交互作用的场所和视点”的兴趣。

图解是藤本生成建筑的重要组成部分，这个建筑体现了清晰的图解性，但这并不是他建筑的全部。他希望生成一个场所，像图解一样明确，却能同时巧妙地改变形态以包容人类的各种活动。图解往往是二维的，而建筑是三维的，藤本认为关注三维的实体时，许多新的想法会浮现，这些在图解里是从来不可能捕捉到的。我们注意到藤本在描述自己的项目时，几乎每一个都可以简化至一个平面的图解，这使其概念清晰明了，但真正的建筑与身体的关系，却是需要走入他的建筑中才可以获取。

启示

每当提及中国当代建筑的无所作为，本土建筑师就会将责任归咎于体制和甲方，或者以“建筑师也要生存”为名，又将其归入“服务行业的无奈”。中国改革开放30年来，经济高速发展，中国一国的建设量已经占了世界总建设量的50%左右——中国建筑师不缺项目，但是，如此多的机遇，却并未产生与此巨大建设量对等比例的优秀作品，最危险的是，现今并没有任何改变的迹象——我们既没有改变不合理城市模型的宏大愿景，也没有产生很好表达个体经验或者个人哲学的小型作品——在“大”和“小”两个尺度上，我们均无所作为。“生计”并不是“无作为”的恰当借口，因为比起长期经济滞胀的日本，中国建筑师的生存环境已经很不错了。

看看妹岛的事务所里每年有多少实习建筑师在没有报酬的情况下，还在每天加班做建筑就知道了。如果说，生存是前提的话，那么，新陈代谢派的菊竹清训的状态可能就是答案：“白天，我忙于设计各种委托的商业项目，到了晚上，卷起图纸，我就开始描绘自己的理想城市”。

可见，有没有作为，完全是对于建筑的态度和热情决定的——建筑在你眼中是什么地位？建筑师真的满足作为一个服务性绘图员的角色出现么？如果是这样，为什么做建筑？对于艺术的探索从来不是轻易就可以到达的，它至少需要一种信念，一种坚持，看看遥远的荷兰，OMA的建筑师们每天16个小时以上泡在事务所里，凭借的是一种对于建筑宗教般的虔诚。

（本章节图片均来自网络）

禁城

故宫，一个由墙和轴线分明的线性元素构成的城市。

标准化的庑殿顶建筑，被紧紧连在一起的汉白玉栏杆密集地环绕在台基四周。侧巷是隐藏的岗哨位置，虽然表面羞怯，却透露出警戒性。它们真实地存在于看似虚幻的间隙中。整个系统的剖面通过各段之间的交叉口得到展示。

故宫如同一个放倒的摩天楼——层级结构明显，必须穿过上一层到达下一层。

它具有宛如虚幻的轮廓，却偏偏处在明确的现实之中。它并不作为连续的范式强加于现代城市，仅仅在它自我范围内最大化彰显其特征，它的规则与一系列系统化规则和解，与外围城市格格不入却又互相依存，两种维度偶然冲突。墙的平行层级将分解和吞没其间的差异性，形成一种完整的东方封建性的主旨。

高墙围绕的独立天地，它位于“最城市”的地段，将中心一分为二，如今，它却成为一种线性的废墟，比任何当代的人工生活痕迹更令人印象深刻。

在墙的外侧，有一种看似随意的、休闲的特征，外围胡同式的灰色民居，富含了商业氛围，至少在表面上，它突然放松了。宫墙是一个戏剧化的冲突的诠释文本。围墙的两侧，是两重天地的边缘秀：内侧是封建帝制庄严的存留物，外侧，则是随机而拥挤的“仿胡同”，内侧与外侧均与当代城市缺乏联系。

虽然其建筑风格具有延续性，在不再具有实际使用功能的年代，它在当代北京的城市中心仿佛是一种入侵，但是它仍然是刻意独立的存在，成为民众想象、畏惧的核心。

最令人吃惊的是，故宫内的氛围并无任何生活化和趣味化的倾向。庄严的型致，刻板的布局，毫不松懈的安防，刻意营造的等级，单调的空间，与其说是一个皇宫，更像一个超大的、无顶棚的监狱。难怪后世来者在这皇宫中臆造出许多宫斗的故事，在如此单调的环境中，人能保持不癫狂已然不易。

尽管如今缺乏功能，紫禁城在现代生命中，仍然不断激发出系列事件和偶然行为。

它的核心功能——旅游，使其到处充斥着叫卖各种商品和门票的小贩。曾几何时，内与外是统治与被统治阶级的分裂点，如今已经被商业的万能胶所弥合。

参观故宫是一场对没有了控制之力的禁城的经验之旅，面对一片体形完整而实质转移的巨大遗迹，我们似乎面对了建筑的某些特殊属性。

禁城是对于建筑权力以及系列负面因素的最直观的表达，分隔、围合以及排除，定义了事件、欲望、控制及刺激，这是否是所有成功建筑的必要策略?

单调是反人性的

15年前，在评价美国的城市高密度化时，库哈斯表示“10年时间内，一个城市可以完全改变它的观念和形态，彻底清除掉那些超过10年或者15年的建筑，一个城市可以完全改变它的观念和视觉形象，这本身就是令人着迷的。”用他的“大”的理论来说，就是“它在破坏，它同时也在建立”。

“欧洲人、美国人、亚洲人都在谈论他们的城市，但是如果仔细看看这些城市，会发现他们没有任何区别。”这是最早关于全球化的描述，这是现实，既然它存在于不同历史文脉、政治体制、经济形势和意识形态中，那么他们必定具有某种内在的共性动因。然而，它真的是“人们所希望的结果么？”

未必，当千城一面刚刚开始时，我们尚未意识到这是一种灾难。如同当年“国际式”风格的早期，无人知觉。10多年过去了，库哈斯最近自己也对这种现象不无担心，所以他在香港西九龙文化海岸的规划竞赛中，倡导要把“香港的传统街道生活和尺度纳入新的文化地标中来”。 甚至吸纳了香港街头的“九龙皇帝”来增加这里的“原生态的民俗气息”。在中国的城市走一圈，你可以发现这种同质化程度非常高，但是请注意，同样是现代主义的产物，在欧洲当代城市里漫步，却没有如同中国城市这样令人如此生厌的感觉。所以，现代主义并没有错，而是设计水平的高低，造成了截然不同的结果。

人的心理对于千城一面的厌恶，似乎中外的民众并无差别，这似乎也是超越了所谓种族、肤色、身份，具有某种普世共通的特点。说到底，这是“人性使然”，人本质上是厌恶“单调”的，对于人、对于食物如此，对于环境也一样。所以柯布西耶当年如此雄心勃勃的“光辉城市”之所以流产，不在于他的系统不高效，也不在于他的“阳光，绿树，空气”不美好，而在于他的构成城市的主体，那数百个十字正交的塔楼，是如此惊人的、灾难性的单调。单调即罪恶，单调从根本上说，是反人性的。

时尚与建筑

——东京表参道

在消费主义大行其道的年代里，街道的公共属性正在逐渐消失，而“时尚”却越来越成为人们追逐和热捧的潮流。最顶尖的时尚与街道可以依靠建筑聚力在一起成为双赢的结果么？东京表参道似乎给出了一个现实的答案。东京表参道作为一条充斥时装、文化和艺术等氛围的街道，吸引人的不只是这些具有极高知名度的品牌旗舰店，更重要的是这里的建筑设计独具魅力，虽然多为小体量的，但能够真正体现建筑师意图。时尚与建筑如何结合？表参道首创了众多奢侈品牌与世界知名建筑设计师相结合的新理念，致力于将创新性的建筑演变成时尚文化的一部分，却因为建筑本身太过出众，而抢了商品的风采，形成了容器超越“被容纳物”的意外结果。

从建筑师的角度来看，无论这些建筑外观如何特异，但我们仍能发现其共性。表参道的建筑不约而同的如此关注建筑的表皮，使我们不得不回顾一下建筑“表皮”的历史。最早将建筑分为本体和表皮两部分的人，可以追溯到阿尔伯蒂，他认为建筑被创造时是裸露的，之后才被披上装饰的外衣。这一奇妙的比喻，在现代主义初期似乎被忽略了，但是在表参道似乎体现得非常明显。现代建筑曾经刻意剥落建筑的古典装饰表皮的意义，表皮上所有的细部都被抹去，虚假的装饰被去掉。此时作为建筑外衣的表皮相对于结构处于从属地位。风格派将建筑体量分解为六个独立的面，表皮得以自由表现。有了现代技术，表皮得以从承重结构中解放出来，获得相对独立的地位。而文丘里将建筑定义为“带装饰的棚子”，似乎重新赋予了表皮地位。维瑞里欧认为，在现代信息时代中，传统的内外的界限消失了。界面成为传统维护空间的替代品。表皮应该被视作“物质的真实性以非物质的方式加工的生产过程。”

而到了21世纪，随着建筑媒体化趋势的加强，表皮也逐渐获得了更加独立的地位，其表现潜力受到空前的开发。

1. H&dM的青山Prada店

Prada东京青山旗舰店由赫尔佐格和德穆隆设计，他们当然是建筑界将表皮的潜力发挥到前所未有的地位的大师。整个建筑通体一致，顶部被切削出一个斜角，犹如伫立着的一块巨大的水晶。外表皮由黑色金属框架相交而成网状结构，其间镶嵌数以百计的菱形玻璃，玻璃的尺度大于普通的预制玻璃，但是又不到通常一层建筑的层高。这种特殊的尺度，结合虚幻却剔透的视觉效果，使其无论在被从远近观察的时候，都接近于一种“物体”的状态，而没有了通常的建筑感。

这个建筑所取得的突破性，至少有两点是空前的：

（1）建筑不再“像一栋建筑”，而让人联想到宝石等切削工艺的人造产品。这种“去建筑化的效果”，恐怕是对传统建筑的最大突破：它的手法非常特别，它不是“后现代”的，因为它既没有模仿任何自然界中的既有物体形态，也无附加任何具有象征和隐喻含义的额外装饰。（赫尔佐格和德穆隆曾公开表示，他们不是“后现代post-modernism”的，而是“现代之后”after-modern。）

（2）与通常对于表皮和结构的二分法不同，建筑师没有仅仅做“表面功夫”。菱形的母题更融入在整座建筑物的设计之中，包括通道、结构，空间划分等等。这种由外而内的统一，无法用既有的建筑学观念来解释。它也足以让那些认为赫尔佐格和德穆隆只做表面文章的人缄口——这种方法更接近于现象学观察世界的方式。

2. 妹岛的Dior旗舰店

现代商业行为研究表明，女性仍然是消费的主力。虽然掌握社会财富的主要人群可能还是男性，但是，迅速将财富散尽于商品中的，仍然是女性，而男性为了对女性表示好感，同样会通过消费品来传达，这其中不乏大量奢侈品。因此，无论是大型商场还是小型精品店，商品的主力往往都是以女性需求为核心。那么，“女性视点”在时尚建筑中如何体现？妹岛在SANAA为Dior所做的旗舰店设计中给予了妙曼的解答。

妹岛的建筑外形还是一如既往的简洁， 甚至执着地使用着直线（现代主义的传统）。但是在表皮处理上，采用了特制的丙烯板和外墙的玻璃形成双层表皮，灯管被安排在两层表皮之间。清澈的玻璃，在白天显得晶莹剔透，夜间，白色丙烯板可以恰到好处的阻止灯光毫无保留的宣泄，建筑显得很含蓄。丙烯板是波纹状的， 并且多孔， 如同裙褶， 这使这栋建筑瞬间被“柔化”，并且与Dior的轻盈的女裙形成某种内在联系。在一栋方正的、硬挺的建筑中体现出完全的女性气质，这是SANAA独有的能力。

在这里，表皮的概念因其非常特殊的处理方式，而变得难以界定，它不从属于过去任何一种既有的理论范畴——它是暧昧的。首先，它不需要分担承重功能，也简洁到毫无外加装饰，所以它显然不是古典的；有意识的、外加的褶皱状表皮显然也不是现代主义中“形式追随功能”的体现，并且恰恰相反，在这里表皮具有相当的表现意味，也绝不是经典现代主义中，“处于从属地位、并且被刻意忽略的部分”。它不是外显的，而是内敛的。表达形式特性的层不是在外侧，而是置于玻璃以内，玻璃成为真正的维护结构，而形式通过里层传达。这种无归属感，正是其魅力所在。也许维瑞里欧的注解更加贴切于妹岛的处理方式。

3. 伊东丰雄的TOD'S 旗舰店

另一位日本建筑大师伊东丰雄为TOD'S 设计的专卖店中， 显示了另一种建筑哲学。这座7层高、总面积大约2550平方米的建筑外形也是规矩的立方体。但是外立面的处理却依据树的形状，将树丛以类似剪影的方式直接投射在立面上。实体墙部分为树形，而间隙以玻璃填充，由特别铸造的混凝土外框架实现。

如果说赫尔佐格和德穆隆的Prada旗舰店对于立面的颠覆体现在整个外表皮的全部统一的元素的运用上， 那么伊东丰雄的出发点又有不同。立面似乎成为了他对于“图像世界”的理解的表达。伊东丰雄一直致力于研究信息社会中，各种看不见的“流”对于建筑、城市和人的影响。而信息社会是与消费主义共生的，它们共同导致了今天的社会的本质不再是“永恒的”、“坚固的”，而是“变化的”、“瞬间的”。建筑如何适应这种变化? 在这个专卖店的设计中，伊东同样尝试对此作出解答。立面被简化为一个消费主义常见的概念“图像”。

它成为分隔内与外的界面，本身具有一定的物理厚度，却不具有传统的精神厚度。在象征层面上，它是“零度”的。同样，传统建筑的层的分割、墙面与窗的明确分割、建筑的基本收分，全部被剥离，消失不见。这是一种对于“浮世”的刻意肤浅式的表达么？那么它是否也隐含了某种批判意味？

旗舰店的首起3层为时装商店，其他4层为办公室、活动场地、会议室、展示厅和屋顶花园。购物区内除了扎哈·哈迪德的沙发之外，其他的物件均出自伊东丰雄的设计。伊东丰雄还亲自精心挑选了建筑和装饰用的材料——包括枫木、胡桃木、粉饰灰泥、不锈钢和石灰，大部分材料都来自意大利。皮革的应用之处也很多，由 TOD'S 来选定，这些遍及各处的精致工艺成为 TOD'S 制品的优良品质的最佳展示。

另外，如MVRDV以叠层扭转式的造型的Gyre（漩涡）、青木淳的LV旗舰店等等，每一个都是颇具独创性与表现力的作品，表达了对于时尚的独特理解。在表参道，似乎建筑师都抛弃了以往的矜持，表现欲本身是被鼓励的，建筑如同T台上的模特，倾力展示着时尚的外观。

表参道的建筑被遗落在一种“建筑感被剥离”的世界中，而时尚的参与正是这种“弱建筑化”的推手。建筑的坚固、严整、秩序性均被其诱惑，成为轻盈、多变、自然、临时、透明的“物体”，它们是对“消费主义”时代最佳的物化注解。

《吾栖之肤》

“小清新”和“重口味”的并存，一直是阿莫多瓦电影的特质，《吾栖之肤》也不例外，全片不断挑战各种禁忌：同性与异性、科学与伦理、窥视与监视、暴力与爱情等等，虽然冲突激烈，但是表达方式却很唯美。以上种种，可以展开的话题很多，但作为建筑师，我更感兴趣的是他的主题《吾栖之肤》，这无疑是目前为止表达“表皮与主体”关系的最佳隐喻。

男主角罗伯特是一个手段高明的医生兼科研工作者。他的研究专题是人造皮肤，同时他还拥有精良的整形外科手术技术。他研究的动力来自于丧妻的打击，数年前一场车祸后的大火，将其妻容颜尽毁，罗伯特为了恢复其容貌，使她找回生存的信心，开始研究人造皮肤，然而，妻子没有等到实验成功的那一天，即因为无法忍受内心的打击而跳楼自尽了，并且恰恰坠落在他们年幼的女儿眼前。这是罗伯特内心永远的痛楚，此后他的研究工作并未停止，并且在财团的支持下，最终获得了成功，而此时他的女儿已经长大成人。在一次派对上，女儿结识了男青年维拉。聚会结束后，他们在小树林中幽会，在酒精和荷尔蒙的刺激下，维拉试图对她行“不轨之事”，而在姑娘的不情愿的反抗下，并未得逞。但是混乱中她昏了过去，并且衣服也被扯破。恰好罗伯特此时经过，看到衣衫不整的女儿昏倒在地，他将维拉认定为强暴女儿的凶手。带着误解的怨念由此而生，也成为此后一系列悲剧的根源。

数日之后，他将维拉弄晕并带回自己的别墅中，他并没有将其杀死，而是采取了一种令人匪夷所思的方式对其进行惩罚。也许是维拉的相貌与其亡妻有几分相似，也许是他想真正尝试在人类身上实验自己的研究成果，也许他的仇恨足够浓烈而化成一种长期折磨这个伤害其女的凶手的强大怨念……他对维拉实施了变性手术，并且按照亡妻的容貌对其实施了整容，还将其“人造皮肤”植在维拉全身。醒来之后，维拉骇然发现自己已经变成了一个陌生的女人，惊惧、愤怒、无助和绝望都无法形容他此时的心情。他（她）想反抗，可是罗伯特采用严密的禁闭措施将其关在密室内，并且时时监视。多次的出逃尝试失败后，维拉开始冷静地面对目前的境遇。她开始练习瑜伽，让自己的身体和心情都能够放松下来。而罗伯特每天下班回来，则通过监视器的放大屏幕关注维拉的一举一动，他渐渐为自己的“杰作”着迷，开始分不清维拉与亡妻的真幻，并且对其情绪也逐渐产生了微妙的变化。

此片高明之处，还在于导演安排了另一条并行的线索，让这个故事更加扑朔迷离。就在罗伯特一次外出时，女管家玛丽亚的不肖儿子偷偷来造访该别墅。这个浪荡子的初始目的是向老妈要钱，当他无意间通过监视器的大屏幕看到正在练瑜伽的维拉时，两眼放光，溜进密室将维拉按倒在地……导演借闪回的手法交待了另一个惊人的细节：原来当年罗伯特的亡妻正是被这个家伙诱拐，两人在私奔途中发生车祸，此人临危独自逃生，而罗伯特妻子在火中被严重烧伤。如今，他再次来到罗伯特家里，毫无底限地准备兽性大发——他也误认为眼前的维拉就是当年被他诱拐的罗伯特妻。玛丽亚无法忍受儿子的罪恶，在再三劝诫无效的情况下，她对他举起了手枪，结束了他的生命。

至此，影片已经足够引人入胜，但是其结局更加精彩。罗伯特对维拉的情绪随着岁月的流逝逐渐变化，而对于亡妻的思念终于转化成对于维拉的爱——维拉成为他寄托爱念的一重幻像符号，却足够真实。维拉在这段时间内，一直隐忍地等待重获自由的时机。她明白，针锋相对的抵抗只能使自己更陷绝境。于是，她伪装出对罗伯特的依从，并且用行动表明已经放弃了远离或者报复的念头。终于，罗伯特和她一起发生了男女关系……在取得了罗的充分信任后，维拉弄到了罗的手枪，在罗试图阻止她出逃的瞬间，将这个改变了她一生的男人击毙。在此过程中，导演还交待了另一个细节：罗伯特和死去的玛丽亚之子是同母异父的兄弟。影片中悬念套着

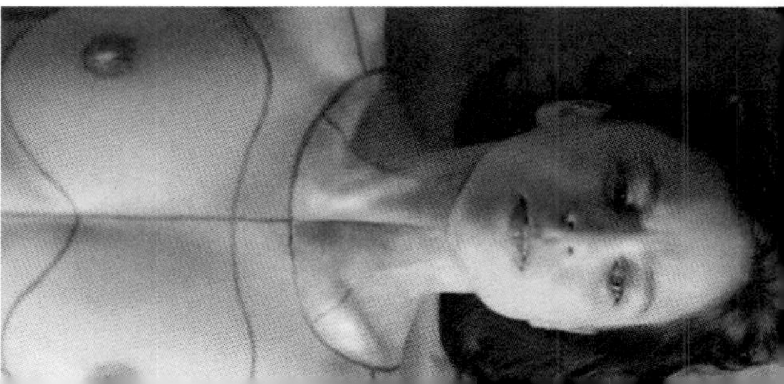

悬念，人物关系错综复杂而又互相纠葛，而前因后果随着情节的铺陈慢慢清晰起来，在非常有限的空间中展现了惊心动魄的爱恨与欲念的冲突。

罗伯特掌握了改变人的性别和皮肤的技术，让一个人彻底由男变女，在他将维拉囚禁、改造和监视的过程中，他有一种强烈的如同造物主的心理优越感，并且最终被这种过度膨胀的感觉所吞没。阿莫多瓦似乎是委婉地告诉人们，科学也许可以改变一些东西，但是违反自然规律的做法最终将受到惩罚，或者更进一步——人是不能取代上帝的职能的。影片的音乐选择也下足了功夫，幽怨、哀婉中透着一点恐怖，非常契合情节发展和人物心理。

“表皮”这个概念是我们所关注的。在此片中，阿莫多瓦似乎有意强调了这层看似外在的东西，将其当作可以与传统主体分离的内容。当性别连带皮肤都改变之后，主体将如何自持？这也是影片取名“吾栖之肤”之深意所在。建筑界在不久前也兴起了对于表皮的关注热情。一方面受了当代媒体时代“图像”的作用范围空前膨胀的影响；另一方面，是自森佩尔以来，一种逐渐兴起的、为表皮赋予作为独立于结构之外的主体地位的趋势。如今的建筑界，表皮正受到媒体化的鼓舞成为一种流行趋势。然而，当过度注重光怪陆离的“表面工夫”时，我们也正在向混乱的美学妥协。越来越多的主题被覆盖在日益贫瘠的主体上，正如《吾栖之肤》中所暗示的一样，表皮终究只是一层壳，它可以改变外在，却无法动摇内里之根本。

ARCHIGRAM
建筑电讯派

1970年代是建筑信心尚存的最后时刻。建筑师和城市规划者确切地相信他们可以设计未来。东方和西方都出现了大量建筑师广泛参与的前卫建筑运动，以日本的“新陈代谢派”和“西方的建筑电讯派”为代表。自此以后，一直到今天，尚未再次出现具有如此社会影响力的建筑前卫运动。

Archigram区别于新陈代谢派的地方在于：强调大型建筑的可移动性、小型建筑的可组合性，以及技术的发展对于“建筑”这一传统形式的改变和冲击——这无疑受到了当时科技进步的鼓舞。人类登月、电子技术、核能利用使人们觉得各种类似科幻的梦都是可以实现的。

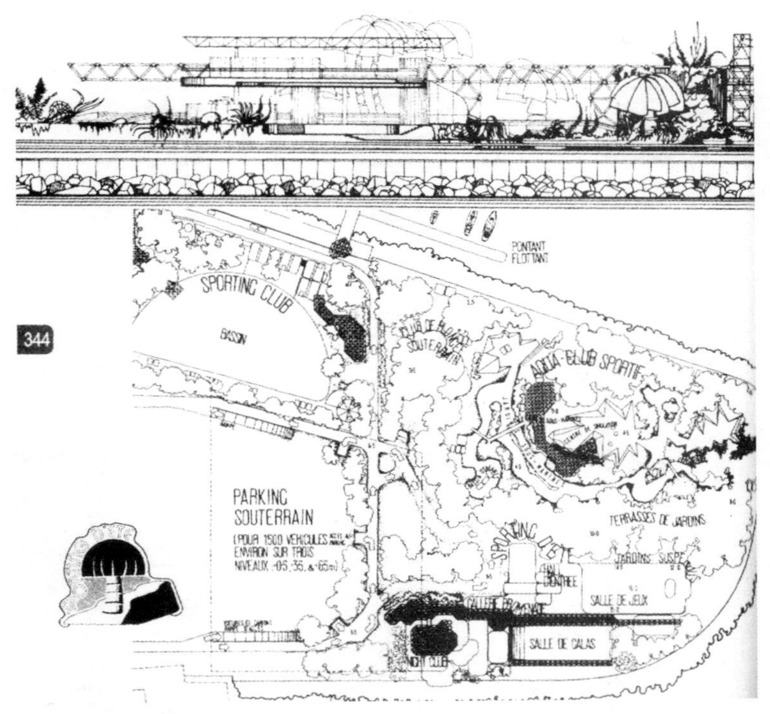

1. 游牧

建筑电讯派关注“游牧”的概念，这是一种对于动态生活的可能性的向往，他们称其为“游牧”。房屋与汽车之间的区别被消除， 可分离可重组。但是，其建筑的普及性取决于“游牧”的生活方式是否被全世界普遍接受，从而产生足够广泛的需求。

游牧者借助房车、气垫船、帐篷、携带式舱体甚至水下生活装置，在天上、地下、水中任何位置移动和生活。有固定的能源补给场所。他们飘散、聚集、分离、再聚集。

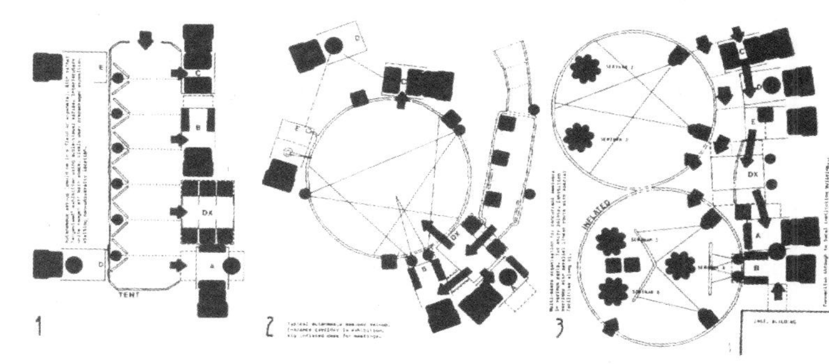

这种浪漫主义的移动实现了真正的“居无定所”，并使其不再是一个贬义词。为了应对大城市人口过度集中、资源紧张的状况，这种生活方式似乎在今天更应该大力提倡。随着信息化技术的发展，办公和生活都可以大部分在“移动中解决”，似乎“游牧”也不再是梦想了。

1967年，Archigram就曾经设想过“生活1990”——描绘了想象中20年后居住生活的理想模型。房屋本身是个气垫车，可以漂浮在城市半空自由移动，并在适当位置与大型城市供给设施对接，补充所需。天花板可以自由升降为住户提供私密空间。有可以充气的家具和相应的气压机，平时这些家具将不占地方。并且，智能化设计还可以提供多种环境模式，只需按一下按钮，即可轻易切换。此设计中还设想出未来家居内的与墙体结合的宽荧幕电视，并且通过智能化程序，让观者能身临其境地被图像、声音、气味、温度所环绕，甚至可以有配合场景的运动和刺激（类似于今天的4D影院）。在这种智能家居中，足不出户即可体验世界各地的风景。

在1950年代，约拿·弗里德曼就曾经构想过可以灵活组装、自由租赁的建筑形式，并撰写了专著《活动建筑学》。最终，游牧的概念被拓展到各种尺度，游牧暗示了“无定形”。居所可以移动，家具可以重组，而城市则可以由聚集产生。

如果存在某种“游牧都市主义”，它将不再与“稳固”和“秩序”等传统城市命题相关。

2. 瞬时城市

瞬时城市是游牧的概念在城市尺度上拓展的结果。它是指借助拖车等移动搬运设施，为了某些节庆或者集会活动，而临时构建起满足特定功能的“暂时城市”。其产生方式与马戏团类似，但是复杂程度远远高于前者。瞬时城市的关键设备是：房车单元、充气式结构、展品、起重机、舞台及视听展示系统。

由于有同样是移动的“游牧者”的参与，群众可以来自四面八方，带来多种异质文化的杂交。“瞬时城市”可以在短期内聚集大量的人气，并且无需提供过多的生活设施。集合了娱乐、教育、商业等多种功能，最大的好处在于：活动结束之后，烟消云散，不再多占用一天这片土地。这种土地的利用方式无疑将“灵活性”发挥到了极致。在全球各地地价普遍上涨、各种新增城市内容均受地价所束缚的大城市中，这种对土地动态利用的方式最大限度地放任了程式的自由度，相对于传统建筑一旦建成就数十年上百年功能不变的模式，瞬时城市永远都可以进行自然的“功能优选”和“自我更新”。

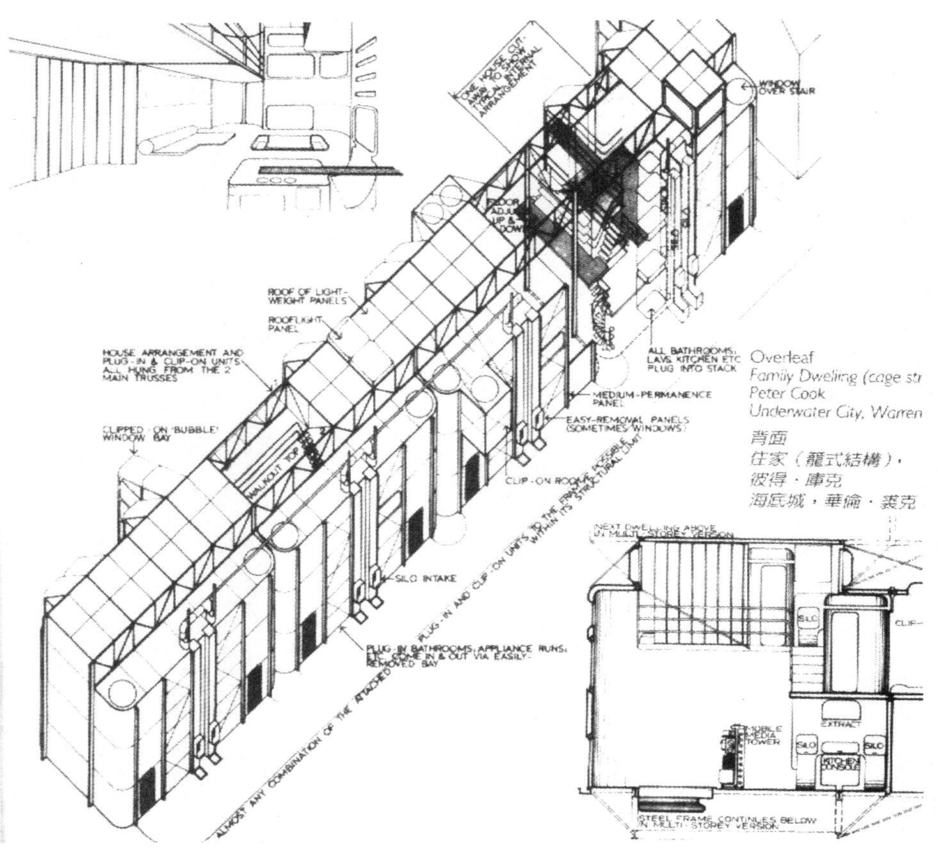

Overleaf
Family Dwelling (cage str
Peter Cook
Underwater City, Warren
背面
住家（籠式結構），
彼得・庫克
海底城，華倫・裘克

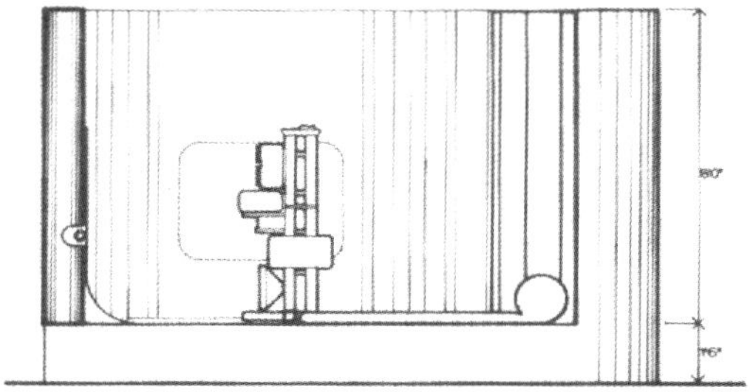

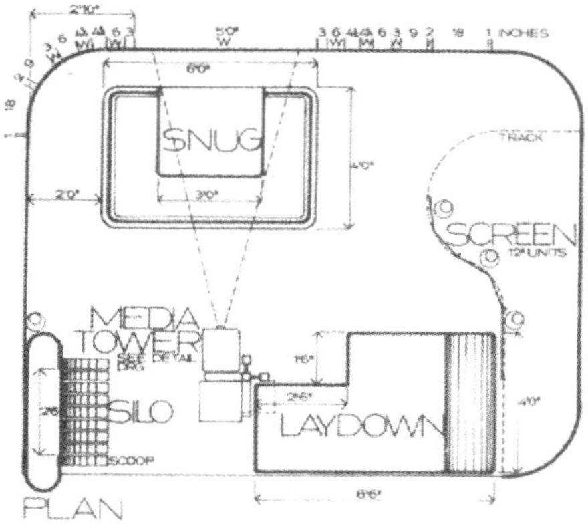

SNUG
SCREEN
12" UNITS
TRACK
MEDIA
TOWER
SEE DETAIL
DRG
SILO
SCOOP
LAYDOWN
PLAN
INCHES

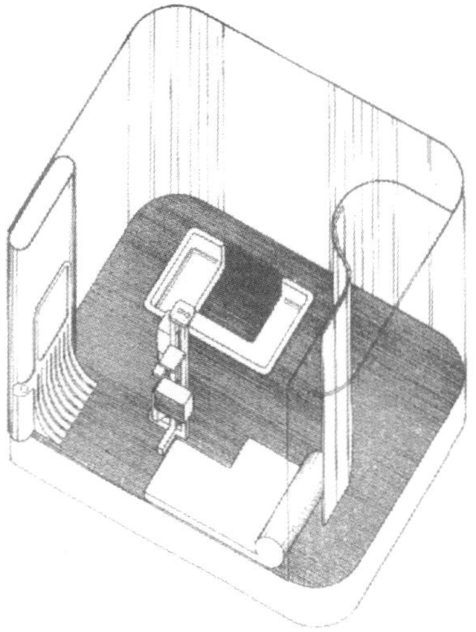

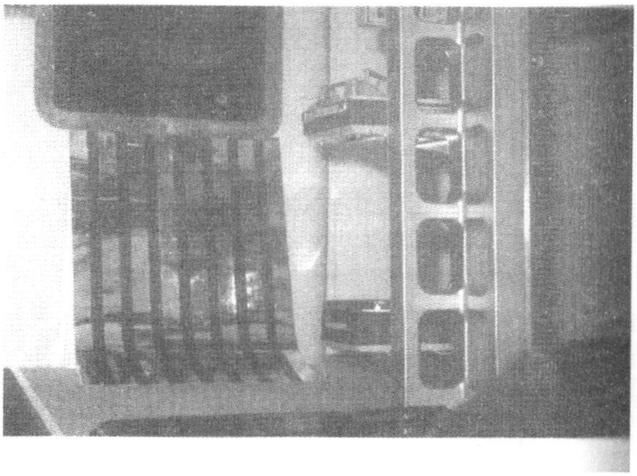

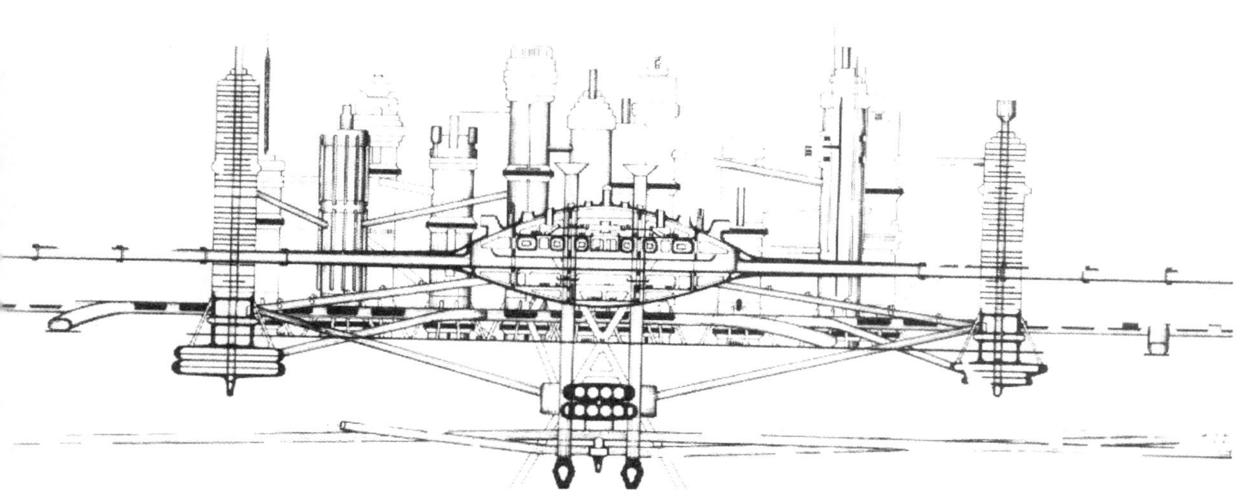

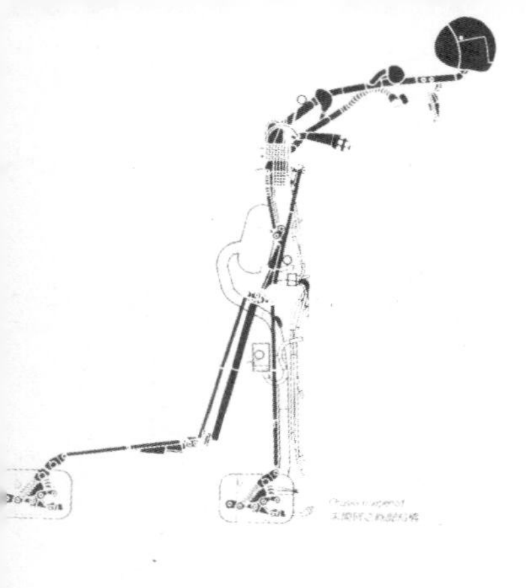

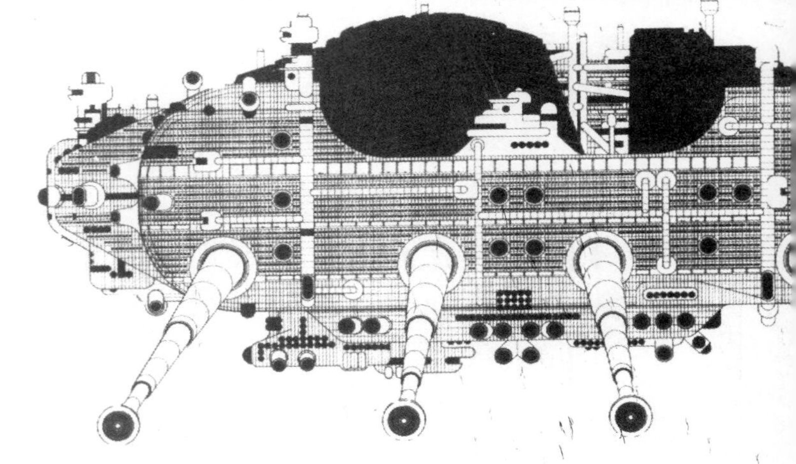

3. “软硬兼施”

早在1970年代，建筑电讯派成员已经认识到，随着电子信息技术的发展，未来“可见的”城市将更多地转变为由“不可见的”内容所控制。这是对今天“虚拟城市”的早期预言，在信息技术刚刚兴起的时候，“建筑电讯派”已经发现了其潜力。而建筑作为硬件所遭遇的发展障碍，必将通过软件来解决。例如，“插接城市”需要“电脑城市”作为其大脑。当时的俄国科学家甚至已经在研究通过人们的“思想”来实现对周边环境控制的技术。模拟人类神经传导的信号系统，如果成功，则人们甚至不需要动作，仅凭“意念”就可以实现各种对于房屋的操作。虽然由于当时的技术限制并未成为现实，但是，理论上的可行性在今天仍然值得科学界进一步探索。

与此同时，建筑电讯派也在思考关于人们对“过于发达的技术可能取代人类职责”的恐惧问题，这与在今天很多的科幻电影中表达的对于人工智能将取代人脑并奴役人类的担忧类似。

4. 变异

出于对建筑僵化的空间组织的不满，建筑电讯派提出“变异”的概念。

建筑电讯派强调了建筑的可变性：功能上及视觉上。两个对于老建筑的自发的更新利用的例子成为他们用来诠释这个观点的论据：一个是伦敦泰晤士河口的二战时期遗留的废弃的军事堡垒，在70年代成为了地下商业电台的阵地，向全城播放流行歌曲。另一个是英国石油公司位于北海的如同怪物般的半潜式石油钻井平台，与他们对于未来“海上城市”的构想有某种结构上的相似性。

他们由这两个例子得出的结论是：未来建筑更应该是一种开放的结构体系，能够容纳其中媒介的各种变化与更新。我认为这种观念在现实世界中的映射就是纽约——一个稳定而又开放的城市结构，其中的"prgramme"可以有无尽的变化。另外，其对于某些濒临“僵死”的城市人工物的再利用策略，也具有“可持续发展”的意义；同时，实现这种“再生”的策略往往是与大众文化结合的“柔性策略”。

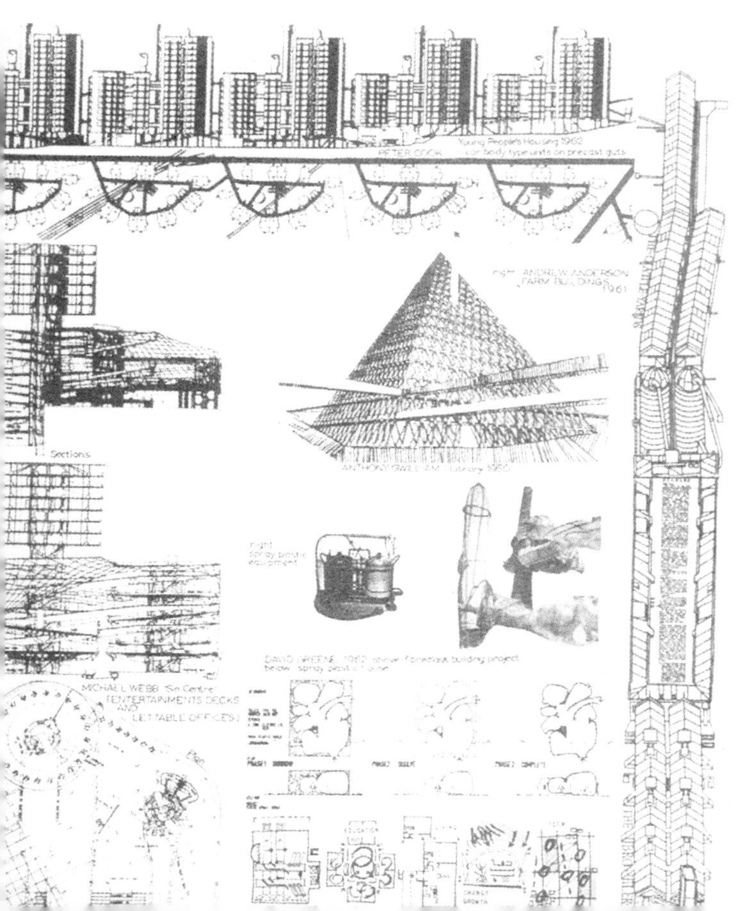

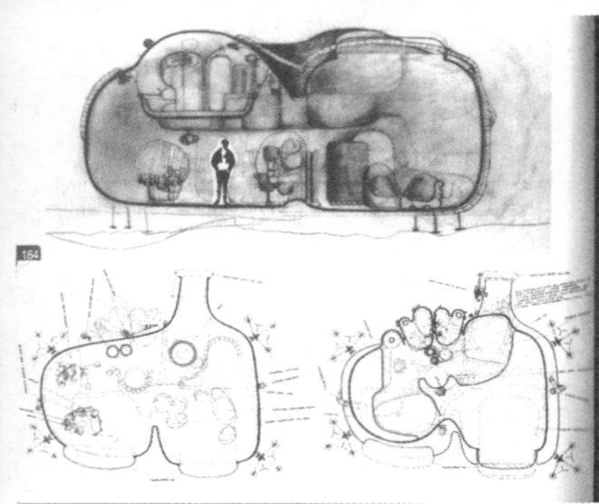

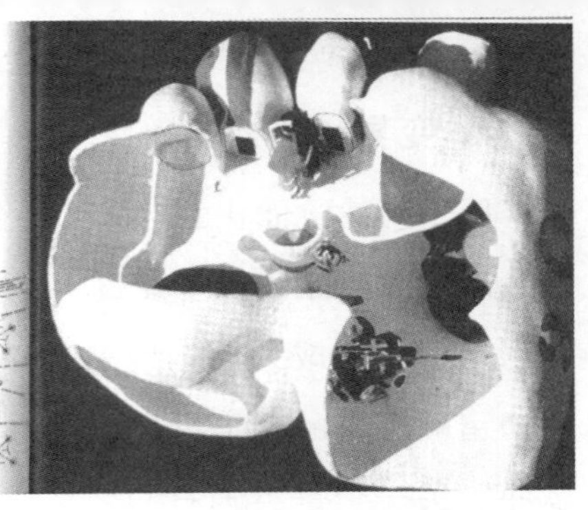

这种观点，对于传统建筑学科来说，是颠覆性的。建筑不再是关于固定、恒久、伟大和崇高这些传统属性，而是变成一个可以适应任何地点、任何环境的中立物体。建筑本身的固有属性不再重要，而技术与艺术的结合的作用被提升至空前重要的位置。这也坚定了“建筑电讯派”对于“步行城市”、“插接城市”、“水底城市”等一系列乌托邦构想的信心。

5. 自加工

随着人们对生活丰富度的要求的提高，过去僵化的生活模式将被人们逐渐厌弃。各种充满灵活性的家具及工具出现，并可根据人们的具体喜好或者需求，进行自由更改。人们最初可能还需要一个有各种自动装置的房子，但最终可能他们将仅仅需要一个院子，加上一堆灵活的装置。这正是人们对于“未来生活”的憧憬之一。“自加工”放任了当代人追求个性与自由的一面。“自加工”房屋不再需要一个永恒的场景，而是强调各种“零部件”之间的交互性。

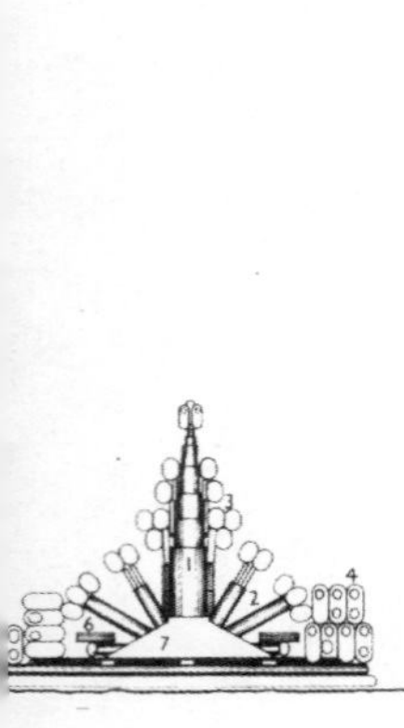

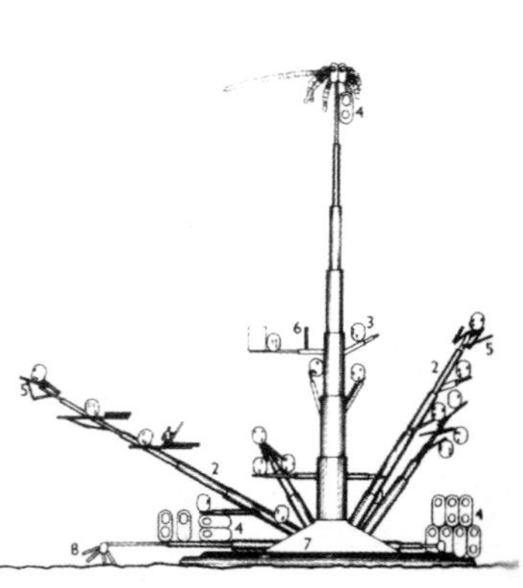

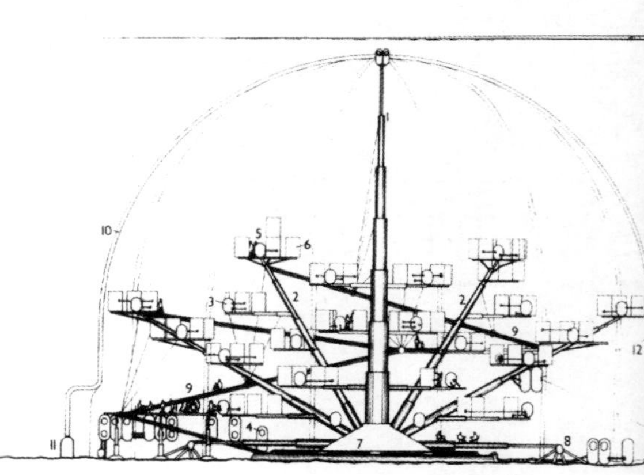

6. 与自然和谐

1970年大阪世博会之后，建筑电讯派更加关注人类城市与自然的共存问题。他们意识到“污染正悄悄地增加，不是环境毁灭，就是我们毁灭，人类创造了一个为生产而生的社会，城市是个大市场，每个人都是商品，而自然仅仅是供消耗的资源。”为了抵抗这种状况，他们认为“应当建立一个满足机械体系与生命体系之间自然关系的平衡系统。”

能鲜明反映这一关注的例子是他们的“坑洞城市”的提案。这是一个有16000人的大型酒店。从外观上看，是一个大型的环状坑洞，表面覆土，外侧种植有大量绿色植被，而内部是一大片干草堆成的草坪，房间外侧有两道外墙，形成一个空气夹层，夏天可作为公寓的一部分，而冬天则封闭成为保温层。形成冬暖夏凉的自然节能局面。而内部则是具有豪华廊道和完美服务的高标准居住设施。这个提案以“自然素材”造就了并不昂贵的生态建筑，是较早的以“低技策略”达到此目标的提案之一。

另一个更大尺度的构想是“隐形大学”，这个理念也部分结合了之前关于“游牧”、“即时城市”等理念。它号召人们不再需要传统的、有实体建筑的大学，而是走入田野或者树林等大自然领域，可能有一两个废弃的仓库作为基本的遮蔽物，其他均依靠“游牧设备”来完成，学生们可以在这里聚会、讨论和开音乐会。这种“野地大学”是何等浪漫的想法！正好契合了当时嬉皮士的生活方式。

到了这个阶段，建筑电讯派的立场已经由单纯的技术崇拜向更加强调尊重自然而转变——工业文明与自然的结合，接近东方的“天人合一”的理念。此时的提案更多纳入“绿色”元素，而建筑本身在景观中“消隐”——消失的建筑。

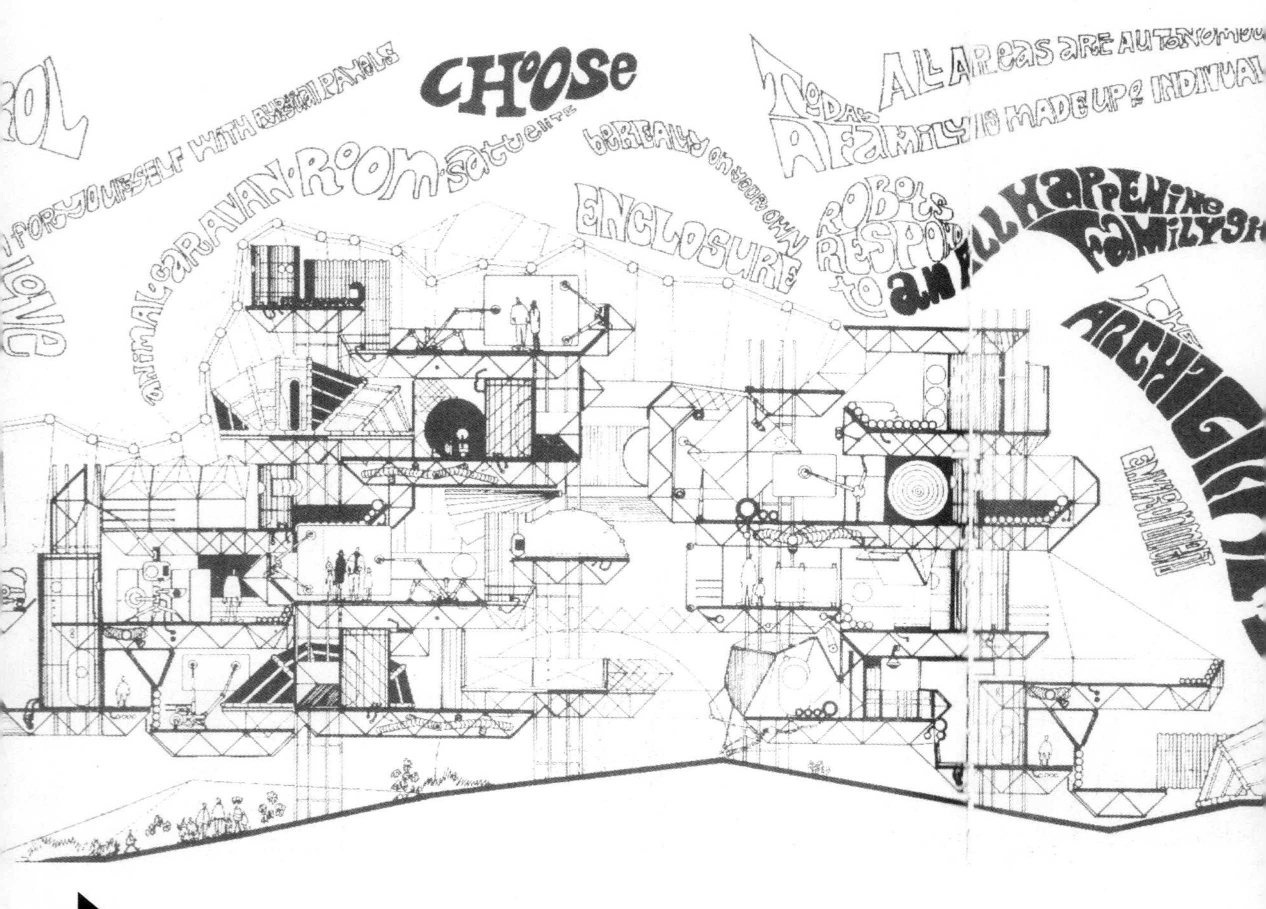

综观建筑电讯派的整个发展历程，他们的很多对于未来的浪漫主义想法在当时虽然难以实现，多数想法仅仅在很小的尺度下进行了实验性建造。并且，从它诞生之日起，就一直受到各种质疑。比如弗兰普顿就评价他们“将建筑学退化至某些昆虫和哺乳动物的活动水平”。

但是，今天重新审视，却可以从中对未来城市的发展和今天都市的困境提供数量可观的灵感。因当代城市面临过度拥挤和膨胀失控的普遍问题，为了生存，现有的发展模式已经被用尽，并显得力不从心。“建筑电讯派”不仅是一场运动，我们所能继承的最宝贵遗产，是其对于城市生活多种可能性孜孜以求的探索和思考。

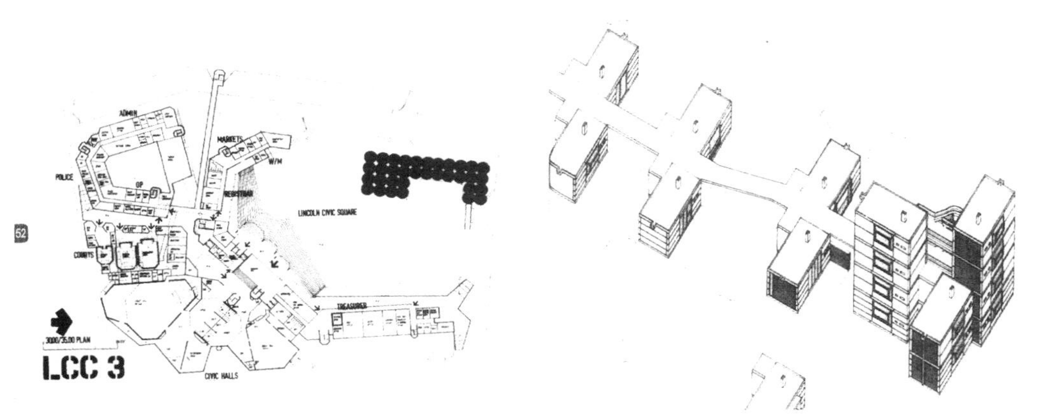

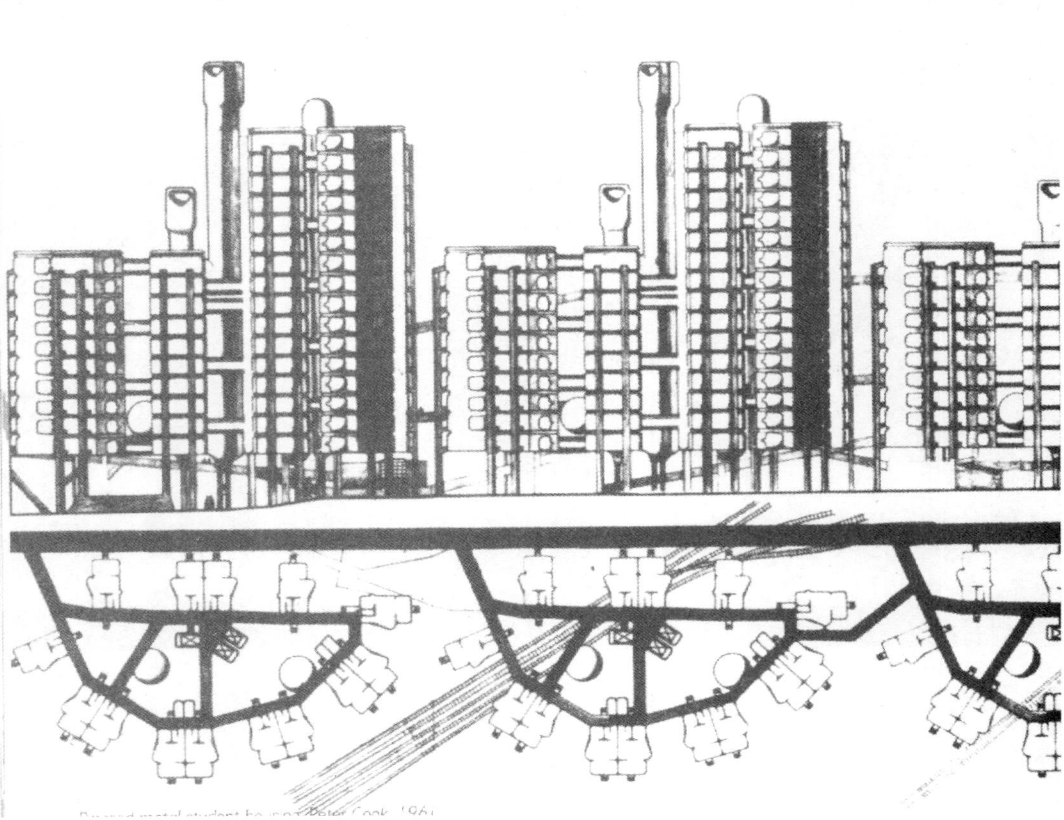

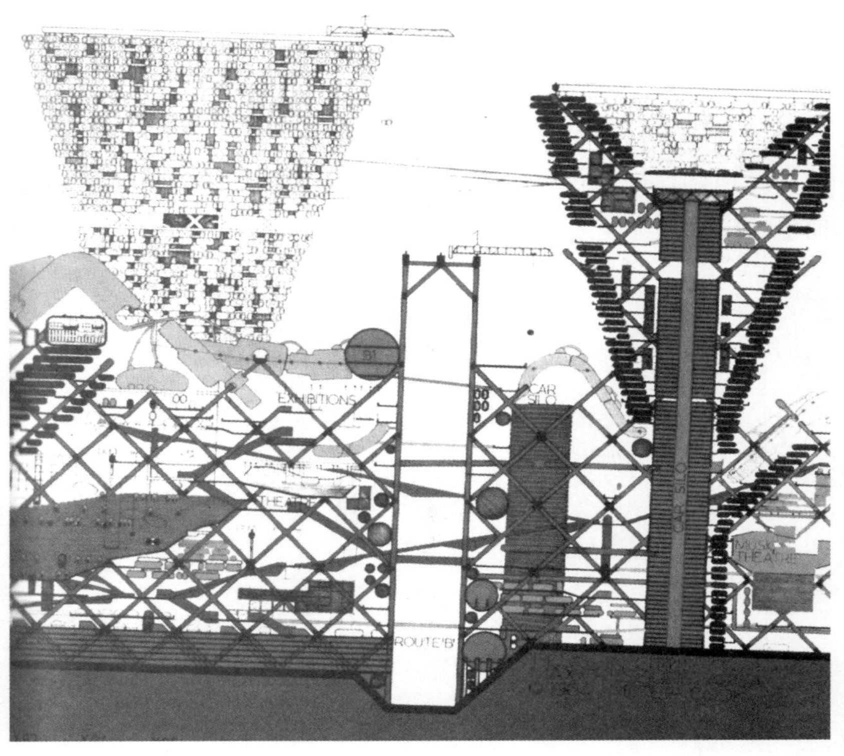

注：本节图片来自《建筑电讯指南》

Hyper-Hybrid
超级杂交建筑

“虚拟城市”的增长已经隐约地预示了单纯的“大”建筑的某种继续成长的困境——在其可考证的实体诞生仅仅20多年之后，甚至尚未来得及对其理论进行进一步的更新。如果现实真如同西方学界所言，建筑历史的发展就是一个“持续的子弑父的轮回”，那么，在今天这个建筑与城市空前受到其他因素诸如经济、社会和技术主导的时代，这种达尔文式的进化过程无疑已经被加速了。

“大”建筑的发展遭遇了瓶颈，人们越来越没有耐心等待建筑的自我革新，为了达到更加“便利、高效、高质量”的生活，他们将迅速淘汰旧事物并且集体拥抱新的选项。如同“适者生存”的其他物种一样，当某种建筑类型逐渐展示出它应对社会需求的无力和驽钝时，只有两个选择：要么迅速进化，要么迅速消亡。

“单纯的大”建筑前途渺茫，可是，我们仍然能感觉到现实对于“聚集”的某种需求，这从各个城市中心不断加剧的高密度化和人们对于低密度远郊生活的种种抱怨中都可以明确体察。在这些同时“被需要”和“被瓦解”的双重力量的拉扯之下，“大”建筑究竟何去何从？理清其优势，去除其劣势是进化的唯一途经。

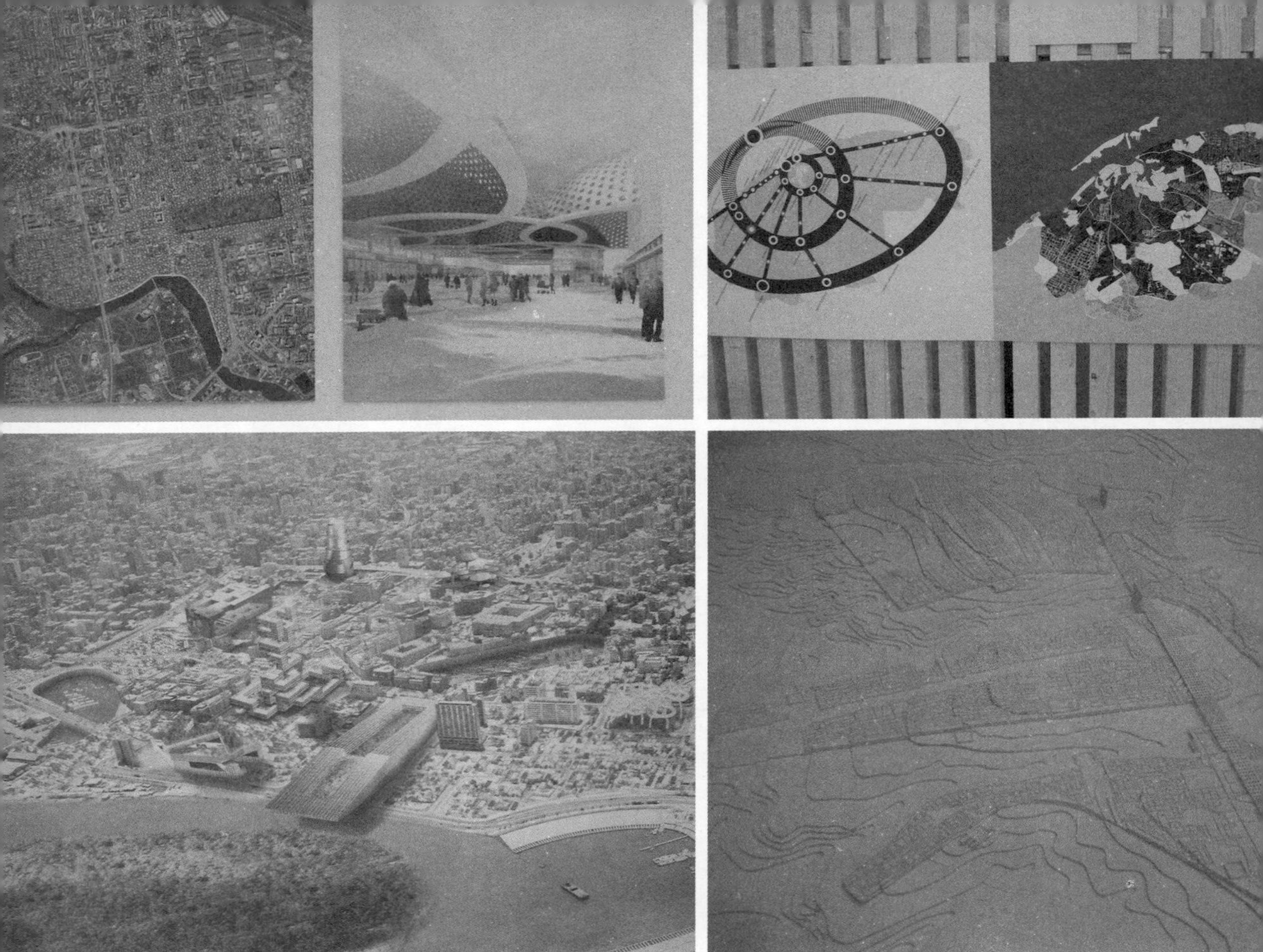

纵观目前已经有的建筑类型，数十万平米以上综合体的形式更加接近于“大”建筑的概念。通常包含办公、购物、公寓、休闲、酒店等多种功能。但是，它们与真正的“大”建筑尚有不少距离。首先，它们都太过偏重单一的商业价值，表面上功能繁多，实际上仅仅面向极少数人，对于城市，它难以实现真正的公共性；其次，这些功能往往都是采用“数栋塔楼+裙楼”的模式进行组织，各种功能彼此独立，并未真正实现所谓“大”建筑综合各项功能于一体的终极目标。

1960年代，荷兰建筑师康斯坦特的“新巴比伦”方案，以一种迷宫式的空间构成方式，彻底颠覆了传统以功能主义为核心的明确的空间划分方式，并且创造了一种全新的，介于公寓、综合体和城市三者之间的适宜尺度。列佛斐尔认为这种打破传统公共和私人空间边界的方式，具有真正的社会变革的力量。

MVRDV所设想的“立方千米——万人独立综合体”的模型是将“大”的精神

领会比较深入的尝试。一个在水平和垂直方向都达到千米尺度的巨型立方体，容纳了从生产到居住、消费的全部功能，并且可以自给自足。但是，这个模型更多的偏重其作为一个可循环利用的生态系统，强调生态性大于其在现实中的可操作性。在实践层面，MVRDV最近的一次投标凸显了“大”的理念。

MVRDV的综合体方案

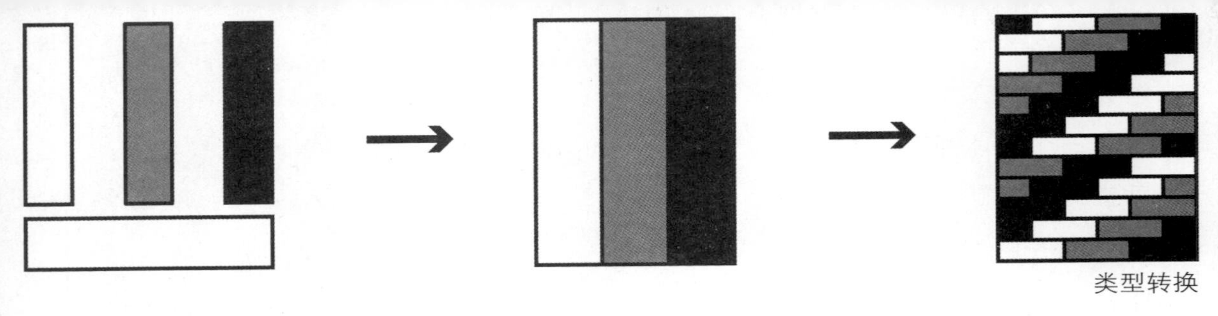
类型转换

我们所设想的、符合这个时代需求的“大”建筑，需要紧密地融合各种功能，并且充分释放公共性，它对基地具有高度适应性，可以在城市的中心，也可以在远离城市的边缘地区。

我们将“大”定义为“超级杂交”建筑，它是真正的全部生活所需的混合体。我们同样采用容纳万人的标准，而基底面积为1公顷（100mX100m），尺度为KM3的十分之一，高度为150m，并且可以继续向上延伸——无止尽之塔。最核心的理念是居住、办公和公共设施（包括购物），三股主线将呈现螺旋状彼此缠绕而交替上升。居住、办公和公共活动将持续地均布发展，在垂直方向上不再有单一的标准层。

“‘大’不再需要城市，它与城市竞争，它代表了城市，占领了城市，或者更好地，它就是城市。如果城市产生潜力，而建筑则将其开发。‘大’招募了城市的宽容来对抗建筑的‘无意义’”（“Bigness”，S、M、L、XL）。

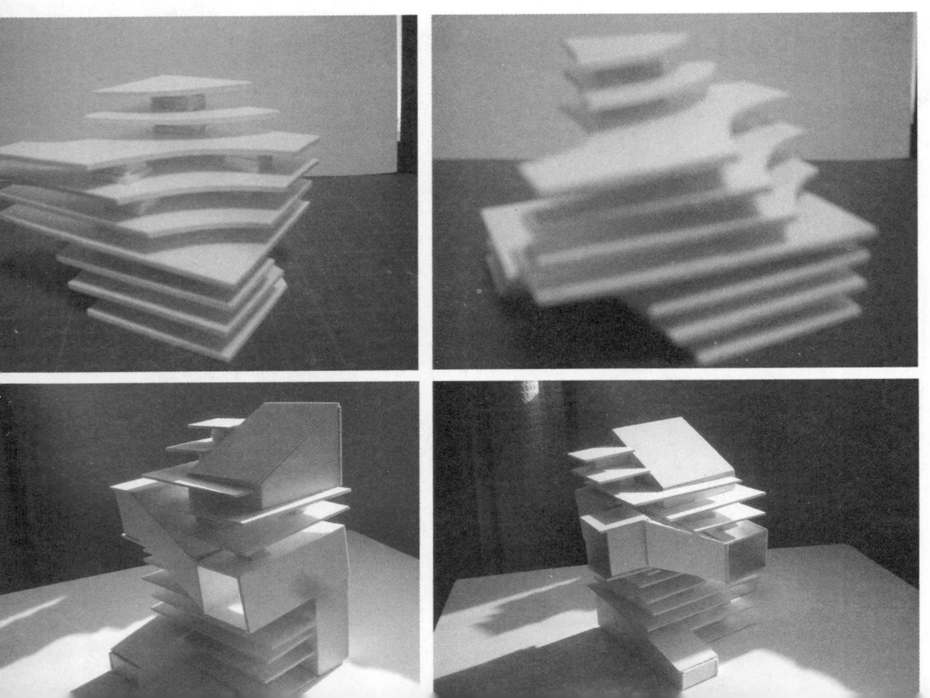

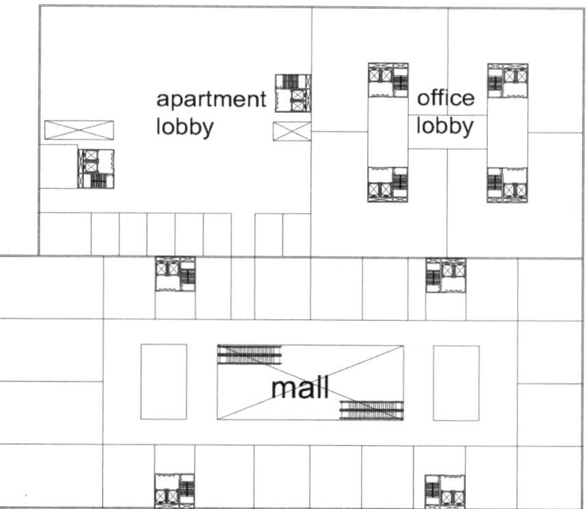

Plan F1

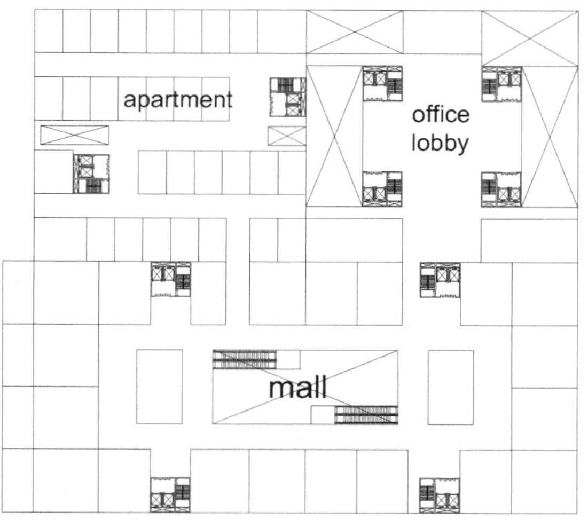

Plan F4

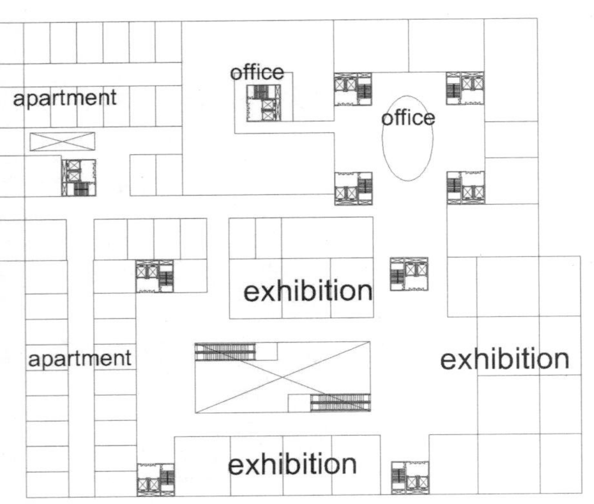

Plan F8

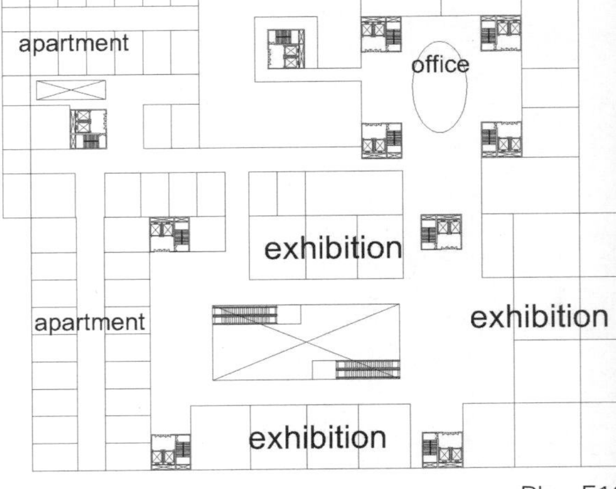

Plan F1

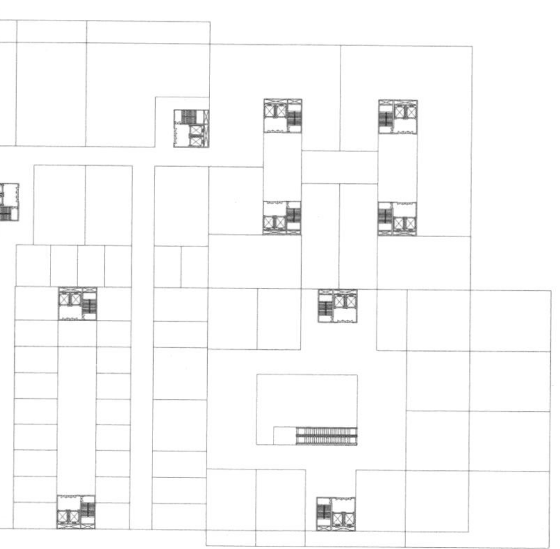

Plan F16

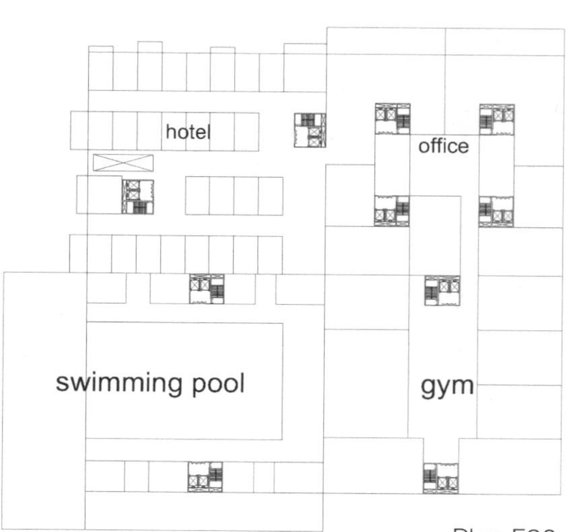

Plan F20

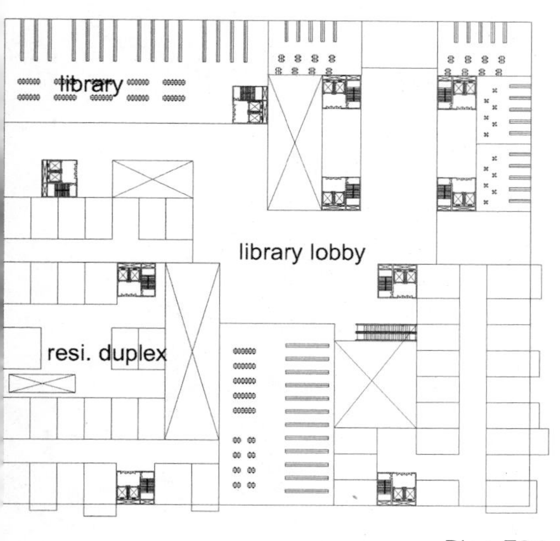

Plan F24

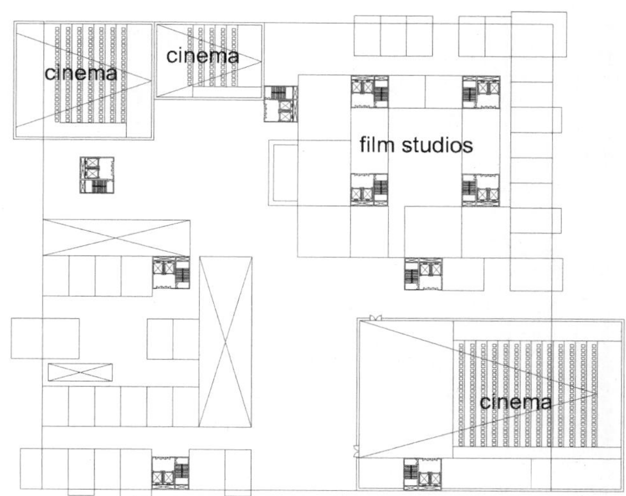

Plan F28

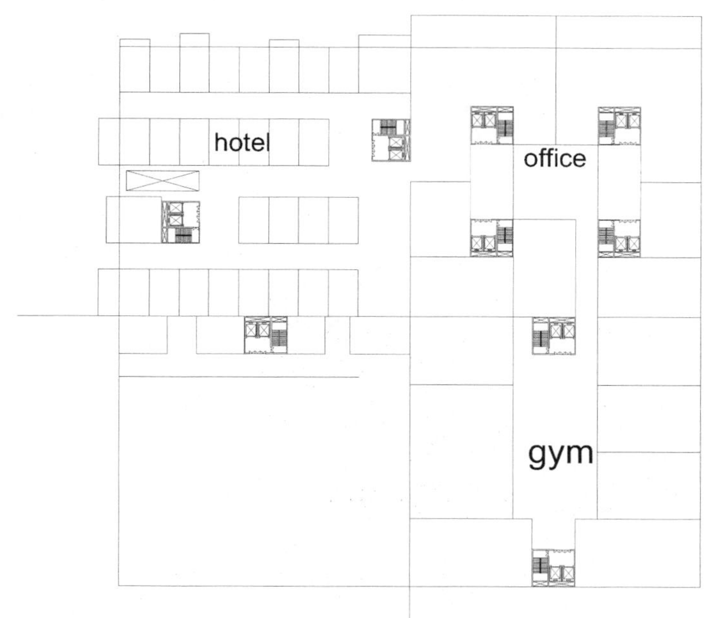

Plan F32

为了适应新时代需求，“大建筑”必须设想全新的“程式”组织方式，不可避免地成为一种对于旧有生活模式和城市原型的入侵，但它并不是一个堡垒，也不排斥其外部环境，而是最大限度向外界开放并提供最多对接可能性的建筑。

中国式“类型学”

阿尔多·罗西在《城市建筑》中所强调的“类型学”，针对欧洲的传统城市，提出各种隐藏于建筑之后的“原型”，欧洲城市正是由于在建造和扩张时，一直在暗中遵循这些原则，所以得以保持高度的和谐感和一致性。

近二十年来，库哈斯在对当代城市进行了长时间观察研究后指出，随着建筑尺度的迅速增大，摩天楼的大量涌现，城市人口密度空前激增，传统的“类型学”已经无法解释、指导和适应当代城市的发展模式——看看美国和亚洲的超大城市就清楚了。不仅是这些地方，甚至连“类型学”的老家欧洲的新城发展，也越来越具有“通属化”的特征。建筑的外在——通常作为意义的存在，和其内部——通常作为功能的所指，正在愈加相互疏离。换言之，基于“类型学”而构建的城市体系，在全球化的浪潮下已经基本瓦解。

然而，“类型学”在中国却空前的兴盛，这似乎令人费解——“通属城市”模式在今天的中国城市发展中，体现的特别明显，传统的中国城市以合院为基础的低层高密度建筑发展模式早已消失，那么，所谓“类型学的兴盛”又是何所指呢?

传统类型学已经消失，“现代类型学”却方兴未艾。中国建筑界已经发明并积累了一套自己的“类型学”。留意一下中国的城市，我们总会觉得千城一面，留意一下城市的元素——建筑，我们发现这来源于“百建一面”。不知道从何时起，中国城市建筑流行“类似风”，并且竟然成为评价建筑优劣的重要标准之一。医院要做的“像个医院”，学校要“像个学校”，商场要“像个商场”，车站要“像个车站”。

类型学在中国大地上遍地开花。

看看不计其数的“大学城”，规划上是轴线、中心广场、环路，时不时还要加上大面积水系，清晰界定边缘的教学区、生活区、休闲区和服务区。一排排巨型立方体的教学楼被同样巨大的廊道相连——排列如此规整，以至于几乎具备了某种纪念性，而面层涂刷的棕红色、夹杂着白色线条的、有点19世纪晚期海派教会学校风格的外立面又将这种纪念性瞬间瓦解。（棕红色是大学城建筑钟爱的颜色，其次是米色和牙白）。理查德·迈耶式的格架和构成手法被简化后，在这里随处可见，原本单调的体量瞬间获得某种“趣味”或者“深度”。群组式的自习教室通常规模惊人，因为地处城市边缘，用地宽松，往往能成为“万人教学楼”。这些群组构成U形或者H形的围合——通常中间某个部位还会适时出现一个或多个尺度不一的中庭广场。位于中轴线正中、形制对称，体量高大的一定是教学楼主楼（或者行政楼）；

而略微带一点弧线、多一些玻璃表面、顶部多些大面积飘板的往往是学生活动中心或者食堂——当然，他们仍然全部统一在棕红色白条纹立面之下——这是建筑师所需要的“整体性”。

再看看中国的“医院们”——你可以轻易地在一个城市中辨认出哪个是医院（这是否是它们雷同的初衷？）。门诊楼与住院部基本上是独立主楼，各自分开但一定会有廊道相连。中心城市的医院主楼可以高达数十层，而小城市也许只有六、七层，无论体量大小，我们总能从它那均布的方形窗洞辨识出医院的“气质”。医院不同于学校，一般是浅色饰面优先，当然，也有少数采用比较出位的浅红色或者浅褐色。建筑师非常讲究外形的“构图”，体量上一侧一定会有某个部位高起（也许是楼梯间或者其他），而另一侧则会有一个放大的门厅与其形成视觉上的“平衡”。在施工技艺和材料工艺普遍低下的情况下，期待通过细节来表达的简洁建筑在国内似乎是一种奢求，这种“体量穿插”和“视觉构成”则成了最通用、好用的手法。《韩国建筑竞赛年鉴》被我们奉为至尊宝典。

更不用提中国式的住宅小区了。在前文的“中国式居住批判”一节中我们已经做了充分论述，基于万年不变的行列式原则和户型标准，“雷同”的确定性成为中国住宅挥之不去的阴影，而类型的易得成为中国建筑师裹足不前的精神鸦片。既然没有创新的必要，他们对于无限自我复制变得越发泰然处之。

6 文化论坛系列

“灰色地带的沦陷”

——对话：王小帅vs张元

时间：2011年12月

地点：中央美院报告厅

导演王小帅和张元，关于2000年之后“中国电影新状态”进行了一场对话。

王小帅：1989年，中国电影延续苏联管理模式，当时有16家合法的电影制片厂，有些指标富裕，就有卖指标的说法。当时张元筹备拍《妈妈》，一个电影花了很多时间才成型，但是多次下马。一个深圳老板过来找我们四个人拍电影，叫《死谷》，而张元的电影就由他一个人去做了，鼓励他跨越自己摄影师身份的能力。之后，时局混乱，深圳老板突然消失了。

张元：第一次听说“独立电影人”这个概念是在法国南特电影节，它解决了电影方式的问题——电影可以和写作和绘画一样，可以是纯粹的个人表达。当时中国出现了私营公司，在获得指标的情况下可以拍电影，之后产生了《北京杂种》、《东宫西宫》。当时美国东部的导演发动了一场反好莱坞方式的电影，强调更加自由的表达，反对陈旧的“八股模式”，比如《出租汽车司机》非大团圆的结局。

王：大学毕业后，当时是包分配的，我被分配到福建电影制片厂，张元被分配到八一电影制片厂，当时很多人去电影厂是为了“户口”，可以留在北京。而我当时没有这个观念。所以在北京呆了二十多年还是没有北京户口。当时拍了一部电影，拿到电影局，以为会被表扬，结果被通报批评。

张：《北京杂种》一开机就知道无法上映。

王：艺术来源于改变。毕加索开始画画怎么也画不过马蒂斯，终于有一天毕加索疯了，画风完全转变，这下换马蒂斯疯了，开始改进野兽派的画法。中国独立电影的屏障来自于政策环境，它的观念是80年代新启蒙的产物，强调平凡、个人。

主持人王小鲁：80年代导演都有某些共性，比如都拍过摇滚、边缘人群，比较自我，比如《头发乱了》、《极度寒冷》等等。受法国“作者电影”影响比较大。

张：《东宫西宫》比较特殊，它实际上比其他同类题材华语片更早，例如《春光乍泄》、《蓝宇》等等。把它定义为一部同性恋电影，有点小了。影片灵感来自于一则新闻：当时一家预防艾滋病机构联合警察抓捕同性恋者，做性行为的调查。听到这个消息我很震惊。在创作过程中有幸遇到了王小波，他为剧本带来深度。实际上这是一部关于施虐和受虐、控制和被控制的电影。我选择了一种非常坚定的立场，这在当时是非常困难的——当时连选一个肯演同性恋的演员都难。

王小鲁：1994年，鹿特丹电影节对中国电影人来说，是比较关键的一年。这是第一次中国独立电影人的集体影展。

王：当时中国使馆发来电报，表示所有参展电影都未通过正式审查程序，不能放。当时以田壮壮为首，还是放了。之后香港媒体就传出有“黑名单封杀七君子”之说。我感觉怎么像“戊戌六君子”似的！回来之后就被全面封杀。

张：直到1997年，电影局发了一个《关于恢复张元同志导演资格的决定》的文，之后就成了导演了——之前也没有人称我为导演。到了2003年，开始了中国电影的全面市场化，开始拍《过年回家》。

王：当时还交了两万罚款，写了检讨，连发票都没有。之后我拍《青红》，很多人都觉得不理解，你都来到地上了，怎么还拍这个。对我来说，地上地下，没有分别。

张：1993年拍了《广场》，之后《一地鸡毛》，1995年《钉子户》、《儿子》，《儿子》这部戏是一个儿子找到我，说他父亲是精神病院里面最牛逼的人，我去看了，发现他一点问题没有，就是爱喝酒，之后就把他借出来一个月拍了这个电影。他具有中国电影所缺乏的真实质感，我就是希望他演自己，表达自己的真实生活。之后还拍了《金星小姐》，当时在医院拍了他手术的全过程，一个星期。事隔七年之后，又拍了她变成女人之后的状态。2003年是最疯狂的一年，拍了三部片子，《我爱你》和《绿茶》都是那个时期的。对我来说，这不是什么背叛自我。

我们的成长过程中有一段时间，文艺作品仅仅有样板戏，它带有彻底的复杂性的缺失。

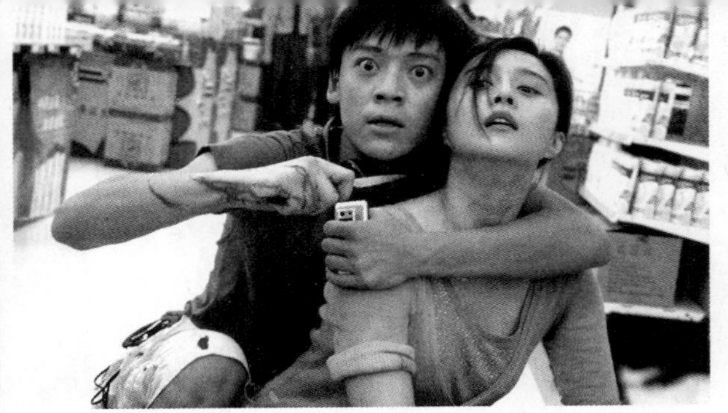

王：当时拍了《日照重庆》，表达军工企业的西移，百万人移到山里，那是文学作品中的一个死角，因为是军工，属于保密范畴。我希望在三峡消失之前，能留下一些东西，它表现了一个八岁孩子，经历了突然的迁移，最后在国家的变革下猛醒的过程。

张：最近在拍一部片子《有种》，采访了300多位年轻人，包含三个部分，摄影展、访谈和电影，表达今天年轻人的感觉。

王：现在的社会状况实际上让独立电影导演受关注的程度更弱了。《血蝉》是南京影展上一部非常好的电影。《二弟》表达了移民偷渡之后的村庄，年轻人无所事事，等着国外的亲戚回来送钱，一种找不到自己目标的感受。海的对面是他们的希望。我觉得“循环”是必要的，必须回来证明自己。当时段奕宏叫段龙，跑到我们剧组来，具有那种非常原始和生猛的状态，没演过什么戏。

张：我们的电影到现在都没有分级制度，也不知道为什么。我觉得我的电影有的真的不适合儿童去看。

王：你是从孩子的角度思考这个问题，他们哪是从这个角度啊，他们只觉得这样方便管理。中国的电影有三种，一种是红色主旋律，一种是商业大片，另一种是灰色地带，它就是需要反规则、反对确定的原则，建立新的审美制度。商业电影让你哭，让你笑，什么时候该哭该笑是有要求的，而另一些人则告诉你，还有一种电影，你不需要哭，不需要笑，它就是一种另类的表达。

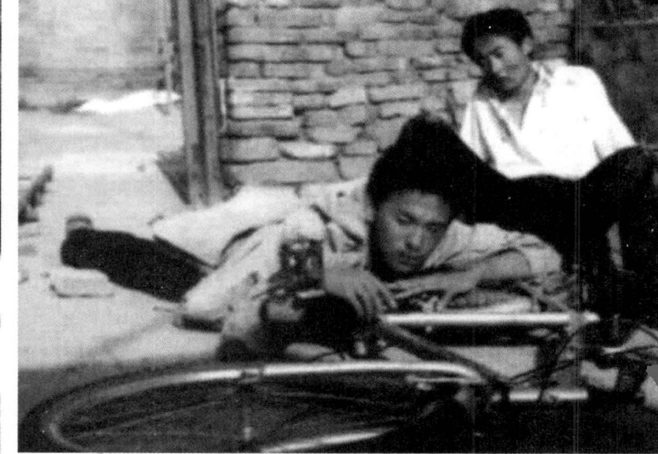

一些数据：中国电影增长

《变形金刚3》上映4天每天吸一亿人民币，十天总票房8亿。全世界票房10亿美金，中国市场占了1/6。

相比而言，《钢的琴》则有点憔悴。在中国，口碑与票房成明显的反比。

2000年中国电影总票房8.6亿，2010年达到101亿。

中国电影银幕以每天4.3块的速度增长，2011年12月底，中国银幕总数达到6200块。仅次于美国和印度，居世界第三。2011年电影产量将达到700部。

北京每晚有30多台新戏演出。

异色

——阿刀田高论小说

日本作家阿刀田高的小说很奇特，从现有小说分类来说，有恐怖、悬疑、推理、官场、言情等等，但是他的小说似乎贴什么标签都不合适，很难归类。小说构思精巧，每一段心理描写、景物交待，似乎都事先烂熟于心，描写精准。他可以不动声色地给你叙述一个非常可怕的故事。有的作家叙事风格是大喊大叫的、声嘶力竭的，但他不是，他非常平静，甚至几个字就将小说结束了，但是你仔细一想，会感到脊背发凉。他可以清晰、有层次地将故事展开。小说家各有所长，如司马辽太郎擅长描写对于时代产生巨大影响的历史事件和人物，藤泽周平则写底层人物的喜怒哀乐（从这点看藤泽与阿刀田有相似之处）。只是藤泽立足于历史，而阿刀田立足于现实，描述了日常生活的恐怖。

在新书发布会上，阿刀田如是说：

“文学是和作家的记忆密切相关的。我写了八百篇短篇小说，有时会问自己：是不是很傻？为什么写这么多短篇？我回想起来，应该是与我年轻时个人经历有关。20多岁时我患了肺结核，当时在疗养院休养，读了大量的短篇小说。因为我在大学专业是法语，当时读了很多欧美作家小说，但是没有读到中国的当代小说。所以我十年后自己开始写的时候，这些素材无形中都成为我的潜意识，可以尝试不同的写作风格。”

“我个人认为短篇小说是一种彬彬有礼的文学，因为它不会占用你太多时间。我的原则是不对自己的作品提示别人应当怎样去理解，时间是检验作品的标准，日本推理小说家江户川乱步，谈到有的小说可以归为‘奇妙之味’的小说。学者也好、文学家也好不知道如何归类，就将我的作品归于此类。写小说的时候，我更多的是考虑怎样才能让读者读起来更有意思，而不是考虑要写哪一类小说。”

“日本传统中的奇妙要素，其实是来自于中国。中国古典文学表达恐怖或者情色的内容，是很鲜明的情感表达，到了日本之后被柔化处理，变成一种‘异色’的风格。日本有一个文学家叫中岛敦，留下了几篇非常具有奇妙味道的小说，他的专业是古汉语。他有篇小说叫《李陵》，以他的方式向日本人诠释中国古典。但是我的血液当中流动的东西也是我的记忆，不是属于我个人，而是从祖上一代代传下来的，也可以通过小说将其唤醒。我的父辈有更多对于中国古典名著的记忆，这部分应当成为我的思路来源之一。”

“中国的古典在我的血液中是有存留的，我相信中国作家与我相同，一些精髓的东西一定存留在血液中。大家应当有一些共通的东西，但是遗憾的是，中日的文学交流是很局限的。文学的交流不是说文学家聚在一起吃个饭就叫交流，一定要以作品的交流为主。”

“中日之间的文学状态的确不好，原因之一在于日本文学本身处于虚弱的状态。在日本，如井上靖、三岛由纪夫那个时代的作品达到很高的高度，既有深度又吸引人，但是之后的作家则只醉心于自己的小情趣，似乎目光只能达到自己五百米远的范围。一方面文学要讲人和世界，另一方面，必须有趣。”

“而中国当代文学怎样呢？我并不了解。我想也有不少反映中国人们生活的东西，但是中国当代作品似乎缺乏一种能在全球普及的东西。日本文学界对于中国这50年的动态不了解。中国新的作品我读的很少，如果我说我读过鲁迅或者《上海宝贝》大家都会笑，我觉得和中国当代文学总有一些距离。”

“文学交流的繁荣需要其主体更加活跃。当今日本流行小说作家（如村上春树、宫部美雪等）都是文学的优等生，但是如果将他们与谷崎润一郎或者三岛由纪夫比怎么样？关于推理小说，东野圭吾如果用推理小说来衡量的话，他是很优秀的，但是如果用“推理”这个概念来衡量他，做的怎么样呢？如果用推理这种表现手法去评价，他可以提升的还很多。”

“惊梦”系列

——刘索拉音乐剧作品

“一个中国的现代派艺术家，可能他喝醉酒之后，唱的歌就是《长征组曲》，这是非常具有典型性的一个例子。它不禁使人置疑，如果长期以来这种‘革命性’的东西已经深入你的骨髓了，你的现代艺术作品真的能脱离它的影响么？”

借用她未曾在中国公演的音乐剧“惊梦”，刘索拉试图讲述百年来中国音乐史与中国人文的关系。百年来中国音乐主要受三种文化的影响：传统文化、媒体文化和革命文化。通过医院病房里两个典型形象：小护士和病人老太太这两位的冲突，及她们的野心和欲望的实现度，来说明这三种文化对几代人的人格的塑造。

老太太出生于上世纪30年代，当时，受教育的女性的人生选择同样很少。30年代的流行是周璇、胡蝶、阮玲玉，受美国爵士乐影响，却没有爵士乐那份自然，中国的流行音乐非常的人工化。紧接着就受“革命”这个大理想的影响，知识女性转入这场历时数十年的浩大斗争中。

音乐具有一种激素的作用，当这种革命的号角吹响时，它能使人的荷尔蒙迅速提升，具有一种不怕死的斗志。而这种革命音乐到了“文革”时期则发展至另一种极端。老太太的经历代表了一种同时具有大野心和小理想的人群，讽刺的是，大理想轻易实现了，而个人的需求却完全被时代所放弃了。这种欲求，“既简单又复杂”。

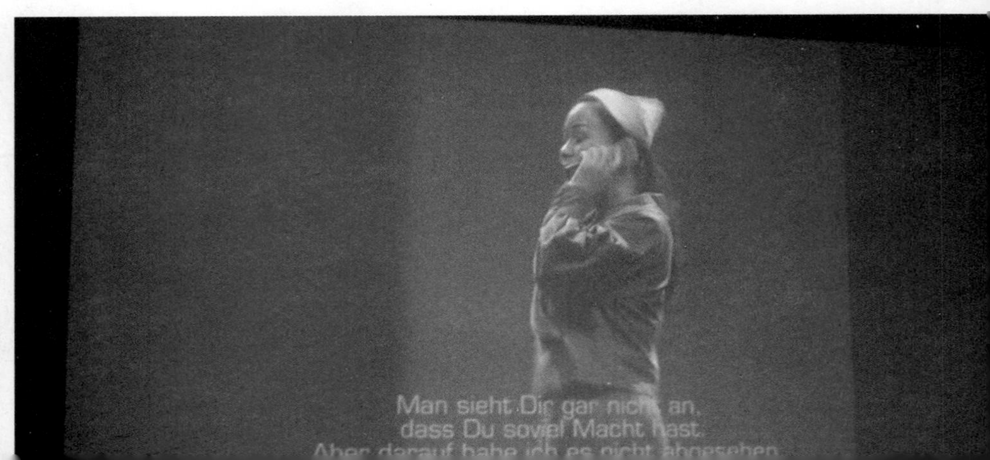

而小护士象征了另一批在20世纪八九十年代媒体文化下成长起来的一代人。体现了意识形态由集体主义向个体主义转变的过程，年轻人开始关注“小情调”。因此她的表达是非常“媒体化”的。例如现在年轻人在不确定自我身份的时候，就会主动选择向港台普通话腔调靠拢，将其与时尚挂钩。这显示了媒体文化对于“自我身份”的模糊化影响。当其向某种权力依附的企图失败后，小护士依然可以通过媒体寻找到新的出名之路，比如选秀、揭露等等。

小护士与老太太同样都是悲剧，一个是被“大时代”所左右，一个是被媒体所左右。

而对于传统文化，刘索拉分析了梅兰芳当年的眼神和身段。京剧讲究含蓄美，梅兰芳的魅力在于，他的眼神是“不确定的”，而今天的京剧演员很多眼神是很坚定、大胆的，因为在“文革”时期，这种“不坚定”被指为小资情调，是要被革命掉的。传统音乐含有大量“危险性”的内容，被古代统治阶级和文人给剔除了，而这恰恰是它最有意思的部分。而到了所谓“革命”时期，过去被摈弃的东西，摇身一变成了“样板戏”一类的东西。

刘索拉将这些关键点贯穿在她的艺术实践里，探讨“文化、宣传、传统、陈词滥调”之间的关系。她将问题提出，却未作深入讨论。在讲座的开始，她就指出，她不喜欢“分享”这个词，而是希望大家可以“分着想想”，在中国这样的言论环境里，很多时候只能提出问题而不能期待言之凿凿，或者有明确的答案。

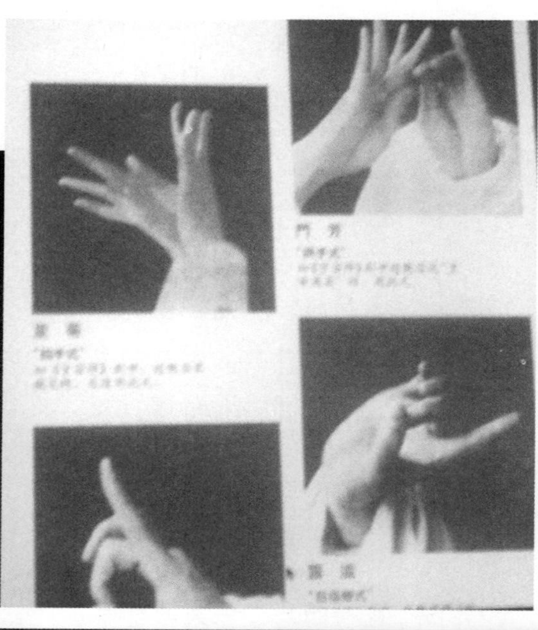

写在最后

做这本书的初衷是成就一本“好玩”的建筑书。

这是一本非常“建筑”，同时又非常“不建筑”的书。

在所有和艺术沾点边的学科里面（如文学、电影、话剧、音乐、美术等等），建筑学可以说是最少受到大众关注的门类之一。建筑师的悲哀是他们懂得控制结构、组织“程式”、雕琢空间、研究心理，而建筑往往被当作一种枯燥的工程学而少有人问津。这本书的出版是一场实验，关于如何整合建筑、社会、心理、文字、图像、电影、时尚、表达、叙事等等的冒险实验。我们希望让更多人了解，建筑并不仅仅等同于“造房子”。

在这个电子媒体日益兴盛，传统纸媒逐渐式微的年代（已经有人预言，十年之内，纸媒就将彻底消失），做一本近600页的“砖头书”是一场华丽的冒险。我们希望观者无论是欣喜、厌弃、快乐、伤感还是愤怒——它至少可以给你一点点刺激；至少不会觉得它浪费了大量纸张而仅仅是无意义的图像及文字的堆砌。如果对建筑有兴趣的读者可以看出些建筑之外的东西，对建筑不感兴趣的读者可以看到“另一类建筑师的思考”，我们将甚感欣慰。

中国建筑处在一种普遍失语的状态中。

体制内建筑师们和商业建筑师们，忙于制造等级、简化混乱、割裂连续性、鼓吹装饰，将自己与“控制”和“商品生产”两种原则拉齐，成为其实践工具，在一套自创的、折衷古今的建筑话语体系里面欢畅遨游，并将其包装为“中国式审美”；而为数不多的实验建筑师们在探索如何为中国建筑寻找新的注解，一时间，建构、参数化、批判地域主义……各种思路与方法纷呈，可谓紧跟世界学术潮流，其努力值得尊敬，但仍然显示出其话语仅限于建筑学传统学科关注范围之内的特征，与社会的其他方面较少有交集和对话。很多年轻建筑师甫入社会，突然发现在学校里曾经钻研过的种种高深学问——现象学、类型学、拓扑学，曾经痴迷过的种种主义——结构主义、解构主义、后现代主义……在设计公司每日的加班画图的生涯中，根本无半点用武之地。

库哈斯曾经预言，西方建筑学如果不进化，则“存活不会超过50年”。然而，西方建筑学并未死，而且一直也不会死，因为他们从来就有一套健全的、自我反省的机制，不断进行自我反思和批判。而中国现代建筑师群体似乎从一开始就缺乏完整的理论体系而无法进行自我审视、评价和修正。

当建筑师们不再以“高产”和“标志性”作为夸耀设计的资本时，当大众不再仅仅能以“象形”概念评价一栋建筑时，我们也许才能真正迎来“建筑的开始”。

我们希望以此书作为一种不寻常的观点注入中国当代建筑长久以来的纠纷和争论中，以一种非主流、非预期的存在，虽然静守于喧嚣大潮之一隅，仍然可以发出一点不同的声音。

都市可能概念工场
2012年12月21日于北京

作者简介

张为平

代尔夫特理工大学(TU Delft)　　建筑学硕士

华中科技大学　　建筑学学士

曾就职于荷兰鹿特丹MVRDV事务所，后辗转于荷兰鹿特丹、香港、南京、广州、北京等城市之间；2008年创立“都市可能概念工场(IFUP)”工作室，从事“基于研究的设计”工作；已出版《隐形逻辑》、《荷兰建筑新浪潮》等建筑学书籍。

工作室邮箱：ideafactory_up@163.com

新浪微博：http://weibo.com/u/1881397482(建魔张为平)

图书在版编目（CIP）数据

现实乌托邦："玩物"建筑 / 张为平著. —南京：东南大学出版社，2014.1

ISBN 978-7-5641-4365-7

Ⅰ. ①现… Ⅱ. ①张… Ⅲ. ①建筑艺术—世界 Ⅳ. ①TU-861

中国版本图书馆CIP数据核字（2013）第147268号

现实乌托邦——"玩物"建筑

著　　者　张为平
出版发行　东南大学出版社
社　　址　南京市玄武区四牌楼 2 号　（邮编：210096）
出 版 人　江建中
责任编辑　张　煦
装帧设计　张为平　余武莉
经　　销　全国各地新华书店
印　　刷　扬中市印刷有限公司

开　　本　787mm × 980 mm　1 / 16
印　　张　37.5
字　　数　626千
版　　次　2014年1 月第1版
印　　次　2014年1 月第 1 次印刷
书　　号　ISBN 978-7-5641-4365-7
定　　价　78.00元